Gruber I Neumann I Rosner I Schumm

Realschule
Mathematik-Prüfung 2022
Originalaufgaben
Mathe gut erklärt

Baden-Württemberg

Übungsbuch
mit Tipps und Lösungen

Freiburger Verlag

Helmut Gruber, geb. 1968, studierte Mathematik und Physik in Konstanz und Freiburg und ist seit 1995 Mathematiklehrer.

Robert Neumann, geb. 1970, studierte Mathematik und Physik in Freiburg und unterrichtet Mathematik seit 1999.

Stefan Rosner, geb. 1979, studierte Mathematik in Mannheim und unterrichtet seit 2005.

Roland Schumm, geb. 1974, studierte Technische Kybernetik in Stuttgart und unterrichtet seit 2009.

Vielen Dank auch an Martina Wagner für ihre Mithilfe bei der Entwicklung dieses Buches.

Printed in EU
www.freiburger-verlag.de

Inhaltsverzeichnis

Erfolg von Anfang an

Ist das Geheimnis einer guten Realschulprüfung. Das vorliegende Übungsbuch ist speziell auf die Anforderungen der neuen Realschulprüfung in Baden-Württemberg seit 2021 abgestimmt. Es besteht aus mehreren Teilen:

Der Überblick

Im Überblick werden alle relevanten Themen übersichtlich dargestellt und anhand von Beispielen so einfach wie möglich erklärt.

Zusätzlich gibt es Videos, in denen die wesentlichen Themen Schritt für Schritt dargestellt sind.

Die Basisübungen

Mit den Basisübungen kann man die grundlegenden Aufgabentypen trainieren und die Grundfähigkeiten festigen. Die zugehörigen Lösungen sind sehr ausführlich.

Die Prüfungsaufgaben

Die Original-Prüfungsaufgaben von 2017 bis 2021 wurden so angepasst und ergänzt, dass sie die gleiche Form und den gleichen Umfang haben wie die Aufgaben in der Prüfung 2022. So bekommt man ein gutes Gefühl für diese beim Durcharbeiten und damit die beste Voraussetzung für ein erfolgreiches Bestehen.

Der blaue Tippteil

Hat man keine Idee, wie man eine Aufgabe angehen soll, hilft der blaue Tippteil weiter: Zu jeder Aufgabe gibt es Tipps, die helfen, einen Ansatz zu finden, ohne die Lösung vorwegzunehmen.

Die QR-Codes und weiteres Material

Manche Dinge versteht man besser, wenn sie direkt erklärt werden: Dafür gibt es an vielen Stellen im Buch QR-Codes und Links, die direkt in den Web-Browser eingegeben werden können. Stefan Rosner erklärt dann in Videos die Aufgaben anschaulich und so, dass man sie verstehen kann:

frv.tv/7r

Unter www.freiburger-verlag.de gibt es weitere Übungsaufgaben, z.B. die kompletten, angepassten Realschulabschlussprüfungen von 2014, 2015 und 2016

Die Mathematik-Prüfung

Seit 2021 hat sich der Ablauf der Realschulabschlussprüfung geändert:

- Die Prüfung besteht aus zwei Pflichtteilen (Teil A 1 und A 2) und einem Wahlteil (Teil B)
- Zuerst sind die Aufgaben von Teil A 1 ohne Hilfsmittel (Taschenrechner und Formelsammlung) in 45 Minuten zu bearbeiten.
- Dann erfolgt eine 15-oder 20-minütige Pause
- Anschließend sind die Teile A2 und B mit Hilfsmitteln in 2 Stunden und 45 Minuten zu lösen.
- Im Teil B sind zwei von drei Aufgaben zu bearbeiten

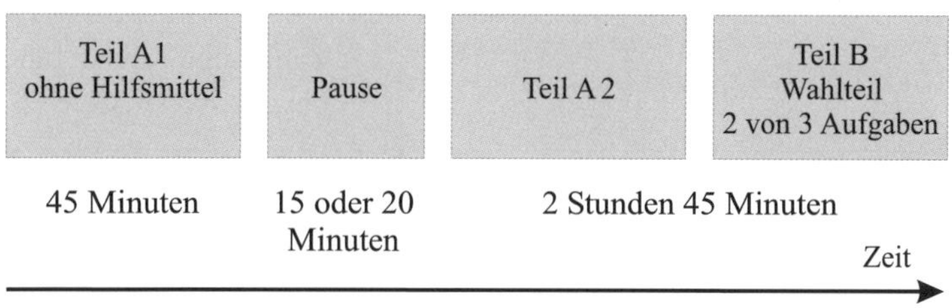

Die Punkteverteilung

Punkte	Note	Punkte	Note	Punkte	Note
0	6,0	16,5 - 17	4,3	33,5 - 34	2,6
0,5 - 1	5,9	17,5 - 18	4,2	34,5 - 35	2,5
1,5 - 2	5,8	18,5 - 19	4,1	35,5 - 36	2,4
2,5 - 3	5,7	19,5 - 20	4,0	36,5 - 37	2,3
3,5 - 4	5,6	20,5 - 21	3,9	37,5 - 38	2,2
4,5 - 5	5,5	21,5 - 22	3,8	38,5 - 39	2,1
5,5 - 6	5,4	22,5 - 23	3,7	39,5 - 40	2,0
6,5 - 7	5,3	23,5 - 24	3,6	40,5 - 41	1,9
7,5 - 8	5,2	24,5 - 25	3,5	41,5 - 42	1,8
8,5 - 9	5,1	25,5 - 26	3,4	42,5 - 43	1,7
9,5 - 10	5,0	26,5 - 27	3,3	43,5 - 44	1,6
10,5 - 11	4,9	27,5 - 28	3,2	44,5 - 45	1,5
11,5 - 12	4,8	28,5 - 29	3,1	45,5 - 46	1,4
12,5 - 13	4,7	29,5 - 30	3,0	46,5 - 47	1,3
13,5 - 14	4,6	30,5 - 31	2,9	47,5 - 48	1,2
14,5 - 15	4,5	31,5 - 32	2,8	48,5 - 49	1,1
15,5 - 16	4,4	32,5 - 33	2,7	49,5 - 50	1,0

I. Überblick

1. Rechengrundlagen

Bevor die einzelnen Themen dargestellt werden, ist es sinnvoll, zunächst einen Überblick über alle wichtigen Rechenregeln zu bekommen.

Thema	Beispiel	Vorgehen
1. Das Rechnen mit Brüchen		
Erweitern	$\frac{2}{5}(\text{mit } 3)=\frac{2\cdot 3}{5\cdot 3}=\frac{6}{15}$	Zähler und Nenner mit der gleichen Zahl mutiplizieren
Kürzen	$\frac{6}{15}(\text{mit } 3)=\frac{\cancel{6}^{2}}{\cancel{15}_{5}}=\frac{2}{5}$	Zähler und Nenner durch die gleiche Zahl dividieren
Addieren	$\frac{3}{2}+\frac{1}{3}=\frac{9}{6}+\frac{2}{6}=\frac{9+2}{6}=\frac{11}{6}$	1. So erweitern, dass gleiche Nenner vorliegen 2. Zähler addieren, Nenner beibehalten
Subtrahieren	$\frac{2}{4}-\frac{5}{6}=\frac{6}{12}-\frac{10}{12}=\frac{6-10}{12}=\frac{-4}{12}=-\frac{1}{3}$	1. So erweitern, dass gleiche Nenner vorliegen 2. Zähler subtrahieren, Nenner beibehalten
Multiplizieren	$\frac{2}{4}\cdot\frac{5}{3}=\frac{2\cdot 5}{4\cdot 3}=\frac{10}{12}=\frac{5}{6}$	$\frac{\text{Zähler}\cdot\text{Zähler}}{\text{Nenner}\cdot\text{Nenner}}$
Dividieren	$\frac{2}{4}:\frac{5}{3}=\frac{2}{4}\cdot\frac{3}{5}=\frac{2\cdot 3}{4\cdot 5}=\frac{6}{20}=\frac{3}{10}$	Mit dem Kehrbruch multiplizieren

Spezielle Brüche

- $\frac{0}{3}=0$ Ein Zähler von 0 führt zu einem Wert von 0.
- $\frac{3}{0}=?$ Ein Nenner von 0 führt zu einem nicht definierten Wert.

frv.tv/7r

2. Potenzgesetze		
Multiplizieren (gleiche Basis)	$3^5 \cdot 3^3 = 3^8$ $x^2 \cdot x^4 = x^6$	$a^m \cdot a^n = a^{m+n}$ Hochzahlen addieren
Dividieren (gleiche Basis)	$4^7 : 4^2 = 4^{7-2} = 4^5$ $x^6 : x^4 = x^{6-4} = x^2$	$a^m : a^n = a^{m-n}$ Hochzahlen subtrahieren
Multiplizieren (gleiche Hochzahl)	$5^4 \cdot 2^4 = (5 \cdot 2)^4 = 10^4$	$a^m \cdot b^m = (a \cdot b)^m$ Basen multiplizieren
Dividieren (gleiche Hochzahl)	$6^4 : 2^4 = \left(\frac{6}{2}\right)^4 = 3^4$	$a^m : b^m = \left(\frac{a}{b}\right)^m$ Basen dividieren

Bemerkung : Nur wenn die beiden Basen oder die beiden Hochzahlen übereinstimmen, darf (mithilfe obiger Regeln) multipliziert bzw. dividiert werden.

Mehrere Hochzahlen	$\left(3^3\right)^4 = 3^{3\cdot 4} = 3^{12} = 531441$ $\left(x^7\right)^3 = x^{7\cdot 3} = x^{21}$	$\left(a^m\right)^n = a^{m\cdot n}$ Hochzahlen multiplizieren

Spezielle Hochzahlen

- $17^0 = 1;\ \ x^0 = 1$ — Die Hochzahl 0 führt immer zu dem Wert 1.
- $2^{-3} = \frac{1}{2^3};\ \ a^{-2} = \frac{1}{a^2}$ — Eine negative Hochzahl wird durch das „Verschieben“ der Potenz in den Nenner positiv.

3. Das Auflösen von Klammern		
Auflösen einer „Plusklammer“	$2x+(x-6)$ $=2x+x-6$ $=3x-6$	Alles beibehalten
Auflösen einer „Minusklammer“	$2x-(x-6)$ $=2x-x+6$ $=x+6$	Alle Vorzeichen ändern
Verschachtelte Klammern	$2x-(3-(4x+1))$ $=2x-(3-4x-1)$ $=2x-(2-4x)$ $=2x-2+4x=6x-2$	Klammern von innen nach außen auflösen
Zahl · Klammer	$2x\cdot(3+4x)$ $=6x+8x^2$	$a\cdot(b+c)=a\cdot b+a\cdot c$
Klammer · Klammer	$(x+2)\cdot(3-4x)$ $=3x-4x^2+6-8x$ $=-4x^2-5x+6$	$(a+b)\cdot(c-d)=a\cdot c-a\cdot d+b\cdot c-b\cdot d$

4. Die binomischen Formeln		
1. Binomische Formel	$(2x+3)^2$ $=2x\cdot 2x+2\cdot 2x\cdot 3+3\cdot 3$ $=4x^2+12x+9$	$(a+b)^2=a^2+2ab+b^2$
2. Binomische Formel	$(3x-4)^2$ $=3x\cdot 3x-2\cdot 3x\cdot 4+4\cdot 4$ $=9x^2-24x+16$	$(a-b)^2=a^2-2ab+b^2$
3. Binomische Formel	$(4x+5)\cdot(4x-5)$ $=4x\cdot 4x-5\cdot 5$ $=16x^2-25$	$(a+b)\cdot(a-b)=a^2-b^2$

5. Faktorisieren (Aus einer Summe ein Produkt machen)		
Ausklammern	$10x^2y+15xy^2$ $=5xy\cdot(2x+3y)$	„Gemeinsames“ ausklammern
Binomische Formeln „rückwärts“	$x^2-8x+16$ $=(x-4)^2$	hier die 2. Binomische Formel

6. Das Rechnen mit Wurzeln		
Multiplizieren	$\sqrt{8}\cdot\sqrt{2}=\sqrt{8\cdot 2}=\sqrt{16}=4$ $\sqrt{x^3}\cdot\sqrt{x}=\sqrt{x^3\cdot x}=\sqrt{x^4}=x^2$	$\sqrt{a}\cdot\sqrt{b}=\sqrt{a\cdot b}$
Dividieren	$\sqrt{18x^4}:\sqrt{2x^2}=\sqrt{\frac{18x^4}{2x^2}}$ $=\sqrt{9x^2}=3x$	$\sqrt{a}:\sqrt{b}=\sqrt{\frac{a}{b}}$

Vorsicht bei Addition und Subtraktion

Beispiel: $\sqrt{6}+\sqrt{3}\neq\sqrt{9}$ oder $\sqrt{x^4-y^6}\neq x^2-y^3$

Zusatz: Die Schreibweise für sehr große und sehr kleine Zahlen		
Große Zahlen	$720000=7{,}2\cdot 10^5$ $8920000000=8{,}92\cdot 10^9$	…,… · $10^{+\text{„Anzahl an verschobenen Kommastellen“}}$
Kleine Zahlen	$0{,}00035=3{,}5\cdot 10^{-4}$ $0{,}0000087=8{,}7\cdot 10^{-6}$	…,… · $10^{-\text{„Anzahl an verschobenen Kommastellen“}}$

2. Gleichungen

Grundsätzliche Fragestellung

Für welchen Wert von x ergeben die beiden Seiten der Gleichung einen gleich großen Wert?

2.1 Lineare Gleichungen

Beispiel 1

$$\begin{aligned} 2x-4 &= 2 \quad &|+4 \\ 2x &= 6 \quad &|:2 \\ x &= 3 \end{aligned}$$

$$\left(\begin{aligned} &\text{Probe: Einsetzen von } x=3 \\ &2\cdot 3-4=2 \\ &6-4=2 \\ &2=2 \text{ (wahre Aussage)} \end{aligned}\right)$$

Beispiel 2

$$\begin{aligned} \frac{7}{2}x-\frac{1}{2} &= -\frac{5}{2}+\frac{1}{2}x \quad &|\cdot 2 \\ 7x-1 &= -5+1x \quad &|-x+1 \\ 6x &= -4 \quad &|:6 \\ x &= -\frac{4}{6} \\ x &= -\frac{2}{3} \end{aligned}$$

Vorgehen: Alle „Summanden mit x" müssen auf die eine, alle „Summanden ohne x" auf die andere Seite der Gleichung umgeordnet werden. Dann wird x isoliert.

2.2 Quadratische Gleichungen

Typ 1 (Reinquadratische Gleichung)

Beispiel 1

$$\begin{aligned} 2x^2-8 &= 0 \quad &|+8 \\ 2x^2 &= 8 \quad &|:2 \\ x^2 &= 4 \quad &|\sqrt{} \\ x_1 &= \sqrt{4}=2 \\ x_2 &= -\sqrt{4}=-2 \end{aligned}$$

Beispiel 2

$$\begin{aligned} -1-2x^2 &= -5x^2-1 \quad &|+5x^2+1 \\ 3x^2 &= 0 \quad &|:3 \\ x^2 &= 0 \quad &|\sqrt{} \\ x &= \sqrt{0}=0 \end{aligned}$$

Merkmal: Nur x^2 und „Zahl"; „kein x"

Vorgehen: x^2 isolieren. Dann $\sqrt{}$.

frv.tv/7s

Typ 2 (Gemischtquadratische Gleichung)

Beispiel : $3x^2-3x-18=0$

***abc*-Formel** oder ***pq*-Formel**

$$3x^2-3x-18=0 \quad |:3 \text{ (vor } x^2 \text{ muss 1 stehen!)}$$
$$x^2-x-6=0$$

$$\boldsymbol{x_{1|2}=\frac{-b\pm\sqrt{b^2-4\cdot a\cdot c}}{2\cdot a}}$$

$(a=3;\ b=-3;\ c=-18)$

$$x_{1/2}=\frac{-(-3)\pm\sqrt{(-3)^2-4\cdot 3\cdot(-18)}}{2\cdot 3}$$
$$=\frac{3\pm\sqrt{225}}{6}=\frac{3\pm 15}{6}$$
$$x_1=\frac{3-15}{6}=-2;\ x_2=\frac{3+15}{6}=3$$

$$\boldsymbol{x_{1|2}=-\frac{p}{2}\pm\sqrt{\left(\frac{p}{2}\right)^2-q}}$$

$(p=-1;\ q=-6)$

$$x_{1/2}=-\frac{(-1)}{2}\pm\sqrt{\left(\frac{(-1)}{2}\right)^2-(-6)}$$
$$=0{,}5\pm\sqrt{6{,}25}=\frac{1}{2}\pm 2{,}5$$
$$x_1=0{,}5-2{,}5=-2;\ x_2=0{,}5+2{,}5=3$$

Merkmal : x^2, x und „Zahl“
Vorgehen : *abc*-Formel oder *pq*-Formel

Die Diskriminante (D)

Den Ausdruck, der bei der *abc*- bw. *pq*-Formel **unter der Wurzel** steht, nennt man Diskriminante. Deren Vorzeichen entscheidet darüber, ob die Gleichung zwei, eine oder keine Lösung besitzt (siehe auch Seite S. 34-37).

$$\text{Falls}\begin{cases}\mathbf{D>0} & \left(\sqrt{+\ldots}\right)\\ \mathbf{D=0} & \left(\sqrt{0}\right)\\ \mathbf{D<0} & \left(\sqrt{-\ldots}\right)\end{cases}\text{ besitzt die Gleichung }\begin{cases}\mathbf{2}\\ \mathbf{1}\\ \textbf{keine}\end{cases}\text{ Lösung(en).}$$

Zusatz : Der Satz vom Nullprodukt (Erklärung im Video: frv.tv/7s)

Gleichungen der Form $ax^2+bx=0$ können hierdurch schneller als mit der *abc*- bzw. *pq*-Formel gelöst werden.

Beispiel

$$2x^2-4x=0$$
$$x\cdot(2x-4)=0$$

S. v. Nullpr.

$x_1=0$

$$2x-4=0$$
$$2x=4$$
$$x_2=2$$

2.3 Lineare Gleichungssysteme (LGS)

Einordnung: Wenn **2 Gleichungen** gegeben sind, wobei jede Gleichung **2 Variablen** (meist x und y) besitzt, nennt man die Gleichungen zusammen ein lineares Gleichungssystem (LGS).
Ziel ist es, die Zahlenwerte (Lösungen) für x und y zu finden, sodass **beide Gleichungen** auf eine wahre Aussage führen.

Vorgehen: Es gibt 3 verschiedene Rechenverfahren, um zu den Lösungen zu gelangen.

Beispiel: (1) $2x+5y=12$
(2) $x-4y=-7$

1. Gleichsetzungsverfahren	
1. Beide Gleichungen nach der gleichen Variablen (x oder y) **auflösen**.	(1) $2x+5y=12 \quad \vert -5y$ $2x=-5y+12 \quad \vert :2$ $x=-2{,}5y+6$ (2) $x-4y=-7 \quad \vert +4y$ $x=4y-7$
2. Gleichsetzen. Wert einer Variablen **berechnen**.	$-2{,}5y+6=4y-7 \quad \vert +2{,}5y\ +7$ $13=6{,}5y \quad \vert :6{,}5$ $2=y$
3. Durch **Einsetzen** den Wert der anderen Variablen **berechnen**.	$y=2$ in (2): $x=4y-7$ $x=4\cdot 2-7$ $x=1$

frv.tv/7t

2. Einsetzungsverfahren	
1. Eine Gleichung nach x oder y **auflösen**.	$(2): \quad x-4y=-7 \quad \mid +4y$ $x=4y-7$
2. In die andere Gleichung **einsetzen** (Klammer!). Wert der anderen Variablen **berechnen**.	$x=4y-7$ in (1): $2x+5y=12$ $2\cdot(4y-7)+5y=12$ $8y-14+5y=12 \quad \mid +14$ $13y=26 \quad \mid :2$ $y=2$
3. Durch **Einsetzen** den Wert der ersten Variablen **berechnen**.	$y=2$ in (2): $x=4y-7$ $x=4\cdot 2-7$ $x=1$

3. Additionsverfahren	
1. Beide Gleichungen so umformen, dass x oder y mit **gleichem „Zahlenwert"**, aber **verschiedenen Vorzeichen** auftritt.	(1) $2x+5y=12$ (2) $x-4y=-7 \quad \mid \cdot(-2)$ (1′) $\mathbf{2}x+5y=12$ (2′) $\mathbf{-2}x+8y=14$
2. Gleichungen addieren. Wert einer Variablen **berechnen**.	$(1')+(2')$: $\mathbf{2}x-\mathbf{2}x+5y+8y=12+14$ $13y=26 \quad \mid :13$ $y=2$
3. Durch **Einsetzen** den Wert der anderen Variablen **berechnen**.	$y=2$ in (2): $x-4y=-7$ $x-4\cdot 2=-7$ $x-8=-7 \quad \mid +8$ $x=1$

Zusatz: Graphisches Verfahren

Wenn man die Gleichungen jeweils nach ***y*** auflöst, kann man sie als Geraden betrachten. Die Lösung entspricht dem Schnittpunkt der beiden Geraden (S. 24).

2.4. Bruchgleichungen

Die hier aufgeführten Bruchgleichungen sind zwar recht anspruchsvoll, enthalten dafür aber auch alle gängigen Variationen. Eine ausführliche Erklärung gibt es im Video.

Bruchgleichungen lösen (am Beispiel 1)	
1. Nenner durch **Ausklammern** oder **binomische Formeln** in Faktoren zerlegen.	$\frac{x}{3x+9}=\frac{x+12}{x^2+6x+9}$ $\frac{x}{3\cdot(x+3)}=\frac{x+12}{(x+3)^2}$
2. Hauptnenner festlegen Dieser enthält alle Faktoren aus dem Nenner in der höchsten vorkommenden Potenz.	Hauptnenner (HN): $3\cdot(x+3)^2$
3. Definitionsbereich festlegen. $D=R \setminus \{\text{Nullstellen des Nenners}\}$	$D=\mathbb{R} \setminus \{-3\}$
4. Mit **Hauptnenner durchmultiplizieren**, dabei kürzen.	$\frac{x}{3\cdot(x+3)}=\frac{x+12}{(x+3)^2} \quad \vert\cdot 3\cdot(x+3)^2$ $\cancel{3}\cdot(x+3)^{\cancel{2}}\cdot\frac{x}{\cancel{3}\cdot\cancel{(x+3)}}=3\cdot\cancel{(x+3)^2}\cdot\frac{x+12}{\cancel{(x+3)^2}}$ $(x+3)\cdot x=3\cdot(x+12)$
5. Gleichung lösen.	$(x+3)\cdot x=3\cdot(x+12)$ $x^2+3x=3x+36 \quad \vert-3x$ $x^2=36 \quad \vert\sqrt{}$ $x_1=-6$ $x_2=6$
6. Lösungsmenge angeben. Hierbei Definitionsmenge beachten!	$L=\{-6;\ 6\}$

frv.tv/7u

Beispiel **2 (ehemalige Prüfungsaufgabe)**

1.
$$\frac{4x^2+3x-6}{x^2+2x} = \frac{1-3x}{x} - \frac{4+x}{x+2}$$
$$\frac{4x^2+3x-6}{x\cdot(x+2)} = \frac{1-3x}{x} - \frac{4+x}{x+2}$$

2. Hauptnenner (HN): $x\cdot(x+2)$

3. $D = R \setminus \{-2;\ 0\}$

4.
$$\frac{4x^2+3x-6}{x\cdot(x+2)} = \frac{1-3x}{x} - \frac{4+x}{x+2} \qquad |\cdot x\cdot(x+2)$$
$$\cancel{x}\cdot\cancel{(x+2)}\cdot\frac{4x^2+3x-6}{\cancel{x}\cdot\cancel{(x+2)}} = \cancel{x}\cdot(x+2)\cdot\frac{1-3x}{\cancel{x}} - x\cdot\cancel{(x+2)}\cdot\frac{4+x}{\cancel{x+2}}$$

5.
$$4x^2+3x-6 = (x+2)\cdot(1-3x) - x\cdot(4+x)$$
$$4x^2+3x-6 = x-3x^2+2-6x-4x-x^2$$
$$4x^2+3x-6 = -4x^2-9x+2 \qquad |+4x^2+9x-2$$
$$8x^2+12x-8 = 0 \qquad |:8$$
$$x^2+1{,}5-1 = 0$$

mit *pq*-Formel: $p = 1{,}5;\ q = -1$ (oder *abc*-Formel)

$$x_{1/2} = -\frac{1{,}5}{2} \pm \sqrt{\left(\frac{1{,}5}{2}\right)^2 - (-1)} = -0{,}75 \pm \sqrt{0{,}75^2+1} = -0{,}75 \pm 1{,}25$$

$x_1 = -0{,}75 - 1{,}25 = -2;$

$x_2 = -0{,}75 + 1{,}25 = 0{,}5$

6. $L = \{\ 0{,}5\ \}$

Da -2 aus der Definitionsmenge ausgeschlossen wurde, kann -2 nicht Lösung sein.

3. Lineare Funktionen (Geraden)

3.1 Die allgemeine Geradengleichung

$\boldsymbol{y = m \cdot x + b}$

Vorgehen zum Einzeichnen:

$$y = \frac{\textit{hoch / runter}}{\textit{rechts}} \cdot x + \textit{y-Achsen-abschnitt}$$

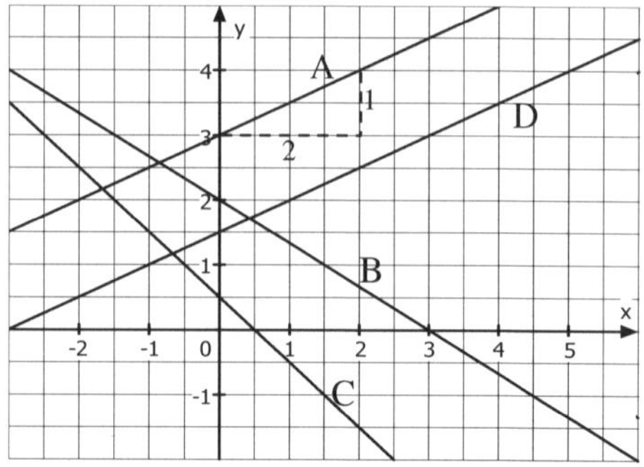

$A: \ y = \frac{1}{2}x + 3$ $\qquad$ $B: \ y = -\frac{2}{3}x + 2$

$C: \ y = -x + 0,5$ $\qquad$ $D: \ y = 0,5x + 1,5$

3.2 Sonderfälle

- **Ursprungsgerade**

  $\boldsymbol{y = m \cdot x}$

  Spezielle Ursprungsgeraden

  1. Winkelhalbierende: $y = x$
  2. Winkelhalbierende: $y = -x$

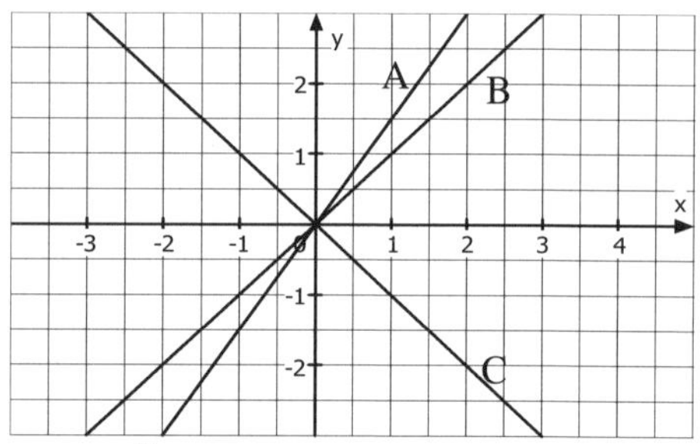

$A: y = \frac{3}{2}x$ $\qquad$ $B: y = x$ $\qquad$ $C: y = -x$

- **Parallelen zu einer Koordinatenachse**

  Parallele zur x-Achse

  $\boldsymbol{y =}$ **„Zahl"**

  Parallele zur y-Achse

  $\boldsymbol{x =}$ **„Zahl"**

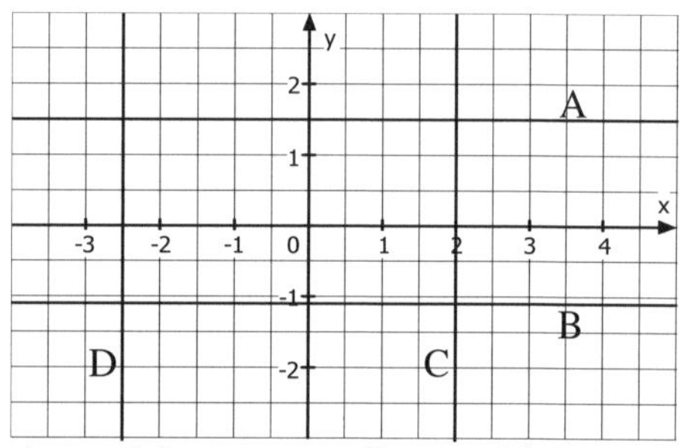

$A: y = 1,5$ $\qquad$ $B: y = -1,1$

$C: x = 2$ $\qquad$ $D: x = -2,5$

frv.tv/7v

3.3 Parallele und senkrechte Geraden

- Zueinander **parallele** Geraden:

Beispiel: $y = \frac{2}{3}x + 1$ (B)

$y = \frac{2}{3}x + 2$ (A)

gleiche Steigungen ($m_1 = m_2$)

- Zueinander **senkrechte** Geraden:

Beispiel: $y = \frac{2}{3}x + 2$ (A)

$y = -\frac{3}{2}x + 1$ (C)

Eine Steigung ist der **negative Kehrwert** der anderen Steigung; oder: Produkt aus den beiden Steigungen ergibt -1 ($m_1 \cdot m_2 = -1$)

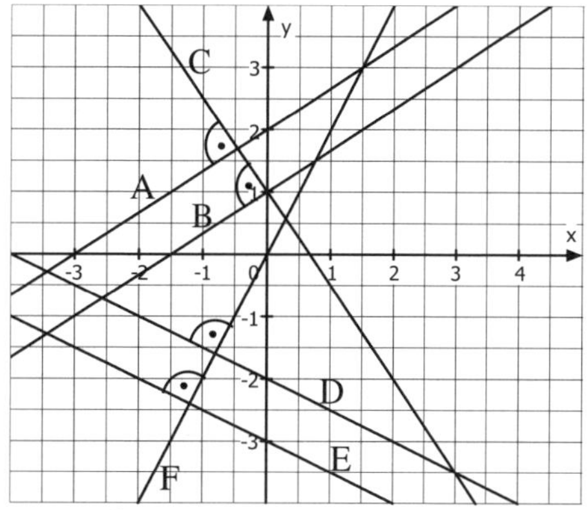

A: $y = \frac{2}{3}x + 2$ B: $y = \frac{2}{3}x + 1$

C: $y = -\frac{3}{2}x + 1$ D: $y = -\frac{1}{2}x - 2$

E: $y = -\frac{1}{2}x - 3$ F: $y = 2x$

Beispiele

Gerade	… dazu parallel (z.B.)	… dazu senkrecht (z.B.)
$y = \frac{4}{3}x - 2$	$y = \frac{4}{3}x + 5$	$y = -\frac{3}{4}x + 2$
$y = -\frac{1}{2}x + 4$	$y = -\frac{1}{2}x - 3$	$y = 2x - 2$
$y = 4x - 1$	$y = 4x + 2$	$y = -\frac{1}{4}x + 1$
$y = 2$	$y = -2$	$x = 1$
$x = 2$	$x = 5$	$y = 1$

3.4 Punkte auf Geraden berechnen

Beispiel: Gegeben ist die Gerade mit $y = -2x + 5$.

a) Der Punkt P(2 |) liegt auf der Geraden. Berechnen Sie den y-Wert.

***y*-Wert eines Punktes berechnen**	
Einsetzen des x-Wertes.	Einsetzen von 2 für x: $y = -2 \cdot 2 + 5 = -4 + 5 = 1$. Somit P(2 | 1).

b) Der Punkt Q(| 6) liegt auf der Geraden. Berechnen Sie den x-Wert.

***x*-Wert eines Punktes berechnen**	
Einsetzen des y-Wertes. **Gleichung lösen**.	Einsetzen von 6 für y: $6 = -2x + 5 \quad \vert -5$ $1 = -2x \quad \vert :(-2)$ $-0{,}5 = x$ Somit Q(–0,5 | 6).

c) Überprüfen Sie, ob der Punkt R(1 | 3) auf der Geraden liegt.

Überprüfen, ob ein Punkt auf einer Geraden liegt (Punktprobe)	
Einsetzen des x- und y-Wertes. **Ausrechnen**. Bei einer **wahren Aussage** liegt der Punkt **auf** der Geraden. (Bei einer falschen Aussage nicht.)	Einsetzen von 1 für x und 3 für y: $y = -2x + 5$ $3 = -2 \cdot 1 + 5$ $3 = -2 + 5$ $3 = 3$ Wahre Aussage, somit liegt R auf der Geraden.

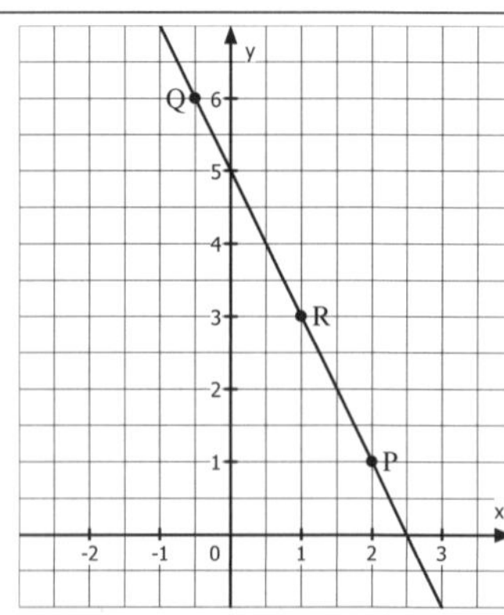

fry.tv/7w

3.5 Achsenschnittpunkte von Geraden berechnen

Beispiel : Gegeben ist die Gerade mit $y = -2x + 5$.

a) Berechnen Sie die Koordinaten des Schnittpunktes mit der y-Achse.

Schnittpunkt mit *y*-Achse berechnen	
Einsetzen von **0 für *x***.	$y = -2 \cdot 0 + 5 = 5$. Somit $S_y(0 \mid 5)$.

b) Berechnen Sie die Koordinaten des Schnittpunktes mit der x-Achse.

Schnittpunkt mit *x*-Achse berechnen (Nullstelle)	
Einsetzen von **0 für *y***. **Gleichung lösen**.	$0 = -2x + 5 \quad \mid +2x$ $2x = 5 \quad \mid :2$ $x = 2{,}5$ Somit $S_x(2{,}5 \mid 0)$.

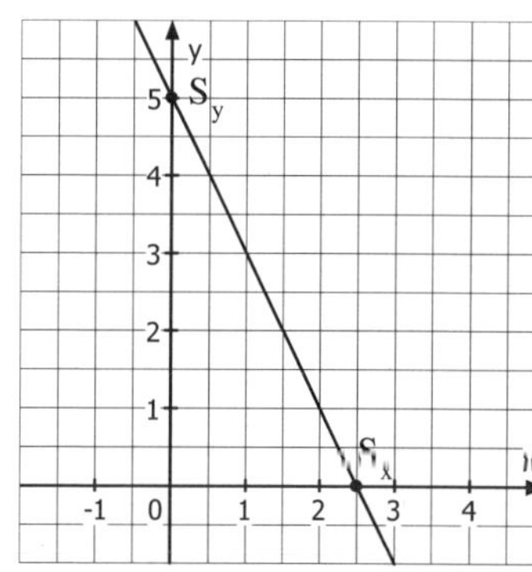

3.6 Schnittpunkte von Geraden berechnen

Beispiel 1: Gegeben sind die Geraden g mit $y=-2x+5$ und h mit $y=x-1$.
Berechnen Sie den Schnittpunkt der beiden Geraden.

Schnittpunkt zweier Geraden berechnen	
1. Gleichsetzen der Geradengleichungen. **Gleichung** nach x **auflösen**.	$-2x+5=x-1 \quad \vert -5\ -x$ $-3x=-6 \quad \vert :(-3)$ $x=2$
2. *x*-Wert in eine der beiden Geradengleichungen **einsetzen**.	$x=2$ in $y=-2x+5$: $y=-2\cdot 2+5=-4+5=1$ Schnittpunkt S(2 | 1).

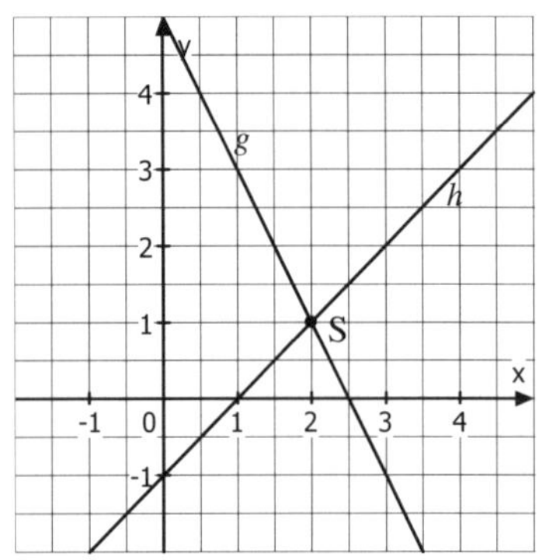

Beispiel 2: Gegeben sind die Geraden g mit $y=\frac{1}{2}x+3$ und h mit $y=\frac{5}{2}x-3$.
Untersuchen Sie auf einen Schnittpunkt.

1. Gleichsetzen:

$$\frac{1}{2}x+3=\frac{5}{2}x-3 \quad \vert -\frac{1}{2}x\ +3$$
$$6=2x \quad \vert :2$$
$$3=x$$

2. Einsetzen:

$$y=\frac{1}{2}\cdot 3+3=\frac{3}{2}+3=4{,}5$$

Schnittpunkt S(3 | 4,5).

frv.tv/7x

Spezialfall: Untersuchung bei parallelen Geraden

Beispiel : Gegeben sind die Geraden g mit $y=-2x+5$ und h mit $y=-2x+3$.
Untersuchen Sie auf einen Schnittpunkt.

Gleichsetzen:

$$-2x+5=-2x+3 \quad |+2x \; -5$$
$$0=-2$$

Widerspruch, keine Lösung

Parallele Geraden haben **keinen Schnittpunkt**.

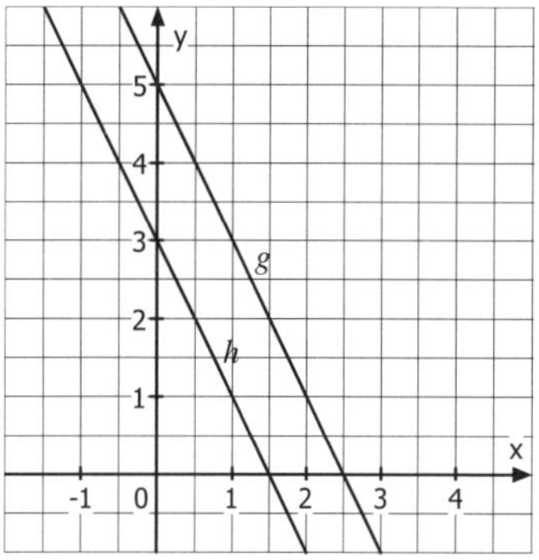

3.7 Aufstellen einer Geradengleichung

1. Aufgabentyp: Gegeben sind ein **Geradenpunkt (P)** und die **Steigung (*m*)**.

Beispiel: P(2 | 4); $m = -1$

Aufstellen aus P und *m* durch Einsetzen	
Koordinaten von P und Steigung *m* in $y = mx + b$ **einsetzen**. Gleichung nach *b* **auflösen**.	$y = m \cdot x + b$ $4 = (-1) \cdot 2 + b$ $4 = -2 + b \qquad \mid +2$ $6 = b$ $\Rightarrow y = -x + 6$

2. Aufgabentyp: Gegeben sind ein **Geradenpunkt (P)** und der ***y*-Achsenabschnitt (*b*)**.

Beispiel: P(2 | 4); $b = 6$

Aufstellen aus P und *b* durch Einsetzen	
Koordinaten von P und *b* in $y = mx + b$ **einsetzen**. Gleichung nach *m* **auflösen**.	$y = m \cdot x + b$ $4 = m \cdot 2 + 6 \qquad \mid -6$ $-2 = 2m \qquad \mid : 2$ $-1 = m$ $\Rightarrow y = -x + 6$

frv.tv/7v

3. Aufgabentyp : Gegeben sind **zwei Geradenpunkte (P_1, P_2)**

Beispiel: $P_1(1|2)$; $P_2(3|5)$

1. Möglichkeit: Aufstellen aus 2 Punkten durch Formel	
1. m durch **Formel** $m = \frac{y_2 - y_1}{x_2 - x_1}$ ermitteln.	$m = \frac{y_2 - y_1}{x_2 - x_1} = \frac{5-2}{3-1} = \frac{3}{2} = 1{,}5$
2. m und Koordinaten von (z.B.) P_1 in $y = mx + b$ **einsetzen.** Gleichung nach b **auflösen.**	$y = m \cdot x + b$ $2 = 1{,}5 \cdot 1 + b$ $2 = 1{,}5 + b \quad \| -1{,}5$ $0{,}5 = b$ $\Rightarrow y = 1{,}5x + 0{,}5$

2. Möglichkeit: Aufstellen aus 2 Punkten durch lineares Gleichungssystem (LGS)	
1. Koordinaten von P_1 und P_2 in $y = mx + b$ **einsetzen.** Man erhält ein LGS.	$P_1: 2 = m \cdot 1 + b \quad (1)$ $P_2: 5 = m \cdot 3 + b \quad (2)$
2. LGS lösen, z.B. mit Gleichsetzungsverfahren (S. 16).	$2 = m \cdot 1 + b \rightarrow b = 2 - m \quad (1)$ $5 = m \cdot 3 + b \rightarrow b = 5 - 3m \quad (2)$ Gleichsetzen: $2 - m = 5 - 3m \quad \| +3m - 2$ $2m = 3 \quad \|: 2$ $m = 1{,}5$ Einsetzen: $b = 2 - 1{,}5 = 0{,}5$ $\Rightarrow y = 1{,}5x + 0{,}5$

4. Quadratische Funktionen (Parabeln)

4.1 Parabeln der Form $y = a \cdot x^2 + c$

Allgemein: $y = a \cdot x^2 + c$

Streckfaktor

Für a zwischen -1 und 1 ist die Parabel weiter als die Normalparabel.
Ansonsten enger.

$a > 0$: nach oben geöffnet
$a < 0$: nach unten geöffnet

Scheitelpunkt S(0 | c)

c gibt den y-Wert des Scheitelpunktes an.

$c > 0$: Versch. nach oben
$c < 0$: Versch. nach unten

Am Beispiel: $y = 1{,}5 \cdot x^2 + 1$

Parabel enger
nach oben geöffnet

S(0 | 1)

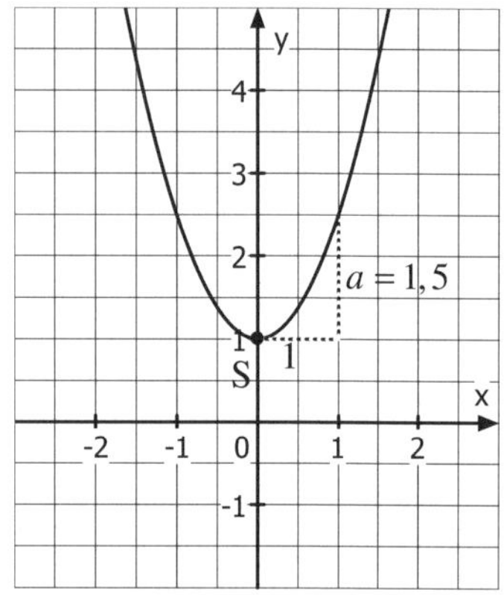

Weitere Beispiele

$y = x^2$; S(0 | 0)

Normalparabel (nicht enger/weiter)

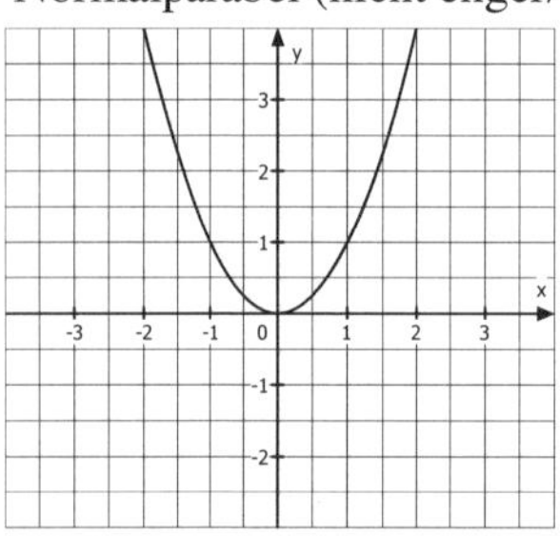

$y = x^2 - 1$; S(0 | −1)

Normalparabel (nicht enger/weiter)

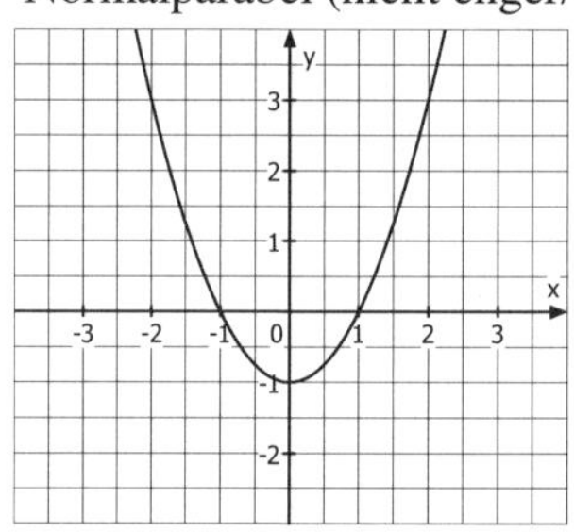

$y = -x^2 - 1$; S(0 | −1)

Normalparabel; nach unten geöffnet

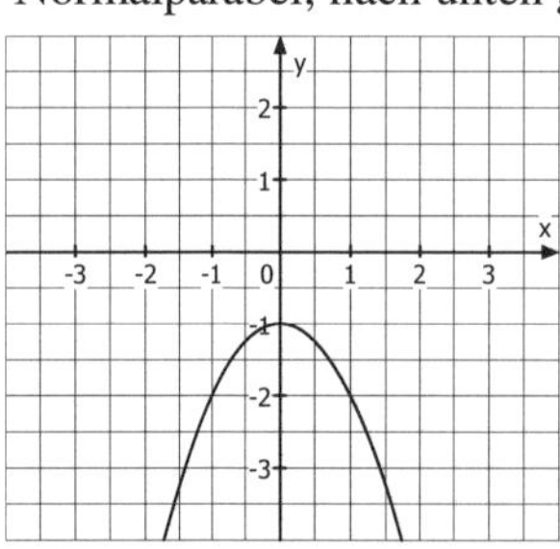

$y = -2x^2 + 3$; S(0 | 3)

enger als Normalparabel; nach unten geöffnet

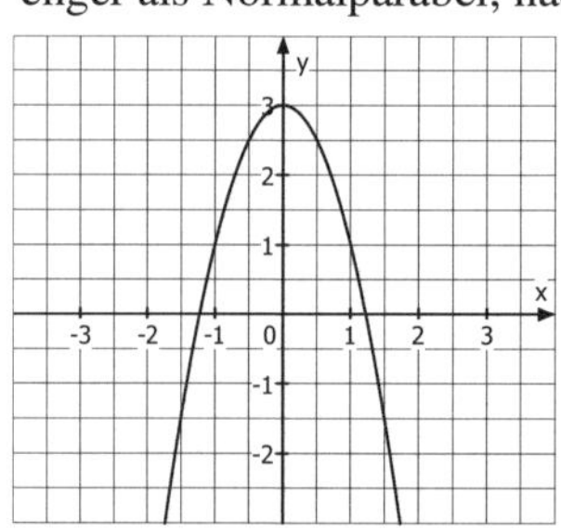

Hinweis: Parabeln dieser Form sind achsensymmetrisch zur y-Achse.

frv.tv/7z

4.2 Parabeln der Form $y = (x - d)^2 + c$ (Scheitelpunktform)

Verschobene Normalparabel (nicht enger bzw. weiter) mit Scheitelpunkt **S(*d* | *c*)**.

Beispiel 1: $y = (x+4)^2 + 0,5$ mit $S(-4 \mid 0,5)$

Beispiel 2: $y = (x-3)^2 - 2$ mit $S(3 \mid -2)$

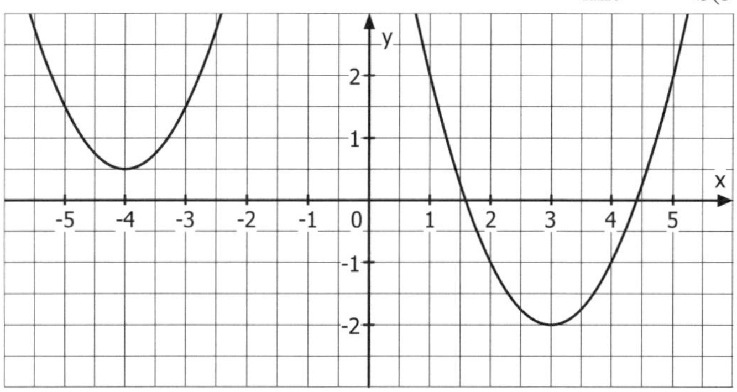

Hinweis: Beachten Sie die „**vertauschten Vorzeichen**" beim ***x*-Wert des Scheitels**.

Weitere Beispiele

$y = (x+1)^2 - 1$ mit $S(-1 \mid -1)$

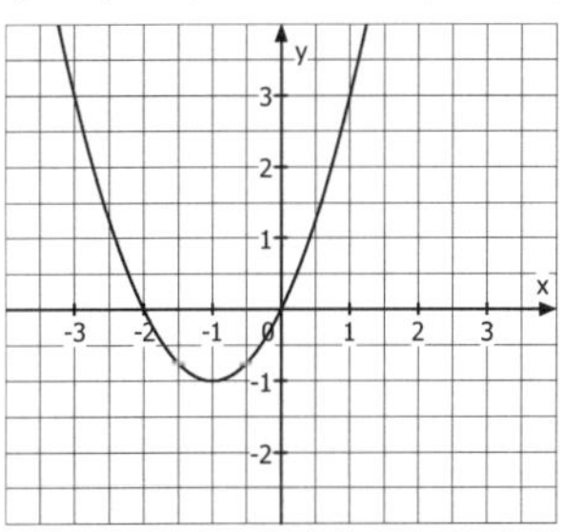

$y = (x+1,5)^2$ mit $S(-1,5 \mid 0)$

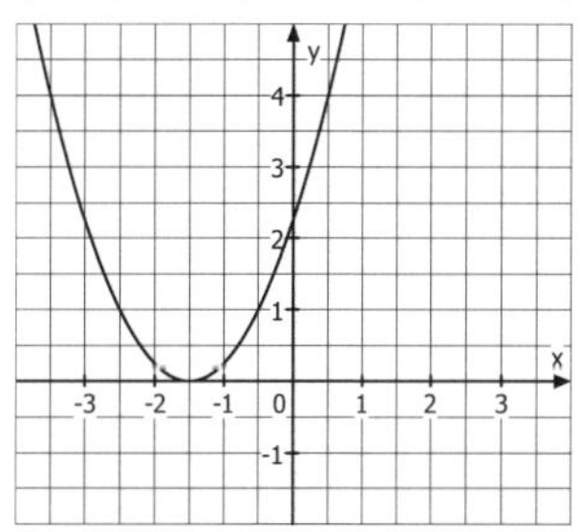

Umwandeln (in Normalform): Ausmultiplizieren

Beispiel: $y = (x+4)^2 - 0,5$

$y = (x+4)^2 - 0,5$ (Klammer **ausmultiplizieren**, mithilfe binomischer Formeln S. 12)

$y = x^2 + 8x + 16 - 0,5$

$y = x^2 + 8x + 15,5$

4.3 Parabeln der Form $y = x^2 + px + q$ (Normalform)

Sind verschobene Normalparabeln (nicht enger bzw. weiter), welche die y-Achse in **(0 | *q*)** schneiden.

Beispiel : $y = x^2 - 2x + 2$

mit $(0|2)$

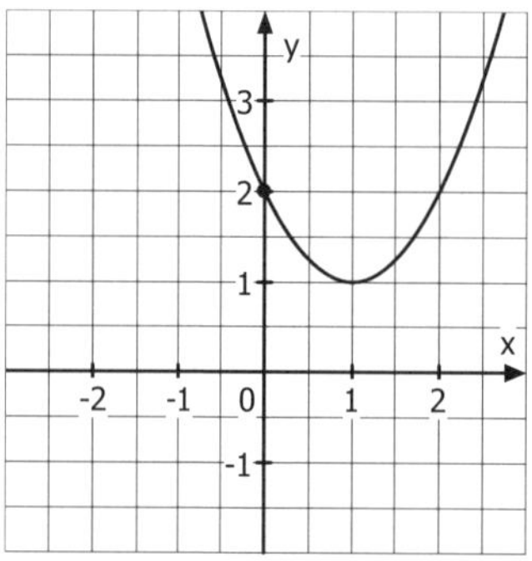

Beispiel : $y = x^2 + x - 1$

mit $(0|-1)$

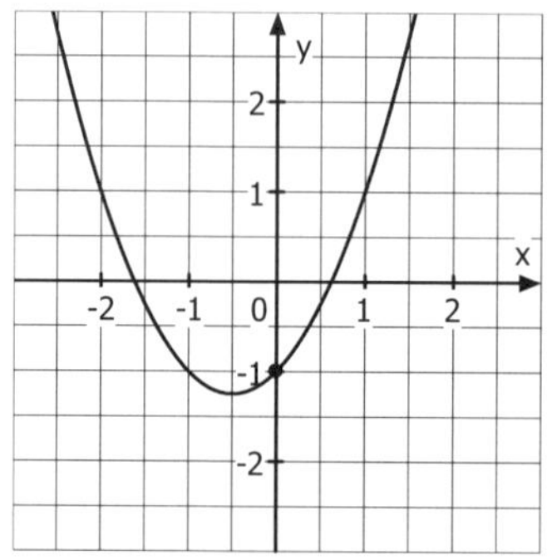

Weitere Beispiele

$y = x^2 - 3x$

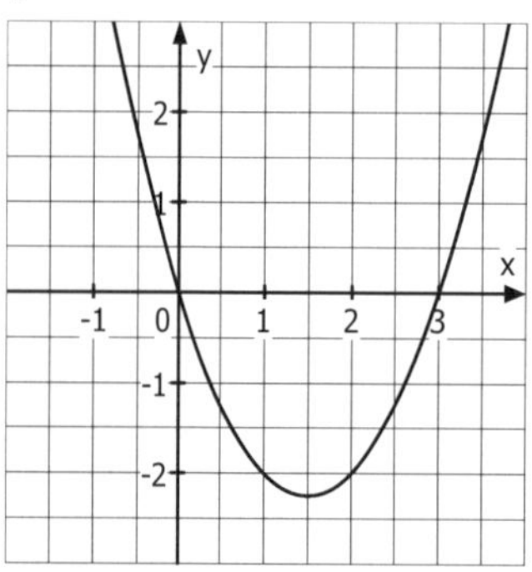

$y = x^2 + 0,5x + 1$

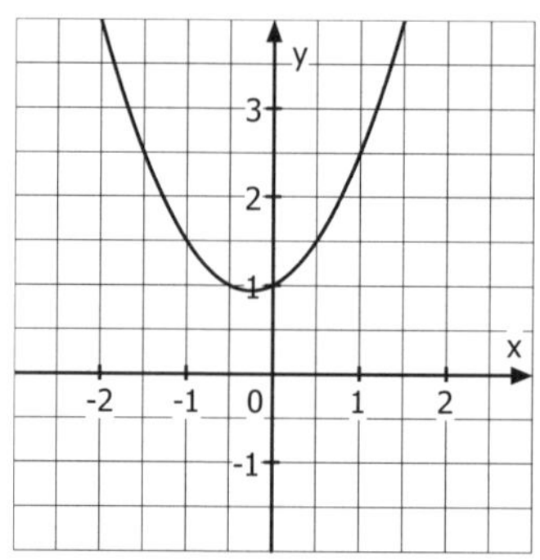

Bei einer Parabelgleichung in dieser Form kann der **Scheitelpunkt nicht abgelesen** werden.
Hierzu benötigt man die Vorgehensweisen, welche auf der **nächsten Seite** dargestellt sind.

frv.tv/8a

Bestimmung des Scheitelpunktes

Beispiel 1: $y = x^2 + 4x + 3$

1. Möglichkeit: Quadratische Ergänzung	
1. $\left(\frac{p}{2}\right)^2$ **hinzuaddieren und subtrahieren**	$p = 4;$ $y = x^2 + 4x + \left(\frac{4}{2}\right)^2 + 3 - \left(\frac{4}{2}\right)^2$ $y = x^2 + 4x + \mathbf{4} + 3 - \mathbf{4}$
2. Biomische Formel bilden (aus den ersten 3 Summanden; „hintere Zahlen verrechnen“)	$y = x^2 + 4x + 4 \quad + 3 - 4$ $y = \quad (x+2)^2 \quad -1$
3. Koordinaten des Scheitelpunktes ablesen	$S(-2 \mid -1)$

2. Möglichkeit: Formel (siehe Formelsammlung)	
Formel anwenden $S\left(-\frac{p}{2} \;\middle|\; q - \frac{p^2}{4}\right)$	$p = 4;\ q = 3$ $S\left(-\frac{4}{2} \;\middle|\; 3 - \frac{4^2}{4}\right) \Rightarrow S(-2 \mid 3-4) \Rightarrow S(-2 \mid -1)$

Beispiel 2: $y = x^2 - 6x - 2$

1. Möglichkeit (Quadratische Ergänzung)

1. $p = -6;$

   $y - x^2 - 6x + \left(\frac{-6}{2}\right)^2 - 2 - \left(\frac{-6}{2}\right)^2$

   $y = x^2 - 6x + \mathbf{9} - 2 - \mathbf{9}$

2. $y = (x-3)^2 - 11$

3. $S(3 \mid -11)$

2. Möglichkeit (Formel)

$p = -6;\ q = -2$

$$S\left(-\frac{(-6)}{2} \;\middle|\; -2 - \frac{(-6)^2}{4}\right) \Rightarrow S\left(3 \;\middle|\; -2 - \frac{36}{4}\right) \Rightarrow S(3 \mid -11)$$

4.4 Aufstellen einer Parabelgleichung

1. Situation: Falls der Scheitelpunkt gegeben ist

Beispiel

Eine verschobene Normalparabel hat den Scheitelpunkt S(2 | –3).
Ermitteln Sie deren Gleichung.

Aufstellen aus dem Scheitelpunkt	
Einsetzen der Koordinaten $S(\boldsymbol{d} \mid \boldsymbol{c})$ in $y=(x-\boldsymbol{d})^2+\boldsymbol{c}$	Koordinaten von S(2 | –3) einsetzen: $y=(x-2)^2-3$

2. Situation: Falls 2 Schnittpunkte mit der *x*-Achse (Nullstellen) gegeben sind

Beispiel

Eine verschobene Normalparabel schneidet die *x*-Achse in $N_1(-1 \mid 0)$ und $N_2(3 \mid 0)$.
Ermitteln Sie die Gleichung der Parabel.

1. Möglichkeit: Aufstellen aus 2 Schnittpunkten mit der *x*-Achse (mit der Scheitelpunktform)	
1. *x* - Wert des Scheitels ermitteln (immer in der Mitte zwischen den *x* - Werten der Nullstellen, siehe Schaubild unten)	$x=\frac{-1+3}{2}=1$ (Mitte zwischen $x=-1$ und $x=3$)
2. Scheitelpunktform (soweit bekannt) **angeben**	$y=(x-1)^2+c$
3. Koordinaten eines Schnittpunktes mit der *x*-Achse einsetzen	$N_2(3 \mid 0)$ einsetzen in $y=(x-1)^2+c$: $0=(3-1)^2+c$ $0=2^2+c$ $0=4+c \quad \mid -4$ $-4=c$ Somit: $y=(x-1)^2-4$

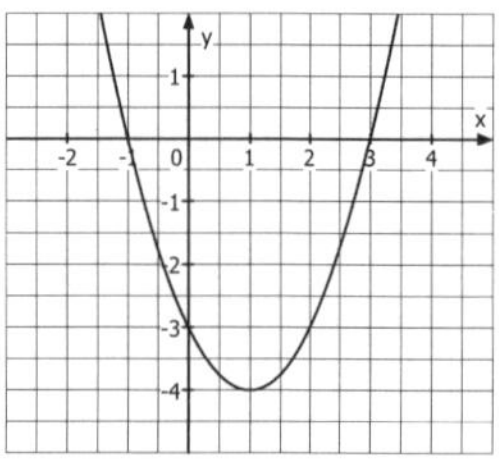

frv.tv/8b

2. Möglichkeit: Aufstellen aus 2 Schnittpunkten mit der x-Achse (mit dem Nullstellenansatz)	
Einsetzen der Nullstellen $\boldsymbol{x_1}$ und $\boldsymbol{x_2}$ in $y=(x-\boldsymbol{x_1})\cdot(x-\boldsymbol{x_2})$	$x_1=-1$ und $x_2=3$ einsetzen: $y=(x-(-1))\cdot(x-3)$ Somit: $y=(x+1)\cdot(x-3)$

Ausführliche Erklärung im Video.

3. Situation: Falls 2 beliebige Punkte gegeben sind

Beispiel

Eine verschobene Normalparabel verläuft durch die Punkte $P_1(-2\,|\,-1)$ und $P_2(1\,|\,2)$. Ermitteln Sie die Gleichung der Parabel.

Aufstellen einer Parabelgleichung aus 2 beliebigen Punkten	
1. Einsetzen der Punktkoordinaten in $y = x^2 + px + q$ (Man erhält ein Lineares Gleichungssystem LGS)	$y=x^2+px+q$ $P_1(-2\,|\,-1)$: $-1=(-2)^2+p\cdot(-2)+q$ $-1=4-2p+q \quad |-4+2p$ $2p-5=q \quad (1)$ $P_2(1\,|\,2)$: $2=1^2+p\cdot 1+q$ $2=1+p+q \quad |-1-p$ $-p+1=q \quad (2)$
2. LGS lösen (S. 16) (Z.B mit dem Gleichsetzungsverfahren)	Gleichsetzen: $2p-5=-p+1 \quad |+p+5$ $3p=6 \quad |:3$ $p=2$ Einsetzen in (1): $q=2\cdot 2-5=-1$
3. Einsetzen in $y = x^2 + px + q$ und Parabelgleichung angeben.	$y=x^2+2x-1$

4.5 Parabel schneidet x-Achse / Gerade / Parabel (rechnen mit *abc*-Formel)

Parabel schneidet x-Achse

Beispiel: $y = x^2 - x - 2$

$$\textbf{Ansatz:}\quad x^2 - x - 2 = 0 \quad (0\ \textit{für y einsetzen})$$

$$x_{1/2} = \frac{-b \pm \sqrt{b^2 - 4 \cdot a \cdot c}}{2 \cdot a} = \frac{-(-1) \pm \sqrt{(-1)^2 - 4 \cdot 1 \cdot (-2)}}{2 \cdot 1}$$

$$= \frac{1 \pm \sqrt{\mathbf{9}}}{2} = \frac{1 \pm 3}{2} \qquad \textbf{Diskriminante: D = 9 > 0}$$

$$x_1 = \frac{1-3}{2} = \frac{-2}{2} = -1; \quad x_2 = \frac{1+3}{2} = \frac{4}{2} = 2 \qquad \textbf{(2 Lösungen)}$$

Schnittpunkte mit x-Achse: $N_1(-1\,|\,0)$; $N_2(2\,|\,0)$

Parabel schneidet Gerade

Beispiel: $y = x^2 - x + 1{,}25$ (Parabel); $y = x + 0{,}25$ (Gerade)

$$\textbf{Ansatz:}\quad x^2 - x + 1{,}25 = x + 0{,}25 \quad (\textit{gleichsetzen})$$

$$x^2 - 2x + 1 = 0$$

$$x_{1/2} = \frac{-(-2) \pm \sqrt{(-2)^2 - 4 \cdot 1 \cdot 1}}{2 \cdot 1}$$

$$= \frac{2 \pm \sqrt{\mathbf{0}}}{2} = \frac{2 \pm 0}{2} = 1 \qquad \textbf{Diskriminante: D = 0}$$

$$x_{1/2} = 1 \qquad \textbf{(1 Lösung)}$$

y-Wert durch Einsetzen: $y = 1 + 0{,}25 = 1{,}25$ $S(1\,|\,1{,}25)$

Parabel schneidet weitere Parabel

Beispiel: $y = x^2 - x + 1{,}25$; $y = -x^2 + 3x - 1{,}75$

$$\textbf{Ansatz:}\quad x^2 - x + 1{,}25 = -x^2 + 3x - 1{,}75 \quad (\textit{gleichsetzen})$$

$$2x^2 - 4x + 3 = 0$$

$$x_{1/2} = \frac{-(-4) \pm \sqrt{(-4)^2 - 4 \cdot 2 \cdot 3}}{2 \cdot 2}$$

$$= \frac{4 \pm \sqrt{\mathbf{-8}}}{4} \qquad \textbf{Diskriminante: D < 0}$$

(keine Lösungen)

Der **Term unter der Wurzel** bei der *abc*-Formel wird als **Diskriminante (D)** bezeichnet. Deren **Vorzeichen** entscheidet über die Anzahl an Lösungen der Gleichung und damit über die Anzahl der Schnittstellen.

frv.tv/8c

Übersicht: Gegenseitige Lage in Abhängigkeit von der Diskriminante (D)

Parabel schneidet x-Achse

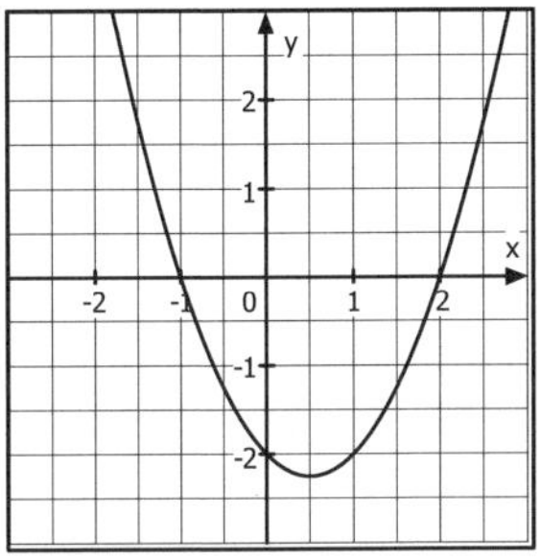

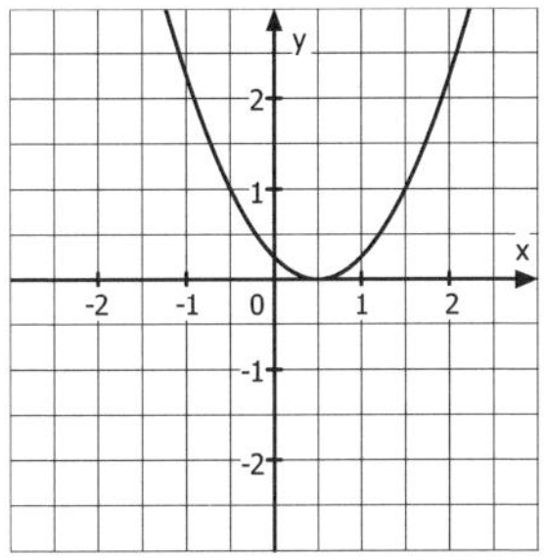

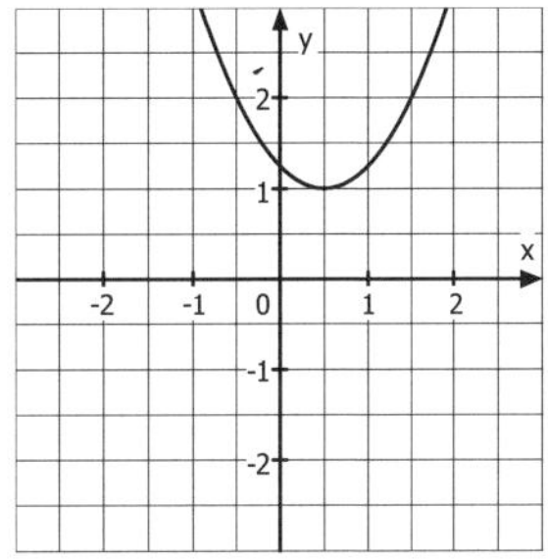

Parabel schneidet Gerade

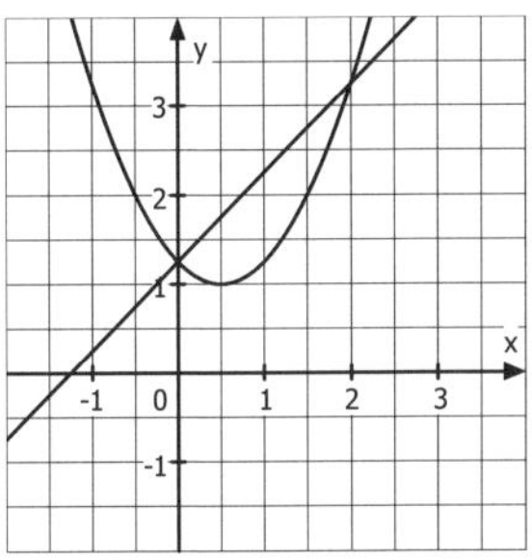

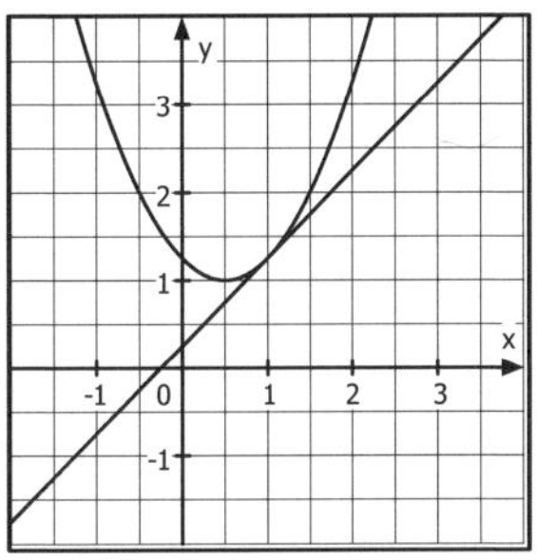

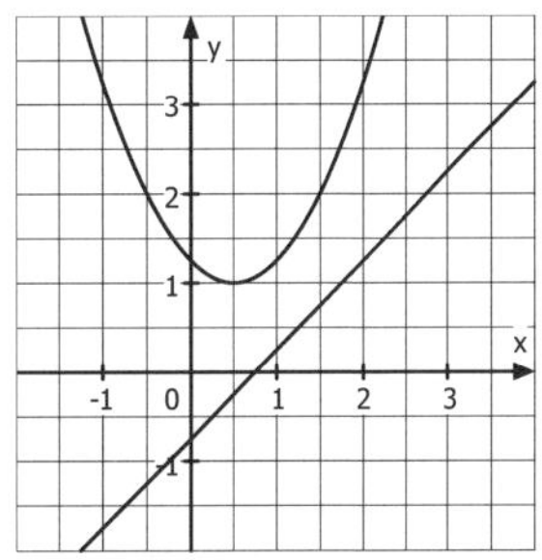

Parabel schneidet weitere Parabel

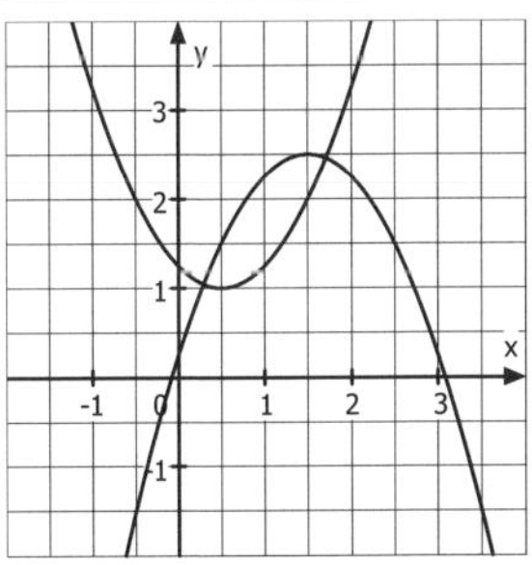

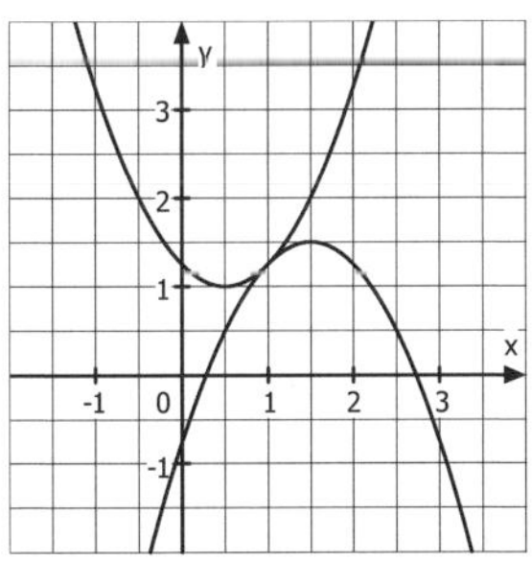

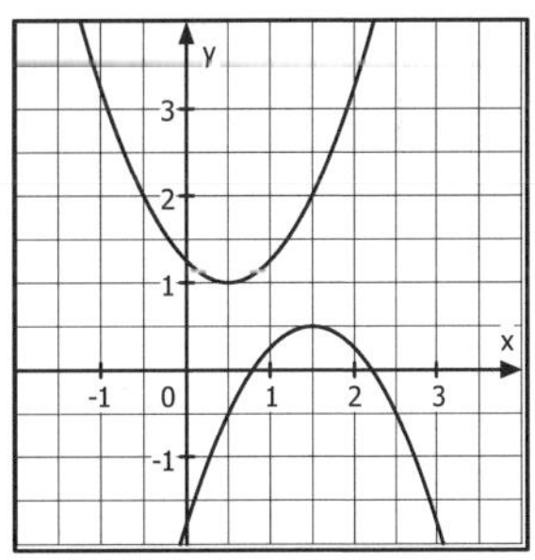

D > 0 **2** Lösungen, **2** Schnittstellen	**D = 0** **1** Lösung, **1** Schnittstelle (Berührstelle)	**D < 0** **keine** Lösungen, **keine** Schnittstellen

Hinweis: Umrahmt ist jeweils die auf der Vorseite berechnete Situation.

4.6 Parabel schneidet x-Achse / Gerade / Parabel (rechnen mit pq-Formel)

Parabel schneidet x-Achse

Beispiel: $y = x^2 - x - 2$

Ansatz: $\mathbf{x^2 - x - 2 = 0}$ (**0 *für y einsetzen***)

$$x_{1/2} = -\frac{p}{2} \pm \sqrt{\left(\frac{p}{2}\right)^2 - q} = -(-0{,}5) \pm \sqrt{(-0{,}5)^2 - (-2)}$$

$$= 0{,}5 \pm \sqrt{\mathbf{2{,}25}} = 0{,}5 \pm 1{,}5$$

Diskriminante: D = 2,25 > 0

$x_1 = 0{,}5 - 1{,}5 = -1;\quad x_2 = 0{,}5 + 1{,}5 = 2$ **(2 Lösungen)**

Schnittpunkte mit x-Achse: $N_1(-1\,|\,0);\ N_2(2\,|\,0)$

Parabel schneidet Gerade

Beispiel: $y = x^2 - x + 1{,}25$ (Parabel); $y = x + 0{,}25$ (Gerade)

Ansatz: $\mathbf{x^2 - x + 1{,}25 = x + 0{,}25}$ (***gleichsetzen***)

$$x^2 - 2x + 1 = 0$$

$$x_{1/2} = -(-1) \pm \sqrt{(-1)^2 - 1}$$

$$= 1 \pm \sqrt{\mathbf{0}} = 1 \pm 0$$

Diskriminante: D = 0

$x_{1/2} = 1$ **(1 Lösung)**

y-Wert durch Einsetzen: $y = 1 + 0{,}25 = 1{,}25$

Schnittpunkt: $S(1\,|\,1{,}25)$

Parabel schneidet weitere Parabel

Beispiel: $y = x^2 - x + 1{,}25;\quad y = -x^2 + 3x - 1{,}75$

Ansatz: $\mathbf{x^2 - x + 1{,}25 = -x^2 + 3x - 1{,}75}$ (***gleichsetzen***)

$$2x^2 - 4x + 3 = 0 \qquad |:2$$

$$x^2 - 2x + 1{,}5 = 0$$

$$x_{1/2} = -(-1) \pm \sqrt{(-1)^2 - 1{,}5}$$

$$= 1 \pm \sqrt{\mathbf{-0{,}5}}$$

Diskriminante: D = –0,5 < 0
(keine Lösungen)

Der **Term unter der Wurzel** bei der pq-Formel wird als **Diskriminante (D)** bezeichnet. Deren **Vorzeichen** entscheidet über die Anzahl an Lösungen der Gleichung und damit über die Anzahl der Schnittstellen.

frv.tv/8d

Übersicht: Gegenseitige Lage in Abhängigkeit von der Diskriminante (D)

Parabel schneidet x-Achse

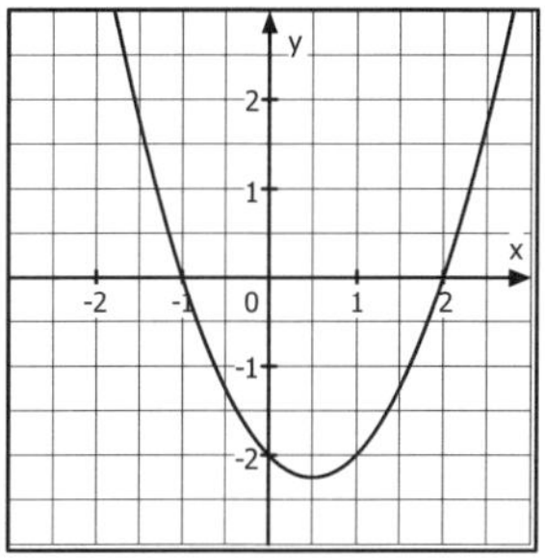

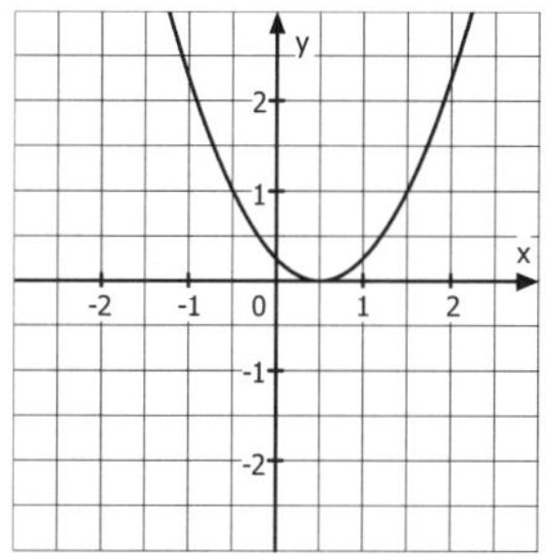

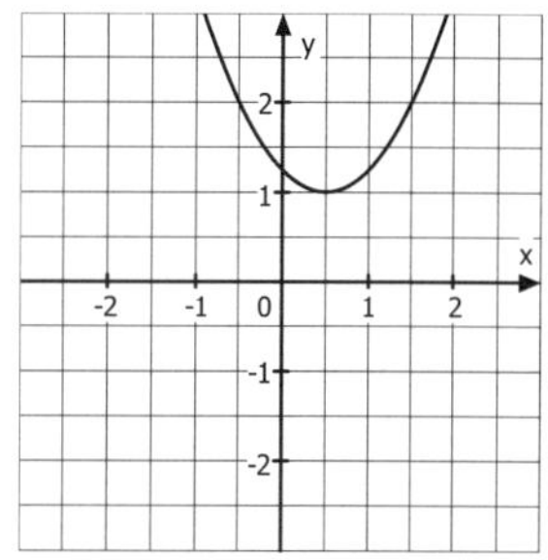

Parabel schneidet Gerade

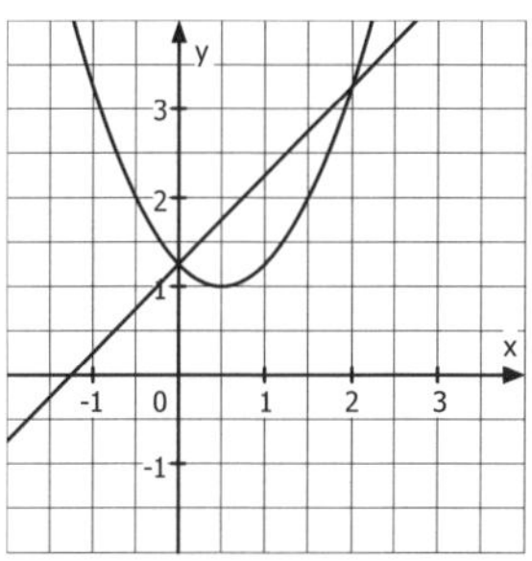

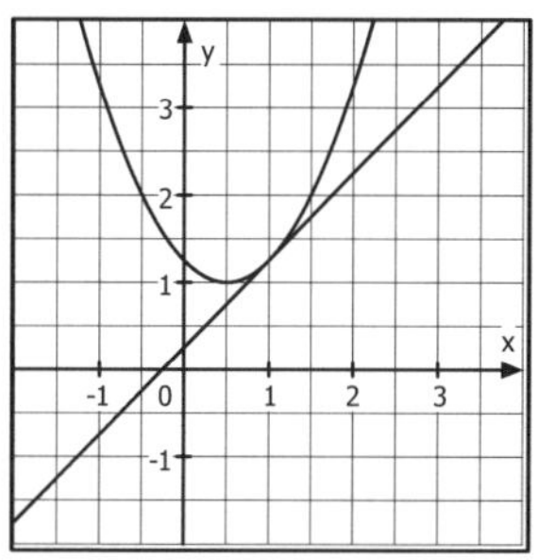

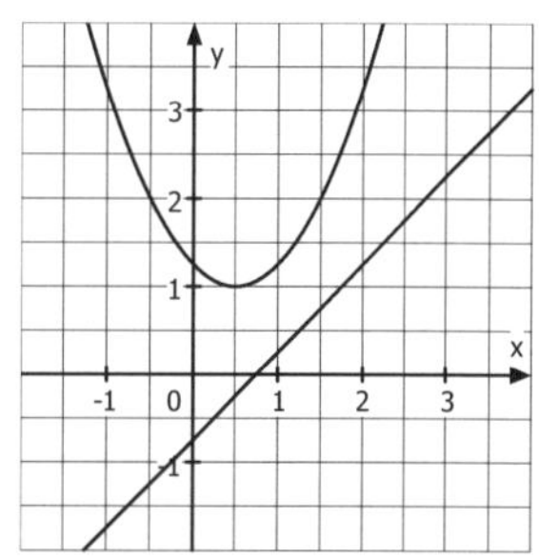

Parabel schneidet weitere Parabel

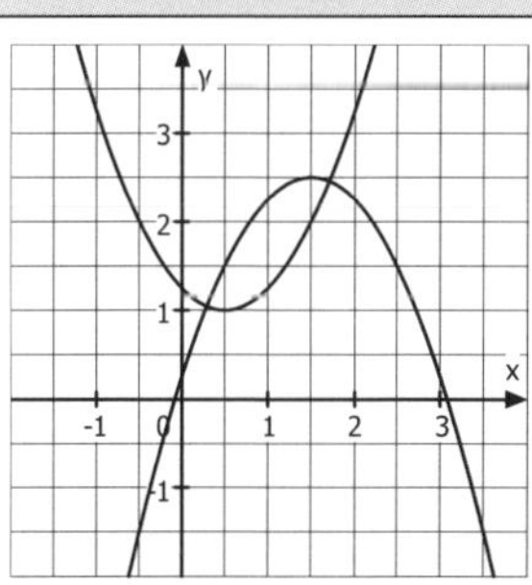

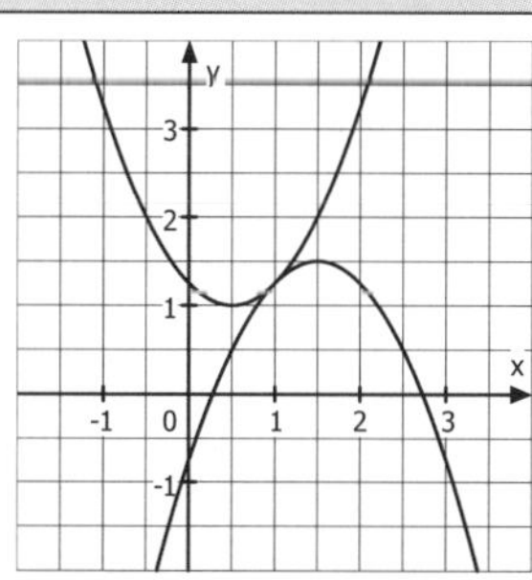

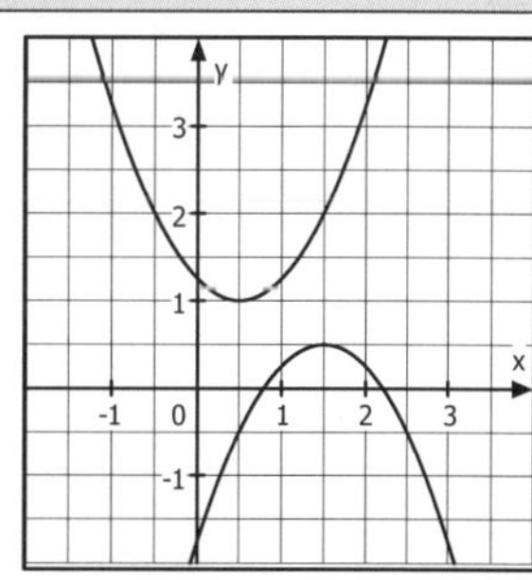

D > 0	D = 0	D < 0
2 Lösungen, **2** Schnittstellen	**1** Lösung, **1** Schnittstelle (Berührstelle)	**keine** Lösungen, **keine** Schnittstellen

Hinweis: Umrahmt ist jeweils die auf der Vorseite berechnete Situation

5. Sachrechnen

5.1 Prozentrechen

Formel: $P = G \cdot \frac{p}{100}$		Beispiel
G:	**Grundwert** (Ausgangsgröße; das „Ganze“; entspricht 100 %)	G = 200 €
p:	**Prozentsatz in %** (gibt Verhältnis von Prozentwert und Grundwert an)	*p* = 20 (%)
P:	**Prozentwert** (Anteil am Grundwert, entsprechend dem Prozentsatz)	P = 40 €

Beispiel 1: Eine Familie zahlt für ihre Wohnung monatlich 800 € Miete. Die Miete wird um 3 % erhöht. Wie viel mehr muss die Familie jetzt bezahlen.

$G = 800\ €$

$p = 3\ (\%)$

$$P = G \cdot \frac{p}{100} = 800 \cdot \frac{3}{100} = 24\ €$$

A: Die Familie muss nun 24 € mehr bezahlen.

Beispiel 2: Der Preis eines Fahrrades soll um 8 % erhöht werden. Das Fahrrad würde hierdurch um 40 € teurer werden. Wie viel kostet das Fahrrad aktuell?

$P = 40\ €$

$p = 8\ (\%)$

$$P = G \cdot \frac{p}{100}$$

$$40 = G \cdot \frac{8}{100} \quad \left|: \frac{8}{100}\right.$$

$$500\ € = G$$

Weiterer Lösungsweg über Dreisatz:

$$\begin{array}{rcl} & 8\ \% \ \hat{=}\ 40\ € & \\ :8 \downarrow & & \downarrow :8 \\ & 1\ \% \ \hat{=}\ 5\ € & \\ \cdot 100 \downarrow & & \downarrow \cdot 100 \\ & 100\ \% \ \hat{=}\ 500\ € & \end{array}$$

A: Das Rad kostet aktuell 500 €.

frv.tv/8e

Beispiel 3: Ein Zylinder hat ein Volumen von $V_1 = 320\ cm^3$. Eine Kugel hat ein Volumen von $V_2 = 260\ cm^3$.

a) Um wieviel Prozent ist das Volumen der Kugel kleiner als das des Zylinders?

Der Bezugspunkt ist hier das Volumen des Zylinders. Somit stellt $G = 320\ cm^3$ den Grundwert dar.
Die Kugel hat ein um $60\ cm^3$ geringeres Volumen. Somit gilt $P = 60\ cm^3$.

$$P = G \cdot \frac{p}{100}$$

$$60 = 320 \cdot \frac{p}{100} \quad | \cdot 100 \quad : 320$$

$$18{,}75 = p$$

A: Das Volumen der Kugel ist um 18,75 % geringer als das des Zylinders.

b) Um wieviel Prozent ist das Volumen des Zylinders größer als das der Kugel?

Der Bezugspunkt ist hier das Volumen der Kugel. Somit stellt $G = 260\ cm^3$ den Grundwert dar.
Der Zylinder hat ein um $60\ cm^3$ größeres Volumen. Somit gilt $P = 60\ cm^3$.

$$P = G \cdot \frac{p}{100}$$

$$60 = 260 \cdot \frac{p}{100} \quad | \cdot 100 \quad : 260$$

$$23{,}08 = p$$

A: Das Volumen des Zylinders ist um 23,08 % geringer als das der Kugel.

Vermehrter und verminderter Grundwert

Beispiel: Nachdem der Verkaufspreis eines Autos um 10 % erhöht wurde, kostet es nun 22000 €. Welchen Preis hatte das Auto vor der Preiserhöhung?

Der eigentliche Grundwert (Bezugspunkt; 100 %) ist der Preis des Autos vor der Preiserhöhung. Durch die Preiserhöhung wurde der Grundwert um 10 % erhöht.
Die 22000 € entsprechen somit 110 %.

Lösung über Formel	Lösung über Dreisatz
Formel: $G' = G \cdot q$ $22000 = G \cdot 1{,}1 \quad \vert : 1{,}1$ $20000 = G$	$110\ \% \triangleq 22000\ €$ $: 110$ (beide Seiten) $1\ \% \triangleq 200\ €$ $\cdot 100$ (beide Seiten) $100\ \% \triangleq 20000\ €$

A: Das Auto kostete vor der Preiserhöhung 20000 €.

5.2 Zinsrechnen

Das Zinsrechnen ist ein Spezialfall des Prozentrechnens. Daher gilt im Prinzip die gleiche Formel, nur mit anderen Begriffen.

Formel: $\mathbf{Z = K \cdot \frac{p}{100}}$		Beispiel
K:	Angelegtes **Kapital** bzw. aufgenommene Schulden in € (bisher Grundwert; Ausgangsgröße; entspricht 100 %)	K = 200 €
p:	**Zinssatz in %** (bisher Prozentsatz; gilt immer für ein Jahr)	p = 20 (%)
Z:	**Zinsen** in €, welche man pro Jahr bekommt bzw. bezahlt (bisher Prozentwert)	P = 40 €

Beispiel 1: Um für sein Auto zu sparen, legt Toni bei der Bank 4300 € für ein Jahr an. Die Bank gibt einen Zinssatz von 2,5 %. Welchen Zinsbetrag bekommt Toni?

$K = 4300\ €$

$p = 2{,}5\,(\%)$

$$Z = K \cdot \frac{p}{100} = 4300 \cdot \frac{2{,}5}{100} = 107{,}50\ €$$

A: Toni bekommt in diesem Jahr 107,50 € an Zinsen.

Beispiel 2: Jakob möchte sich ein Auto kaufen, hat aber leider etwas zu wenig gespart. Ihm fehlen 2000 €. Seine geschäftstüchtigen Eltern bieten an, ihm das Geld für ein Jahr gegen eine Zinszahlung von 150 € zu leihen. Welchen Zinssatz berechnen die Eltern?

$K = 2000\ €$

$Z = 150\ €$

$$Z = K \cdot \frac{p}{100}$$

$$150 = 2000 \cdot \frac{p}{100} \quad | \cdot 100 \quad : 2000$$

$$7{,}5 = p$$

Weiterer Lösungsweg über Dreisatz:

$$\begin{aligned} & 100\,\% \mathrel{\hat{=}} 2000\,€ \\ :2000 \quad & \quad\quad\quad :2000 \\ & 0{,}05\,\% \mathrel{\hat{=}} 1\,€ \\ \cdot 150 \quad & \quad\quad\quad \cdot 150 \\ & 7{,}5\,\% \mathrel{\hat{=}} 150\,€ \end{aligned}$$

A: Die Eltern berechnen einen Zinssatz von 7,5 %.

frv.tv/8f

Beispiel 3: Klara ist sehr sparsam aber auch etwas vergesslich. Sie hat ihrer Freundin Geld geliehen, hat aber leider den Betrag vergessen.
Sie weiß nur noch, dass ein Zinssatz von 3 % verabredet war. Nach einem Jahr bekommt sie 18 € an Zinsen. Welchen Betrag hat Klara verliehen?

$Z = 18$ €

$p = 3$ (%)

$$\begin{aligned} Z &= K \cdot \frac{p}{100} \\ 18 &= K \cdot \frac{3}{100} \qquad \left|:\frac{3}{100}\right. \\ 600\ € &= K \end{aligned}$$

Weiterer Lösungsweg über Dreisatz:

$$\begin{aligned} :3 \quad & 3\% \mathrel{\hat{=}} 18€ \quad :3 \\ \cdot 100 \quad & 1\% \mathrel{\hat{=}} 6€ \quad \cdot 100 \\ & 100\% \mathrel{\hat{=}} 600€ \end{aligned}$$

A: Klara hat an ihre Freundin 600 € verliehen.

Zinseszinsen

Beispiel: Tim möchte 10000 € für 3 Jahre fest anlegen. Die Zinsen, die er z.B. am Ende des ersten Jahres erhält, hebt er nicht ab. Diese vergrößern sein angelegtes Kapital und werden dann im zweiten Jahr mitverzinst … (Zinseszins).
Welchen Betrag bekommt Tim insgesamt am Ende des dritten Jahres?

a) Bank A bietet einen Zinssatz von 5 % für das erste Jahr, 4 % für das zweite Jahr und 3 % für das dritte Jahr.

$K = 10000 \cdot 1{,}05 \cdot 1{,}04 \cdot 1{,}03 = 11247{,}60$ €

A: Bei Bank A erhält er am Ende insgesamt 11247,60 €.

b) Bank B bietet für jedes Jahr einen Zinssatz von 4 %.

$K = 10000 \cdot 1{,}04 \cdot 1{,}04 \cdot 1{,}04 = 10000 \cdot 1{,}04^3 = 11248{,}64$ €

(oder mit der zugehörigen Formel: $\mathbf{K_3 = K_0 \cdot \boldsymbol{q}^3} = 10000 \cdot 1{,}04^3$)

A: Bei Bank B erhält er am Ende insgesamt 11248,64 €.

5.3 Absolute und relative Häufigkeiten

Absolute Häufigkeit	Relative Häufigkeit
Anzahl (in Stück)	Anteil (in %)

Beispiel 1: Die Fussballfreunde Hall haben in der letzten Saison 84 Tore geschossen. Topstürmer Robin hat davon 21 erzielt. Geben Sie die absolute und relative Häufigkeit von Robins Toren an.

21 Tore $\qquad \frac{21}{84} = 0{,}25 = 25\ \%$ aller Tore

Beispiel 2: Mira hat 240 Kontakte in ihrem Handy. 180 davon sind auch bei WhatsApp. Geben Sie die absolute und relative Häufigkeit der WhatsApp-Kontakte an.

180 Kontakte (bei WhatsApp) $\qquad \frac{180}{240} = 0{,}75 = 75\ \%$ aller Kontakte

Beispiel 3: Von den 1200 Schülern einer Schule kommen 780 mit dem Bus, 15 % mit dem Fahrrad, 144 zu Fuß und der Rest mit dem Auto zur Schule.

a) Berechnen Sie die relative Häufigkeit der Schüler, die mit dem Bus kommen.

$\frac{780}{1200} = 0{,}65 = 65\ \%$ aller Schüler

b) Berechnen Sie die absolute Häufigkeit der Schüler, die mit dem Fahrrad kommen.

15 % von 1200: $0{,}15 \cdot 1200 = 180$

c) Geben Sie die absolute und relative Häufigkeit der Schüler an, die mit dem Auto kommen.

Absolute Häufigkeit: $1200 - (780 + 180 + 144) = 96$

Relative Häufigkeit: $\frac{96}{1200} = 0{,}08 = 8\ \%$ aller Schüler

Beispiel 4: Von den Einwohnern einer Stadt leben 4940, was 13 % der Gesamtbevölkerung der Stadt entspricht, in einem eigenen Haus. Die restlichen Einwohner wohnen in einer Mietwohnung oder in einer Eigentumswohnung. Es wohnen doppelt so viele Einwohner in einer Mietwohnung wie in einer Eigentumswohnung.

a) Berechnen Sie die Gesamtzahl der Einwohner der Stadt.

Über Dreisatz:

$$\begin{array}{lrcll} :13 & 13\,\% & \triangleq & 4940 & :13 \\ & 1\,\% & \triangleq & 380 & \\ \cdot 100 & 100\,\% & \triangleq & 38000 & \cdot 100 \end{array}$$

A: Die Stadt hat 38000 Einwohner.

b) Berechnen Sie die absolute Häufigkeit der Einwohner in einer Mietwohnung bzw. in einer Eigentumswohnung.

Die Stadt hat 38000 Einwohner. Davon wohnen 38000 – 4940 = 33060 Einwohner in einer Miet- oder Eigentumswohnung.

x sei die Anzahl der Einwohner in einer Eigentumswohnung.
Das Doppelte, $2x$, entspricht dann der Anzahl der Einwohner in einer Mietwohnung.

Zusammen muss dies 33060 ergeben:

$$\begin{aligned} x + 2x &= 330603 \\ 3x &= 33060 \qquad |:3 \\ x &= 11020 \end{aligned}$$

Somit wohnen 11020 Einwohner in einer Eigentumswohnung und 22040 Einwohner in einer Mietwohnung.

c) Berechnen Sie die relative Häufigkeit der Einwohner in einer Mietwohnung bzw. in einer Eigentumswohnung.

Mietwohnung: $\frac{11020}{38000} = 0{,}29 = 29\ \%$ aller Einwohner

Eigentumswohnung: $\frac{22040}{38000} = 0{,}58 = 58\ \%$ aller Einwohner

5.4 Säulen-, Balken-, Kreis- und Streifendiagramm

Beispiel: Von den 1200 Schülern einer Schule kommen 780 mit dem Bus, 180 mit dem Fahrrad, 144 zu Fuß und 96 mit dem Auto zur Schule.

1. Säulendiagramm

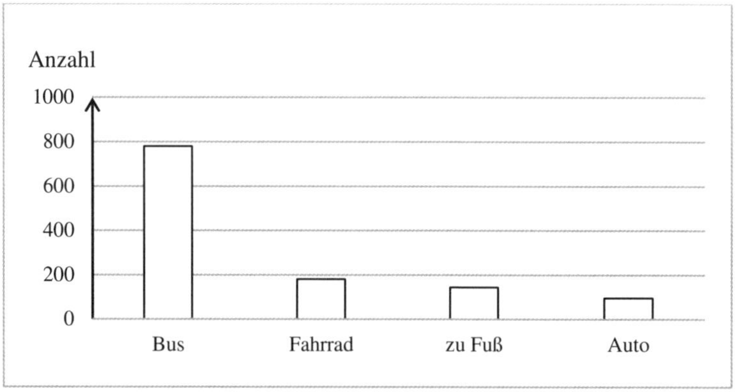

Hiermit werden in der Regel **absolute Häufigkeiten (Anzahlen)** dargestellt.

Die Höhe der Säulen muss proportional zur dargestellten Anzahl sein (z.B. 1 *cm* pro 100 Schüler; somit 7,8 *cm* Säulenhöhe bei Bus).

2. Balkendiagramm

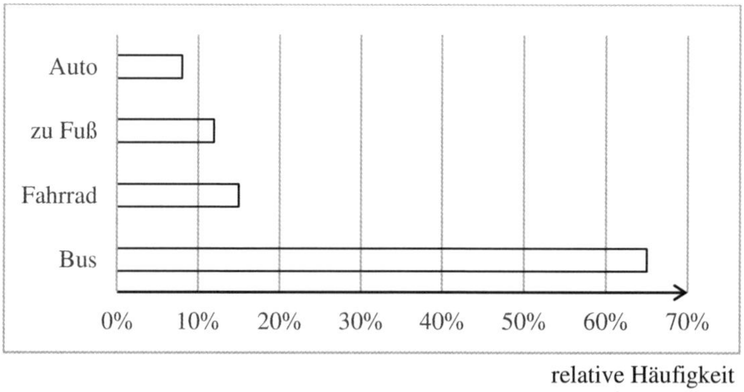

Hiermit werden in der Regel **relative Häufigkeiten (in %)** dargestellt.

Z.B. Bus: $\frac{780}{1200} = 0,65 = 65\ \%$; Fahrrad : $\frac{180}{1200} = 0,15 = 15\ \%$; ...

Die Breite der Balken muss proportional zur relativen Häufigkeit sein (z.B. 1 *cm* pro 10 %; somit 6,5 *cm* Balkenbreite bei Schulweg mit Bus).

3. Kreisdiagramm

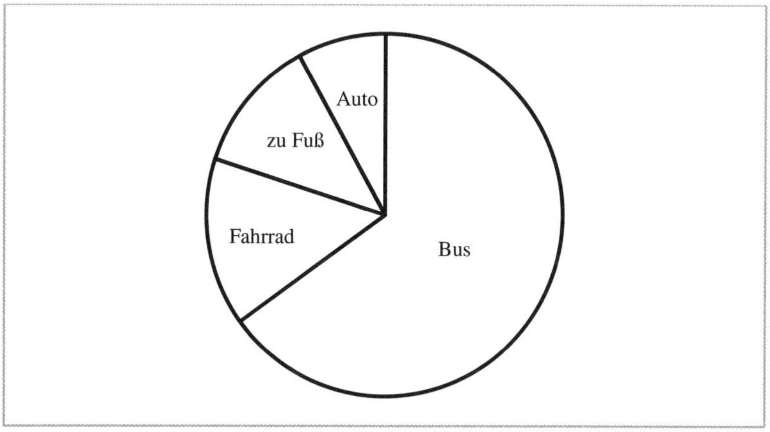

Hiermit werden in der Regel **relative Häufigkeiten (in %)** dargestellt

Durch Multiplikation mit 360 ° wird zu jeder relativen Häufigkeit der zugehörige Mittelpunktswinkel berechnet:

Z.B. Bus: $0{,}65 \cdot 360° = 234°$; Fahrrad: $0{,}15 \cdot 360° = 54°$;...

Man kann auch über die Regel „1 % entspricht 3,6°“ auf die entsprechenden Winkel kommen.

4. Streifendiagramm

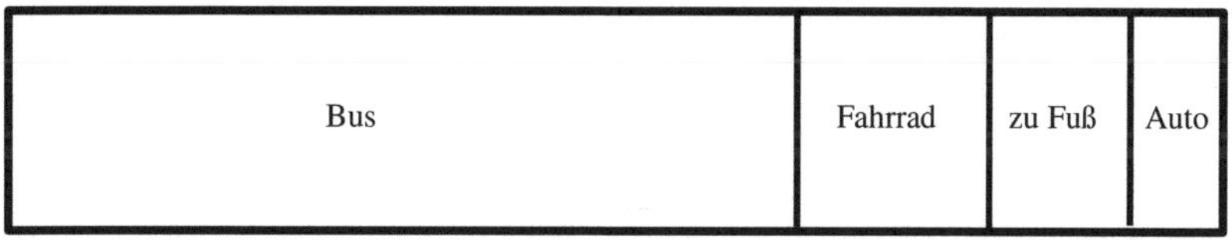

Hiermit werden in der Regel **relative Häufigkeiten (in %)** dargestellt.

Die Breite der Streifen muss proportional zur relativen Häufigkeit sein.

6. Statistik

6.1 Kennzahlen

Beispiel 1: Die Befragung von 11 Schülern nach ihrer Schuhgröße ergibt die folgende geordnete Liste: 37; 38; 38; 39; 40; 40; 40; 41; 42; 42; 45

Bezeichnung	**Berechnung bzw. Beschreibung** (im Beispiel 1)
Minimum $x_{\min}$	**kleinster Wert** $x_{\min} = 37$
Maximum $x_{\max}$	**größter Wert** $x_{\max} = 45$
Spannwerte d	**Abstand/Differenz** von Minimum und Maximum $d = x_{\max} - x_{\min} = 45 - 37 = 8$
Modalwert m	**Häufigster Wert** (es kann mehrere Modalwerte geben) $m = 40$
Arithmetisches Mittel $\bar{x}$	**Mittelwert/Durchschnitt** $\bar{x} = \frac{37+38+38+39+40+40+40+41+42+42+45}{11} = 40{,}18$
Zentralwert (Median) z	Wert, der in der geordneten Liste **in der Mitte** steht. $z = 40$ (hier der 6. Wert) Achtung: Wenn **zwei Werte** in der Mitte stehen, nimmt man den **Durchschnitt** dieser beiden Werte.
unteres Quartil q_u	**Zentralwert** in der **unteren Hälfte**. $q_u = 38$
oberes Quartil q_o	**Zentralwert** in der **oberen Hälfte**. $q_u = 42$

$x_{\min}$ q_u z q_o $x_{\max}$

37 38 38 39 40 40 40 41 42 42 45

untere Hälfte (37 38 38 39 40)   obere Hälfte (40 41 42 42 45)

frv.tv/8g

Berechnung: Unteres Quartil, Zentralwert und oberes Quartil

Bis zum unteren Quartil hat man ca. 25 % der Daten, bis zum Zentralwert ca. 50 % und bis zum oberen Quartil ca. 75 %.

Berechnung: Unteres Quartil, Zentralwert und oberes Quartil (am Beispiel 1)	
1. Anzahl der Datensätze n **notieren.**	$n=11$
2. Multiplizieren für unteres Quartil q_u: $0{,}25 \cdot n$ für Zentralwert z: $0{,}50 \cdot n$ für oberes Quartil q_o: $0{,}75 \cdot n$	q_u: $0{,}25 \cdot 11 = 2{,}75$ z: $0{,}50 \cdot 11 = 5{,}5$ q_o: $0{,}75 \cdot 11 = 8{,}25$
3. Entscheiden und angeben Ist das Ergebnis **ganzzahlig**, nimmt man den **Durchschnitt** der Werte dieses und des nächst höheren Rangplatzes. Ist das Ergebnis **keine ganze Zahl** ist, so nimmt man den Wert des **nächst höheren Rangplatzes**.	$2{,}75 \rightarrow q_u = 38$ (3. Wert) $5{,}5 \rightarrow z = 40$ (6.Wert) $8{,}25 \rightarrow q_o = 42$ (9.Wert)

Beispiel 2: Die Befragung von 20 Schülern nach ihrer Schuhgröße ergibt die folgende geordnete Liste: 35; 35; 36; 37; 38; 39; 39; 40; 40; 40; 41; 42; 42; 44; 44; 44; 44; 45; 45; 47

a) Geben Sie das Minimum, das Maximum, die Spannweite, den Modalwert und das arithmetische Mittel an.

$x_{min} = 35$; $x_{max} = 47$; $d = 47 - 35 = 12$;

$m = 44$; $\bar{x} = \frac{35+35+36+37+...+44+45+45+47}{20} = 40{,}85$

b) Geben Sie den Zentralwert und das untere und obere Quartil an.

1. $n = 20$ **2.** q_u: $0{,}25 \cdot 20 = 5$ **3.** $q_u = \frac{38+39}{2} = 38{,}5$ (Durchschnitt: 5. und 6. Wert)

m: $0{,}50 \cdot 20 = 10$ $z = \frac{40+41}{2} = 40{,}5$ (Durchschnitt: 10. und 11. Wert)

q_o: $0{,}75 \cdot 20 = 15$ $q_o = \frac{44+44}{2} = 44$ (Durchschnitt: 15. und 16. Wert)

6.2 Boxplot

Ein Boxplot ist ein Diagramm, welches die Kennzahlen (siehe Vorseite) übersichtlich darstellt.

Beispiel 1: Bei einem Zeltlager wurden 13 Teilnehmer nach ihrem Alter befragt. Es wurde folgende ungeordnete Liste notiert: 11; 5; 12; 14; 10; 8; 11; 5; 12; 12; 12; 12; 8

Erstellen Sie einen Boxplot.

Boxplot angeben (am Beispiel 1)
1. Daten aufsteigend sortieren.
5; 5; 8; 8; 10; 11; 11; 12; 12; 12; 12; 12; 14
2. Minimum und Maximum notieren.
$x_{\min} = 5$ $x_{\max} = 14$
3. Unteres Quartil, Zentralwert und oberes Quartil berechnen (siehe Vorseite).
1. $n = 13$ **2.** q_u: $0{,}25 \cdot 13 = 3{,}25$; z: $0{,}50 \cdot 13 = 6{,}5$; q_o: $0{,}75 \cdot 13 = 9{,}75$ **3.** $q_u = 8$ (4. Wert); $z = 11$ (7. Wert); $q_o = 12$ (10. Wert)
4. Boxplot zeichnen.
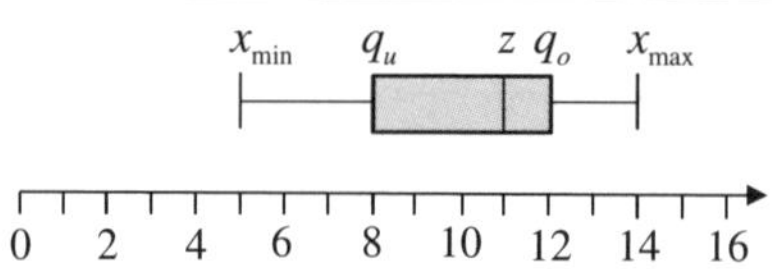

Beschreibung: Ca. 50 % der Teilnehmer sind zwischen 8 und 12 Jahre alt. Die Breite der Box und damit die Streuung sind recht gering. Unterhalb des Zentralwertes von 11 ist die Box breiter als oberhalb. Dies deutet darauf hin, dass die Altersangaben der Teilnehmer unterhalb des Zentralwertes mehr streuen als die oberhalb.

frv.tv/8h

Beispiel 2: 14 Schüler mussten einen Test nachschreiben. Es wurden folgende Punktzahlen (ungeordnet) notiert: 14; 4; 11; 6; 7; 19; 8; 10; 4; 13; 2; 18; 7; 20.

Erstellen Sie einen Boxplot.

Boxplot angeben (am Beispiel 2)

1. Daten aufsteigend sortieren.

2; 4; 4; 6; 7; 7; 8; 10; 11; 13; 14; 18; 19; 20

2. Minimum und Maximum notieren.

$x_{\min} = 2$

$x_{\max} = 20$

3. Unteres Quartil, Zentralwert und oberes Quartil berechnen.

1. $n = 14$	**2.** q_u: $0{,}25 \cdot 14 = 3{,}5$	**3.** $q_u = 6$	(4. Wert)
	z: $0{,}50 \cdot 14 = 7$	$z = \frac{8+10}{2} = 9$	(Durchschnitt: 7. und 8. Wert)
	q_o: $0{,}75 \cdot 14 = 10{,}5$	$q_o = 14$	(11. Wert)

4. Boxplot zeichnen.

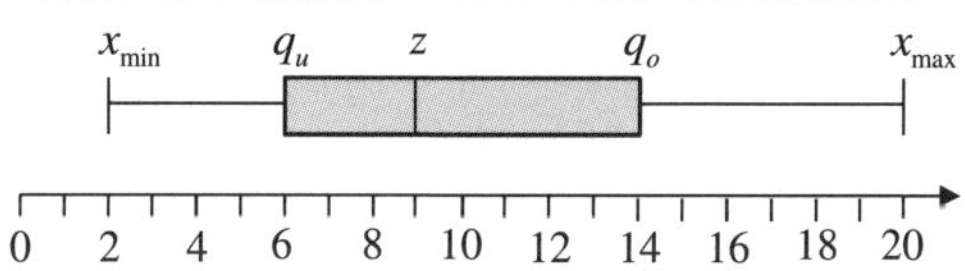

Beschreibung: Ca. 50 % der Schüler haben zwischen 6 und 14 Punkten erreicht. Oberhalb des Zentralwertes von 9 ist die Box breiter als unterhalb. Dies deutet darauf hin, dass die Punktzahlen der Schüler oberhalb des Zentralwertes mehr streuen als die unterhalb.
Auch die rechte Antenne ist länger als die linke.

7. Geometrie

7.1 Dreiecke

1. Allgemeines Dreieck

Formeln

Flächeninhalt: $\mathbf{A = \frac{1}{2} \cdot c \cdot h_c}$

Winkelsumme: $\boldsymbol{\alpha + \beta + \gamma = 180°}$

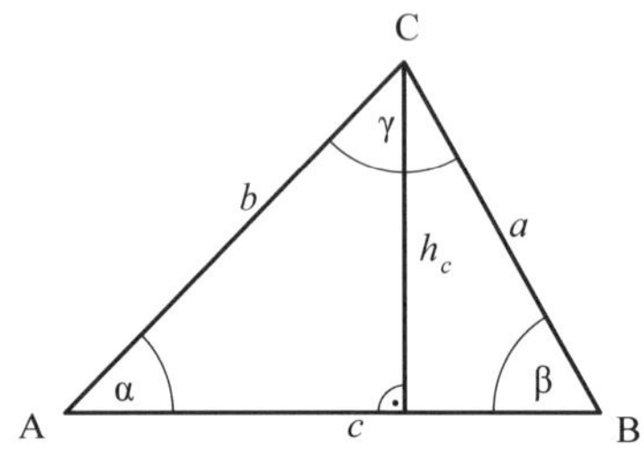

Aufgabe: Bei einem Dreieck sind $a = 2\,cm$, $b = 4\,cm$, $c = 5\,cm$ und $h_c = 1{,}5\,cm$.
Berechnen Sie Umfang und Flächeninhalt.

Umfang: $u = a + b + c = 2 + 4 + 5 = 11\ cm$

Flächeninhalt: $A = \frac{1}{2} \cdot c \cdot h_c = \frac{1}{2} \cdot 5 \cdot 1{,}5 = 3{,}75\ cm^2$

2. Stumpfwinkliges Dreieck

Ein Winkel im Dreieck (hier β) ist größer als 90°.
h_c liegt außerhalb des Dreiecks.

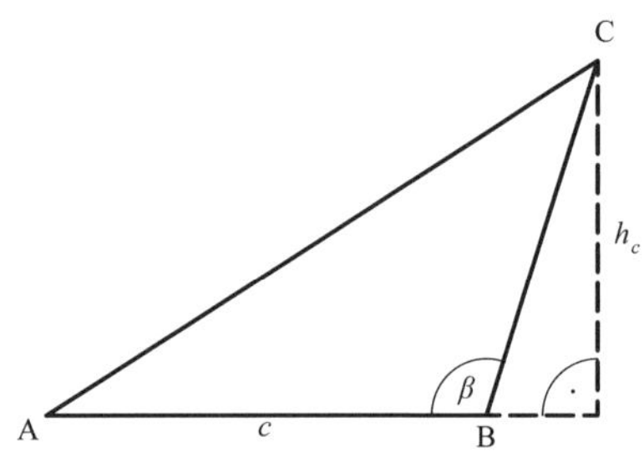

3. Spitzwinkliges Dreieck

Alle Winkel im Dreieck sind kleiner als 90°.

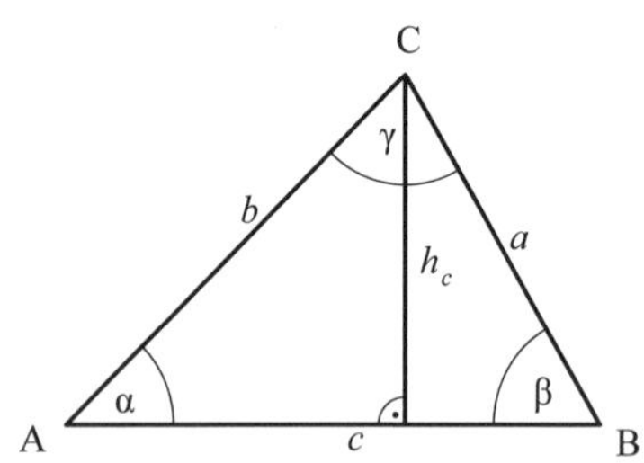

4. Rechtwinkliges Dreieck

Ein Winkel im Dreieck beträgt genau 90°.

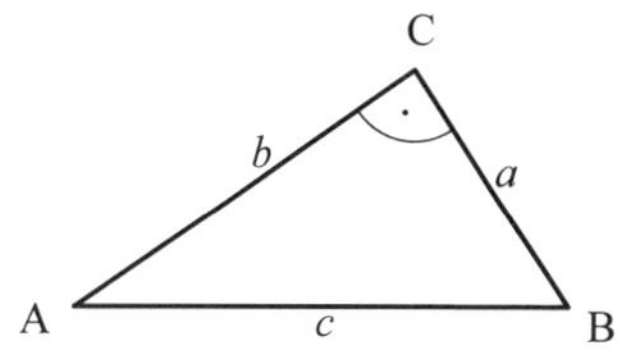

Zusatzformel

Flächeninhalt: $\mathbf{A = \frac{1}{2} \cdot a \cdot b}$

(a und b sind Katheten)

Aufgabe: Bei einem Dreieck mit $\gamma = 90°$ sind $a = 3\,cm$ und $b = 4\,cm$. Berechnen Sie den Flächeninhalt.

Flächeninhalt: $\mathrm{A} = \frac{1}{2} \cdot a \cdot b = \frac{1}{2} \cdot 3 \cdot 4 = 6\ cm^2$

Hinweis: Nur in rechtwinkligen Dreiecken kann der **Satz des Pythagoras** und die **Trigonometrie** angewendet werden. Siehe nachfolgende Kapitel.

5. Gleichschenkliges Dreieck

2 Seiten und damit auch 2 Winkel im Dreieck sind gleich groß.

Aufgabe: Bei einem gleichschenkligen Dreieck mit Basis c gilt $\gamma = 40°$. Wie groß sind α und β?

Die Winkelsumme in jedem Dreieck beträgt 180°.
$180° - 40° = 140°$
Da das Dreieck gleichschenklig ist, gilt $\alpha = \beta = 70°$.

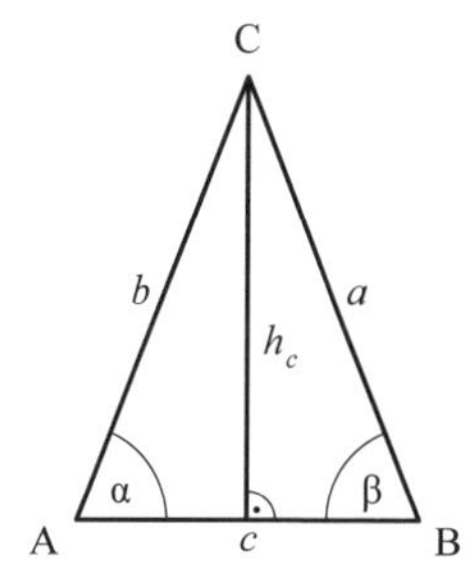

$a = b$
Basiswinkel: $\alpha = \beta$
Basis: c

6. Gleichseitiges Dreieck

Alle 3 Seiten sind gleich lang, damit sind auch alle Winkel gleich groß und betragen 60°.

Zusatzformel

Flächeninhalt: $\mathbf{A = \frac{1}{4} \cdot a^2 \cdot \sqrt{3}}$

Aufgabe: In einem gleichseitigen Dreieck ist $a = 4\,cm$. Berechnen Sie den Flächeninhalt.

Flächeninhalt: $\mathrm{A} = \frac{1}{4} \cdot a^2 \cdot \sqrt{3} = \frac{1}{4} \cdot 4^2 \cdot \sqrt{3} \approx 6{,}93\,cm^2$

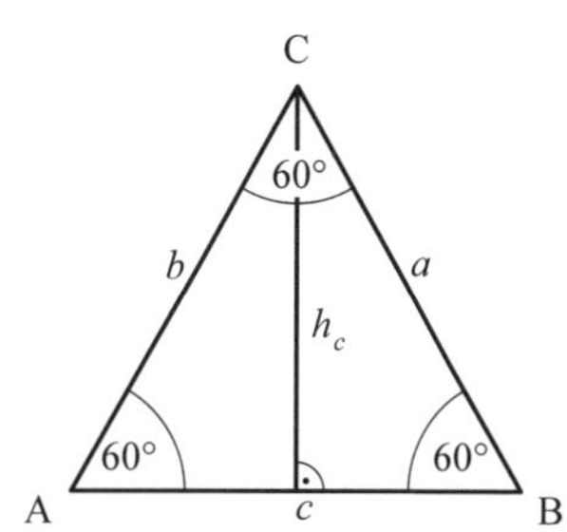

$a = b = c$

7.2 Satz des Pythagoras

Allgemein

In einem **rechtwinkligen Dreieck** wird die Seite gegenüber dem rechten Winkel (hier c) **Hypotenuse** genannt.
Die anderen Seiten (hier a und b) werden **Katheten** genannt.

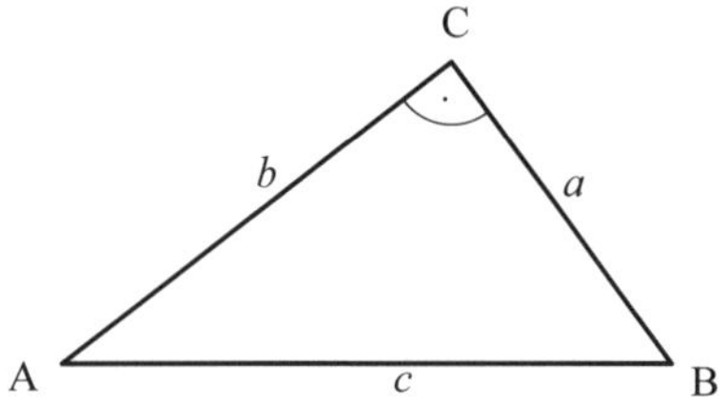

Es gilt:

$$\boldsymbol{a^2 + b^2 = c^2}$$

$$\textbf{Kathete}^2 + \textbf{Kathete}^2 = \textbf{Hypotenuse}^2$$

Beispiel 1

Berechnen Sie die Länge der Seite c.

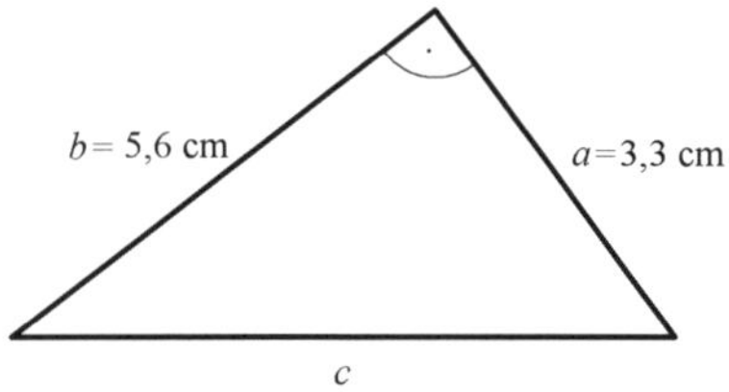

$$\begin{aligned} a^2 + b^2 &= c^2 \\ 3{,}3^2 + 5{,}6^2 &= c^2 \\ 10{,}89 + 31{,}36 &= c^2 \\ 42{,}25 &= c^2 \quad \Big| \sqrt{} \\ 6{,}5\ cm &= c \end{aligned}$$

Beispiel 2

Berechnen Sie die Länge der Seite b.

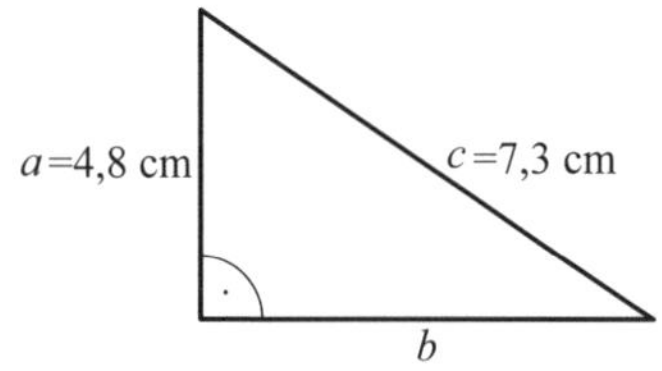

$$\begin{aligned} a^2 + b^2 &= c^2 \\ 4{,}8^2 + b^2 &= 7{,}3^2 \\ 23{,}04 + b^2 &= 53{,}29 \quad \Big| -23{,}04 \\ b^2 &= 30{,}25 \quad \Big| \sqrt{} \\ b &= 5{,}5\ cm \end{aligned}$$

frv.tv/8i

Beispiel 3: Berechnen Sie die Länge der Seite *b*.

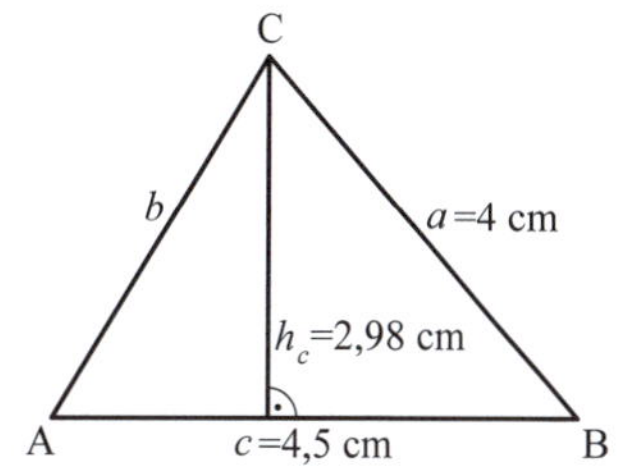

Vorgehen

1. Die Seite *c* wird unterteilt. Zunächst wird c_2 berechnet.

$$c_2^2 + h_c^2 = a^2$$
$$c_2^2 + 2{,}98^2 = 4^2 \quad \left| -2{,}98^2\right.$$
$$c_2^2 = 7{,}12 \quad \left| \sqrt{\ }\right.$$
$$c_2 = 2{,}67\ cm$$

Man erhält: $c_1 = c - c_2 = 4{,}5 - 2{,}67 = 1{,}83\ cm$

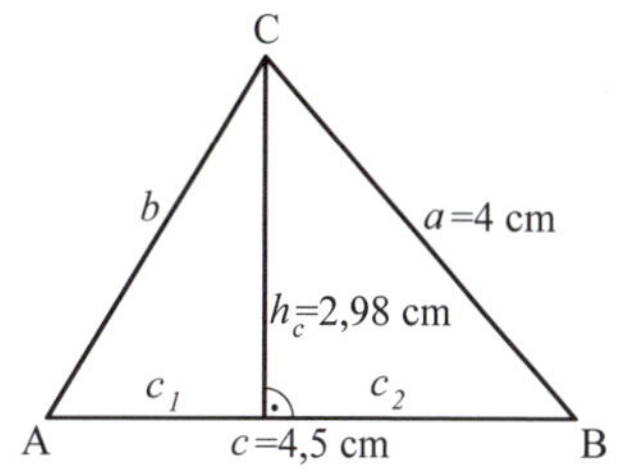

2. Nun wird *b* berechnet:

$$c_1^2 + h_c^2 = b^2$$
$$1{,}83^2 + 2{,}98^2 = b^2$$
$$12{,}23 = b^2 \quad \left| \sqrt{\ }\right.$$
$$3{,}50\ cm = b$$

Beispiel 4

Berechnen Sie den Abstand der Punkte A(0| 0,5) und B(2| 1,5).

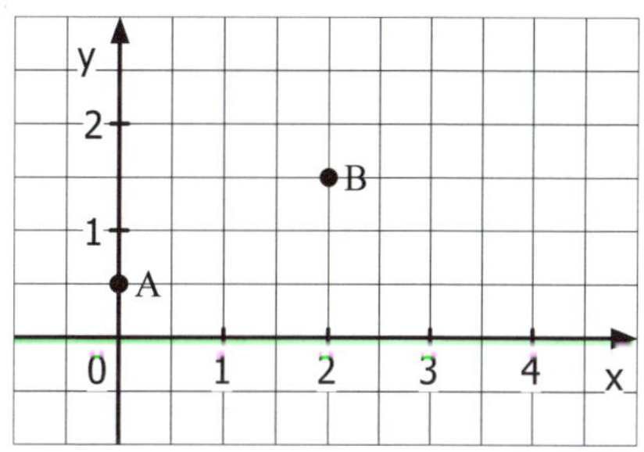

$$\overline{AB}^2 = (2-0)^2 + (1{,}5-0{,}5)^2$$
$$\overline{AB}^2 = 2^2 + 1^2$$
$$\overline{AB}^2 = 5 \quad \left| \sqrt{\ }\right.$$
$$\overline{AB} = \sqrt{5}$$
$$\overline{AB} = 2{,}24\ cm$$

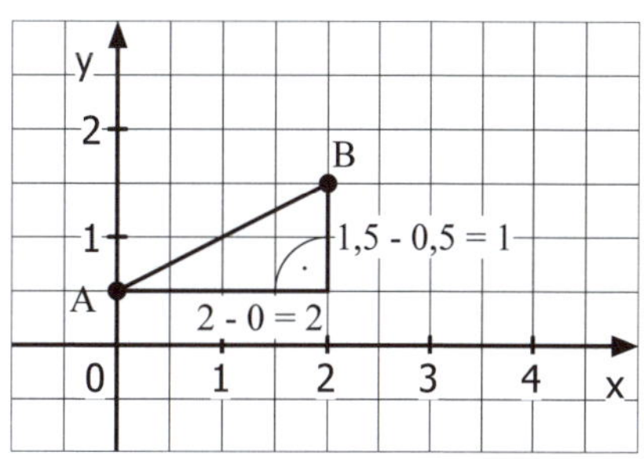

7.3 Trigonometrie

Allgemein
Die beiden kurzen Seiten eines **rechtwinkligen Dreiecks** werden als Katheten bezeichnet.
Die lange Seite, gegenüber dem rechten Winkel, heißt Hypotenuse.

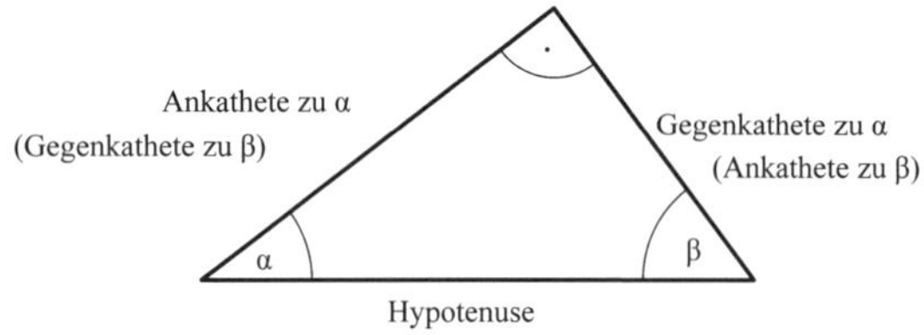

Es gelten:

$$\sin(\alpha)=\frac{\textbf{Gegenkathete zu } \alpha}{\textbf{Hypotenuse}};\ \cos(\alpha)=\frac{\textbf{Ankathete zu } \alpha}{\textbf{Hypotenuse}};\ \tan(\alpha)=\frac{\textbf{Gegenkathete zu } \alpha}{\textbf{Ankathete zu } \alpha}$$

Beispiel 1: Berechnen Sie die Länge der Seite *a*.

$$\sin(\alpha) = \frac{a}{c}$$
$$\sin(35°) = \frac{a}{7}$$
$$0{,}574 = \frac{a}{7} \qquad | \cdot 7$$
$$4{,}02\,cm = a$$

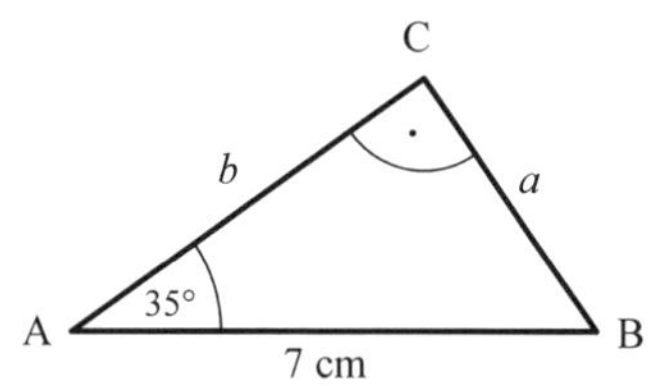

Beispiel 2: Berechnen Sie die fehlenden Seiten und Winkel des Dreiecks.

Die Winkelsumme in jedem Dreieck beträgt 180°.
$\beta = 180° - 90° - 40° = 50°$

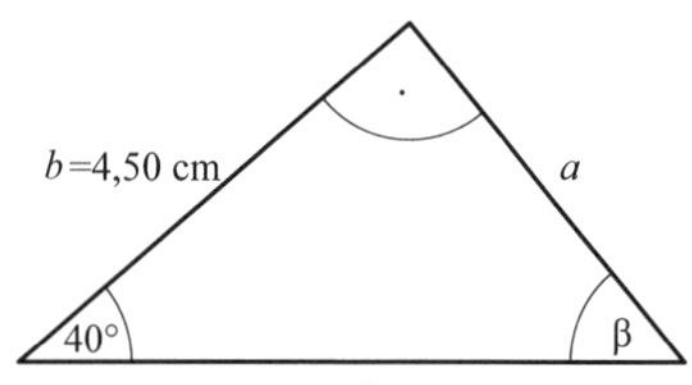

Berechnung von *c*:

$$\cos(\alpha) = \frac{b}{c}$$
$$\cos(40°) = \frac{4{,}50}{c}$$
$$0{,}766 = \frac{4{,}50}{c} \qquad | \cdot c$$
$$0{,}766c = 4{,}50 \qquad | : 0{,}766$$
$$c = 5{,}87\ cm$$

fry.tv/8i

Berechnung von a:

$$\tan(\alpha) = \frac{a}{b}$$

$$\tan(40°) = \frac{a}{4,50}$$

$$0,839 = \frac{a}{4,50} \qquad |\cdot 4,50$$

$$3,78\ cm = a$$

Hinweis: Die Berechnung der Seite a kann auch über den Satz des Pythagoras erfolgen.

Beispiel 3: Berechnen Sie die Innenwinkel und den Flächeninhalt des gleichschenkligen Dreiecks.

Es gelten: $c_1 = c_2 = \frac{1}{2}c = 3\ cm$ und $\alpha = \beta$.

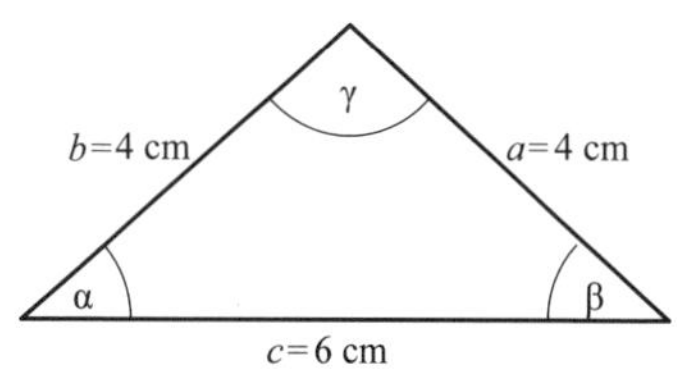

Berechnung der Innenwinkel

1. Berechnung von α:

$$\cos(\alpha) = \frac{c_1}{b}$$

$$\cos(\alpha) = \frac{3}{4} \qquad |\cos^{-1}$$

$$\alpha = 41,41° \ (= \beta)$$

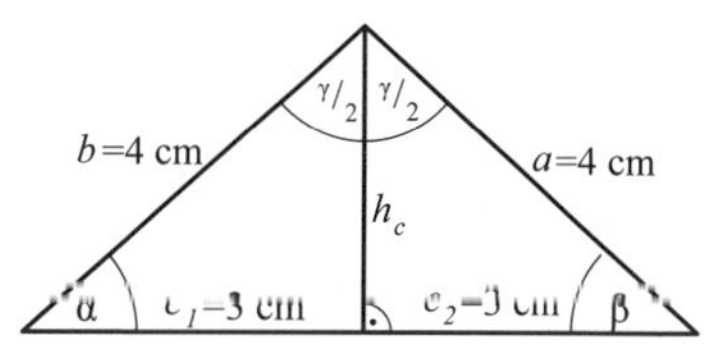

2. Die Winkelsumme in jedem Dreieck beträgt 180°:

$$\gamma = 180° - 41,41° - 41,41° = 97,18°$$

Berechnung des Flächeninhaltes

1. Berechnung der Höhe über den Satz des Pythagoras:

$$c_1^2 + h_c^2 = b^2$$
$$3^2 + h_c^2 = 4^2$$
$$9 + h_c^2 = 16 \qquad |-9$$
$$h_c^2 = 7 \qquad |\sqrt{\ }$$
$$h_c = 2,65\ cm$$

2. Berechnung des Flächeninhaltes:

$$A = \frac{1}{2}\cdot c\cdot h_c = \frac{1}{2}\cdot 6\cdot 2,65 = 7,95\ cm^2$$

7.4 Vierecke

1. Quadrat und Rechteck

Formel

Flächeninhalt: $\mathbf{A = a \cdot a}$ **(Quadrat)**

Flächeninhalt: $\mathbf{A = a \cdot b}$ **(Rechteck)**

Quadrat

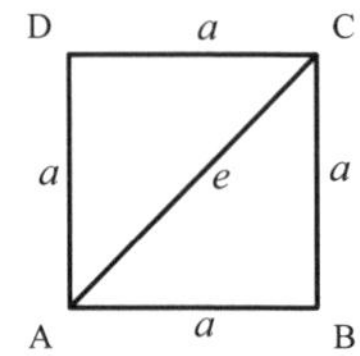

Rechteck

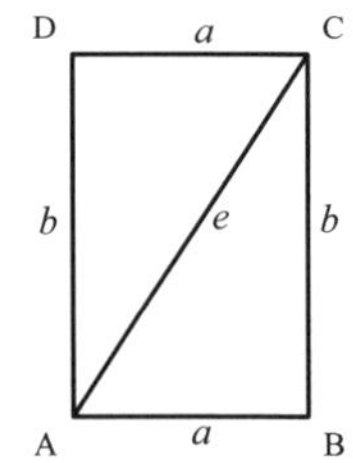

Aufgabe: Gegeben ist ein Rechteck mit $a = 3cm$ und $b = 4cm$. Berechnen Sie die Länge der Diagonale.

Berechnung mit dem Satz des Pythagoras:

$$a^2 + b^2 = e^2$$
$$3^2 + 4^2 = e^2$$
$$9 + 16 = e^2$$
$$25 = e^2 \qquad |\sqrt{}$$
$$5\ cm = e$$

2. Raute und Drache

Formel

Flächeninhalt: $\mathbf{A = \frac{1}{2} \cdot e \cdot f}$

Raute

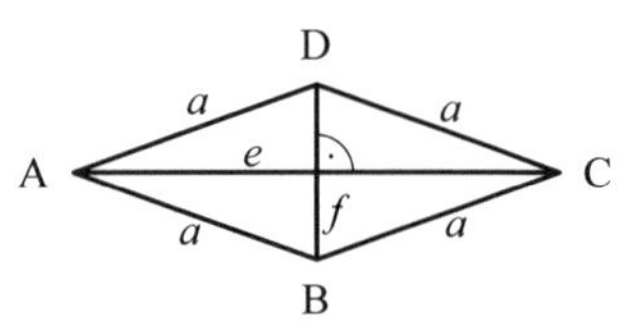

Drache

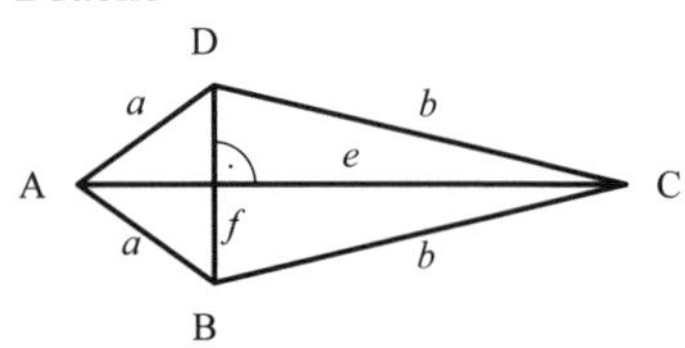

Aufgabe: Gegeben ist eine Raute mit $A = 12cm^2$ und $e = 4cm$. Berechnen Sie a.

1. Berechnung der Diagonale f:

$$A = \frac{1}{2} \cdot e \cdot f$$
$$12 = \frac{1}{2} \cdot 4 \cdot f$$
$$12 = 2 \cdot f \qquad |:2$$
$$6\ cm = f$$

2. Berechnung der Seitenlänge a mit dem Satz des Pythagoras:

$$\left(\frac{e}{2}\right)^2 + \left(\frac{f}{2}\right)^2 = a^2$$
$$2^2 + 3^2 = a^2$$
$$13 = a^2 \qquad |\sqrt{}$$
$$3{,}61\ cm = a$$

frv.tv/81

3. Parallelogramm

Formel

Flächeninhalt: $\mathbf{A = a \cdot h_a = b \cdot h_b}$

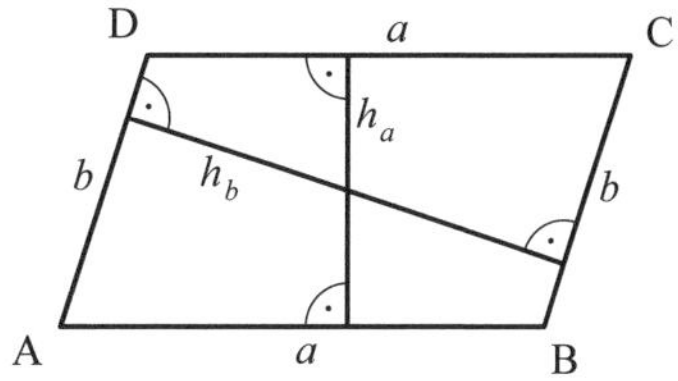

Aufgabe: Ein Parallelogramm mit $h_a = 4\,cm$ hat den Flächeninhalt $A = 12,2\ cm^2$. Berechnen Sie a.

Aus $12{,}2 = a \cdot 4$ erhält man $a = 3{,}05\,cm$.

4. Trapez

Formel

Flächeninhalt: $\mathbf{A = \frac{1}{2} \cdot (a + c) \cdot h = m \cdot h}$

(a und c sind parallel)

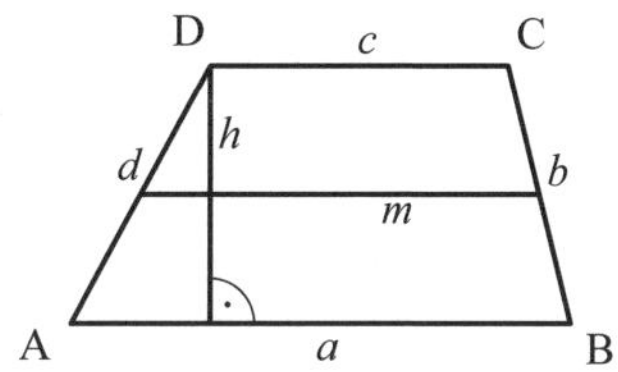

Aufgabe: Berechnen Sie die Fläche des gleichschenkligen Trapezes ABCD.

Tipp: Im gleichschenkligen Trapez gelten:

$\alpha = \beta;\ b = d$

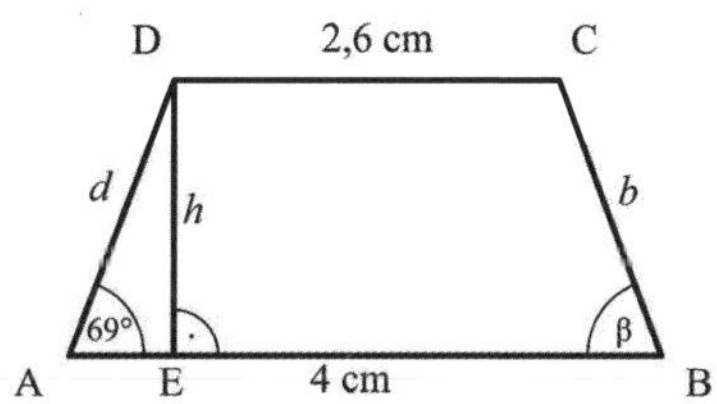

1. Berechnung von $\overline{AE}$:

$a - c = 4 - 2{,}6 = 1{,}4$ wird halbiert: $\overline{AE} = 0{,}7$

2. Im linken rechtwinkligen Dreieck wird die Länge der Strecke h berechnet:

$$\tan(\alpha) = \frac{h}{\overline{AE}}$$

$$\tan(69°) = \frac{h}{0{,}7}$$

$$2{,}61 = \frac{h}{0{,}7} \qquad | \cdot 0{,}7$$

$$1{,}83\ cm = h$$

3. Berechnung des Flächeninhaltes:

$$A = \frac{1}{2} \cdot (a + c) \cdot h = \frac{1}{2} \cdot (4 + 2{,}6) \cdot 1{,}83 = 6{,}04\ cm^2$$

7.5 Kreis, Kreisausschnitt und Kreisring

1. Der Kreis

Formeln

Flächeninhalt : $\mathbf{A = \pi \cdot r^2}$

Umfang : $\mathbf{u = 2\pi \cdot r = \pi \cdot d}$

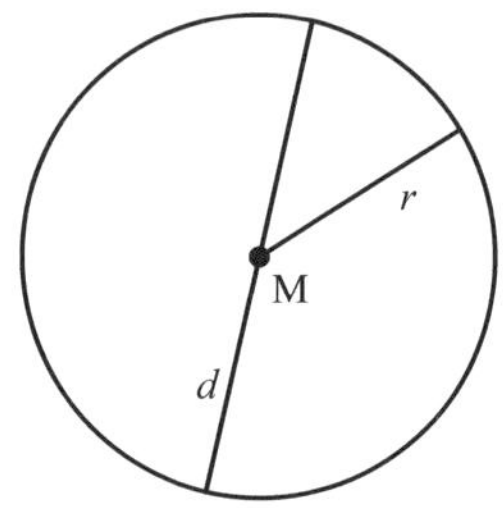

Beispiel 1: Ein Kreis hat den Radius $r = 2{,}50\ cm$.
Berechnen Sie den Durchmesser, die Kreisfläche und den Umfang des Kreises.

Durchmesser: $d = 2 \cdot r = 2 \cdot 2{,}50 = 5\ cm$

Kreisfläche: $A = \pi \cdot r^2 = \pi \cdot 2{,}50^2 = 19{,}63\ cm^2$

Umfang: $u = 2 \cdot \pi \cdot r = 2 \cdot \pi \cdot 2{,}50 = 15{,}71\ cm$

Beispiel 2: Ein Kreis hat den Flächeninhalt $A = 30{,}19\ dm^2$. Berechnen Sie den Radius.

$$\begin{aligned} A &= \pi \cdot r^2 \\ 30{,}19 &= \pi \cdot r^2 \quad \mid : \pi \\ 9{,}61 &= r^2 \quad \mid \sqrt{\ } \\ 3{,}1\ dm &= r \end{aligned}$$

2. Der Kreisausschnitt

Formeln

Flächeninhalt : $\mathbf{A = A_{Kreis} \cdot \frac{\alpha}{360°} = \pi \cdot r^2 \cdot \frac{\alpha}{360°}}$

Bogenlänge : $\mathbf{b = u_{Kreis} \cdot \frac{\alpha}{360°} = 2\pi \cdot r \cdot \frac{\alpha}{360°}}$

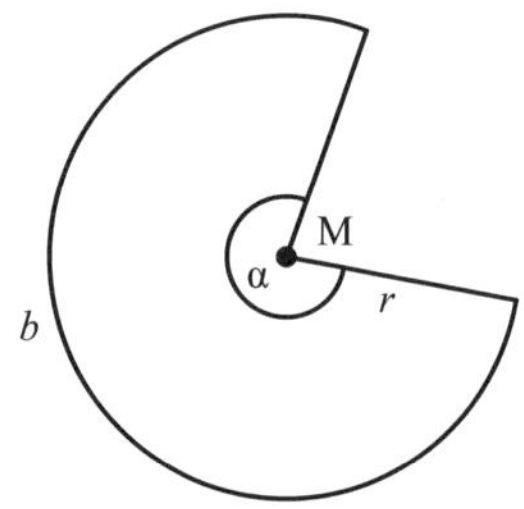

Beispiel 1: Ein Kreisausschnitt hat den Radius $r = 2{,}80\ cm$ und den Mittelpunktswinkel $\alpha = 215°$.
Berechnen Sie Flächeninhalt und die Bogenlänge b.

$$A = \pi \cdot r^2 \cdot \frac{\alpha}{360°} = \pi \cdot 2{,}80^2 \cdot \frac{215°}{360°} = 14{,}71\ cm^2$$

$$b = 2 \cdot \pi \cdot r \cdot \frac{\alpha}{360°} = 2 \cdot \pi \cdot 2{,}80 \cdot \frac{215°}{360°} = 10{,}51\ cm$$

frv.tv/8m

Beispiel 2: Ein Kreisausschnitt hat den Flächeninhalt $A = 10,20\ dm^2$ und den Mittelpunktswinkel $\alpha = 187°$.

a) Berechnen Sie den Radius.

$$\begin{aligned} A &= \pi \cdot r^2 \cdot \frac{\alpha}{360°} \\ 10,2 &= \pi \cdot r^2 \cdot \frac{187°}{360°} \\ 10,2 &= \pi \cdot r^2 \cdot 0,52 \quad &|:0,52 \\ 19,62 &= \pi \cdot r^2 \quad &|:\pi \\ 6,25 &= r^2 \quad &|\sqrt{\ } \\ 2,5\,dm &= r \end{aligned}$$

b) Berechnen Sie die Bogenlänge.

$$b = 2 \cdot \pi \cdot r \cdot \frac{\alpha}{360°} = 2 \cdot \pi \cdot 2,50 \cdot \frac{187°}{360°} = 8,16\ dm$$

3. Der Kreisring

Formeln

Flächeninhalt: $\mathbf{A = A_{äuß.\ Kreis} - A_{inn.\ Kreis} = \pi \cdot (r_2^2 - r_1^2)}$

Umfang: $\boldsymbol{u = u_{äuß.\ Kreis} + u_{inn.\ Kreis} = 2\pi \cdot (r_1 + r_2)}$

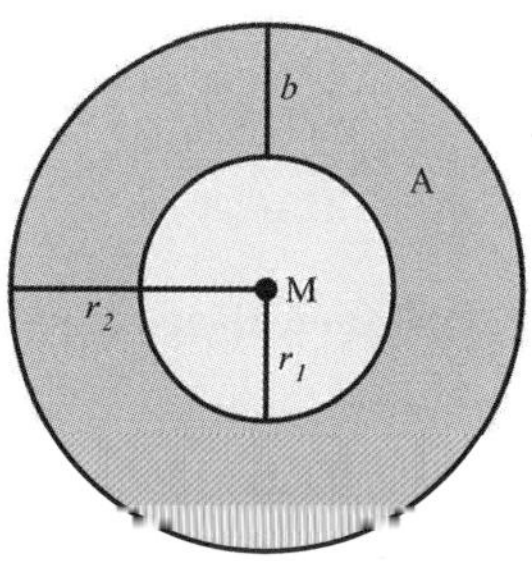

Beispiel 1: In einem großen Kreis mit Radius 8 *cm* wird um den Mittelpunkt ein kleiner Kreis mit Radius 3 cm gebildet. Es entsteht ein Kreisring.

a) Wie breit ist der Kreisring?

Breite: $b = r_2 - r_1 = 8 - 3 = 5\ cm$

b) Berechnen Sie den Flächeninhalt des Kreisrings.

$A = \pi \cdot (r_2^2 - r_1^2) = \pi \cdot (8^2 - 3^2) = 172,79\ cm^2$

c) Berechnen Sie den Umfang des Kreisrings.

$U = 2\pi \cdot (8 + 3) = 2\pi \cdot 11 = 69,12\ cm$

8. Stereometrie

8.1 Würfel

Formeln

Volumen: $\mathbf{V = a^3}$

Oberfläche: $\mathbf{O = 6 \cdot a^2}$

Raumdiagonale: $\mathbf{d = a \cdot \sqrt{3}}$

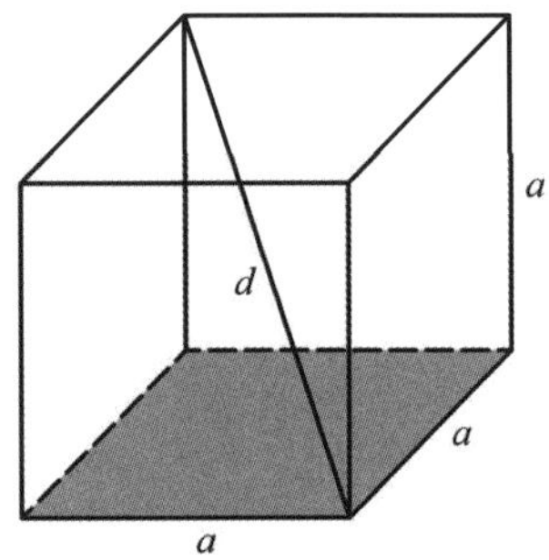

Aufgabe: Ein Würfel hat einer Oberfläche von 96 cm^2.

a) Berechnen Sie die Kantenlänge.

$$\begin{aligned} O &= 6 \cdot a^2 \\ 96 &= 6 \cdot a^2 \quad &|:6 \\ 16 &= a^2 \quad &|\sqrt{} \\ 4\,cm &= a \end{aligned}$$

b) Berechnen Sie die Länge der Raumdiagonalen.

$d = a \cdot \sqrt{3} = 4 \cdot \sqrt{3} = 6{,}93\,cm$

c) Berechnen Sie das Volumen.

$V = a^3 = 4^3 = 64\ cm^3$

d) Die Kantenlänge eines Würfels wird verdoppelt. Wie verändert sich sein Volumen?

Ein Würfel mit Kantenlänge a hat ein Volumen von: $V = a^3$

Ein Würfel mit Kantenlänge $2 \cdot a$ hat ein Volumen von: $V = (2 \cdot a)^3 = 2^3 \cdot a^3 = 8 \cdot a^3$

Somit verachtfacht sich das Volumen.

frv.tv/8n

8.2 Quader

Formeln
Volumen: $\mathbf{V = a \cdot b \cdot c}$
Oberfläche: $\mathbf{O = 2 \cdot (a \cdot b + a \cdot c + b \cdot c)}$
Raumdiagonale: $\mathbf{d = \sqrt{a^2 + b^2 + c^2}}$

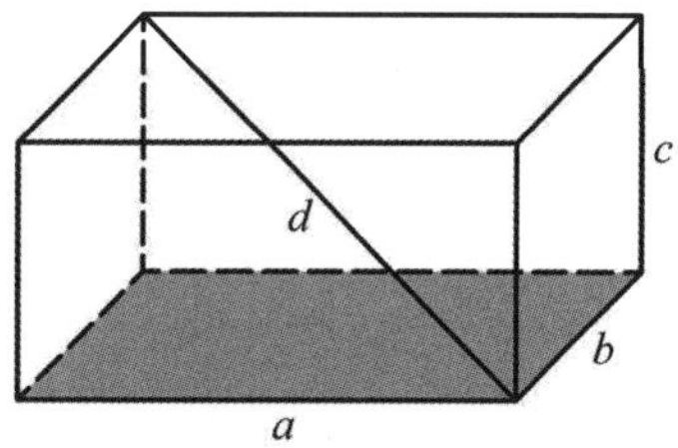

Aufgabe: Ein Quader hat Seitenlängen $a = 5\,cm,\ b = 7\,cm$ und ein Volumen von 210 cm^3.

a) Berechnen Sie die Länge der Raumdiagonalen.

1. Berechnung der Seitenlänge c.

$$\mathrm{V} = a \cdot b \cdot c$$
$$210 = 5 \cdot 7 \cdot c$$
$$210 = 35 \cdot c \qquad |:35$$
$$6\ cm = c$$

2. Berechnung der Länge der Raumdiagonalen.

$$d = \sqrt{a^2 + b^2 + c^2} = \sqrt{5^2 + 7^2 + 6^2} = \sqrt{110} = 10{,}49\,cm$$

b) Berechnen Sie die Oberfläche des Quaders.

$$\mathrm{O} = 2 \cdot (a \cdot b + a \cdot c + b \cdot c) = 2 \cdot (5 \cdot 7 + 5 \cdot 6 + 7 \cdot 6) = 214\ cm^2$$

c) Welchen Winkel schließt die Raumdiagonale mit der Grundfläche ein?

$$\sin(\alpha) = \frac{c}{d}$$
$$\sin(\alpha) = \frac{6}{10{,}49}$$
$$\sin(\alpha) = 0{,}57 \qquad |\sin^{-1}$$
$$\alpha = 34{,}75°$$

8.3 Zylinder

Formeln

Volumen: $\mathbf{V = \pi \cdot r^2 \cdot h}$

Mantelfläche: $\mathbf{M = 2\pi \cdot r \cdot h}$

Oberfläche: $\mathbf{O = 2 \cdot G + M = 2\pi \cdot r^2 + 2\pi \cdot r \cdot h}$

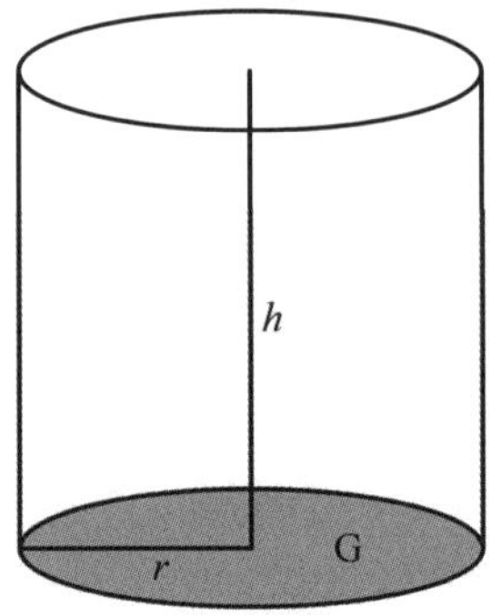

Aufgabe 1: Ein Zylinder hat ein Volumen von $V = 572{,}56\ cm^3$ und eine Höhe von $h = 9\ cm$.

a) Berechnen Sie den Radius r des Zylinders.

$$V = \pi \cdot r^2 \cdot h$$
$$572{,}56 = \pi \cdot r^2 \cdot 9$$
$$572{,}56 = 28{,}27 \cdot r^2 \quad |:28{,}27$$
$$20{,}25 = r^2 \quad |\sqrt{\ }$$
$$4{,}5\ cm = r$$

b) Berechnen Sie die Oberfläche O des Zylinders.

$$O = 2\pi \cdot r^2 + 2\pi \cdot r \cdot h = 2 \cdot \pi \cdot 4{,}5^2 + 2 \cdot \pi \cdot 4{,}5 \cdot 9 = 381{,}70\ cm^2$$

Aufgabe 2: Ein 15 cm langer Stab wird in einen oben offenen zylinderförmigen Behälter gelegt.
Sein oberes Ende ragt 3,39 cm aus dem Behälter hinaus.
Der Behälter hat die Höhe $h = 10{,}00\ cm$.

Berechnen Sie den Radius des Behälters.

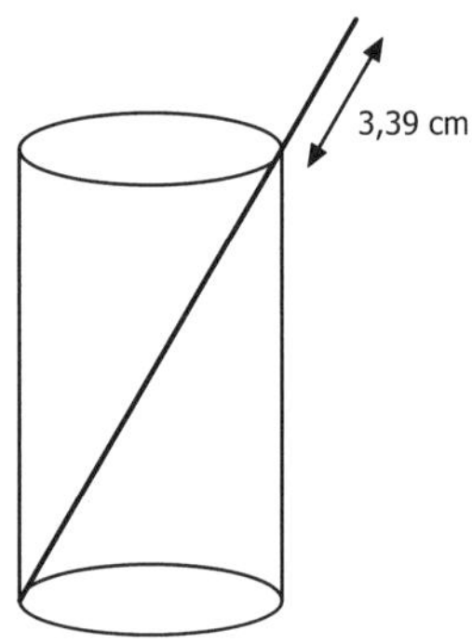

1. Die Raumdiagonale des Zylinders hat die Länge:
$l = 15{,}00 - 3{,}39 = 11{,}61\ cm$

2. Durch Satz des Pythagoras wird der Durchmesser berechnet:

$$d^2 + h^2 = l^2$$
$$d^2 + 10^2 = 11{,}61^2$$
$$d^2 + 100 = 134{,}79 \quad |-100$$
$$d^2 = 34{,}79 \quad |\sqrt{\ }$$
$$d = 5{,}9\,cm$$

3. Aus dem Durchmesser wird der Radius berechnet:

$$r = \frac{5{,}9}{2} = 2{,}95\ cm$$

frv.tv/8o

8.4 Kegel

Formeln

Volumen: $\mathbf{V = \frac{1}{3}\pi \cdot r^2 \cdot h}$

Mantelfläche: $\mathbf{M = \pi \cdot r \cdot s}$

Oberfläche: $\mathbf{O = G + M = \pi \cdot r^2 + \pi \cdot r \cdot s}$

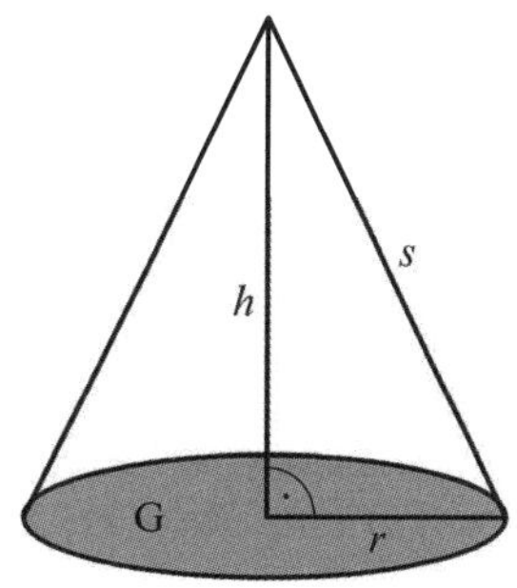

Aufgabe 1: Ein Kegel mit Durchmesser 10 *cm* hat eine Höhe von 4 *cm*.

a) Berechnen Sie das Volumen des Kegels.

$$V = \frac{1}{3} \cdot \pi \cdot r^2 \cdot h = \frac{1}{3} \cdot \pi \cdot 5^2 \cdot 4 = 104{,}72\ cm^3$$

b) Berechnen Sie die Oberfläche des Kegels.

1. Mit dem Satz des Pythagoras wird die Seitenkante s berechnet:

$$h^2 + r^2 = s^2$$
$$4^2 + 5^2 = s^2$$
$$41 = s^2 \qquad |\sqrt{\ }$$
$$6{,}4\ cm = s$$

2. Die Formel zur Berechnung der Oberfläche wird verwendet:

$$O = \pi \cdot r \cdot s + \pi \cdot r^2 = \pi \cdot 5 \cdot 6{,}4 + \pi \cdot 5^2 = 179{,}07\ cm^2$$

Aufgabe 2: Gegeben ist ein Kegel mit Radius 4,8 *cm* und der Seitenkante $s = 10\ cm$. Berechnen Sie den Öffnungswinkel γ (an der Spitze).

$$\sin\left(\frac{\gamma}{2}\right) = \frac{r}{s}$$
$$\sin\left(\frac{\gamma}{2}\right) = \frac{4{,}8}{10} \qquad |\sin^{-1}$$
$$\frac{\gamma}{2} = 28{,}69 \qquad |\cdot 2$$
$$\gamma = 57{,}38°$$

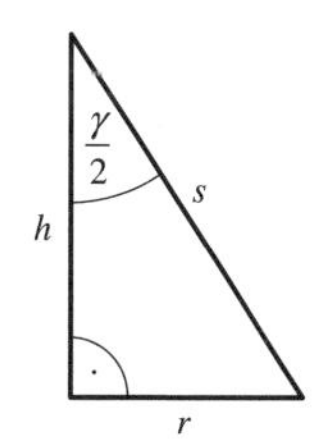

8.5 Pyramide

1. Die senkrechte quadratische Pyramide

Formeln

Volumen: $\mathbf{V = \frac{1}{3} \cdot a^2 \cdot h}$

Mantelfläche: $\mathbf{M = 2 \cdot a \cdot h_s}$

Oberfläche: $\mathbf{O = G + M = a^2 + 2 \cdot a \cdot h_s}$

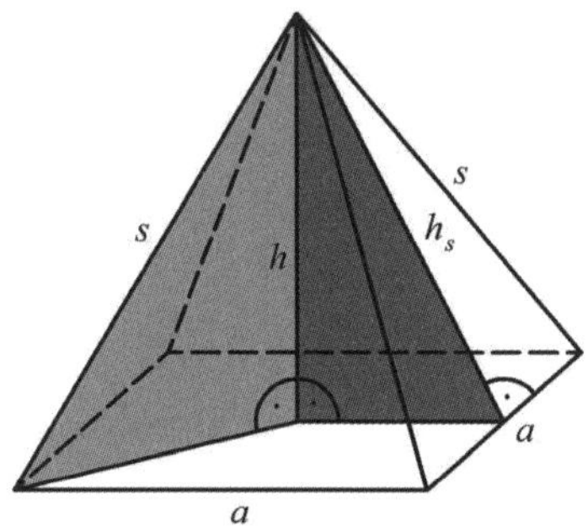

Aufgabe: Eine quadratische Pyramide hat die Grundfläche $G = 25\ cm^2$.
Die Seitenkante s und die Grundkante a schließen einen Innenwinkel von $\alpha = 58°$ ein.
Berechnen Sie die Oberfläche der Pyramide.

1. Berechnung von a:

$$G = a^2$$
$$25 = a^2 \quad |\sqrt{\ }$$
$$5\ cm = a$$

2. Berechnung von h_s:

$$\tan(\alpha) = \frac{h_s}{\frac{a}{2}}$$
$$\tan(58°) = \frac{h_s}{2{,}5}$$
$$1{,}6 = \frac{h_s}{2{,}5} \quad |\cdot 2{,}5$$
$$4\ cm = h_s$$

3. Berechnung der Oberfläche:

$$O = a^2 + 2 \cdot a \cdot h_s = 5^2 + 2 \cdot 5 \cdot 4 = 65\ cm^2$$

frv.tv/8p

2. Die regelmäßige Dreieckspyramide

Formeln

Volumen: $\mathbf{V = \frac{a^2}{12} \cdot \sqrt{3} \cdot h}$

Mantelfläche: $\mathbf{M = \frac{3}{2} \cdot a \cdot h_s}$

Oberfläche: $\mathbf{O = G + M = \frac{a^2}{4} \cdot \sqrt{3} + \frac{3}{2} \cdot a \cdot h_s}$

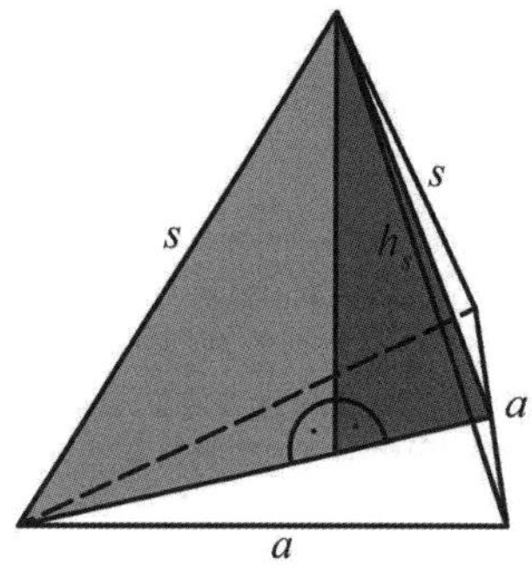

Die Grundfläche besteht aus einem gleichseitigen Dreieck.

Aufgabe: Bei einer regelmäßigen Dreieckspyramide gelten $s = 5\,cm$ und $h_s = 4\,cm$. Berechnen Sie die Oberfläche der Pyramide.

1. Berechnung von a:

$$h_s^2 + \left(\frac{a}{2}\right)^2 = s^2$$

$$4^2 + \left(\frac{a}{2}\right)^2 = 5^2$$

$$16 + \left(\frac{a}{2}\right)^2 = 25 \quad | -16$$

$$\left(\frac{a}{2}\right)^2 = 9 \quad | \sqrt{}$$

$$\frac{a}{2} = 3 \quad | \cdot 2$$

$$a = 6\ cm$$

2. Berechnung der Oberfläche:

$$O = \frac{a^2}{4} \cdot \sqrt{3} + \frac{3}{2} \cdot a \cdot h_s = \frac{6^2}{4} \cdot \sqrt{3} + \frac{3}{2} \cdot 6 \cdot 4 = 51{,}59\ cm^2$$

3. Die regelmäßige Sechseckspyramide

Formeln

Volumen: $\mathbf{V = \frac{a^2}{2} \cdot \sqrt{3} \cdot h}$

Mantelfläche: $\mathbf{M = 3 \cdot a \cdot h_s}$

Oberfläche: $\mathbf{O = G + M = \frac{3}{2} \cdot a^2 \cdot \sqrt{3} + 3 \cdot a \cdot h_s}$

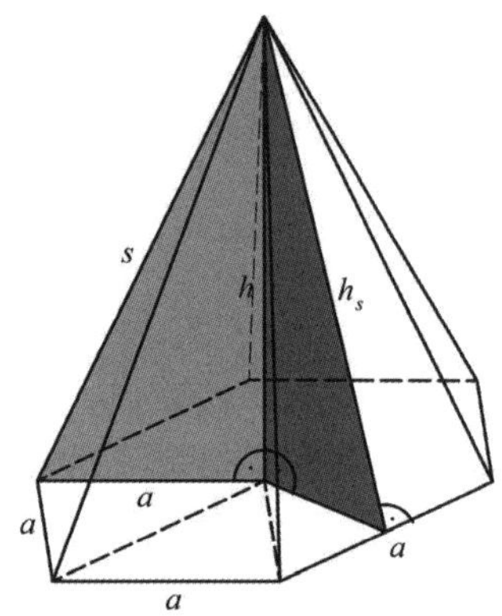

Die Grundfläche besteht aus 6 gleichseitigen Dreiecken.

Aufgabe: Bei einer regelmäßigen Sechseckspyramide gelten $a = 9{,}8\,cm$ und $h_s = 19{,}57\,cm$. Die Grundfläche und h_s schließen einen Winkel von 64,3° ein.
Berechnen Sie das Volumen der Pyramide.

1. Berechnung von h:

$$\sin(\beta) = \frac{h}{h_s}$$

$$\sin(64{,}3°) = \frac{h}{19{,}57}$$

$$0{,}9 = \frac{h}{19{,}57} \quad | \cdot 19{,}57$$

$$17{,}61\ cm = h$$

2. Berechnung des Volumens:

$$V = \frac{a^2}{2} \cdot \sqrt{3} \cdot h = \frac{9{,}8^2}{2} \cdot \sqrt{3} \cdot 17{,}61 = 1464{,}68\ cm^3$$

4. Die regelmäßige n-Ecks-Pyramide

Formeln

Volumen: $\mathbf{V = \frac{1}{3} \cdot G \cdot h = \frac{1}{3} \cdot \frac{n \cdot a \cdot h_a}{2} \cdot h}$

Mantelfläche: $\mathbf{M = n \cdot \frac{a \cdot h_s}{2}}$

Oberfläche: $\mathbf{O = G + M = \frac{n \cdot a \cdot h_a}{2} + n \cdot \frac{a \cdot h_s}{2}}$

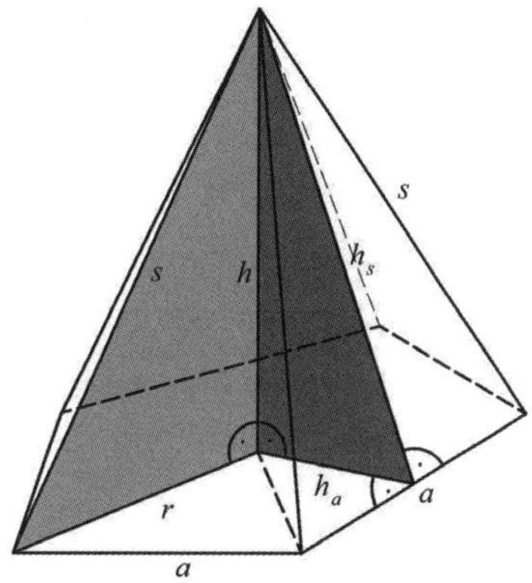

Aufgabe: Bei einer regelmäßigen Fünfeckspyramide gelten $h_a = 3{,}5\,cm$ und $h = 6\,cm$. Berechnen Sie das Volumen der Pyramide.

1. Berechnung des Innenwinkels α:

$$\alpha = \frac{360°}{n} = \frac{360°}{5} = 72°$$

2. Berechnung von a:

$$\tan\left(\frac{\alpha}{2}\right) = \frac{\frac{a}{2}}{h_a}$$

$$\tan(36°) = \frac{\frac{a}{2}}{3{,}5} \qquad |\cdot 3{,}5$$

$$2{,}54 = \frac{a}{2} \qquad |\cdot 2$$

$$5{,}08\ cm = a$$

3. Berechnung des Volumens:

$$V = \frac{1}{3} \cdot \frac{5 \cdot 5{,}08 \cdot 3{,}5}{2} \cdot 6 = 88{,}9\ cm^3$$

8.6 Prisma

1. Dreiecksprisma

Die Grundfläche G und die Deckfläche D sind parallel und deckungsgleich (kongruent). Die Seitenflächen bilden Rechtecke.

Formeln

Volumen: $\mathbf{V = G \cdot \mathit{h}}$

Mantelfläche: $\mathbf{M = \mathit{u} \cdot \mathit{h}}$

Oberfläche: $\mathbf{O = 2 \cdot G + M = 2 \cdot G + \mathit{u} \cdot \mathit{h}}$

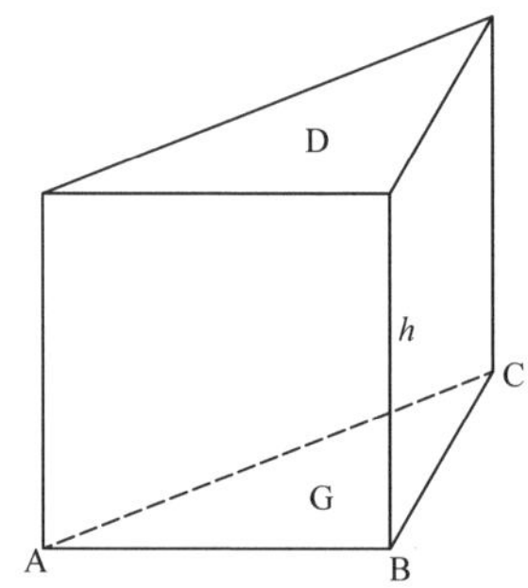

Erläuterung der Oberflächenformel am Netz

u stellt den Umfang der Grundfläche G dar.
Wenn die Rechtecke M_1, M_2 und M_3 zusammengelegt werden, entsteht ein Rechteck der Länge *u* und der Breite *h*.

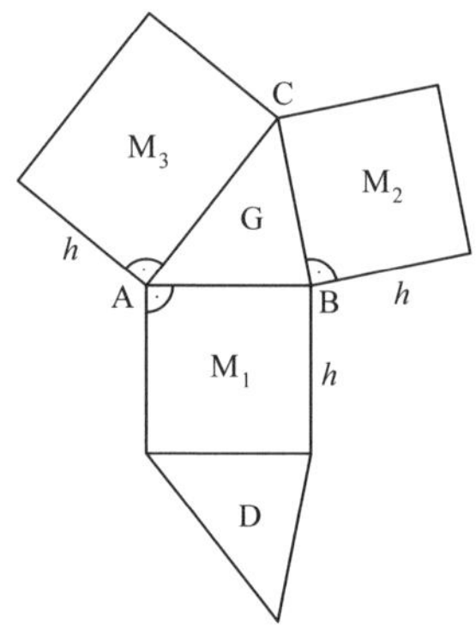

2. Das regelmäßige Sechseckprisma

Formeln

Volumen: $\mathbf{V = \frac{3\mathit{a}^2}{2} \cdot \sqrt{3} \cdot \mathit{h}}$

Mantelfläche: $\mathbf{M = 6 \cdot \mathit{a} \cdot \mathit{h}}$

Oberfläche: $\mathbf{O = 2 \cdot G + M = 3 \cdot \mathit{a}^2 \cdot \sqrt{3} + 6 \cdot \mathit{a} \cdot \mathit{h}}$

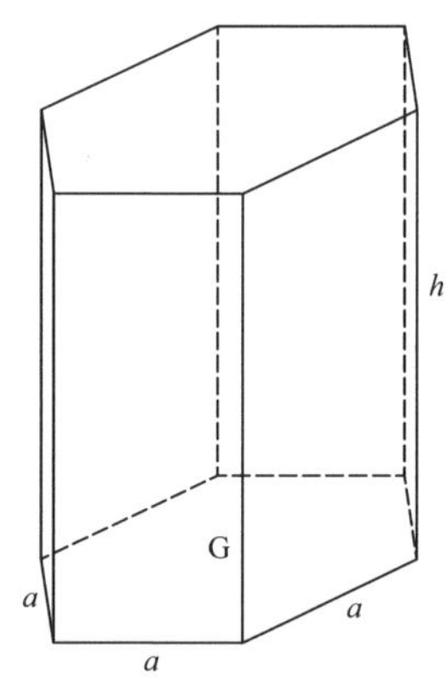

8.7 Kugel

Formeln

Volumen: $\mathbf{V = \frac{4}{3} \cdot \pi \cdot r^3}$

Oberfläche: $\mathbf{O = 4 \cdot \pi \cdot r^2}$

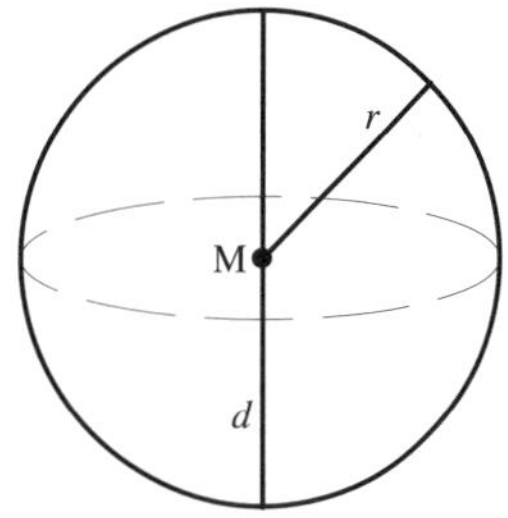

Aufgabe

Eine Kugel hat die Oberfläche 633 cm^2.

a) Berechnen Sie das Volumen der Kugel.

1. Berechnung von *r*:

$$O = 4 \cdot \pi \cdot r^2$$
$$633 = 4 \cdot \pi \cdot r^2 \qquad |:4 \ :\pi$$
$$50{,}37 = r^2 \qquad |\sqrt{\ }$$
$$7{,}1\ cm = r$$

2. Berechnung von V:

$$V = \frac{4}{3} \cdot \pi \cdot r^3 = \frac{4}{3} \cdot \pi \cdot 7{,}1^3 = 1499{,}21\ cm^3$$

b) Die Kugel wird halbiert. Berechnen Sie die neue Oberfläche.

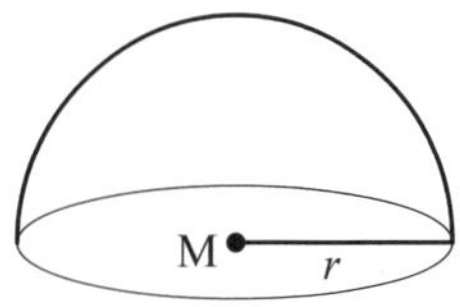

1. Berechnung der halben Oberfläche der (ganzen) Kugel.

$$\frac{O}{2} = \frac{633}{2} = 316{,}5\ cm^2$$

2. Berechnung der Kreisfläche.

$$A = \pi \cdot r^2 = \pi \cdot 7{,}1^2 = 158{,}37\ cm^2$$

3. Addition.

$$O = \frac{O}{2} + A = 316{,}5 + 158{,}37 = 474{,}87\ cm^2$$

Hinweis: Bei der Oberflächenberechnung einer Halbkugel muss man genau darauf achten, ob der Inhalt der **Schnittfläche/Kreisfläche** (wie hier) mit eingerechnet werden soll oder nicht.

8.8 Zusammengesetzte Körper

Das **Volumen** des zusammengesetzten Körpers entspricht der **Summe oder Differenz** der Teilvolumina.
Die **Oberfläche** entspricht der Summe **aller außen liegenden Flächen** (Flächen die „angemalt“ werden könnten).

Beispiel 1	Beispiel 2
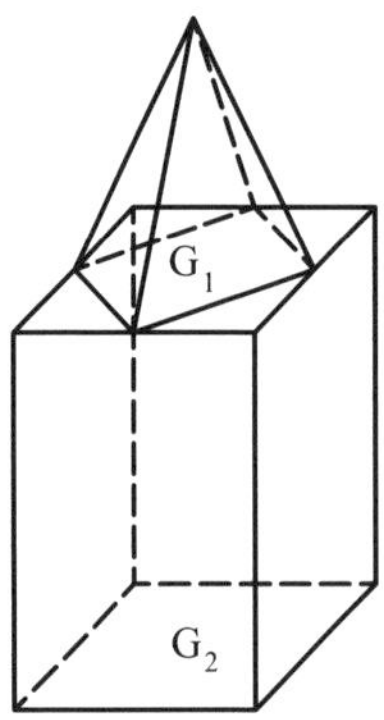	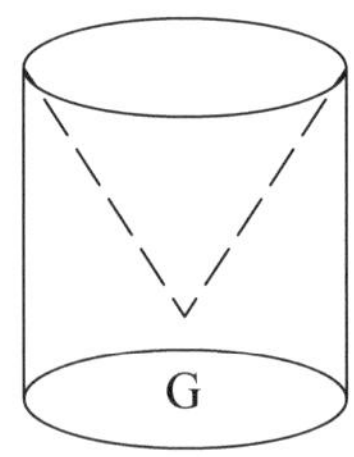
Volumen: $V = V_{Quader} + V_{Pyramide}$	Volumen: $V = V_{Zylinder} - V_{Kegel}$
Oberfläche: $O = O_{\text{Quader}} + O_{\text{Pyramide}} - 2 \cdot G_1$ $= M_{\text{Quader}} + M_{\text{Pyramide}} + 2 \cdot G_2 - G_1$	Oberfläche: $O = O_{\text{Zylinder}} + O_{\text{Kegel}} - 2 \cdot G$ $= M_{\text{Zylinder}} + M_{\text{Kegel}} + G$

Erläuterung: Die Berechnung der **Oberfläche** zusammengesetzter Körper ist meist **deutlich schwieriger** also die Berechnung des Volumens.
Im Beispiel 1 steht die Pyramide direkt auf dem Quader, wodurch die Grundfläche der Pyramide unten nicht mehr „angemalt“ werden muss und somit nicht in die Oberflächenberechnung eingehen darf. Ebenso muss der Quader oben auf der Standfläche der Pyramide nicht mehr „angemalt‘ werden.
Insgesamt muss diese Grundfläche also zwei Mal abgezogen werden:
$O = O_{\text{Quader}} + O_{\text{Pyramide}} - 2 \cdot G_1$

frv.tv/8r

Aufgabe

Auf einem Würfel mit Kantenlänge 8 *cm* steht eine Pyramide mit gleicher Grundfläche und einer Höhe von 10 *cm*.

a) Berechnen Sie das Volumen des zusammengesetzten Körpers.

1. Berechnung des Volumens des Quaders:

$$V_{Quader} = a^3 = 8^3 = 512\ cm^3$$

2. Berechnung des Volumens der Pyramide:

$$V_{Pyramide} = \frac{1}{3} \cdot a^2 \cdot h = \frac{1}{3} \cdot 8^2 \cdot 10 = 213{,}33\ cm^3$$

3. Berechnung des Volumens des zusammengesetzten Körpers:

$$V = V_{Quader} + V_{Pyramide} = 512 + 213{,}33 = 725{,}33\ cm^3$$

b) Berechnen Sie die Oberfläche des zusammengesetzten Körpers.

1. Berechnung der Oberfläche des Quaders:

$$O_{Quader} = 6 \cdot a^2 = 6 \cdot 8^2 = 384\ cm^2$$

2. Berechnung der Seitenhöhe der Pyramide mit dem Satz des Pythagoras:

$$h^2 + \left(\frac{a}{2}\right)^2 = h_s^2$$

$$10^2 + 4^2 = h_s^2$$

$$116 = h_s^2 \quad |\sqrt{\ }$$

$$10{,}77\ cm = h_s$$

3. Berechnung der Oberfläche der Pyramide:

$$O_{Pyramide} = a^2 + 2 \cdot a \cdot h_s = 8^2 + 2 \cdot 8 \cdot 10{,}77 = 236{,}32\ cm^2$$

5. Berechnung der Grundfläche des Quaders bzw. der Pyramide:

$$G = a^2 = 8^2 = 64\ cm^2$$

6. Berechnung der Oberfläche des zusammengesetzten Körpers:

$$O = O_{Quader} + O_{Pyramide} - 2 \cdot G = 384 + 236{,}32 - 2 \cdot 64 = 492{,}32\ cm^2$$

9. Wahrscheinlichkeitsrechnung

9.1 Baumdiagramm und Pfadregeln

Beispiel 1: In einer Urne befinden sich 4 rote, 3 blaue und 2 grüne Kugeln. Es werden nacheinander 2 Kugeln entnommen. Mit welcher Wahrscheinlichkeit wird 2-mal die gleiche Farbe gezogen? Entnommene Kugeln werden hierbei …

a) … wieder zurückgelegt.	**b)** … nicht wieder zurückgelegt.

Ziehen mit Zurücklegen	Ziehen ohne Zurücklegen
1. Schritt: Baumdiagramm anlegen	

a)

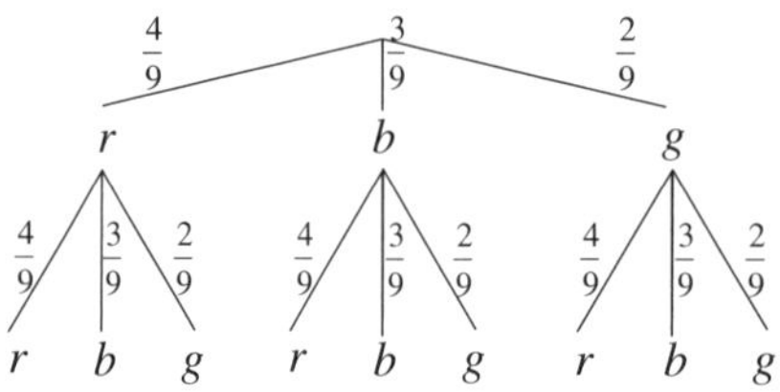

b)

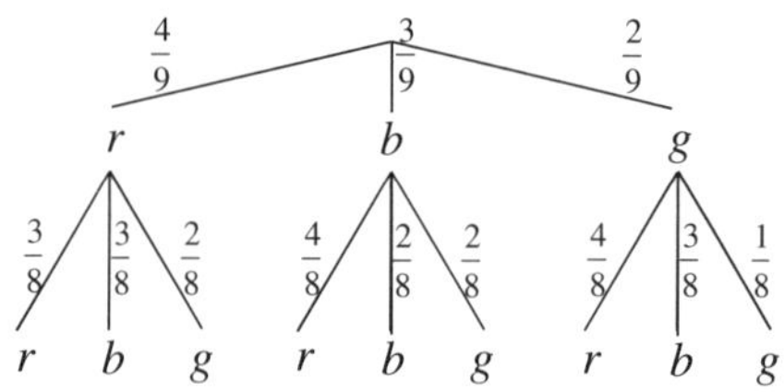

Achtung: Wahrscheinlichkeiten ändern sich von Stufe zu Stufe!

2. Schritt: Ereignis definieren, welches alle gefragten Ergebnisse enthält
$\mathrm{E}=\{rr; bb; gg\}$

3. Schritt: Wahrscheinlichkeit des Ereignisses berechnen	
$\mathrm{P(E)}=\mathrm{P}(rr)+\mathrm{P}(bb)+\mathrm{P}(gg)$ $=\frac{4}{9}\cdot\frac{4}{9}+\frac{3}{9}\cdot\frac{3}{9}+\frac{2}{9}\cdot\frac{2}{9}=\frac{29}{81}\approx 0{,}358$	$\mathrm{P(E)}=\mathrm{P}(rr)+\mathrm{P}(bb)+\mathrm{P}(gg)$ $=\frac{4}{9}\cdot\frac{3}{8}+\frac{3}{9}\cdot\frac{2}{8}+\frac{2}{9}\cdot\frac{1}{8}=\frac{5}{18}\approx 0{,}278$

Regeln

1. Pfadregel (Produktregel): Die Wahrscheinlichkeit für ein Ergebnis erhält man durch Multiplikation „entlang seines Ergebnispfades“.

2. Pfadregel (Summenregel): Die Wahrscheinlichkeit für das gesuchte Ereignis erhält dadurch, dass man die Wahrscheinlichkeiten aller zugehörigen Ergebnisse addiert.

fry.ty/8s

Beispiel 2: Bei einer Polizeikontrolle sind üblicherweise 15 % der Fahrer alkoholisiert. Es werden 2 Autos kontrolliert.

a) Mit welcher Wahrscheinlichkeit sind beide Fahrer alkoholisiert?

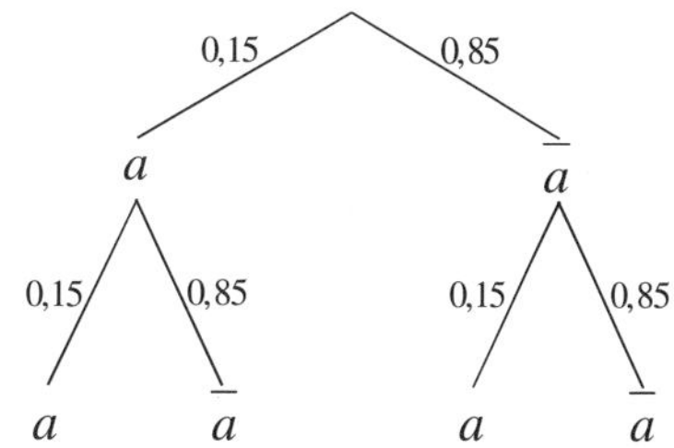

$\mathrm{E}=\{aa\}$

$\mathrm{P(E)}=\mathrm{P}(aa)=0{,}15\cdot 0{,}15=0{,}0225=2{,}25\,\%$

b) Mit welcher Wahrscheinlichkeit ist genau ein Fahrer alkoholisiert?

$\mathrm{E}=\{a\bar{a};\bar{a}a\}$

$\mathrm{P(E)}=\mathrm{P}(a\bar{a})+\mathrm{P}(\bar{a}a)$

$=0{,}15\cdot 0{,}85+0{,}85\cdot 0{,}15=0{,}255=25{,}5\,\%$

Beispiel 3: In einem Paket befinden sich 11 Smartphones. 4 davon sind vom Hersteller Samsung (*s*). Für 70 % der Handys eines jeden Herstellers wird eine Flatrate (*f*) gebucht. Ein Smartphone wird blind entnommen.
Mit welcher Wahrscheinlichkeit ist es nicht von Samsung und ohne Flatrate.

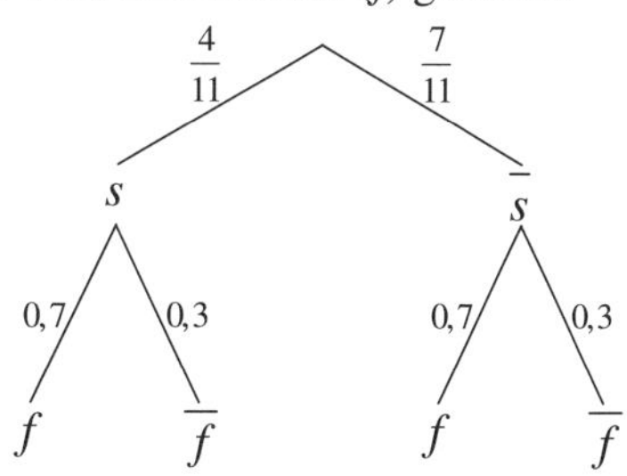

$\mathrm{E}=\{\bar{s}\bar{f}\}$

$\mathrm{P(E)}=\mathrm{P}(\bar{s}\bar{f})=\frac{7}{11}\cdot 0{,}3\approx 0{,}191=19{,}1\,\%$

Beispiel 4: 30 % der 100 m-Läufer sind bei einem Wettkampf gedopt (*g*). Ein Dopingtest entlarvt gedopte Sportler mit einer Wahrscheinlichkeit von 99 %. Jedoch erhält auch ein nicht gedopter Sportler mit einer Wahrscheinlichkeit von 4 % ein positives Dopingtestergebnis (*p*). Mit welcher Wahrscheinlichkeit wird ein zufällig ausgewählter Läufer positiv getestet?

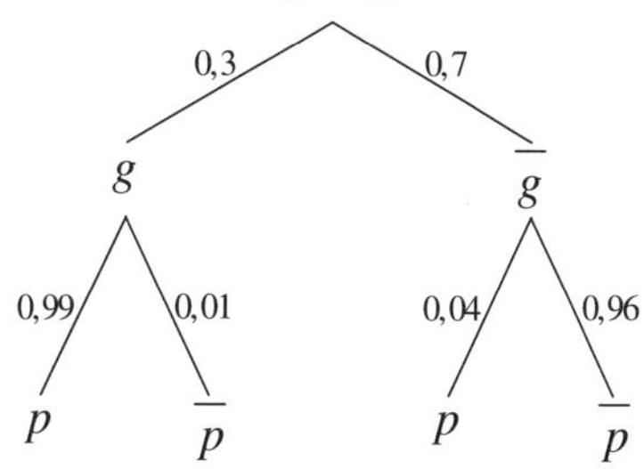

$\mathrm{E}=\{gp;\bar{g}p\}$

$\mathrm{P(E)}=\mathrm{P}(gp)+\mathrm{P}(\bar{g}p)$

$=0{,}3\cdot 0{,}99+0{,}7\cdot 0{,}04=0{,}325=32{,}5\,\%$

Weitere Beispiele und Aufbau der zugehörigen Baumdiagramme

Ziehen mit Zurücklegen	Ziehen ohne Zurücklegen
Beispiel 1: Es befinden sich immer 10 Teile in einem Karton, von denen 3 Teile stets defekt sind. Es werden 2 Kartons geöffnet und jeweils ein Bauteil wird entnommen. **Wahrscheinlichkeiten:** $d: \frac{3}{10}$; $\bar{d}: \frac{7}{10}$	**Beispiel 1:** Es befinden sich 10 Teile in einem Karton. 3 Teile davon sind defekt. Aus dem Karton werden 2 Teile entnommen. **Wahrscheinlichkeiten:** $d: \frac{3}{10}$; $\bar{d}: \frac{7}{10}$ **(nur 1. Stufe)**
Beispiel 2: Ein Glücksrad mit 6 gleich großen Feldern (1 rotes Feld, 2 blaue Felder, 3 grüne Felder) wird 2-mal gedreht. **Wahrscheinlichkeiten:** $r: \frac{1}{6}$; $b: \frac{2}{6}$; $g: \frac{3}{6}$	**Beispiel 2:** In einer Lostrommel befinden sich 5 Gewinnlose und 25 Nieten. Es werden 2 Lose gezogen. **Wahrscheinlichkeiten:** $\mathrm{G}: \frac{5}{30}$; $\mathrm{N}: \frac{25}{30}$ **(nur 1. Stufe)**
Beispiel 3: Ein Würfel wird 2-mal geworfen. (Oder: 2 Würfel werden gleichzeitig geworfen.) **Wahrscheinlichkeiten:** $1: \frac{1}{6}$; $2: \frac{1}{6}$;...; $6: \frac{1}{6}$	**Beispiel 3:** Eine Rubbelkarte hat 16 Felder. Nur eines davon führt zu einem Gewinn. Ein Spieler rubbelt 2 Felder auf. **Wahrscheinlichkeiten:** $\mathrm{G}: \frac{1}{16}$; $\mathrm{N}: \frac{15}{16}$ **(nur 1. Stufe)**
Beispiel 4: Eine Prüfung besteht aus 2 Fragen. Bei jeder Frage gibt es 3 Antwortmöglichkeiten, von denen eine richtig ist. Der Prüfling rät. **Wahrscheinlichkeiten:** $r: \frac{1}{3}$; $f: \frac{2}{3}$	**Beispiel 4:** Aus einem Skatkartenspiel mit jeweils 8 Karten der Farben Kreuz, Pik, Herz und Karo werden 2 Karten entnommen. **Wahrscheinlichkeiten (nur 1. Stufe):** $\mathrm{Kr}: \frac{8}{32}$; $\mathrm{P}: \frac{8}{32}$; $\mathrm{H}: \frac{8}{32}$; $\mathrm{Ka}: \frac{8}{32}$
Beispiel 5: Ein Schütze schießt 2-mal. Er trifft mit einer Wahrscheinlichkeit von 75 %. **Wahrscheinlichkeiten:** $t: 0{,}75$; $\bar{t}: 0{,}25$	

Tipp

Sind in der Aufgabenstellung Wahrscheinlichkeitsangaben **in Prozent** angegeben, so liegt meist **„Ziehen mit Zurücklegen“** vor.

9.2 Aufgabentypen

Ausgangssituation (zu den Aufgabentypen 1-4)

In einer Urne befinden sich 5 rote, 4 blaue und 3 grüne Kugeln. Es werden 2 Kugeln ohne Zurücklegen entnommen.

Baumdiagramm

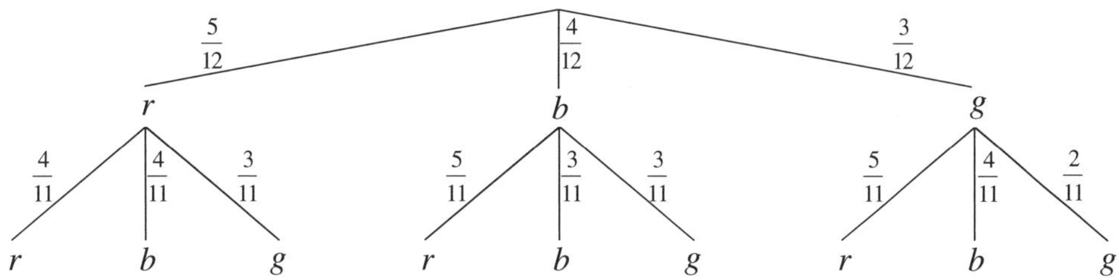

Aufgabentyp 1 (Vorgegebene Reihenfolge)

Mit welcher Wahrscheinlichkeit werden **zunächst** eine rote Kugel **und dann** eine blaue Kugel gezogen?

$\mathrm{E} = \{rb\}$

$\mathrm{P}(\mathrm{E}) = \mathrm{P}(rb) = \frac{5}{12} \cdot \frac{4}{11} = \frac{5}{33} \approx 0{,}152 = 15{,}2\ \%$

Aufgabentyp 2 (Ohne vorgegebene Reihenfolge, also ungeordnet)

Mit welcher Wahrscheinlichkeit werden (mit einem Griff) eine rote und eine blaue Kugel gezogen?

$\mathrm{E} = \{rb;\ br\}$ (keine vorgegebene Reihenfolge, größere Ergebnismenge)

$\mathrm{P}(\mathrm{E}) = \mathrm{P}(rb) + \mathrm{P}(br) = \frac{5}{12} \cdot \frac{4}{11} + \frac{4}{12} \cdot \frac{5}{11} = \frac{10}{33} = 0{,}303 = 30{,}3\ \%$

Hinweis: Bei der Ziehung „mit einem Griff“ liegt stets „Ziehen ohne Zurücklegen“ vor.

frv.tv/8t

Aufgabentyp 3 (mit dem Gegenereignis arbeiten)

Mit welcher Wahrscheinlichkeit wird mindestens eine rote oder eine blaue Kugel gezogen?

$\mathrm{E} = \{rr; rb; rg; bb; \ldots(\text{weitere})\}$

Idee: Nur wenige Ergebnisse aus der Ergebnismenge gehören nicht zum Ereignis E.
Das **Gegenereignis** ($\overline{\mathrm{E}}$: Nur grüne Kugeln) beinhaltet damit nur ein einziges Ergebnis, wodurch dessen Wahrscheinlichkeit schnell berechnet werden kann.

$\overline{\mathrm{E}} = \{gg\}$

$$\mathrm{P}(\overline{\mathrm{E}}) = \mathrm{P}(gg) = \frac{3}{12} \cdot \frac{2}{11} = \frac{3}{66} \approx 0{,}045 = 4{,}5\ \%$$

$$\mathbf{P(E) = 1 - P(\overline{E})} = 1 - \frac{3}{66} = \frac{63}{66} \approx 0{,}955 = 95{,}5\ \%$$

Falls die Signalwörter **„mindestens“** oder **„höchstens“** in Aufgabenstellungen enthalten sind, können diese oftmals mit dem **Gegenereignis** bearbeitet werden.

Aufgabentyp 4 („Äste zusammenlegen“)

Mit welcher Wahrscheinlichkeit wird genau eine rote Kugel gezogen?

$\mathrm{E} = \{rb; rg; \ldots(\text{weitere})\}$

Idee: Bei dieser Aufgabenstellung ist es nicht relevant, ob bei einem Zug eine blaue oder eine grüne Kugel gezogen wird. Es geht nur darum, ob die gezogene Kugel rot ist oder eben nicht. Deshalb können jene beiden Äste zu einem $\overline{r}$-Ast zusammengelegt werden. Hierdurch wird das Baumdiagramm kleiner.

$\mathrm{E} = \{r\overline{r}; \overline{r}r\}$

$$\mathrm{P(E)} = \mathrm{P}(r\overline{r}) + \mathrm{P}(\overline{r}r) = \frac{5}{12} \cdot \frac{7}{11} + \frac{7}{12} \cdot \frac{5}{11} = \frac{35}{66} \approx 0{,}5303 = 53{,}03\ \%$$

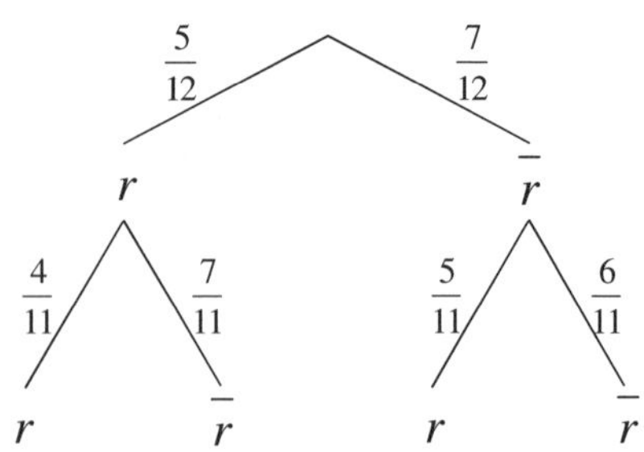

9.3 „Möglichkeitentabelle" zur Wahrscheinlichkeitsberechnung

Aufgabenstellungen, die einen Überblick über viele Ergebnisse erfordern, können oftmals auch gut mit einer „Möglichkeitentabelle" gelöst werden.

Beispiel: Ein Würfel wird zwei Mal geworfen. Berechne die Wahrscheinlichkeit, dass die Augensumme …

a) … größer als 10 ist.

b) … gerade ist.

c) … mindestens 3 und höchstens 6 beträgt.

„Möglichkeitentabelle" mit 36 Möglichkeiten

In den Innenfeldern steht jeweils die Augensumme. Alle Ergebnisse sind gleich wahrscheinlich.

		Würfel 2					
		1	2	3	4	5	6
Würfel 1	1	2	3	4	5	6	7
	2	3	4	5	6	7	8
	3	4	5	6	7	8	9
	4	5	6	7	8	9	10
	5	6	7	8	9	10	11
	6	7	8	9	10	11	12

36

Durch die Regel: $\mathbf{P} = \dfrac{\textbf{Anzahl günstige Ergebnisse}}{\textbf{Anzahl mögliche Ergebnisse}}$ erhält man schnell die Lösungen:

a) $P = \dfrac{3}{36} \approx 0{,}0833 = 8{,}33\ \%$

b) $P = \dfrac{18}{36} = 0{,}5 = 50\ \%$

c) $P = \dfrac{14}{36} \approx 0{,}3889 = 38{,}89\ \%$

9.4 Erwartungswert

Beispiel 1: In einer Urne sind 2 rote Kugeln, eine blaue Kugel und eine grüne Kugel.
Bei einem Glückspiel zieht der Spieler eine Kugel.
Falls die Kugel rot ist, bekommt er 1 €. Falls die Kugel blau ist, bekommt er 2 €. Falls die Kugel grün ist, bekommt er 5 €.
Welchen durchschnittliche Auszahlung kann ein Spieler pro Spiel erwarten?

Baumdiagramm

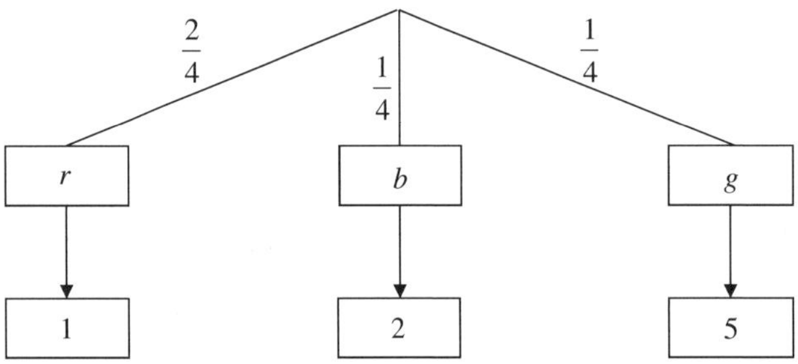

Auszahlungsplan an Spieler

Ergebnisse	r	b	g
Auszahlung	**1**	**2**	**5**
Wahrscheinlichkeit	$\mathbf{\frac{2}{4}}$	$\mathbf{\frac{1}{4}}$	$\mathbf{\frac{1}{4}}$

Erwartungswert

$$E = 1 \cdot \frac{2}{4} + 2 \cdot \frac{1}{4} + 5 \cdot \frac{1}{4} = 2{,}25 \text{ (im Beispiel)}$$

$$\mathbf{E = Wert_1 \cdot Wahrsch._1 + Wert_2 \cdot Wahrsch._2 + \ldots} \quad \textbf{(Formel)}$$

Ein Spieler kann pro Spiel eine Auszahlung von 2,25 € erwarten.

frv.tv/8u

Beispiel 2

Ein Basketballspieler trifft erfahrungsgemäß einen Freiwurf mit einer Wahrscheinlichkeit von 80 %. Er wirft immer eine Folge aus 2 Würfen.

Der Basketballspieler wirft viele Folgen nacheinander. Wie viele Treffer sind im Durchschnitt pro Folge zu erwarten?

Baumdiagramm

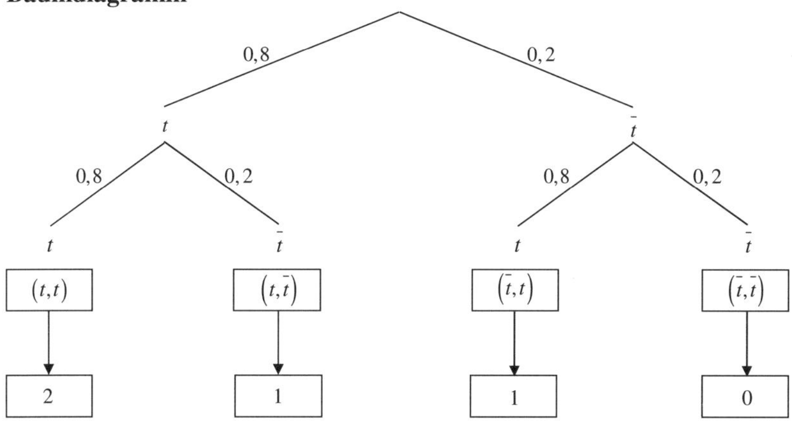

Plan

Ergebnisse	(t,t)	$(t,\bar{t});(\bar{t},t)$	$(\bar{t},\bar{t})$
Treffer	**2**	**1**	**0**
Wahrscheinlichkeit	$0{,}8\cdot 0{,}8$ $=\mathbf{0{,}64}$	$0{,}8\cdot 0{,}2+0{,}2\cdot 0{,}8$ $=\mathbf{0{,}32}$	$0{,}2\cdot 0{,}2=\mathbf{0{,}04}$ (oder: $1-0{,}64-0{,}32$)

Erwartungswert

$\mathrm{E}=2\cdot 0{,}64+1\cdot 0{,}32\;(+0\cdot 0{,}04)=1{,}6$

Der Basketballspieler kann durchschnittlich 1,6 Treffer pro Folge erwarten.

Beispiel 3

Ein Spieler kann gegen einen Einsatz von 4 € an folgendem Spiel teilnehmen:
Er würfelt ein Mal. Bei einer geraden Zahl erhält er 3 €. Bei einer ungeraden Zahl erhält er den doppelten Betrag der gewürfelten Augenzahl.

Ist es günstig für den Spieler, bei diesem Spiel teilzunehmen?

1. Lösungsvariante: Man geht vom **Auszahlungsbetrag an den Spieler** aus.

Baumdiagramm

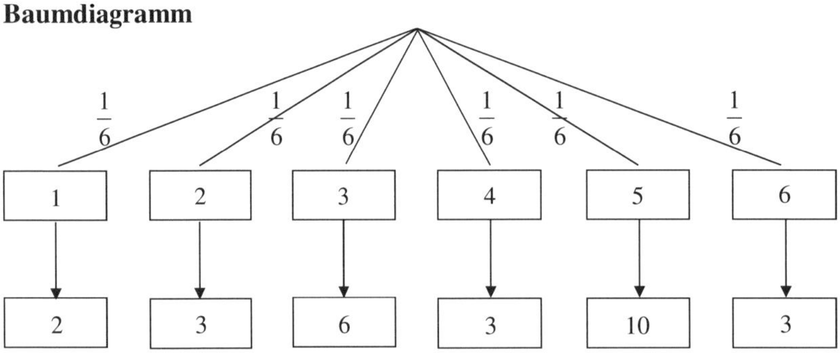

Auszahlungsplan an Spieler

Ergebnisse	2; 4; 6	5	3	1
Auszahlung	**3**	**10**	**6**	**2**
Wahrscheinlichkeit	$\frac{1}{6}+\frac{1}{6}+\frac{1}{6}=\mathbf{\frac{3}{6}}$	$\mathbf{\frac{1}{6}}$	$\mathbf{\frac{1}{6}}$	$\mathbf{\frac{1}{6}}$

Erwartungswert

$$E=3\cdot\frac{3}{6}+10\cdot\frac{1}{6}+6\cdot\frac{1}{6}+2\cdot\frac{1}{6}=4{,}50\,€$$

Man geht vom Auszahlungsbetrag an den Spieler pro Spiel aus.
Somit gibt der Erwartungswert den zu **erwartenden Auszahlungsbetrag** pro Spiel an, den der Spieler (bei vielen Spielen) durchschnittlich pro Spiel erhalten würde.

Der Spieler erreicht hier durch seine Teilnahme einen erwarteten Auszahlungsbetrag von 4,50 € pro Spieldurchgang. Da dieser **höher als sein Einsatz** ist, ist das Spiel **günstig für den Spieler** (und ungünstig für den Anbieter).

2. Lösungsvariante: Man geht vom **Gewinn des Spielers** aus.

Hinweis: Gewinn = Auszahlungsbetrag – Einsatz

Gewinnplan des Spielers

Ergebnisse	2; 4; 6	5	3	1
Gewinn	**–1** $(=3-4)$	**6** $(=10-4)$	**2** $(=6-4)$	**–2** $(=2-4)$
Wahrscheinlichkeit	$\frac{1}{6}+\frac{1}{6}+\frac{1}{6}=\mathbf{\frac{3}{6}}$	$\mathbf{\frac{1}{6}}$	$\mathbf{\frac{1}{6}}$	$\mathbf{\frac{1}{6}}$

Erwartungswert

$$E=(-1)\cdot\frac{3}{6}+6\cdot\frac{1}{6}+2\cdot\frac{1}{6}+(-2)\cdot\frac{1}{6}=0{,}50\,€$$

Man geht vom Gewinn des Spielers pro Spiel aus.
Somit gibt der Erwartungswert den zu **erwartenden Gewinn** pro Spiel an, den der Spieler (bei vielen Spielen) durchschnittlich erhalten würde.
Der Spieler erreicht hier durch seine Teilnahme einen erwarteten Durchschnittsgewinn von 0,50 € pro Spieldurchgang. Da dieser **positiv** ist, ist das Spiel **günstig für den Spieler** (und ungünstig für den Anbieter).

Übersicht

X: Auszahlungsbetrag an Spieler	
E > **Einsatz**	günstig für Spieler
E = **Einsatz**	faires Spiel
E < **Einsatz**	günstig für Anbieter

X: Gewinn des Spielers	
E > **0**	günstig für Spieler
E = **0**	faires Spiel
E < **0**	günstig für Anbieter

II. Basisübungen

1. Rechengrundlagen

Aufgabe 1

Vereinfachen Sie die Terme, soweit wie möglich.

a) $3\cdot(7-x^2)$

b) $(3+2x)\cdot(6-4x)$

c) $6x-(5-3x)$

d) $(6+2x)\cdot(6-2x)$

e) $5x\cdot\left(-8-\frac{1}{5}x^2\right)$

f) $(4+8x)^2$

g) $-\sqrt{3}\cdot(\sqrt{3}-\sqrt{12}x)$

h) $(4-x)^2$

i) $(2x^3)^2\cdot\left(x+\frac{1}{4}\right)$

j) $(3+x)\cdot\left(\frac{1}{6}-2x\right)$

k) $\left(\frac{1}{2}+4x\right)^2$

l) $(\sqrt{6}+\sqrt{2}x)\cdot(\sqrt{6}-\sqrt{2}x)$

Aufgabe 2

Entscheiden Sie, ob es sich um eine der drei binomischen Formeln handelt.

Nr.	Term	1. Binomische Formel	2. Binomische Formel	3. Binomische Formel	Keine Binomische Formel
1	$(5+x)+(5-x)$	☐	☐	☐	☐
2	$\left(7+\frac{1}{4}x\right)\cdot\left(7-\frac{1}{4}x\right)$	☐	☐	☐	☐
3	$(6+x)\cdot(6+x)$	☐	☐	☐	☐
4	$\left(\frac{3}{4}-x\right)^2$	☐	☐	☐	☐
5	$\left(\frac{1}{2}+2x\right)\cdot\left(2-\frac{1}{2}x\right)$	☐	☐	☐	☐
6	$(3+1{,}5x)^2$	☐	☐	☐	☐
7	$(\sqrt{3}+x)\cdot(\sqrt{3}-x)$	☐	☐	☐	☐

2. Gleichungen

Aufgabe 3: Lösen Sie die Gleichungen.

a) $5x-6=4+3x$

b) $-\left(2x-\frac{1}{2}\right)=\frac{3}{2}-4x$

c) $x^2-30=2-x^2$

d) $x^2-4x+5=0$

e) $4x^2-8x=-4$

f) $3x^2+\frac{1}{2}x=\frac{1}{2}x+27$

g) $-\frac{1}{5}x^2=-\frac{3}{5}x-\frac{4}{5}$

h) $4x^2-4x-2=2x^2+4$

i) $\frac{3}{4}x^2=-\frac{1}{4}x^2+2x$

j) $2x^2-(40-x)=202+x$

k) $16x-8(x+1)=56$

l) $3x^2+9x+\frac{3}{4}=x+\frac{3}{4}$

Aufgabe 4: Lösen Sie die Linearen Gleichungssysteme.

a) (1) $y=7-3x$
(2) $y=2x-8$

b) (1) $2x-7y=10$
(2) $4x+7y=26$

c) (1) $y=5-x$
(2) $-2x+3y=20$

d) (1) $y=6-x$
(2) $y=x+8$

e) (1) $4x-3y=14$
(2) $6+y=2x$

f) (1) $3y=12-x$
(2) $-3x+8=-5y$

Aufgabe 5: Lösen Sie die Bruchgleichungen.

a) $\frac{x+3}{x+2}=\frac{1}{x}$

b) $\frac{7}{x+2}=\frac{6x-2}{x\cdot(x+2)}$

c) $\frac{30}{x}-\frac{16}{x+1}=\frac{13}{x-2}$

3. Lineare Funktionen (Geraden)

Aufgabe 6: Geben Sie die Gleichungen der eingezeichneten Geraden an.

A: ____________________

B: ____________________

C: ____________________

D: ____________________

E: ____________________

F: ____________________

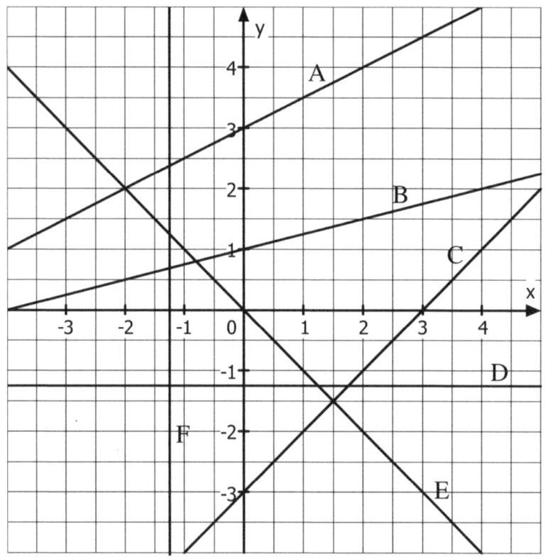

Aufgabe 7: Zeichnen Sie die Geraden ein.

A: $y = -\frac{3}{2}x - 2$

B: $y = -4x + 4$

C: $y = \frac{1}{3}x$

D: $y = x$

E: $y = 1 - x$

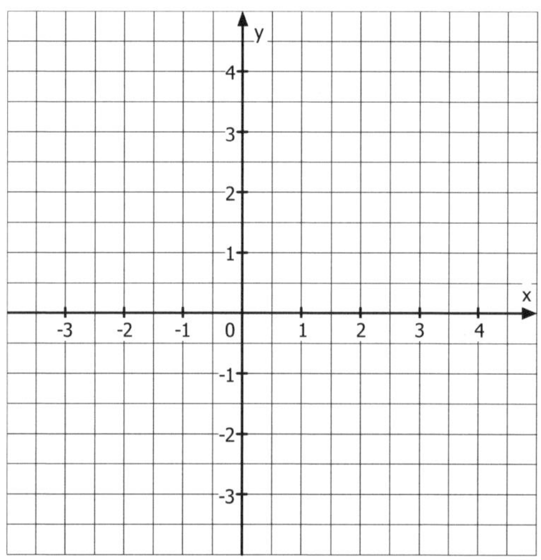

Aufgabe 8 : Geben Sie jeweils die Gleichung einer möglichen Geraden an.

a) Verläuft parallel zu $y = -2x + 3$: $y =$ ________________

b) Verläuft parallel zu $y = -x$: $y =$ ________________

c) Verläuft senkrecht zu $y = -2x + 3$: $y =$ ________________

d) Verläuft parallel zur x-Achse durch $P(2\,|\,-4)$: $y =$ ________________

e) Verläuft parallel zur y-Achse durch $P(2\,|\,-4)$: __ = ________________

Aufgabe 9: Ermitteln Sie die Geradengleichungen rechnerisch. Kontrollieren Sie dann durch Einzeichnen in das Koordinatensystem.

a) Gerade verläuft durch $P(1\,|\,-2)$ und besitzt die Steigung -3.

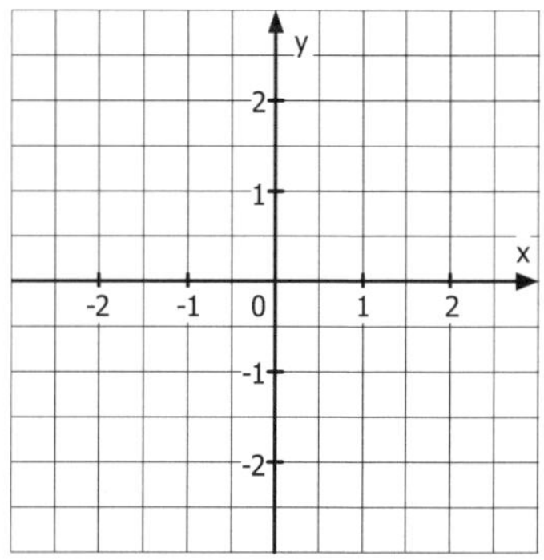

b) Gerade verläuft durch $P_1(-1\,|\,-1)$ und $P_2(2\,|\,1)$.

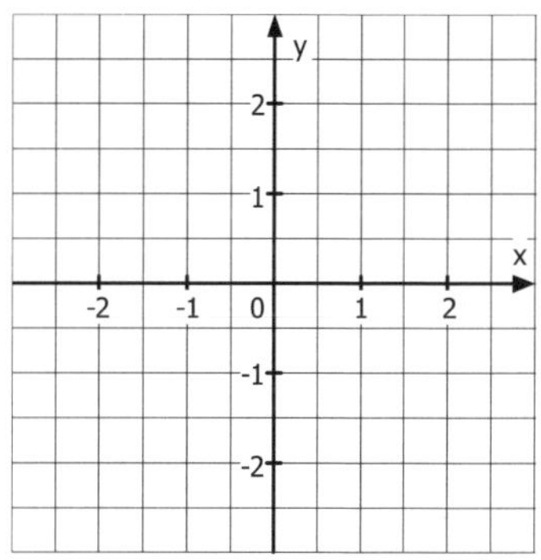

Aufgabe 10: Gegeben ist die Gerade g mit der Gleichung $y = 0{,}5x - 1$.

a) Zeichnen Sie diese in das nebenstehende Koordinatensystem ein.

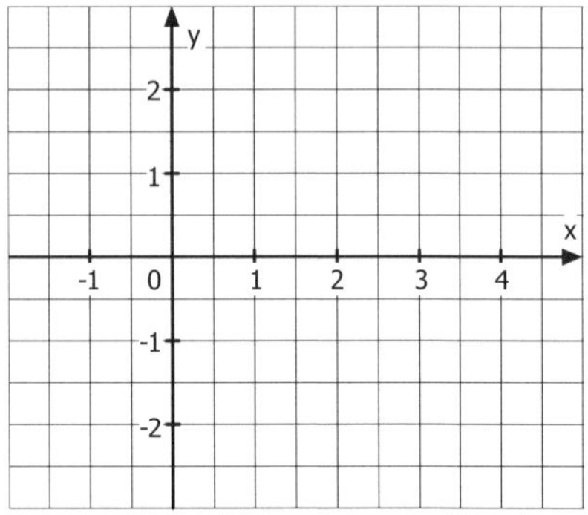

(Kontrollieren Sie alle nachfolgenden Rechungen anhand der Zeichung.)

b) Die Punkte $P_1(3\,|\,...)$ und $P_2(-1\,|\,...)$ liegen auf der Geraden. Berechnen Sie die zugehörigen y-Werte.

c) Die Punkte $P_3(...\,|\,1)$ und $P_4(...\,|\,-1{,}5)$ liegen auf g. Berechnen Sie die zugehörigen x-Werte.

d) Prüfen Sie rechnerisch nach, ob die beiden Punkte $P_5(-2\,|\,-2)$ und $P_6(5\,|\,2)$ auf g liegen.

e) Berechnen Sie die Schnittpunkte der Geraden g mit der x- und der y-Achse.

f) Zusätzlich sei die Gerade h mit der Gleichung $y = -1{,}5x + 3$ gegeben. Berechnen Sie die Koordinaten ihres Schnittpunktes mit der Geraden g.

4. Quadratische Funktionen (Parabeln)

Aufgabe 11: Ordnen Sie durch Buchstaben zu.

a) ___ : $y = 0{,}5x^2 - 0{,}5$

___ : $y = -0{,}5x^2 - 1$

___ : $y = 2x^2 + 1{,}5$

___ : $y = x^2 + 1$

___ : $y = -2x^2 - 1$

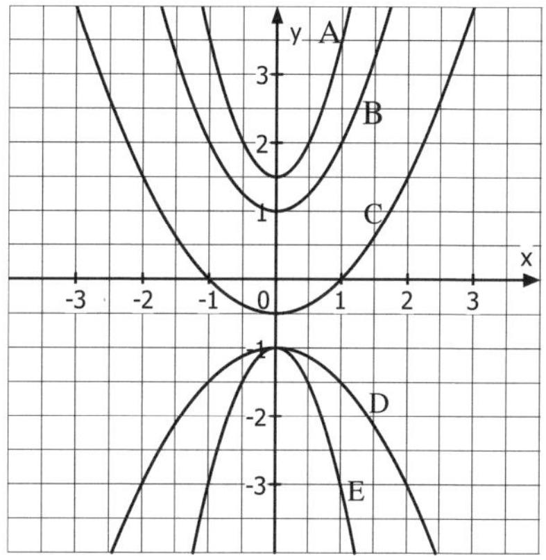

b) ___ : $y = (x-1)^2 - 1$

___ : $y = (x+1)^2 + 2$

___ : $y = (x+1)^2 - 2$

___ : $y = (x-3)^2$

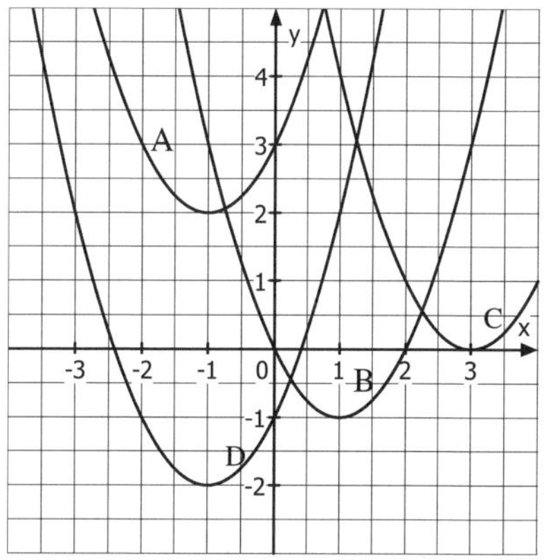

c) ___ : $y = x^2 - 2x + 2$

___ : $y = 2x^2 - 1$

___ : $y = (x-2)^2 + 2$

___ : $y = x^2 + x - 2$

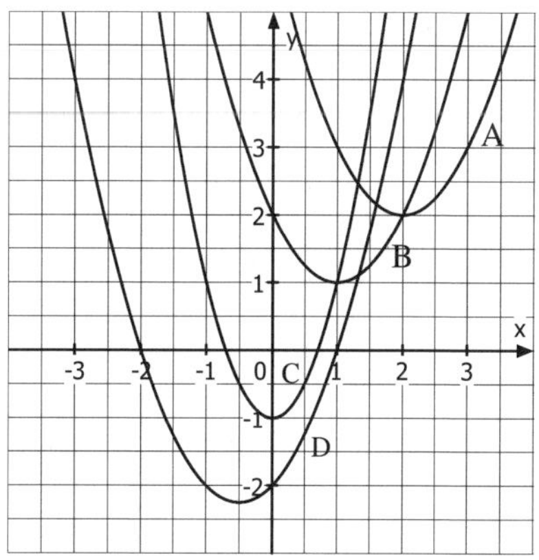

Aufgabe 12: Berechnen Sie die Koordinaten des Scheitelpunktes.

a) $y = x^2 - x + 7$

b) $y = x^2 - 2x + 1$

Aufgabe 13

Eine verschobene, nach oben geöffnete, Normalparabel schneidet in den Punkten $N_1(-2\,|\,0)$ und $N_2(1\,|\,0)$ die x-Achse.
Ermitteln Sie die Gleichung der Parabel.

Aufgabe 14

Eine verschobene, nach oben geöffnete, Normalparabel verläuft durch die Punkte $P_1(0\,|\,5)$ und $P_2(3\,|\,2)$.
Ermitteln Sie die Gleichung der Parabel.

Aufgabe 15

a) Geben Sie für jedes Schnittproblem den zugehörigen Rechenansatz an. Alle Rechenansätze führen auf die selbe quadratische Gleichung. Formen Sie hierzu eventuell um.

Schnitt von: $y = -x^2 - 4x - 4$ und x-Achse.	Schnitt von: $y = -x^2 - 3x$ und $y = x + 4$.	Schnitt von: $y = -x^2 - 4x - 3$ und $y = x^2 + 4x + 5$
________ = ________	________ = ________	________ = ________
	________ = ________	________ = ________

b) Lösen Sie die quadratische Gleichung.

c) Ordnen Sie (durch Farben) jedem Schnittproblem aus **a)** jeweils eine der nachfolgenden Abbildungen zu.

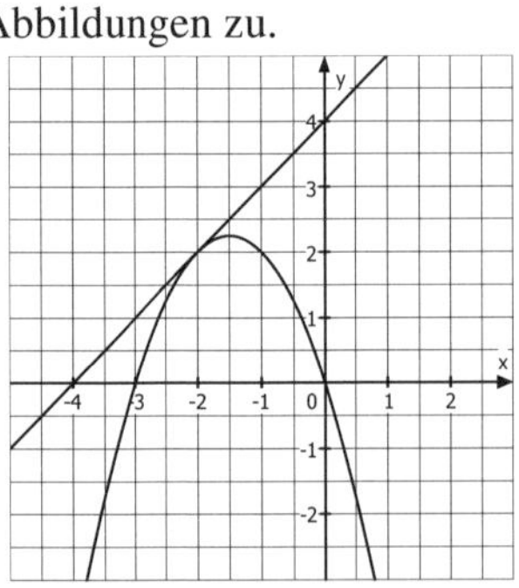

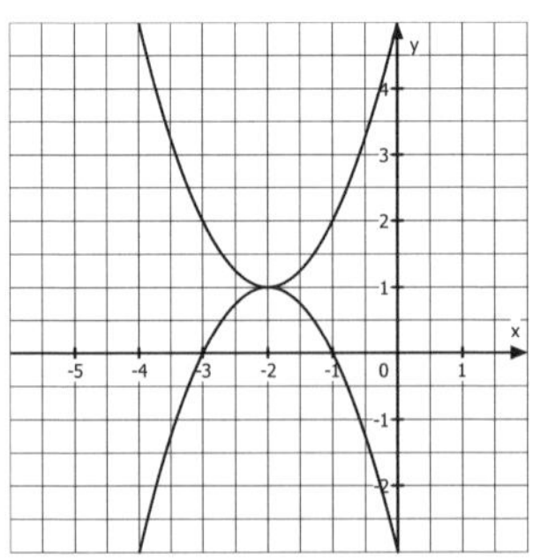

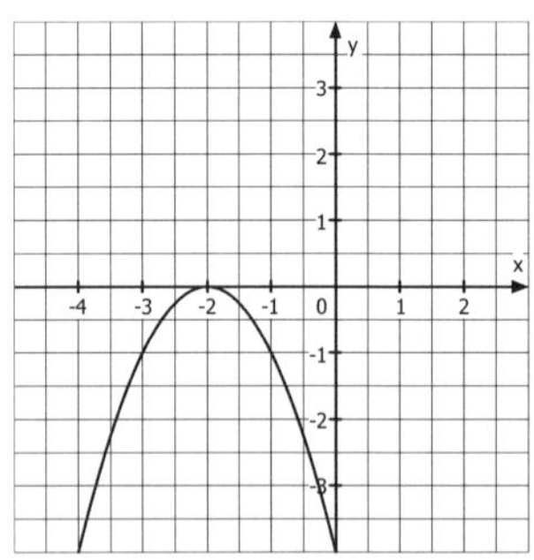

Aufgabe 16: Untersuchen Sie auf Schnittpunkte.

a) Der Parabel p mit $y = x^2 - x + 7$ und der x-Achse.

b) Der Gerade g mit $y = 8x + 5$ und der Parabel p mit $y = x^2 - 5$.

c) Der Parabel p_1 mit $y = 4x^2 - 6$ und der Parabel p_2 mit $y = x^2 - 9x + 6$.

5. Sachrechnen

Aufgabe 17: Das sich das neue iPhone schlecht verkauft, soll der Preis von 699 € auf 599 € gesenkt werden. Mit welcher prozentualen Preissenkung kann Apple werben?

Aufgabe 18: Eine Jacke kostet 110 €. Nun soll der Preis um 20 % gesenkt werden.
Was kostet die Jacke dann?

Aufgabe 19: Nach einer Preissenkung um 20 % kostet eine Jacke noch 96 €.
Was kostete die Jacke vor der Preissenkung?

Aufgabe 20: Eine Ware wird in einem Laden für 29,99 € angeboten. Der Umsatzsteuersatz bzw. Mehrwertsteuersatz beträgt 19 Prozent.
Wie hoch ist der Preis ohne Umsatzsteuer und wie hoch ist die Umsatzsteuer?

Aufgabe 21: Ein Kapital von 150 € wird ein Jahr lang zu einem Zinssatz von 2,5 % angelegt. Wie hoch ist der Zins und wie viel Geld hat man nach einem Jahr auf dem Konto?

Aufgabe 22: Eine Geldanlage bringt in einem Jahr bei einem Zinssatz von 1,75 % einen Zins von 31,50 €. Wie viel Kapital wurde angelegt und wie viel Geld hat man nach einem Jahr auf dem Konto?

Aufgabe 23: Nach der Anlage eines Kapitals von 1700 € für ein Jahr hat man nach der Zinsgutschrift 1738,25 € auf dem Konto. Wie hoch ist der Zinssatz?

Aufgabe 24: 11000 € werden für 5 Jahre angelegt. Einschließlich Zinseszinsen erhält man nach 5 Jahren 13383,18 €. Welchen Zinssatz hat die Bank gewährt?

6. Statistik

Aufgabe 25: Die Körpergröße von 13 Schülern wurde gemessen. Die gemessenen Werte (in *cm*) in der Reihenfolge, in der sie ermittelt wurden, ergeben die folgende ungeordnete Urliste: 169, 183, 178, 189, 173, 174, 166, 172, 163, 182, 171, 176, 166

a) Geben Sie das Minimum, das Maximum, die Spannweite, den Modalwert und das arithmetische Mittel an.

b) Erstellen Sie einen Boxplot.

Aufgabe 26

Dem nebenstehenden Diagramm können die Punktzahlen der Schüler einer Klasse bei einer Klassenarbeit entnommen werden.

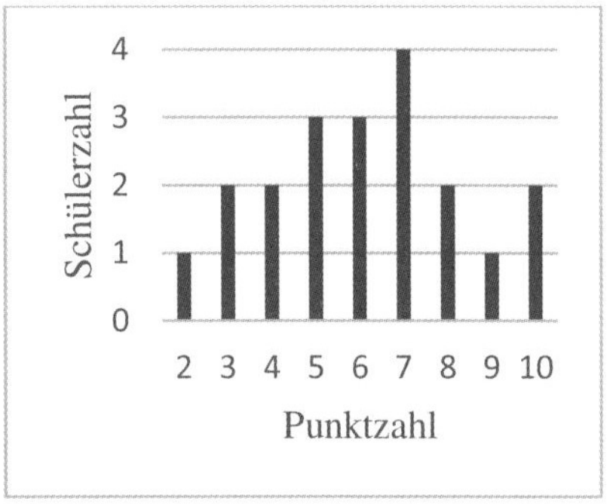

a) Stellen Sie die Daten als geordnete Liste dar.

b) Geben Sie das Minimum, das Maximum, die Spannweite, den Modalwert und das arithmetische Mittel an.

c) Erstellen Sie einen Boxplot.

7. Geometrie

Aufgabe 27 In einem rechtwinkligen Dreieck sind beide Katheten 3,5 *cm* lang. Wie lang ist die Hypotenuse?

Aufgabe 28: In einem rechtwinkligen Dreieck hat die Hypotenuse die Länge 0,8 *dm*. Eine Kathete ist 3 *cm* lang. Wie lang ist die andere Kathete?

Aufgabe 29 : Gegeben ist das Dreieck ABC mit $\alpha = 30°$, $\gamma = 90°$ und $b = 4\,cm$.

a) Wie groß ist der Winkel β?

b) Berechnen Sie die Länge der Seiten a und c.

c) Berechnen Sie den Flächeninhalt des Dreiecks.

d) Berechnen Sie den Umfang des Dreiecks.

Aufgabe 30 : In einem gleichseitigen Dreieck ist $a = 6\,cm$.

a) Berechnen Sie den Flächeninhalt des Dreiecks.

b) Berechnen Sie die Höhe.

Aufgabe 31

Gegeben ist das nebenstehende Dreieck.

a) Berechnen Sie die Winkel α und β'.

b) Berechnen Sie die Länge der Strecke $\overline{BD}$.

c) Berechnen Sie die Länge der Strecke $\overline{AD}$.

d) Berechnen Sie die Länge der Strecke $\overline{BP}$.

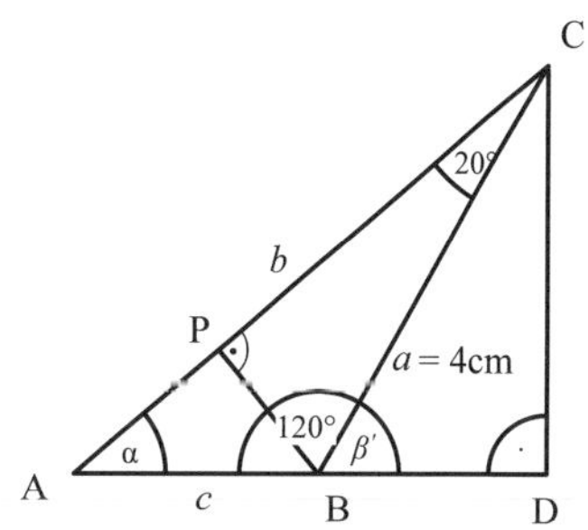

Aufgabe 32 : Ein Quadrat hat die Diagonale $e = 20\ cm$. Berechnen Sie die Seitenlänge.

Aufgabe 33 : Gegeben ist eine Raute mit $A = 21\,cm^2$ und $f = 4\ cm$. Berechnen Sie a.

Aufgabe 34

Ein Viereck hat die Eckpunkte A(1|1), B(5|2), C(4|4) und D(2|5).

Berechnen Sie Umfang und Flächeninhalt des Vierecks.

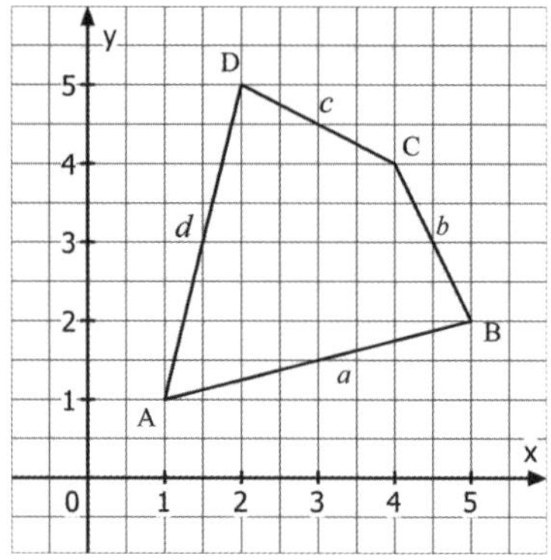

Aufgabe 35

Berechnen Sie die Fläche des regelmäßigen Fünfecks mit $a = 3\ cm$.

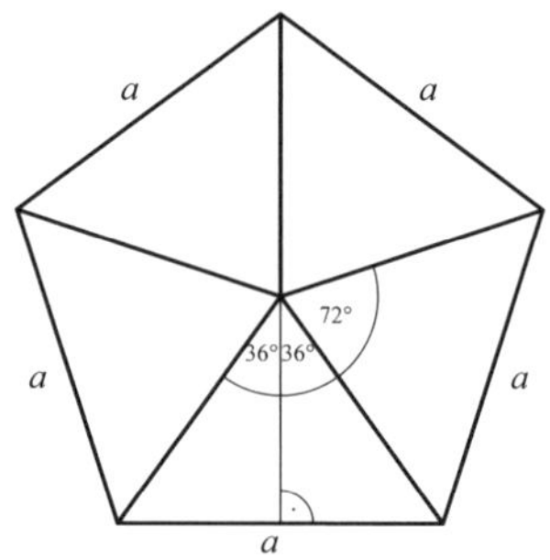

Aufgabe 36 : Ein Kreisausschnitt hat den Radius $2{,}8\,cm$ und den Mittelpunktswinkel $\alpha = 215°$.

a) Berechnen Sie den Flächeninhalt.

b) Berechnen Sie die Bogenlänge.

c) Berechnen Sie den Umfang.

Aufgabe 37 : Ein Kreisausschnitt hat den Flächeninhalt $A = 10{,}20\,dm^2$ und den Mittelpunktswinkel $\alpha = 187°$. Berechnen Sie den Radius.

Aufgabe 38 : Bei einem Kreisring hat der äußere Kreis eine Fläche von $706{,}86\,m^2$. Der innere Kreis hat einen Umfang von $62{,}83\ m$.

a) Berechnen Sie die Breite des Kreisrings.

b) Berechnen Sie den Flächeninhalt.

c) Berechnen Sie den Umfang.

8. Stereometrie

Aufgabe 39: Gegeben ist ein Würfel mit Kantenlänge 8 *cm*. Berechnen Sie das Volumen und die Oberfläche des Würfels.

Aufgabe 40 : Ein Würfel hat ein Volumen von $857,375\ cm^3$. Berechnen Sie die Kantenlänge.

Aufgabe 41 : Ein Zylinder hat ein Volumen von $572,56\ cm^3$ und eine Höhe von 9 *cm*. Berechnen Sie den Radius und die Oberfläche des Zylinders.

Aufgabe 42 : Ein Zylinder hat eine Oberfläche von $878,08\ m^2$ und eine Mantelfläche von $612,61 m^2$. Berechnen Sie den Radius und die Höhe.

Aufgabe 43 : Ein Kegel hat die Seitenkantenlänge $s = 5\ cm$ und den Öffnungswinkel $\gamma = 70°$ an der Spitze. Berechnen Sie das Volumen des Kegels.

Aufgabe 44 : Eine quadratische Pyramide hat die Grundfläche $G = 36\ cm^2$.
Die Seitenkante s und die Grundkante a schließen einen Innenwinkel von $\alpha = 40°$ ein.
Berechnen Sie die Oberfläche der Pyramide.

Aufgabe 45 : Bei einer regelmäßigen Fünfeckspyramide gelten $h_a = 4\,cm$ und $h = 4\,cm$.
Berechnen Sie das Volumen der Pyramide.

Aufgabe 46 : Die Seitenkante einer quadratischen Pyramide hat die Länge 7,50 *cm* und schließt mit der Diagonalen der Grundfläche einen Winkel von 71,0° ein.
Berechnen Sie das Volumen V der Pyramide.

Aufgabe 47 : Ein zusammengesetzter Körper besteht aus einem Zylinder und einer darüberliegenden Halbkugel mit gleichem Radius. Der Zylinder hat die Höhe 3 *dm* und der zusammengesetzte Körper hat die Oberfläche $75,40 dm^2$. Berechnen Sie den Radius.

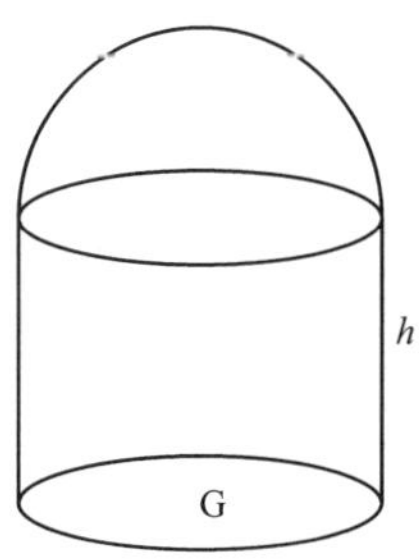

9. Wahrscheinlichkeitsrechnung

Aufgabe 48: Ein Würfel wird zwei Mal geworfen.

Mit welcher Wahrscheinlichkeit erhält man …

a) … zwei Mal die „6"?
b) … zwei Mal die gleiche Zahl?
c) … zuerst die „1" und dann die „2"?
d) … die „1" und die „2" (in beliebiger Reihenfolge)?
e) … keine „6"?
f) … bei mindestens einem Wurf die „3"?

Aufgabe 49: Auf einem Stapel befinden sich 10 Karten. 4 Asse, 3 Könige, 2 Damen und ein Bube. Ein Spieler hebt zwei Karten ab.

Mit welcher Wahrscheinlichkeit erhält er …

a) … zwei Buben?
b) … genau eine Dame und genau einen König?
c) … genau ein Ass und kein Bube?
d) … zwei Könige oder zwei Damen?
e) … höchstens ein Ass?

Aufgabe 50: Marco trifft einen Elfmeter mit einer Wahrscheinlichkeit von 80 %. Er schießt zwei Mal.
Mit welcher Wahrscheinlichkeit trifft er …

a) … gar nicht?
b) … genau ein Mal?

Aufgabe 51: Bei einem Spiel wird zwei Mal gewürfelt. Für jede „6" erhält der Spieler 4 €, ansonsten nichts. Das Spiel kostet 0,50 € Eintritt. Ist das Spiel fair?

Aufgabe 52: Ein Spiel kostet 3,20 € Eintritt. Der Spieler darf dann gleichzeitig 2 Kugeln aus einer Urne ziehen, welche zu Beginn 2 rote und 3 blaue Kugeln enthält. Für jede gezogene rote Kugel erhält der Spieler 1 €, für jede blaue Kugel 2 €. Ist das Spiel fair?

III. Lösungen zu den Basisübungen

Aufgabe 1

a)

$3 \cdot (7 - x^2) = 3 \cdot 7 - 3x^2 = 21 - 3x^2$

b)

$(3 + 2x) \cdot (6 - 4x)$

$= 3 \cdot 6 + 3 \cdot (-4x) + 2x \cdot 6 + 2x \cdot (-4x)$

$= 18 - 12x + 12x - 8x^2 = 18 - 8x^2$

c)

$6x - (5 - 3x) =$ 6x -5 +3x = 9x - 5

d)

$(6 + 2x) \cdot (6 - 2x) = 6^2 - (2x)^2$

$= 36 - 4x^2$

e)

$5x \cdot (-8 - \frac{1}{5}x^2) = 5x \cdot (-8) + 5x \cdot (-\frac{1}{5}x^2)$

$= -40x - x^3$

f)

$(4 + 8x)^2 = 4^2 + 2 \cdot 4 \cdot 8x + (8x)^2 = 16 + 64x + 64x^2$

g)

$-\sqrt{3} \cdot (\sqrt{3} - \sqrt{12}x) = -\sqrt{3} \cdot \sqrt{3} - \sqrt{3} \cdot (-\sqrt{12}x)$

$= -\sqrt{9} + \sqrt{36}x = -3 + 6x$

h)

$(4 - x)^2 = 4^2 - 2 \cdot 4 \cdot x + x^2 = 16 - 8x + x^2$

i)

$(2x^3)^2 \cdot (x + \frac{1}{4}) = 4x^6 \cdot (x + \frac{1}{4}) = 4x^7 + x^6$

j)

$(3 + x) \cdot (\frac{1}{6} - 2x) = 3 \cdot \frac{1}{6} + 3 \cdot (-2x) + x \cdot \frac{1}{6} + x \cdot (-2x)$

$= \frac{1}{2} - 6x + \frac{1}{6}x - 2x^2 = \frac{1}{2} - \frac{35}{6}x - 2x^2$

k)

$(\frac{1}{2} + 4x)^2 = \frac{1}{4} + 4x + 16x^2$

l)

$(\sqrt{6} + \sqrt{2}x) \cdot (\sqrt{6} - \sqrt{2}x) = (\sqrt{6})^2 - (\sqrt{2}x)^2$

$= 6 - 2x^2$

Aufgabe 2.

Nr.	1. Bin. Formel	2. Bin. Formel	3. Bin. Formel	Keine Bin. Formel
1	☐	☐	☐	X
2	☐	☐	X	☐
3	X	☐	☐	☐
4	☐	X	☐	☐
5	☐	☐	☐	X
6	X	☐	☐	☐
7	☐	☐	X	☐

Aufgabe 3

a)

$$\begin{aligned} 5x-6 &= 4+3x && \mid -3x \\ 2x-6 &= 4 && \mid +6 \\ 2x &= 10 && \mid :2 \\ x &= 5 \end{aligned}$$

b)

$$\begin{aligned} -(2x-\frac{1}{2}) &= \frac{3}{2}-4x \\ -2x+\frac{1}{2} &= \frac{3}{2}-4x && \mid +4x \\ 2x+\frac{1}{2} &= \frac{3}{2} && \mid -\frac{1}{2} \\ 2x &= 1 && \mid :2 \\ x &= \frac{1}{2} \end{aligned}$$

c)

$$\begin{aligned} x^2-30 &= 2-x^2 && \mid +x^2 \\ 2x^2-30 &= 2 && \mid +30 \\ 2x^2 &= 32 && \mid :2 \\ x^2 &= 16 && \mid \sqrt{\ } \\ x_{1|2} &= \pm 4 \end{aligned}$$

$x_1 = -4;\ x_2 = 4$

d)

$x^2-4x+5=0$

mit *abc*-Formel

$$x_{1,2} = \frac{-b \pm \sqrt{b^2-4ac}}{2a}$$

$$x_{1,2} = \frac{4 \pm \sqrt{(-4)^2-4\cdot 1\cdot 5}}{2\cdot 1}$$

$$x_{1,2} = \frac{4 \pm \sqrt{16-20}}{2}$$

$$x_{1,2} = \frac{4 \pm \sqrt{-4}}{2}$$

aus einer negative Zahl darf man
keine Wurzel ziehen (Diskriminante < 0)
Also keine Lösung.

e)

$$\begin{aligned} 4x^2-8x &= -4 && \mid +4 \\ 4x^2-8x+4 &= 0 \end{aligned}$$

mit *abc*-Formel

$$x_{1,2} = \frac{8 \pm \sqrt{(-8)^2-4\cdot 4\cdot 4}}{2\cdot 4}$$

$$x_{1,2} = \frac{8 \pm \sqrt{0}}{8}$$

$$x_{1,2} = \frac{8}{8} = 1$$

f)

$$\begin{aligned} 3x^2+\frac{1}{2}x &= \frac{1}{2}x+27 && \mid -\frac{1}{2}x \\ 3x^2 &= 27 && \mid :3 \\ x^2 &= 9 && \mid \sqrt{\ } \end{aligned}$$

$x_1 = -3;\ x_2 = 3$

g)

$$-\frac{1}{5}x^2 = -\frac{3}{5}x - \frac{4}{5} \qquad \left| +\frac{1}{5}x^2\right.$$

$$0 = \frac{1}{5}x^2 - \frac{3}{5}x - \frac{4}{5} \qquad | \cdot 5$$

$$0 = x^2 - 3x - 4$$

mit *abc*-Formel

$$x_{1,2} = \frac{+3 \pm \sqrt{(-3)^2 - 4 \cdot 1 \cdot (-4)}}{2 \cdot 1}$$

$$x_{1,2} = \frac{3 \pm \sqrt{25}}{2}$$

$$x_{1,2} = \frac{3 \pm 5}{2}$$

$$x_1 = \frac{3+5}{2} = 4;$$

$$x_2 = \frac{3-5}{2} = -1$$

h)

$$4x^2 - 4x - 2 = 2x^2 + 4 \,|\, -2x^2 - 4$$

$$2x^2 - 4x - 6 = 0$$

mit *abc*-Formel

$$x_{1,2} = \frac{4 \pm \sqrt{(-4)^2 - 4 \cdot 2 \cdot (-6)}}{2 \cdot 2}$$

$$x_{1,2} = \frac{4 \pm \sqrt{64}}{4}$$

$$x_{1,2} = \frac{4 \pm 8}{4}$$

$$x_1 = \frac{4+8}{4} = 3;$$

$$x_2 = \frac{4-8}{4} = -1$$

i)

$$\frac{3}{4}x^2 = -\frac{1}{4}x^2 + 2x \qquad \left| -\frac{3}{4}x^2\right.$$

$$0 = -1x^2 + 2x$$

mit *abc*-Formel

$$x_{1,2} = \frac{-2 \pm \sqrt{2^2 - 4 \cdot (-1) \cdot 0}}{2 \cdot (-1)}$$

$$x_{1,2} = \frac{-2 \pm \sqrt{4}}{-2}$$

$$x_{1,2} = \frac{-2 \pm 2}{-2}$$

$$x_1 = \frac{-2+2}{-2} = 0;$$

$$x_2 = \frac{-2-2}{-2} = 2$$

j)

$$2x^2 - (40 - x) = 202 + x$$

$$2x^2 - 40 + x = 202 + x \qquad | -x$$

$$2x^2 - 40 = 202 \qquad | +40$$

$$2x^2 = 242 \qquad | : 2$$

$$x^2 = 121 \qquad | \sqrt{\ }$$

$x_1 = -11$; $x_2 = 11$

k)

$$16x - 8(x+1) = 56$$

$$16x - 8x - 8 = 56 \qquad | +8$$

$$8x = 64 \qquad | : 8$$

$$x = 8$$

l)

$$3x^2 + 9x + \frac{3}{4} = x + \frac{3}{4} \qquad \left| -x - \frac{3}{4}\right.$$

$$3x^2 + 8x = 0$$

mit *abc*-Formel

$$x_{1,2} = \frac{-8 \pm \sqrt{8^2 - 4 \cdot 3 \cdot 0}}{2 \cdot 3}$$

$$x_{1,2} = \frac{-8 \pm \sqrt{64}}{6}$$

$$x_1 = \frac{-8+8}{6} = 0;$$

$$x_2 = \frac{-8-8}{6} = -\frac{16}{6} = -\frac{8}{3}$$

Aufgabe 4

a)

(1) $y = 7 - 3x$

(2) $y = 2x - 8$

z.B. Gleichsetzungsverfahren

$$7 - 3x = 2x - 8 \qquad | +8$$

$$15 - 3x = 2x \qquad | +3x$$

$$15 = 5x \qquad | : 5$$

$$3 = x$$

$x = 3$ in Gleichung (2) einsetzen:

$y = 2 \cdot 3 - 8 = -2$

b)
(1) $2x-7y=10$
(2) $4x+7y=26$
z.B. Additionsverfahren

$6x=36 \quad |:6$
$x=6$

$x=6$ in Gleichung (1) einsetzen:

$2\cdot 6-7y=10$
$12-7y=10 \quad |-12$
$-7y=-2 \quad |\div(-7)$
$y=\frac{2}{7}$

c)
(1) $y=5-x$
(2) $-2x+3y=20$
z.B. Einsetzungsverfahren (1) in (2) einsetzen:

$-2x+3\cdot(5-x)=20$
$-2x+15-3x=20 \quad |-15$
$-5x=5 \quad |:(-5)$
$x=-1$

x in Gleichung (1) einsetzen:
$y=5-(-1)=6$

d) (1) $y=6-x$
(2) $y=x+8$
z.B. Gleichsetzungsverfahren

$6-x=x+8 \quad |-6$
$-x=x+2 \quad |-x$
$-2x=2 \quad |:(-2)$
$x=-1$

$x=-1$ in Gleichung (1) einsetzen:
$y=6-(-1)=7$

e)
(1) $4x-3y=14$
(2) $6+y=2x \quad |-6$
z.B. Gleichung (2) nach y auflösen:
(2′) $y=2x-6$
Einsetzungsverfahren; (2′) in (1) einsetzen:

$4x-3\cdot(2x-6)=14$
$4x-6x+18=14 \quad |-18$
$-2x=-4 \quad |:(-2)$
$x=2$

x in Gleichung (2′) einsetzen:
$y=2\cdot 2-6=-2$

f)
(1) $3y=12-x \quad |\cdot(-3)$
(2) $-3x+8=-5y$
z.B. Gleichung (1) mit -3 multiplizieren und Gleichung (2) entsprechend anordnen:
(1) $-9y=-36+3x$
(2) $-5y=8-3x$
Additionsverfahren

$-14y=-28 \quad |:(-14)$
$y=2$

y in eine der Gleichungen einsetzen:
(1) $3\cdot 2=12-x \quad |-12$
$-6=-x \quad |:(-1)$
$x=6$

Aufgabe 5

a)

1. $\frac{x+3}{x+2}=\frac{1}{x}$

2. Hauptnenner (HN): $(x+2)\cdot x$

3. $D=R \setminus \{-2;\ 0\}$

4. $\frac{x+3}{x+2}=\frac{1}{x} \quad |\cdot(x+2)\cdot x$

$\cancel{(x+2)}\cdot x\cdot\frac{x+3}{\cancel{(x+2)}}=(x+2)\cdot\cancel{x}\cdot\frac{1}{\cancel{x}}$

$x\cdot(x+3)=x+2$

5. $x^2+3x=x+2$
$x^2+2x-2=0$
mit *pq*-Formel: $p=2;\ q=-2$
(oder *abc*-Formel)

$x_{1/2}=-\frac{2}{2}\pm\sqrt{\left(\frac{2}{2}\right)^2-(-2)}$

$x_{1/2}=-1\pm\sqrt{3}=-1\pm 1{,}73$
$x_1=-1-\sqrt{3}\approx-2{,}73;$
$x_2=-1+\sqrt{3}\approx 0{,}73$

6. $L=\{-2{,}73;\ 0{,}73\}$

b)

1. $\frac{7}{x+2}=\frac{6x-2}{x\cdot(x+2)}$

2. Hauptnenner (HN): $x\cdot(x+2)$

3. $D=R\setminus\{-2;\,0\}$

4.
$$\frac{7}{x+2}=\frac{6x-2}{x\cdot(x+2)}\qquad |\cdot x\cdot(x+2)$$
$$x\cdot\cancel{(x+2)}\cdot\frac{7}{\cancel{x+2}}=\cancel{x}\cdot\cancel{(x+2)}\cdot\frac{6x-2}{\cancel{x}\cdot\cancel{(x+2)}}$$

5.
$$7x=6x-2\qquad |-6x$$
$$x=-2$$

6. $L=\{\ \}$ ($x=-2$ nicht in Definitionsmenge)

c)1. $\frac{30}{x}-\frac{16}{x+1}=\frac{13}{x-2}$

2. Hauptnenner (HN): $x\cdot(x+1)\cdot(x-2)$

3. $D=R\setminus\{-1;\,0;\,2\}$

4. $\frac{30}{x}-\frac{16}{x+1}=\frac{13}{x-2}\qquad |\cdot x\cdot(x+1)\cdot(x-2)$
$$\cancel{x}\cdot(x+1)\cdot(x-2)\cdot\frac{30}{\cancel{x}}-x\cdot\cancel{(x+1)}\cdot(x-2)\cdot\frac{16}{\cancel{x+1}}$$
$$=x\cdot(x+1)\cdot\cancel{(x-2)}\cdot\frac{13}{\cancel{x-2}}$$

5.
$$(x+1)\cdot(x-2)\cdot30-x\cdot(x-2)\cdot16=x\cdot(x+1)\cdot13$$
$$30x^2-30x-60-16x^2+32x=13x^2+13x$$
$$14x^2+2x-60=13x^2+13x$$
$$x^2-11x-60=0$$

mit *pq*-Formel: $p=-11;\ q=-60$
$$x_{1|2}=-\frac{-11}{2}\pm\sqrt{\left(\frac{-11}{2}\right)^2-(-60)}$$
$$=5{,}5\pm\sqrt{(-5{,}5)^2+60}=5{,}5\pm9{,}5$$
$$x_1=5{,}5-9{,}5=-4;$$
$$x_2=5{,}5+9{,}5=15$$

6. $L=\{-4;\,15\}$

Aufgabe 6

A: $y=\frac{1}{2}x+3\quad(y=0{,}5x+3)$

B: $y=\frac{1}{4}x+1\quad(y=0{,}25x+1)$

C: $y=x-3\quad(y=1x-3)$

D: $y=-1{,}25$

E: $y=-x$ (2. Winkelhalbierende)

F: $x=-1{,}25$

Aufgabe 7

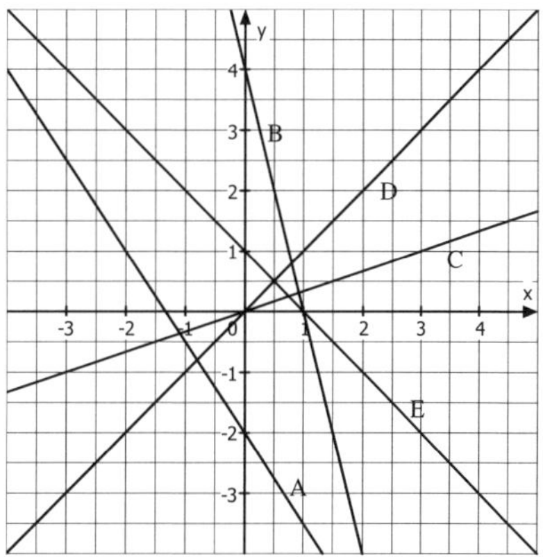

Aufgabe 8

a) $m_1 = -2$;
Bedingung für parallel: $m_1 = m_2$
$y = -2x + 1 \quad (b \text{ beliebig})$

b) $m_1 = -1$;
Bedingung für parallel: $m_1 = m_2$
$y = -x + 1 \quad (b \text{ beliebig})$

c) $m_1 = -2$;
Bedingung für senkrecht: $m_2 = \frac{-1}{m_1} = \frac{-1}{-2} = \frac{1}{2}$

$y = \frac{1}{2}x + 1 \quad (b \text{ beliebig})$

d) $y = -4$;

e) $x = 2$

Aufgabe 9

a) Gegeben: P(1|−2); $m = -3$
Möglichkeit 1

$$\begin{aligned} y &= m \cdot x + b \\ -2 &= (-3) \cdot 1 + b \\ -2 &= -3 + b \quad \quad |+3 \\ 1 &= b \end{aligned}$$

$\Rightarrow y = -3x + 1$

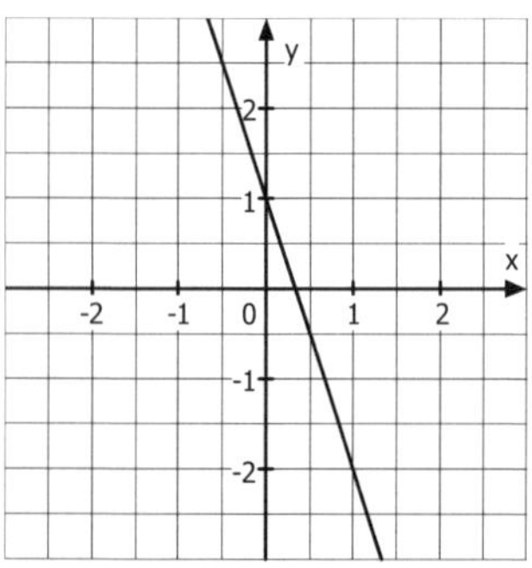

b) Gegeben: $P_1(-1|-1)$; $P_2(2|1)$

$$m = \frac{y_2 - y_1}{x_2 - x_1} = \frac{1-(-1)}{2-(-1)} = \frac{2}{2+1} = \frac{2}{3}$$

$$\begin{aligned} y &= m \cdot x + b \\ -1 &= \frac{2}{3} \cdot (-1) + b \\ -1 &= -\frac{2}{3} + b \quad |+\frac{2}{3} \\ -\frac{1}{3} &= b \end{aligned}$$

$\Rightarrow y = \frac{2}{3}x - \frac{1}{3}$

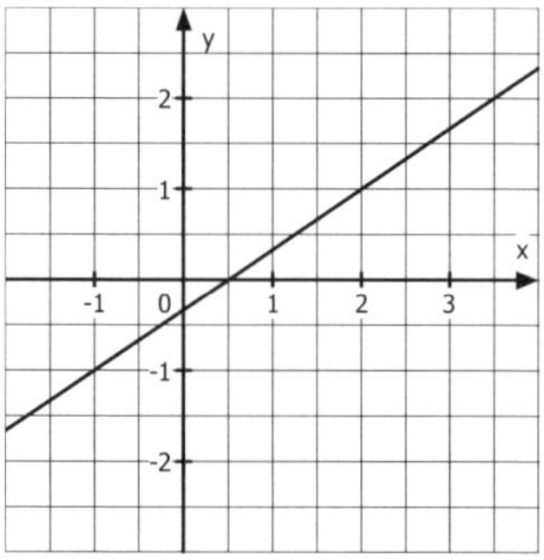

Aufgabe 10

a)

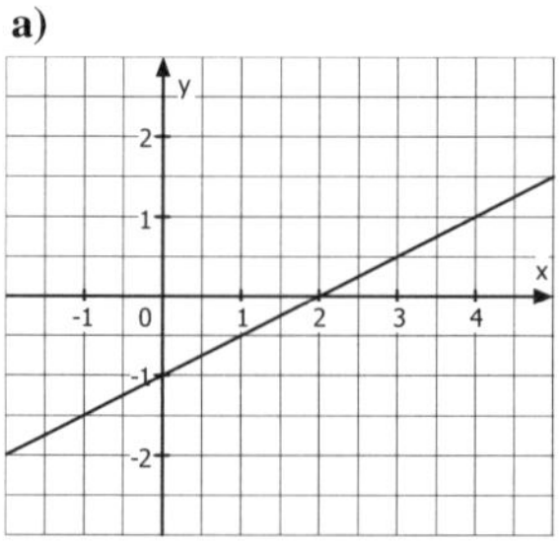

b) $P_1(3|...)$;
x-Wert einsetzen:
$y = 0{,}5 \cdot 3 - 1 = 1{,}5 - 1 = 0{,}5$
$\Rightarrow P_1(3|0{,}5)$

$P_2(-1|...)$;
x-Wert einsetzen:
$y = 0{,}5 \cdot (-1) - 1 = -0{,}5 - 1 = -1{,}5$
$\Rightarrow P_2(-1|-1{,}5)$

c) $P_3(...|1)$;

$1 = 0{,}5 \cdot x - 1 \quad |+1$

$2 = 0{,}5 \cdot x \quad |:0{,}5$

$4 = x$

$\Rightarrow P_3(4|1)$

$P_4(...|-1{,}5)$;

$-1{,}5 = 0{,}5 \cdot x - 1 \quad |+1$

$-0{,}5 = 0{,}5 \cdot x \quad |:0{,}5$

$-1 = x$

$\Rightarrow P_4(-1|-1{,}5)$

d) $P_5(-2|-2)$; Punktprobe

$-2 = 0{,}5 \cdot (-2) - 1$

$-2 = -1 - 1$

$-2 = -2$

wahre Aussage $\Rightarrow$ P_5 auf Gerade

$P_6(5|2)$; Punktprobe

$2 = 0{,}5 \cdot 5 - 1$

$2 = 2{,}5 - 1$

$2 \neq 1{,}5$

falsche Aussage $\Rightarrow$ P_6 nicht auf Gerade

e) Schnittpunkt mit y-Achse:

$y = 0{,}5 \cdot 0 - 1 = 0 - 1 = -1$

$\Rightarrow S_y(0|-1)$

Schnittpunkt mit x-Achse:

$0{,}5x - 1 = 0 \quad |+1$

$0{,}5x = 1 \quad |:0{,}5$

$x = 2$

$\Rightarrow S_x(2|0)$

f) Gleichsetzen:

$0{,}5x - 1 = -1{,}5x + 3 \quad |+1{,}5x+1$

$2x = 4 \quad |:2$

$x = 2$

Einsetzen:

$y = 0{,}5 \cdot 2 - 1 = 1 - 1 = 0$

(oder: $y = -1{,}5 \cdot 2 + 3 = -3 + 3 = 0$)

$\Rightarrow S(2|0)$

Aufgabe 11

a) C : $y = 0{,}5x^2 - 0{,}5$; Scheitel S(0|-0,5)

nach oben geöffnet, weiter als Normalparabel

D : $y = -0{,}5x^2 - 1$; Scheitel S(0|-1)

nach unten geöffnet, weiter als Normalparabel

A : $y = 2x^2 + 1{,}5$; Scheitel S(0|1,5)

nach oben geöffnet, enger als Normalparabel

B : $y = x^2 + 1$; Scheitel S(0|1)

nach oben geöffnete Normalparabel

E : $y = -2x^2 - 1$; Scheitel S(0|−1)

nach unten geöffnet, enger als Normalparabel

b) B : $y = (x-1)^2 - 1$; Scheitel S(1|1)

A : $y = (x+1)^2 + 2$; Scheitel S(−1|2)

D : $y = (x+1)^2 - 2$; Scheitel S(−1|−2)

C : $y = (x-3)^2$; Scheitel S(3|0)

c) B : $y = x^2 - 2x + 2 = (x-1)^2 + 1$

Scheitel S(1|1) nach oben geöffnete Normalparabel

C : $y = 2x^2 - 1$; Scheitel S(0|−1)

nach oben geöffnet, enger als Normalparabel

A : $y = (x-2)^2 + 2$; Scheitel S(2|2)

nach oben geöffnete Normalparabel

D : $y = x^2 + x - 2 = (x+0{,}5)^2 - 2{,}25$

S(−0,5|−2,25) nach oben geöffnete Normalparabel

b) 1. Möglichkeit: *abc* - Formel

$$x_{1/2} = \frac{-b \pm \sqrt{b^2 - 4 \cdot a \cdot c}}{2 \cdot a}$$

$$= \frac{-(-4) \pm \sqrt{(-4)^2 - 4 \cdot (-1) \cdot (-4)}}{2 \cdot (-1)}$$

$$= \frac{4 \pm \sqrt{16 - 16}}{-2} = \frac{4 \pm \sqrt{0}}{-2} = \frac{4 \pm 0}{-2}$$

$$x_{1/2} = \frac{4 \pm 0}{-2} = \frac{4}{-2} = -2$$

Aufgabe 12

a) $y = x^2 - \mathbf{1}x + 7 = x^2 - x + \left(\frac{\mathbf{1}}{2}\right)^2 + 7 - \left(\frac{\mathbf{1}}{2}\right)^2$

$= x^2 - x + 0,25 + 7 - 0,25 = (x - 0,5)^2 + 6,75$

Scheitel S(0,5|6,75)

b) $y = x^2 - 2x + 1 = (x-1)^2$; Scheitel S(1|0)

Aufgabe 13

$N_1(-2\,|\,0)$; $N_2(1|0)$

x-Wert des Scheitels: $\frac{-2+1}{2} = -0,5$

$y = (x + 0,5)^2 + c$

N_1 einsetzen: $0 = (-2 + 0,5)^2 + c$

$0 = 2,25 + c \quad |-2,25$

$-2,25 = c$

Somit: $y = (x + 0,5)^2 - 2,25$

Aufgabe 14

$P_1(0\,|\,5)$; $P_2(3\,|\,2)$

$y = x^2 + px + q$

P_1: $5 = 0^2 + p \cdot 0 + q$

$5 = q \quad (1)$

P_2: $2 = 3^2 + p \cdot 3 + q \quad |-9-3p$

$-7 - 3p = q \quad (2)$

Gleichsetzen von (1) und (2)

$5 = -7 - 3p \quad |+7 \quad |:(-3)$

$-4 = p$

$y = x^2 - 4x + 5$

Aufgabe 15

a) Schnitt von $y = -x^2 - 4x - 4$ und x-Achse:

$-x^2 - 4x - 4 = 0$

Schnitt von $y = -x^2 - 3x$ und $y = x + 4$:

$-x^2 - 3x = x + 4 \quad |-x-4$

$-x^2 - 4x - 4 = 0$

Schnitt der Parabeln:

$y = -x^2 - 4x - 3$ und $y = x^2 + 4x + 5$:

$-x^2 - 4x - 3 = x^2 + 4x + 5 \quad |-x^2 - 4x - 5$

$-2x^2 - 8x - 8 = 0 \quad |:2$

$-x^2 - 4x - 4 = 0$

Mit pq-Formel

$-x^2 - 4x - 4 = 0 \quad |\cdot(-1)$

$x^2 + 4x + 4 = 0$

$x_{1/2} = -\frac{p}{2} \pm \sqrt{\left(\frac{p}{2}\right)^2 - q}$

$= -2 \pm \sqrt{2^2 - 4} = -2 \pm \sqrt{4 - 4} = -2 \pm \sqrt{0}$

$x_{1/2} = -2 \pm 0 = -2$

c)

Schnitt von: $y = -x^2 - 4x - 4$ und x-Achse.
Bild rechts

Schnitt von: $y = -x^2 - 3x$ und $y = x + 4$
Bild links

Schnitt von: $y = -x^2 - 4x - 3$
und $y = x^2 + 4x + 5$
Bild mittig

Hinweis: In allen Fällen erhält man einen Berührpunkt, da die Diskriminante den Wert 0 hat.

Aufgabe 16

a) Ansatz: $0 = x^2 - x + 7$

$$x_{1/2} = -\frac{-1}{2} \pm \sqrt{\left(\frac{-1}{2}\right)^2 - 7} = 0{,}5 \pm \sqrt{\mathbf{-6{,}75}}$$

Da die **Diskriminante** negativ ist, schneidet die Parabel die x-Achse nicht.

b) Ansatz: $8x + 5 = x^2 - 5 \quad | -8x - 5$

$$0 = x^2 - 8x - 10$$

$$x_{1/2} = -\frac{-8}{2} \pm \sqrt{\left(\frac{-8}{2}\right)^2 - (-10)} = 4 \pm \sqrt{26} = 4 \pm 5{,}10$$

$x_1 = 4 - 5{,}10 = -1{,}10$

$x_2 = 4 + 5{,}10 = 9{,}10$

y-Werte der Schnittpunkte durch Einsetzen von x.

x_1 in $g: y_1 = 8 \cdot (-1{,}10) + 5 = -3{,}80$

$\Rightarrow$ Schnittpunkt $P_1(-1{,}10 \mid -3{,}80)$

x_2 in $g: y_2 = 8 \cdot (9{,}10) + 5 = 77{,}80$

$\Rightarrow$ Schnittpunkt $P_2(9{,}10 \mid 77{,}80)$

c) Ansatz: $4x^2 - 6 = x^2 - 9x + 6 \quad | -x^2 + 9x - 6$

$$3x^2 + 9x - 12 = 0 \quad |:3$$

$$x^2 + 3x - 4 = 0$$

$$x_{1/2} = -\frac{3}{2} \pm \sqrt{\left(\frac{3}{2}\right)^2 - (-4)} = -1{,}5 \pm 2{,}5$$

$x_1 = -1{,}5 - 2{,}5 = -4$

$x_2 = -1{,}5 + 2{,}5 = 1$

x_1 in $p_1: y_1 = 4 \cdot (-4)^2 - 6 = 58$

$\Rightarrow$ Schnittpunkt $P_1(-4 \mid 58)$

x_2 in $p_1: y_2 = 4 \cdot 1^2 - 6 = -2$

$\Rightarrow$ Schnittpunkt $P_2(1 \mid -2)$

Aufgabe 17

$G = 699\,€;\; P = 599\,€$

$$P = G \cdot \frac{p}{100}$$

$$599 = 699 \cdot \frac{p}{100} \quad |: \frac{699}{100}$$

$85{,}69 = p$

A: Apple kann mit einer Preissenkung von 100%-85,69% = 14,31% werben.

Aufgabe 18

$G = 110\,€;\; p = 20\,\%$

$$P = G \cdot \frac{p}{100}$$

$$P = 110 \cdot \frac{20}{100} = 22\,€$$

A: Die Jacke kostet nach der Preissenkung 110 € − 22 € = 88 €.

Aufgabe 19

$P = 96\,€;\; p = 100 - 20 = 80\ (\%)$

$$P = G \cdot \frac{p}{100}$$

$$96 = G \cdot \frac{80}{100} \quad |: \frac{80}{100}$$

$120\,€ = G$

A: Die Jacke kostete vor der Preissenkung 120 €.

Aufgabe 20

$P = 29{,}99\,€;\; p = 100 + 19 = 119\,(\%)$

$$P = G \cdot \frac{p}{100}$$

$$29{,}99 = G \cdot \frac{119}{100} \quad |: \frac{119}{100}$$

$25{,}20\,€ = G$

A: Der Preis ohne Umsatzsteuer beträgt 25,20 €.
Die Umsatzsteuer beträgt 29,99 € − 25,20 € = 4,79 €.

Aufgabe 21

$K = 150\,€;\; p = 2{,}5\ (\%)$

$$Z = K \cdot \frac{p}{100} = 150 \cdot \frac{2{,}5}{100} = 3{,}75\,€$$

A: Der Zins ist 3,75 € hoch und man hat nach einem Jahr 150 € + 3,75 € = 153,75 € auf dem Konto.

Aufgabe 22

$Z = 31{,}50\ €;\ p = 1{,}75\ (\%)$

$$Z = K \cdot \frac{p}{100}$$

$$31{,}50 = K \cdot \frac{1{,}75}{100} \quad |:\frac{1{,}75}{100}$$

$$1800\ € = K$$

A: Es wurden 1800 € angelegt. Nach einem Jahr hat man 1800 € + 31,50 € = 1831,50 € auf dem Konto.

Aufgabe 23

$K = 1700\ €;\ Z = 1738{,}25 - 1700 = 38{,}25\ €$

$$Z = K \cdot \frac{p}{100}$$

$$38{,}25 = 1700 \cdot \frac{p}{100} \quad |:\frac{1700}{100}$$

$$2{,}25 = p$$

A: Der Zinssatz beträgt 2,25 %.

Aufgabe 24

$K_0 = 11000\ €;\ K_5 = 13383{,}18\ €;\ n = 5$ (Jahre)

$$K_5 = K_0 \cdot q^5$$

$$13383{,}18 = 11000 \cdot q^5 \quad |:11000$$

$$\frac{13383{,}18}{11000} = q^5 \quad |\sqrt[5]{\ }$$

$$1{,}0400 = q = 104{,}00\ \%$$

A: Die Bank hat einen Zinssatz von 104 % − 100 % = 4 % gewählt.

Aufgabe 25

a)
geordnete Liste:
163; 166; 166; 169; 171; 172; 173; 174; 176; 178; 182; 183; 189

$x_{min} = 163cm;\ x_{max} = 189cm;\ d = 189 - 163 = 26cm$

$m = 166cm;\ \bar{x} = \frac{163+166+...+189}{13} = 174cm$

b)
1. $n = 13$ **2.** $q_u : 0{,}25 \cdot 13 = 3{,}25$ **3.** $q_u = 169cm$ (4. Wert)

$z:\ 0{,}5 \cdot 13 = 6{,}5 \quad z = 173cm$ (7. Wert)

$q_o : 0{,}75 \cdot 13 = 9{,}75 \quad q_o = 178cm$ (10. Wert)

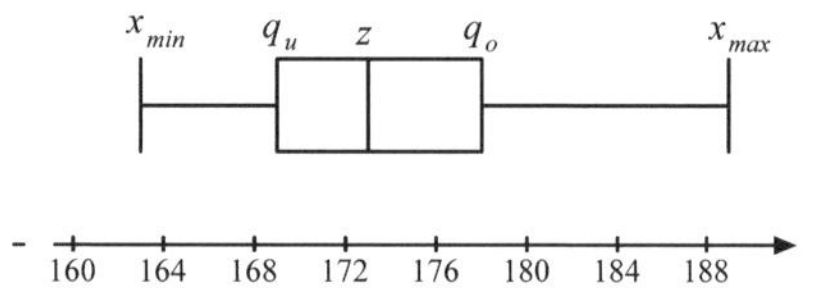

Aufgabe 26

a)
geordnete Liste:
2; 3; 3; 4; 4; 5; 5; 5; 6; 6; 6; 7; 7; 7; 7; 8; 8; 9; 10; 10
(3 hat z.B. die absolute Häufigkeit 2 und erscheint 2 Mal)

b)
$x_{min} = 2;\ x_{max} = 10;\ d = 10 - 2 = 8;\ m = 7$

$\bar{x} = \frac{2+3+3+...+10}{20} = 6{,}1$

1. $n = 20$

2. $q_u : 0{,}25 \cdot 20 = 5$ **3.** $q_u = \frac{4+5}{2} = 4{,}5$

(∅ 5. und 6. Wert)

$z:\ 0{,}5 \cdot 20 = 10 \quad z = \frac{6+6}{2} = 6$

(∅ 10. und 11. Wert)

$q_o : 0{,}75 \cdot 20 = 15 \quad q_o = \frac{7+8}{2} = 7{,}5$

(∅ 15. und 16. Wert)

c)

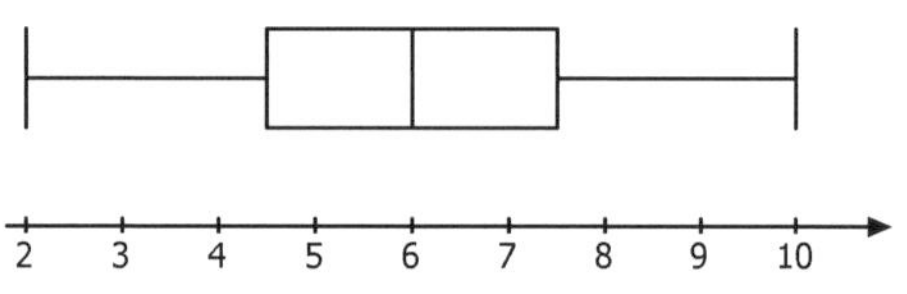

Aufgabe 27

$$\begin{aligned} a^2+b^2 &= c^2 \\ 3{,}5^2+3{,}5^2 &= c^2 \\ 12{,}25+12{,}25 &= c^2 \\ 24{,}5 &= c^2 \mid \sqrt{\ } \\ 4{,}95\,cm &= c \end{aligned}$$

Aufgabe 28

$c=0{,}8\,dm=8cm;\ b=3\,cm;$
gesucht ist a

$$\begin{aligned} a^2+b^2 &= c^2 \\ a^2+3^2 &= 8^2 \\ a^2+9 &= 64 \quad \mid -9 \\ a^2 &= 55 \quad \mid \sqrt{\ } \\ a &= 7{,}42\,cm \end{aligned}$$

Aufgabe 29

a)
$\beta=180°-\alpha-\gamma=180°-30°-90°=60°$

b)

$$\begin{aligned} \tan(\alpha) &= \frac{a}{b} \\ \tan(30°) &= \frac{a}{4} \\ 0{,}58 &= \frac{a}{4} \quad \mid \cdot 4 \\ 2{,}32cm &= a \\ a^2+b^2 &= c^2 \\ 2{,}32^2+4^2 &= c^2 \\ 5{,}38+16 &= c^2 \\ 21{,}38 &= c^2 \quad \mid \sqrt{\ } \\ 4{,}62\,cm &= c \end{aligned}$$

c)
Das Dreieck ist rechtwinklig mit der Hypotenuse c.
$A=\frac{1}{2}\cdot a\cdot b=\frac{1}{2}\cdot 2{,}32\cdot 4=4{,}64\ cm^2$

d)
$u=a+b+c=2{,}32+4+4{,}62=10{,}94\ cm$

Aufgabe 30

a) $A=\frac{1}{4}\cdot a^2\cdot\sqrt{3}=\frac{1}{4}\cdot 6^2\cdot\sqrt{3}=15{,}59\,cm^2$

b)

$$\begin{aligned} A &= \frac{1}{2}\cdot a\cdot h_a \\ 15{,}59 &= \frac{1}{2}\cdot 6\cdot h_a \\ 15{,}59 &= 3\cdot h_a \quad \mid :3 \\ 5{,}20cm &= h_a \end{aligned}$$

Aufgabe 31

a) $\alpha=180°-\beta-\gamma=180°-120°-20°=40°$
$\beta'=180°-\beta=180°-120°=60°$

b)

$$\begin{aligned} \cos(\beta') &= \frac{\overline{BD}}{a} \\ \cos(60°) &= \frac{\overline{BD}}{4} \\ 0{,}5 &= \frac{\overline{BD}}{4} \quad \mid \cdot 4 \\ 2\,cm &= \overline{BD} \end{aligned}$$

c)

$$\begin{aligned} \overline{BD}^2+\overline{CD}^2 &= a^2 \\ 2^2+\overline{CD}^2 &= 4^2 \\ 4+\overline{CD}^2 &= 16 \quad \mid -4 \\ \overline{CD}^2 &= 12 \quad \mid \sqrt{\ } \\ \overline{CD} &= 3{,}46\,cm \end{aligned}$$

$$\begin{aligned} \tan(\alpha) &= \frac{\overline{CD}}{\overline{AD}} \\ \tan(40°) &= \frac{3{,}46}{\overline{AD}} \\ 0{,}84 &= \frac{3{,}46}{\overline{AD}} \quad \mid \cdot\overline{AD} \\ 0{,}84\cdot\overline{AD} &= 3{,}46 \quad \mid :0{,}84 \\ \overline{AD} &= 4{,}12\,cm \end{aligned}$$

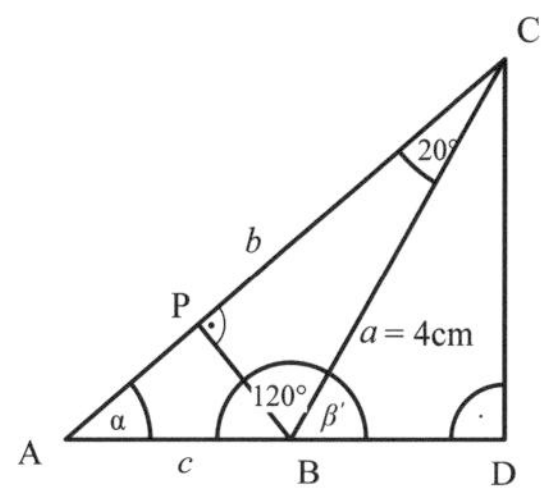

d) $c = \overline{AD} - \overline{BD} = 4{,}12 - 2 = 2{,}12cm$

$$\sin(\alpha) = \frac{\overline{BP}}{c}$$

$$\sin(40°) = \frac{\overline{BP}}{2{,}12}$$

$$0{,}64 = \frac{\overline{BP}}{2{,}12} \quad |\cdot 2{,}12$$

$$1{,}36\ cm = \overline{BP}$$

Aufgabe 32

$$a^2 + a^2 = e^2$$
$$2 \cdot a^2 = 20^2$$
$$2 \cdot a^2 = 400 \quad |:2$$
$$a^2 = 200 \quad |\sqrt{\ }$$
$$a = 14{,}14\ cm$$

oder

$$e = a \cdot \sqrt{2}$$
$$20 = a \cdot \sqrt{2} \quad |:\sqrt{2}$$
$$14{,}14cm = a$$

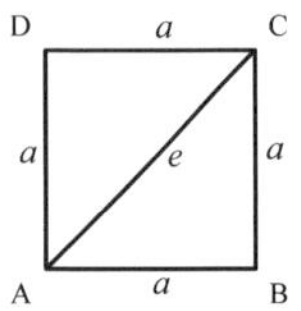

Aufgabe 33

$$A = \frac{1}{2} \cdot e \cdot f$$
$$21 = \frac{1}{2} \cdot e \cdot 4$$
$$21 = 2e \quad |:2$$
$$10{,}5\ cm = e$$

$$\left(\frac{e}{2}\right)^2 + \left(\frac{f}{2}\right)^2 = a^2$$
$$\left(\frac{10{,}5}{2}\right)^2 + \left(\frac{4}{2}\right)^2 = a^2$$
$$27{,}56 + 4 = a^2$$
$$31{,}56 = a^2 \quad |\sqrt{\ }$$
$$5{,}62cm = a$$

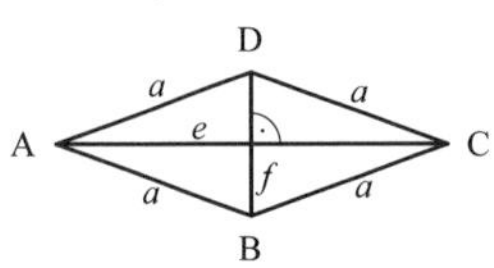

Aufgabe 34

$$a^2 = \overline{AB}^2 = (x_B - x_A)^2 + (y_B - y_A)^2$$
$$a^2 = (5-1)^2 + (2-1)^2$$
$$a^2 = 17 \quad |\sqrt{\ }$$
$$a = 4{,}12\,LE$$

$$b^2 = \overline{BC}^2 = (x_C - x_B)^2 + (y_C - y_B)^2$$
$$b^2 = (4-5)^2 + (4-2)^2$$
$$b^2 = 5 \quad |\sqrt{\ }$$
$$b = 2{,}24\,LE$$

$$c^2 = (2-4)^2 + (5-4)^2$$
$$c^2 = 5 \quad |\sqrt{\ }$$
$$c = 2{,}24\,LE$$

$$d^2 = (1-2)^2 + (1-5)^2$$
$$d^2 = 17 \quad |\sqrt{\ }$$
$$d = 4{,}12\ LE$$

$$u = a + b + c + d$$
$$= 4{,}12 + 2{,}24 + 2{,}24 + 4{,}12 = 12{,}72\ LE$$

Aufgabe 35

Das Fünfeck besteht aus 5 gleichschenkligen Dreiecken.

Der Basiswinkel ist $\alpha = \frac{360°}{5} = 72°$.

Durch Einzeichnen von h_a werden α und a halbiert.

$$\tan\left(\frac{\alpha}{2}\right) = \frac{a/2}{h_a}$$
$$\tan(36°) = \frac{1{,}5}{h_a}$$
$$0{,}73 = \frac{1{,}5}{h_a} \quad |\cdot h_a$$
$$0{,}73h_a = 1{,}5 \quad |:0{,}73$$
$$h_a = 2{,}05\ cm$$

$$A_{Dreieck} = \frac{1}{2} \cdot a \cdot h_a = \frac{1}{2} \cdot 3 \cdot 2{,}05 = 3{,}08\ cm^2$$
$$A = 5 \cdot A_{Dreieck} = 5 \cdot 3{,}08 = 15{,}40\ cm^2$$

Aufgabe 36

a)

$$A = \pi \cdot r^2 \cdot \frac{\alpha}{360°} = \pi \cdot 2,80^2 \cdot \frac{215°}{360°} = 14,71\,cm^2$$

b)

$$b = 2\pi \cdot r \cdot \frac{\alpha}{360°} = 2\pi \cdot 2,80 \cdot \frac{215°}{360°} = 10,51\,cm$$

c)

$$u = b + 2r = 10,51 + 2 \cdot 2,80 = 16,11\,cm$$

Aufgabe 37

$$A = \pi \cdot r^2 \cdot \frac{\alpha}{360°}$$
$$10,20 = \pi \cdot r^2 \cdot \frac{187°}{360°}$$
$$10,20 = 1,63r^2 \quad |:1,63$$
$$6,26 = r^2 \quad |\sqrt{\ }$$
$$2,50\,dm = r$$

Aufgabe 38

a)

$$A_{\text{äuß. Kreis}} = \pi \cdot r_2^2$$
$$706,86 = \pi \cdot r_2^2 \quad |:\pi$$
$$225,00 = r_2^2 \quad |\sqrt{\ }$$
$$15,00\,m = r_2$$

$$u_{\text{inn. Kreis}} = 2\pi \cdot r_1$$
$$62,83 = 2\pi \cdot r_1 \quad |:(2\pi)$$
$$10,00\,m = r_1$$

$$b = r_2 - r_1 = 15,00 - 10,00 = 5,00\ m$$

b)

$$A = \pi \cdot (r_2^2 - r_1^2) = \pi \cdot (15,00^2 - 10,00^2) = 392,70\ m^2$$

c)

$$u = 2\pi \cdot (r_1 + r_2) = 2\pi \cdot (10,00 + 15,00) = 157,08\ m$$

Aufgabe 39

$$V = a^3 = 8^3 = 512\,cm^3$$
$$O = 6 \cdot a^2 = 6 \cdot 8^2 = 384\,cm^2$$

Aufgabe 40

$$V = a^3$$
$$857,375 = a^3 \quad |\sqrt[3]{\ }$$
$$9,50\,cm = a$$

Aufgabe 41

$$V = \pi \cdot r^2 \cdot h$$
$$572,56 = \pi \cdot r^2 \cdot 9 \quad |:(9\pi)$$
$$20,25 = r^2 \quad |\sqrt{\ }$$
$$4,50\,cm = r$$

$$O = 2\pi \cdot r^2 + 2\pi \cdot r \cdot h$$
$$= 2\pi \cdot 4,50^2 + 2\pi \cdot 4,50 \cdot 9 = 381,70cm^2$$

Aufgabe 42

O – M ergibt 2 Mal die Grundfläche G.

$$\begin{aligned} O-M &= 2G \\ 878{,}08-612{,}61 &= 2\pi\cdot r^2 \\ 265{,}47 &= 2\pi\cdot r^2 \quad |:(2\pi) \\ 42{,}25 &= r^2 \quad |\sqrt{\ } \\ 6{,}50\,cm &= r \end{aligned}$$

$$\begin{aligned} M &= 2\pi\cdot r\cdot h \\ 612{,}61 &= 2\pi\cdot 6{,}50\cdot h \\ 612{,}61 &= 40{,}84h \quad |:40{,}84 \\ 15{,}00\,cm &= h \end{aligned}$$

Aufgabe 43

Gerechnet wird mit 35° (der Hälfte des Öffnungswinkels).

$$\begin{aligned} \sin(35°) &= \frac{r}{s} \\ 0{,}57 &= \frac{r}{5} \quad |\cdot 5 \\ 2{,}85\,cm &= r \end{aligned}$$

$$\begin{aligned} r^2+h^2 &= s^2 \\ 2{,}85^2+h^2 &= 5^2 \\ 8{,}12+h^2 &= 25 \quad |-8{,}12 \\ h^2 &= 16{,}88 \quad |\sqrt{\ } \\ h &= 4{,}11\,cm \end{aligned}$$

$$V=\frac{1}{3}\pi\cdot r^2\cdot h=\frac{1}{3}\pi\cdot 2{,}85^2\cdot 4{,}11=34{,}96\ cm^3$$

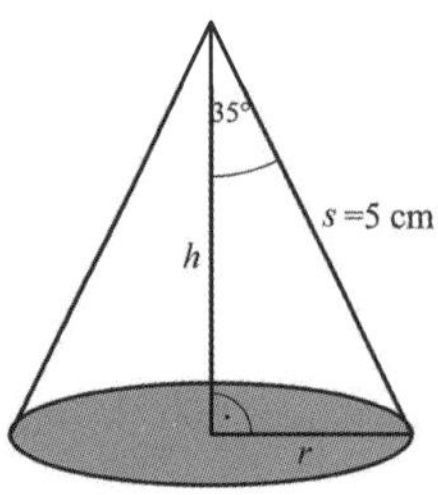

Aufgabe 44

$$\begin{aligned} G &= a^2 \\ 36 &= a^2 \quad |\sqrt{\ } \\ 6\,cm &= a \end{aligned}$$

$$\begin{aligned} \tan(40°) &= \frac{h_s}{a/2} \\ 0{,}84 &= \frac{h_s}{6/2} \quad |\cdot 3 \\ 2{,}52\,cm &= h_s \end{aligned}$$

$$O=a^2+2\cdot a\cdot h_s=6^2+2\cdot 6\cdot 2{,}52=66{,}24\,cm^2$$

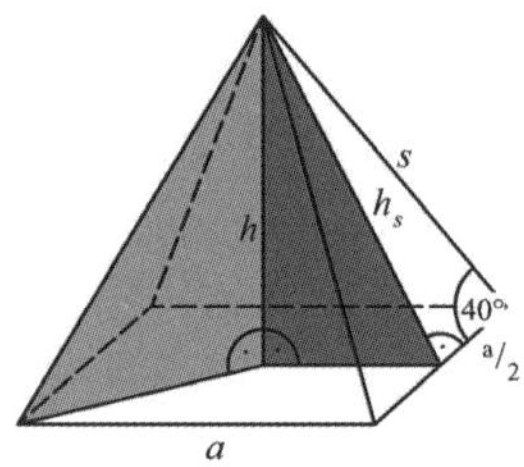

Aufgabe 45

$$\alpha=\frac{360°}{n}=\frac{360°}{5}=72°$$

$$\begin{aligned} \tan\left(\frac{\alpha}{2}\right) &= \frac{a/2}{h_a} \\ \tan(36°) &= \frac{a/2}{4} \\ 0{,}73 &= \frac{a}{8} \quad |\cdot 8 \\ 5{,}84\,cm &= a \end{aligned}$$

$$V=\frac{1}{3}\cdot\frac{n\cdot a\cdot h_a}{2}\cdot h=\frac{1}{3}\cdot\frac{5\cdot 5{,}84\cdot 4}{2}\cdot 4=77{,}87\,cm^3$$

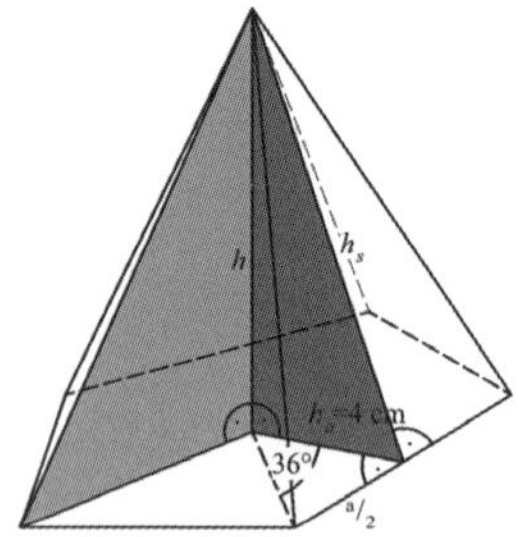

Aufgabe 46

$$\sin(71°) = \frac{h}{s}$$

$$0{,}95 = \frac{h}{7{,}5} \qquad |\cdot 7{,}5$$

$$7{,}13\,cm = h$$

Die dritte Seite des Dreiecks ist halb so lang wie die Diagonale der Grundfläche.

$$\frac{1}{2}\cdot d = \frac{1}{2}\cdot a\cdot\sqrt{2} = \frac{a}{2}\sqrt{2}$$

$$\cos(71°) = \frac{\frac{a}{2}\sqrt{2}}{s}$$

$$0{,}33 = \frac{\frac{a}{2}\sqrt{2}}{7{,}5}$$

$$0{,}33 = 0{,}094a \quad |:0{,}094$$

$$3{,}51\,cm = a$$

$$V = \frac{1}{3}\cdot a^2\cdot h = \frac{1}{3}\cdot 3{,}51^2\cdot 7{,}13 = 29{,}28\ cm^3$$

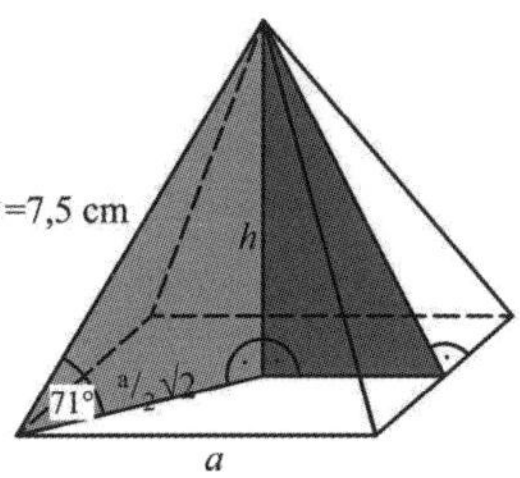

Aufgabe 47

$$O = G + M_{Zylinder} + \frac{1}{2}\cdot O_{Kugel}$$

$$O = \pi\cdot r^2 + 2\pi\cdot r\cdot h + \frac{1}{2}\cdot 4\pi\cdot r^2$$

$$75{,}40 = 3\pi\cdot r^2 + 2\pi\cdot r\cdot 3 \qquad |-75{,}40$$

$$0 = 3\pi\cdot r^2 + 6\pi\cdot r - 75{,}40 \,|:(3\pi)$$

$$0 = r^2 + 2\cdot r - 8{,}00$$

$$r_{1/2} = -\frac{2}{2} \pm \sqrt{\left(\frac{2}{2}\right)^2 - (-8)} = -1 \pm \sqrt{9} = -1 \pm 3$$

($r_1 = -1 - 3 = -4$; entfällt da negativ)

$r_2 = -1 + 3 = 2\,dm \Rightarrow r = 2\,dm$

Aufgabe 48

a)

$E = \{6,6\}$

$$P(E) = P(6,6) = \frac{1}{6}\cdot\frac{1}{6} = \frac{1}{36} = 2{,}78\%$$

b)

$E = \{1,1;\ 2,2;\ 3,3;\ 4,4;\ 5,5;\ 6,6\}$

$$P(E) = P(1,1) + P(2,2) + P(3,3) + P(4,4) + P(5,5) + P(6,6)$$

$$= \frac{1}{6}\cdot\frac{1}{6} + \frac{1}{6}\cdot\frac{1}{6} + \frac{1}{6}\cdot\frac{1}{6} + \frac{1}{6}\cdot\frac{1}{6} + \frac{1}{6}\cdot\frac{1}{6} + \frac{1}{6}\cdot\frac{1}{6}$$

$$= 6\cdot\frac{1}{6}\cdot\frac{1}{6} = \frac{1}{6} = 16{,}67\%$$

c)

$E = \{1,2\}$

$$P(E) = P(1,2) = \frac{1}{6}\cdot\frac{1}{6} = \frac{1}{36} = 2{,}78\%$$

d)

$E = \{1,2;\ 2,1\}$

$$P(E) = P(1,2) + P(2,1) = \frac{1}{6}\cdot\frac{1}{6} + \frac{1}{6}\cdot\frac{1}{6}$$

$$= \frac{1}{18} = 5{,}56\%$$

e)

$\overline{6}$ steht für keine 6 und hat bei einem Wurf die Wahrscheinlichkeit $\frac{5}{6}$.

$E = \{\overline{6};\ \overline{6}\}$

$$P(E) = P(\overline{6},\overline{6}) = \frac{5}{6}\cdot\frac{5}{6} = \frac{25}{36} = 69{,}44\%$$

f)

$\overline{E} = \{\overline{3},\overline{3}\}$

$$P(E) = 1 - P(\overline{E}) = 1 - \frac{5}{6}\cdot\frac{5}{6} = \frac{11}{36} = 30{,}56\%$$

Aufgabe 49

Zwei Karten abheben entspricht zwei Mal ziehen ohne Zurücklegen.
A steht für Ass, K für König, D für Dame und B für Bube.

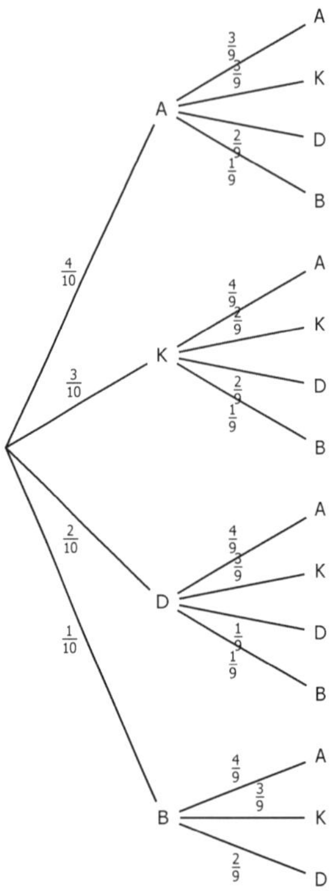

a) $E = \{BB\}$
$P(E) = 0$; (unmögliches Ereignis)

b) $E = \{DK;\ KD\}$
$P(E) = P(DK) + P(KD)$
$= \frac{2}{10} \cdot \frac{3}{9} + \frac{3}{10} \cdot \frac{2}{9} = \frac{2}{15} = 13{,}33\%$

c) $E = \{AK;\ AD;\ KA;\ DA\}$
$P(E) = P(AK) + P(AD) + P(KA) + P(DA)$
$= \frac{4}{10} \cdot \frac{3}{9} + \frac{4}{10} \cdot \frac{2}{9} + \frac{3}{10} \cdot \frac{4}{9} + \frac{2}{10} \cdot \frac{4}{9} = \frac{4}{9} = 44{,}44\ \%$

d) $E = \{KK;\ DD\}$
$P(E) = P(KK) + P(DD)$
$= \frac{3}{10} \cdot \frac{2}{9} + \frac{2}{10} \cdot \frac{1}{9} = \frac{4}{45} = 8{,}89\ \%$

e) $\overline{E} = \{AA\}$
$P(E) = 1 - P(\overline{E}) = 1 - \frac{4}{10} \cdot \frac{3}{9} = \frac{13}{15} = 86{,}67\,\%$

Aufgabe 50

t: "trifft" bei einem Versuch (mit Wahrscheinlichkeit $0{,}8$)
$\bar{t}$: "trifft nicht" (mit Wahrscheinlichkeit $0{,}2$)
a) $E = \{\bar{t}\bar{t}\}$
$P(E) = P(\bar{t}\bar{t}) = 0{,}2 \cdot 0{,}2 = 0{,}04 = 4\%$

b) $E = \{t\bar{t};\ \bar{t}t\}$
$P(E) = P(t\bar{t}) + P(\bar{t}t) = 0{,}8 \cdot 0{,}2 + 0{,}2 \cdot 0{,}8 = 0{,}32 = 32\%$

Aufgabe 51

Erwartungswert für den Gewinn des Spielers in €.
$E = \frac{1}{6} \cdot \frac{1}{6} \cdot 7{,}50 + 2 \cdot \frac{1}{6} \cdot \frac{5}{6} \cdot 3{,}50 + \frac{5}{6} \cdot \frac{5}{6} \cdot (-0{,}50) = 0{,}83\,€$
Das Spiel ist nicht fair, da der Erwartungswert für den Gewinn nicht Null ist.

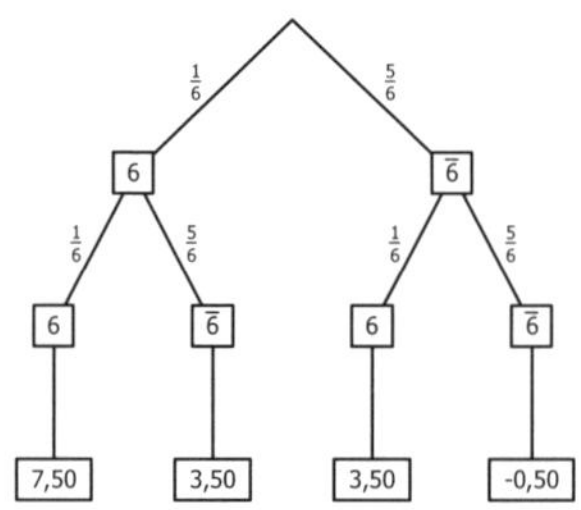

Aufgabe 52

Erwartungswert für den Gewinn des Spielers in €.
$E = \frac{2}{5} \cdot \frac{1}{4} \cdot (-1{,}20) + 2 \cdot \frac{2}{5} \cdot \frac{3}{4} \cdot (-0{,}20) + \frac{3}{5} \cdot \frac{2}{4} \cdot 0{,}80 = 0\,€$
Das Spiel ist fair, da der Erwartungswert für den Gewinn Null ist.

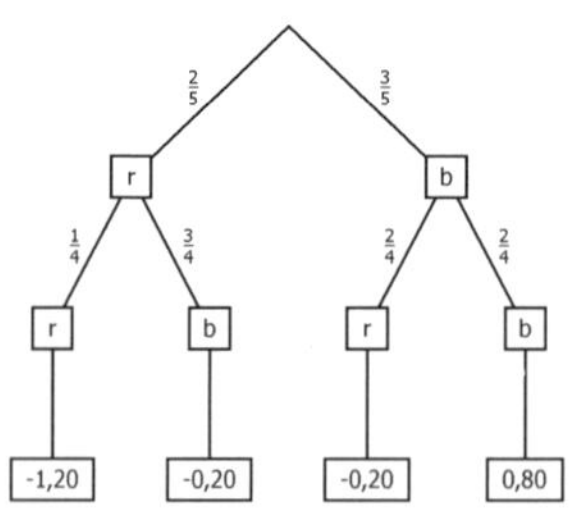

1 Realschulabschlussprüfung 2017

Tipps ab Seite 152, Lösungen ab Seite 175

Realschulabschlussprüfung 2017, Teil A1 *

Im Teil A 1 (10 P) sind alle Aufgaben zu bearbeiten.
Zugelassene Hilfsmittel: Parabelschablone, Zeichengeräte

1) Zeigen Sie, dass gilt: 1 P

$$\frac{\sqrt{2}\cdot\sqrt{30}}{\sqrt{5}\cdot\sqrt{3}}=2$$

2) In der Zeichnung sind die drei Rechteckszahlen 2, 6 und 12 veranschaulicht. 2 P

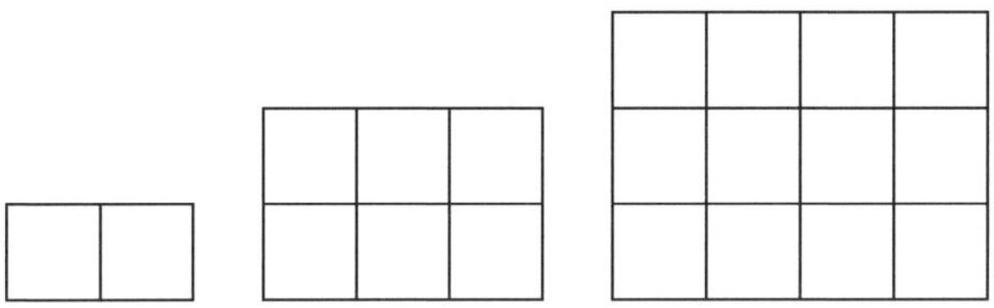

Setzen Sie das Muster fort und bestimmen Sie die nächsten 3 Rechteckszahlen.

Wie groß kann eine Rechteckszahl sein, wenn eine Seite den Wert 10 hat? Kreuzen Sie an.

☐ 70 ☐ 80 ☐ 90 ☐ 100 ☐ 110 ☐ 120

3) Aurelia behauptet: «Das Volumen einer Halbkugel mit Radius 3,0 cm ist größer als das Volumen eines Kegels mit demselben Radius und der Höhe 6,0 cm.» Hat Aurelia Recht? Begründen Sie durch Rechnung. 1 P

*Der Aufgabenteil A1 wurde ergänzt. Bei der Bearbeitung dieses Teils sind keine weiteren Hilfsmittel erlaubt.

4) Ein zwölfflächiger Würfel hat auf fünf Flächen die Zahl 1, auf vier Flächen die Zahl 2 und auf zwei Flächen die Zahl 3. 2 P
Er wird zweimal geworfen.
Welche Zahl muss auf der übrigen Fläche stehen, damit gilt:

$$P(22) = \frac{1}{9} \text{ und } P(33) = \frac{1}{16} \text{ ?}$$

Berechnen Sie die Wahrscheinlichkeit, dass die Augensumme fünf beträgt.

5) Begründen Sie, dass für den Umfang des Dreiecks gilt: 1 P

$$U = a \cdot (1 + \sin\alpha + \cos\alpha)$$

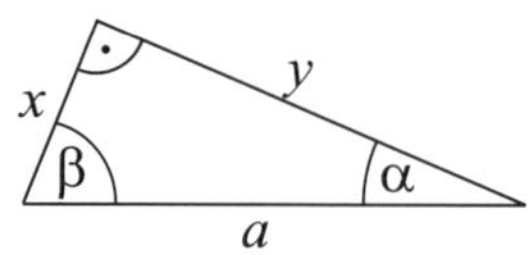

6) Gegeben sind das Schrägbild und das Netz eines Prismas. Auf dem Schrägbild ist ein Streckenzug ABCD eingezeichnet. Dabei halbieren die Punkte B, C und D die Streckenkanten. 1 P
Übertragen Sie den Streckenzug auf das Netz des Prismas.

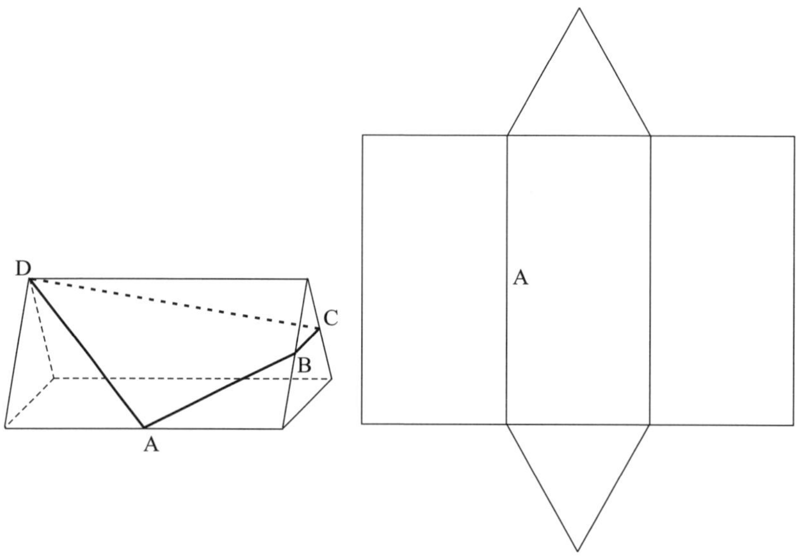

7) Gegeben ist die Parabel p mit der Gleichung p: $y = (x-1)^2 + 1$. Theo behauptet: Jede Ursprungsgerade mit positiver Steigung hat mit der Parabel p zwei gemeinsame Punkte. Hat Theo Recht? Begründen Sie durch eine Zeichnung. 2 P

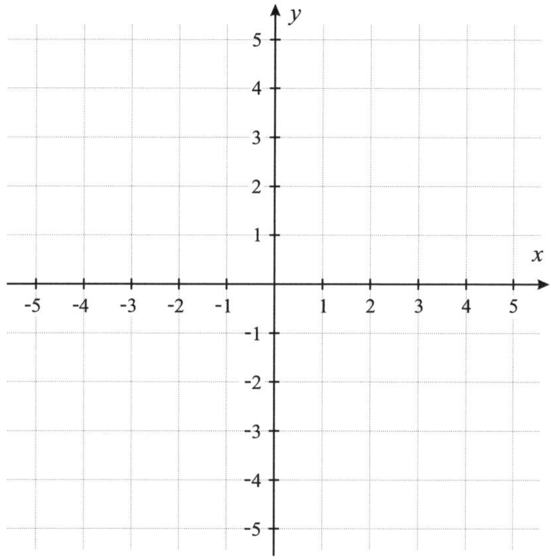

Tipps ab Seite 152, Lösungen ab Seite 178

Realschulabschlussprüfung 2017, Teil A 2

Im Teil A 2 (20 P) sind alle sechs Aufgaben zu bearbeiten.
Zugelassene Hilfsmittel: Formelsammlung, wissenschaftlicher Taschenrechner (nicht programmierbar), Parabelschablone, Zeichengeräte

1) Im Quadrat ABCD liegen das rechtwinklige Dreieck BCE und das gleichschenklige Dreieck ABF. 3 P

Es gilt:

$$\overline{BC} = 11{,}8\,\text{cm}$$
$$\varepsilon = 72{,}0^\circ$$
$$\overline{AB} = \overline{AF}$$

Berechnen Sie die Länge von $\overline{EF}$.

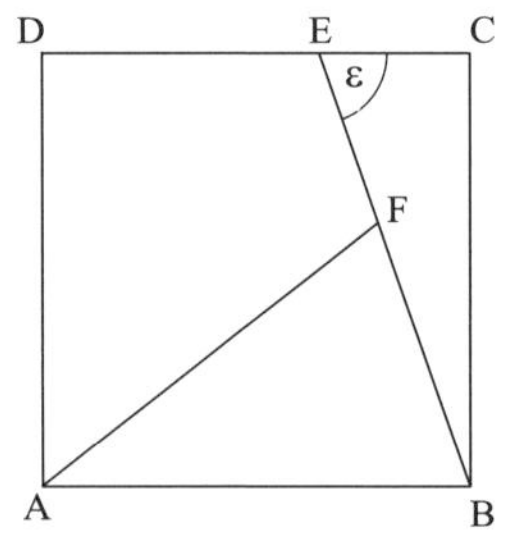

2) Ein Körper setzt sich aus einem halben Zylinder und einer quadratischen Pyramide zusammen. 4 P

Es gilt:

$$h_P = 16{,}0\,\text{cm}$$
$$\varepsilon = 58{,}0^\circ$$

Berechnen Sie die Oberfläche des zusammengesetzten Körpers.

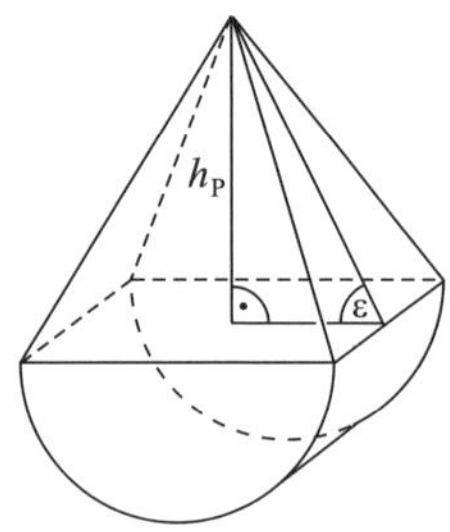

3) Das Schaubild zeigt den Ausschnitt einer verschobenen Normalparabel p. 3 P

Die Gerade g mit der Gleichung $y = 3x + b$ geht durch den Scheitelpunkt S der Parabel p.

Berechnen Sie die Koordinaten des zweiten Schnittpunkts Q von p und g.

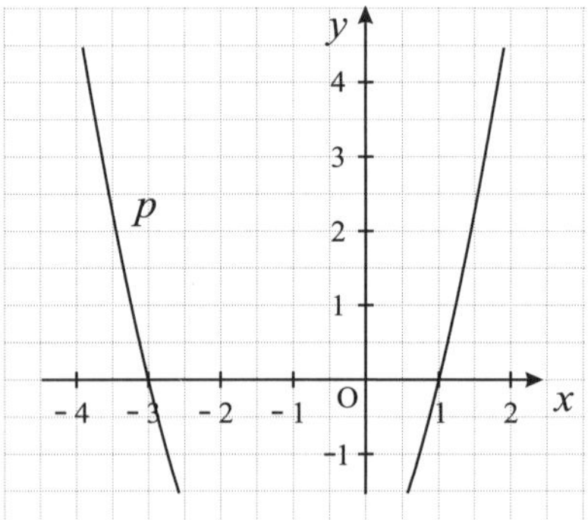

4) Beim Reiseveranstalter Holiday wurden im Jahr 2015 insgesamt 54 000 Reisen gebucht. Das Balkendiagramm zeigt die Verteilung der Reisen. 3 P

Im Kreisdiagramm sind die Reisen innerhalb Deutschlands dargestellt.

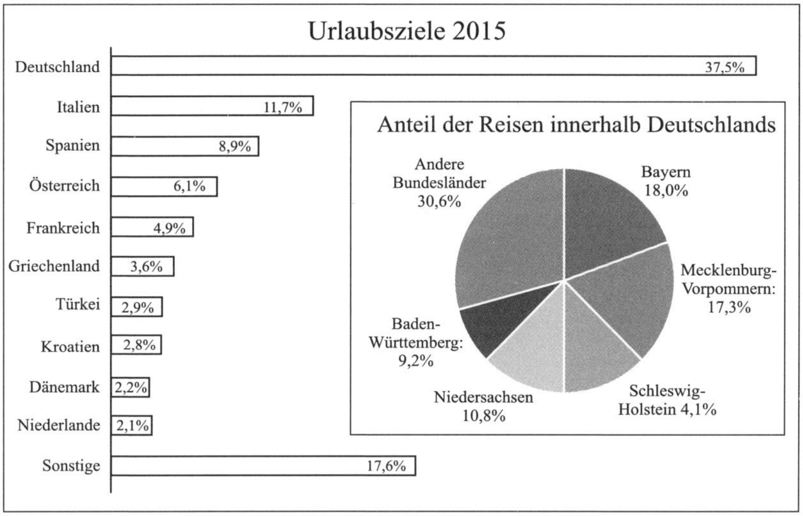

Wie viele Reisen nach Österreich wurden gebucht?

Innerhalb Deutschlands ist Bayern das beliebteste Urlaubsziel.
Wie viele Reisen gingen nach Bayern?

Es wurden 704 Reisen in die USA gebucht.
Wie hoch ist der prozentuale Anteil der Reisen in die USA an den «sonstigen» Urlaubszielen?

5) Max und Nele spielen ein Würfelspiel. 3 P

Zwei Würfel werden gleichzeitig geworfen.
Die beiden Augenzahlen werden addiert (Augensumme).
Gewonnen hat der Spieler mit der größeren Augensumme.

Überprüfen Sie die Aussage:
«Die Wahrscheinlichkeit für Augensumme 6 ist größer als die Wahrscheinlichkeit für Augensumme 9.»
Begründen Sie Ihre Antwort durch Rechnung oder Argumentation.

Max hat eine 5 und eine 3 geworfen.
Wie groß ist die Wahrscheinlichkeit, dass Nele mit dem nächsten Wurf das Spiel gewinnt?

6) Die Klasse 10a der Mörike-Realschule hat eine Klassenarbeit geschrieben. Welcher der beiden folgenden Boxplots zeigt die Verteilung der Ergebnisse der Klasse 10a? — 4 P

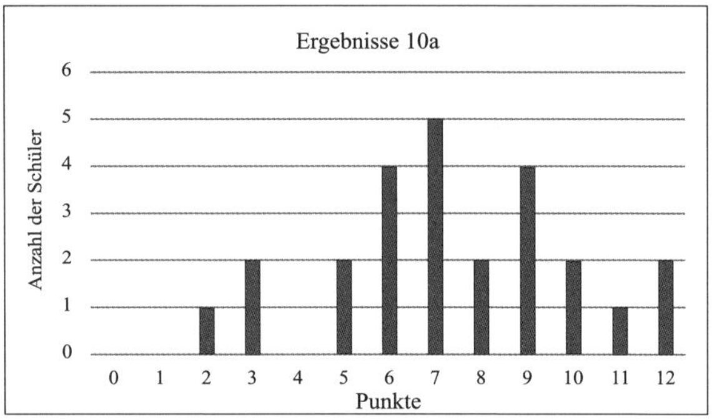

Begründen Sie Ihre Entscheidung mithilfe geeigneter Kennwerte.

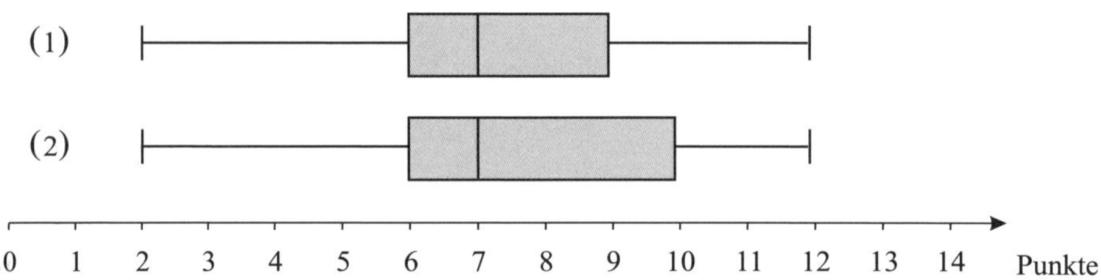

Die Klasse 10b mit 29 Schülerinnen und Schülern hat die gleiche Klassenarbeit geschrieben. Der andere Boxplot zeigt die Verteilung der Ergebnisse dieser Klasse.

Für die Punktzahlen 9 und 10 fehlen im Diagramm die Säulen. Zeichnen Sie eine mögliche Lösung in das nebenstehende Diagramm ein.

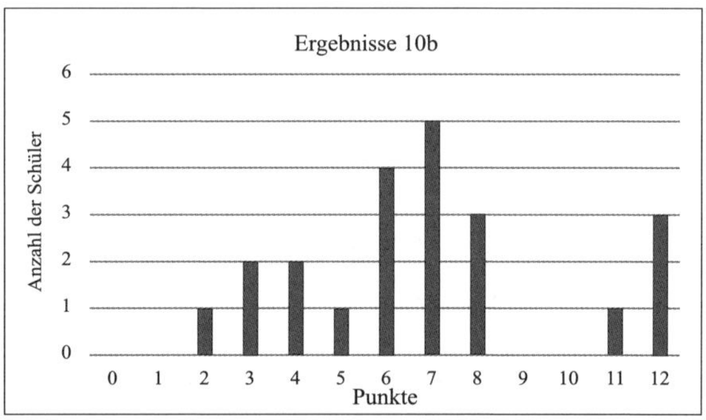

Tipps ab Seite 153, Lösungen ab Seite 185

Realschulabschlussprüfung 2017, Teil B

Hinweis: Im Teil B (20 P) sind zwei der drei Aufgaben zu bearbeiten.
Zugelassene Hilfsmittel: Formelsammlung, wissenschaftlicher Taschenrechner (nicht programmierbar), Parabelschablone, Zeichengeräte

Aufgabe 1

a) Das rechtwinklige Dreieck ABD und das gleichschenklige Dreieck ABC haben die Seite $\overline{AB}$ gemeinsam. 5 P

Es gilt:

$\overline{BD} = 7{,}2\text{ cm}$

$\overline{DE} = 3{,}0\text{ cm}$

$\alpha = 42{,}0°$

$\overline{AC} = \overline{BC}$

Berechnen Sie den Abstand des Punktes E von $\overline{AB}$ sowie den Winkel γ.

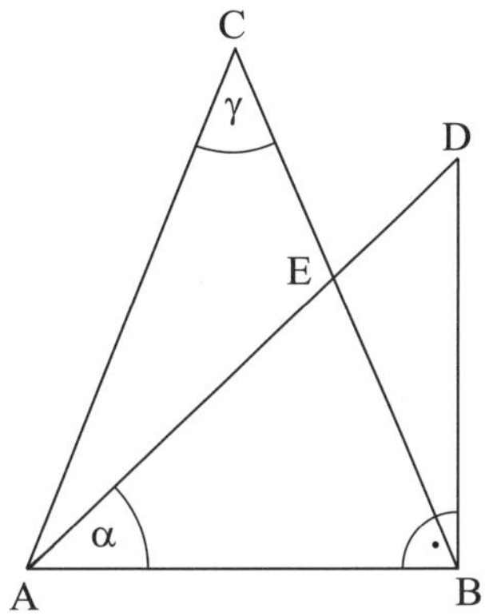

b) Drei Gleichungen – drei Graphen 5 P

(A) $y = ax^2 - 1$

(B) $y = x^2 - 6x + 5$

(C) $y = x^2 + 4x + q$

Welcher Graph gehört zu welcher Funktionsgleichung?

Begründen Sie Ihre Entscheidung.

Vervollständigen Sie die Funktionsgleichungen von (A) und (C).

Die Gerade g geht durch die Scheitelpunkte von p_2 und p_3.

Berechnen Sie die Funktionsgleichung von g.

Weisen Sie rechnerisch nach, dass der Scheitelpunkt von p_1 ebenfalls auf g liegt.

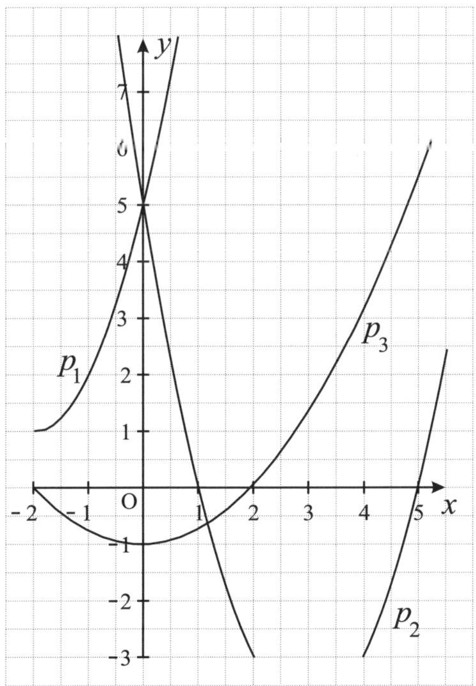

Aufgabe 2 *

a) Berti entdeckt in dem Schatzkästchen seiner Oma eine zylinderförmige Blumenvase — 5 P

Die Vase ist außen 15 cm hoch, Wand- und Bodenstärke betragen jeweils 1 cm, der Innendurchmesser 10 cm.

Berti bemalt den oberen Rand sowie daran anschließend einen überall 2 cm breiten Streifen auf der Außenseite der Vase mit Silberfarbe.

Wie groß ist die bemalte Fläche?

Jetzt entdeckt Berti noch einen eisernen Briefbeschwerer in der Form eines geraden Kegels. Bei diesem Kegel sind Mantellinie und Grundkreisdurchmesser jeweils 9 cm lang. Berti stellt den Kegel mit der Spitze nach oben in die Vase und füllt anschließend einen halben Liter Wasser in die Vase.

Untersuche, ob der Kegel vollständig vom Wasser bedeckt wird.

Über den äußeren Mantel der Vase verläuft ein Goldfaden von ihrem unteren Rand aus genau einmal um die Vase herum bis zu ihrem oberen Rand.

Wie lang ist ein solcher Goldfaden?

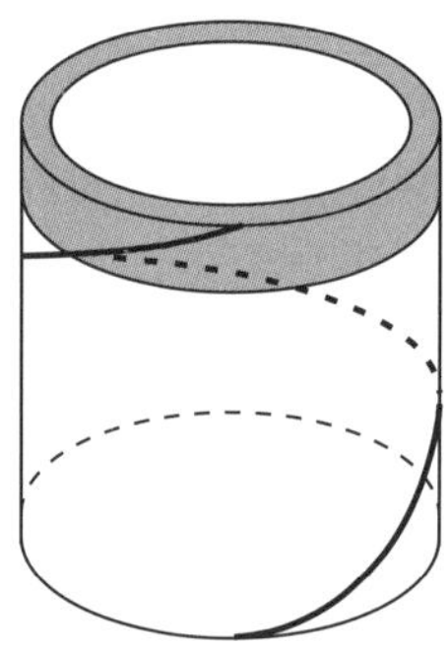

Blumenvase (nicht maßstäblich)

b) Die Parabel p_1 mit $y = \frac{1}{4}x^2 - 4$ und die nach oben geöffnete Normalparabel p_2 mit dem Scheitel $S_2(1,5 \mid -3,25)$ haben einen gemeinsamen Punkt R. — 5 P

Die Gerade h geht durch den Ursprung $(0 \mid 0)$ und den Punkt R.

Bestimmen Sie die Funktionsgleichung der Geraden h.

Die Schnittpunkte der Parabel p_1 mit der x-Achse und der Punkt R bilden ein Dreieck. Bestimmen Sie den Flächeninhalt dieses Dreiecks.

Bastian behauptet: «Die Gerade h halbiert den Flächeninhalt des Dreiecks.»

Hat Bastian Recht?

Begründen Sie Ihre Antwort durch Rechnung oder Argumentation.

*Aufgabe an die neuen Prüfungsvorgaben angepasst

Aufgabe 3

a) Bei einer Wohltätigkeitsveranstaltung wird ein Glücksrad eingesetzt. 5 P

Die Mittelpunktswinkel betragen 60°, 90° und 210°.
Das Glücksrad wird zweimal gedreht.

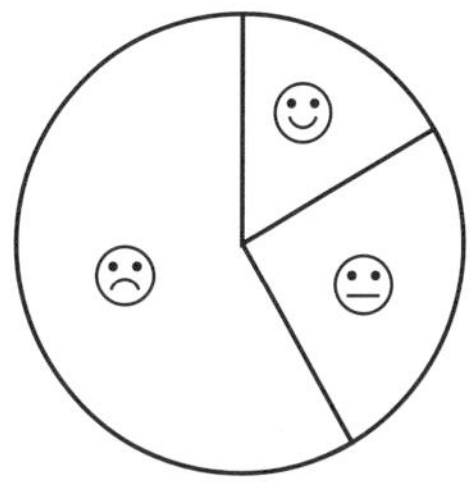

Mit welcher Wahrscheinlichkeit erhält man höchstens einmal das Symbol ☺?

Das Glücksrad wird für ein Glücksspiel verwendet. Berechnen Sie den Erwartungswert unter Berücksichtigung des nebenstehenden Gewinnplans.

Ereignisse	Gewinn
zweimal ☺	4,00 €
zweimal 😐	2,00 €
sonstige	kein Gewinn
Einsatz pro Spiel: 0,50 €	

Der Gewinnplan soll so verändert werden, dass das Spiel fair wird.
Wie hoch muss der Gewinn für das Ereignis «zweimal ☺» sein, wenn alles andere unverändert bleibt?

b) 5 P

https://upload.wikimedia.org/wikipedia/commons/0/0b/Lupu_Bridge.jpg

Die Lupu-Brücke überspannt den Fluss Huangpu in Shanghai. Sie ist die zweitlängste Bogenbrücke der Welt und hat annähernd die Form einer Parabel.
Sie kann mit der Funktionsgleichung $y = ax^2 + c$ beschrieben werden.

Die Bogenbrücke hat auf Höhe der Wasseroberfläche eine Weite von 550 m.
Die Fahrbahn befindet sich 50 m über der Wasseroberfläche. Das ist die Hälfte der maximalen Höhe der Brücke.

Bestimmen Sie eine mögliche Funktionsgleichung für den Brückenbogen.

Berechnen Sie die Länge der Fahrbahn innerhalb des Brückenbogens.

2 Realschulabschlussprüfung 2018

Tipps ab Seite 156, Lösungen ab Seite 194

Realschulabschlussprüfung 2018, Teil A1 *

Im Teil A 1 (10 P) sind alle Aufgaben zu bearbeiten.
Zugelassene Hilfsmittel: Parabelschablone, Zeichengeräte

1) Zeigen Sie, dass gilt: 1 P

$$\frac{a^3 \cdot b^2 \cdot \left(a^2 \cdot b\right)^4}{\left(a^2 \cdot b^2\right)^2 \cdot a^6 \cdot b} = a \cdot b$$

2) Britta legt Plättchen nach dem folgenden Muster: 1 P

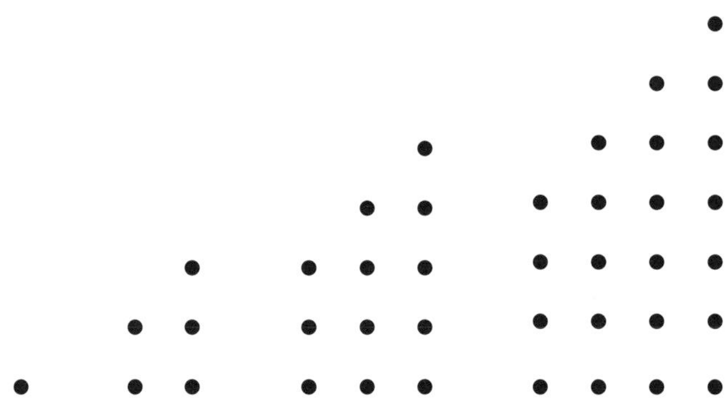

Wie viele Plättchen benötigt sie für das 5. Muster?

3) Ein Kegel hat einen Radius von 3,0 cm und eine Höhe von 4,0 cm.
Rolf behauptet: «Die Mantelfläche des Kegels ist größer als die Oberfläche einer Kugel mit Radius 2,0 cm.» 2 P
Hat Rolf Recht? Begründen Sie durch Rechnung.

*Der Aufgabenteil A1 wurde ergänzt. Bei der Bearbeitung dieses Teils sind keine weiteren Hilfsmittel erlaubt.

4) Die Flächen eines achteckigen Würfels (Oktaeder) sollen rot oder blau gefärbt werden. Wie viele Flächen müssen rot sein, damit die Wahrscheinlicheit, bei zweimaligem Werfen zwei rote Flächen zu erhalten, $\frac{9}{16}$ beträgt? 2 P

5) Welche der angegebenen trigonometrischen Werte sind gleich? Kreuzen Sie an und begründen Sie Ihre Entscheidung. 1 P

- ☐ $\sin 45°$
- ☐ $\sin 135°$
- ☐ $\sin 130°$
- ☐ $\sin 60°$

6) Welcher der abgebildeten Körper gehört zu dem linken Netz? Begründen Sie Ihre Entscheidung. 1 P

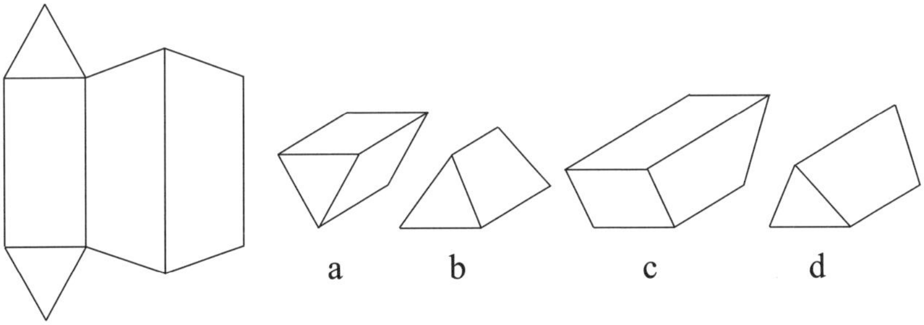

7) Beschreiben Sie die beiden Parabeln p_1 und p_2 im Hinblick auf Form, Öffnungsrichtung und Scheitelpunktslage im Vergleich zu einer Normalparabel: 2 P

$$p_1: y = -\frac{1}{4}x^2 + 2$$

$$p_2: y = (x-3)^2 + 2$$

Tipps ab Seite 156, Lösungen ab Seite 197

Realschulabschlussprüfung 2018, Teil A 2

Im Teil A 2 (20 P) sind alle sechs Aufgaben zu bearbeiten.
Zugelassene Hilfsmittel: Formelsammlung, wissenschaftlicher Taschenrechner (nicht programmierbar), Parabelschablone, Zeichengeräte

1) Im Rechteck ABCD gilt: 3 P

$\overline{AB} = 14{,}5\,\text{cm}$

$\overline{AD} = 5{,}4\,\text{cm}$

$\delta_1 = 52°$

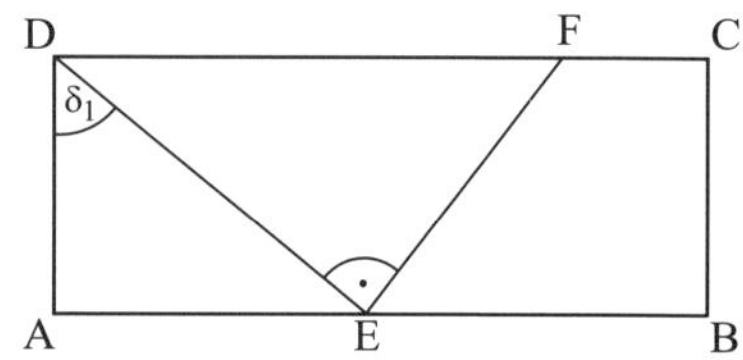

Berechnen Sie den Flächeninhalt des Trapezes EBCF.

2) Die Abbildung zeigt ein quadratisches Prisma und einen zusammengesetzten Körper. Der zusammengesetzte Körper besteht aus einem Kegel mit aufgesetztem Zylinder. 4 P

Das quadratische Prisma ist vollständig mit Wasser gefüllt. Dieses Wasser wird in den zusammengesetzten Körper umgefüllt.
Es gilt:

$a = 10{,}0\,\text{cm}$

$h_{Pr} = h_{ges} = 25{,}0\,\text{cm}$

$s = 20{,}0\,\text{cm}$

$d = 17{,}8\,\text{cm}$

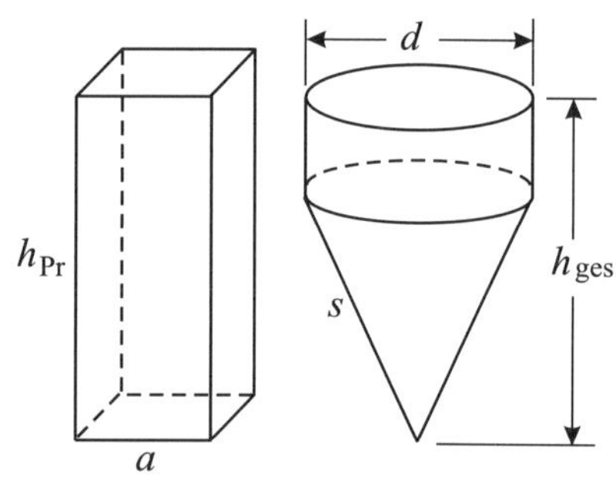

Wie hoch steht das Wasser im zusammengesetzten Körper?

3) Zu einer verschobenen, nach oben geöffneten Normalparabel p gehört die teilweise ausgefüllte Wertetabelle. 3 P

x	0	1	2	3	4	5	6
y	5						5

Geben Sie die Funktionsgleichung der Parabel p an.

Ergänzen Sie die fehlenden Werte in der Tabelle.

Durch den Schnittpunkt R der Parabel mit der y-Achse und den Scheitelpunkt S verläuft die Gerade g.

Berechnen Sie die Steigung m der Geraden g.

4) Die Grafik zeigt den täglichen Wasserverbrauch pro Kopf in Deutschland. **3 P**

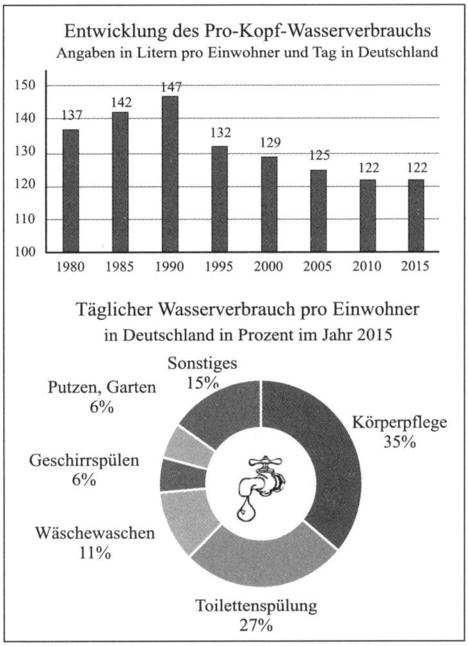

Um wieviel Prozent hat der Wasserverbrauch pro Kopf im Zeitraum von 1990 bis 2010 abgenommen?

Berechnen Sie, wie viele Liter Wasser im Jahr 2015 täglich für die Körperpflege pro Einwohner verbraucht wurden.

Einer Studie zufolge nimmt der Wasserverbrauch pro Kopf in den fünf Jahren von 2015 bis 2020 ab. Man geht davon aus, dass sich der Wasserverbrauch um 1% pro Jahr, bezogen auf das Vorjahr, verringert.

Mit welchem täglichen Wasserverbrauch pro Kopf ist 2020 zu rechnen?

5) In einer Schale liegen rote, grüne und weiße Gummibärchen. Insgesamt sind es 12 Stück. Antonetta nimmt, ohne hinzusehen, gleichzeitig zwei Gummibärchen aus der Schale. **3 P**

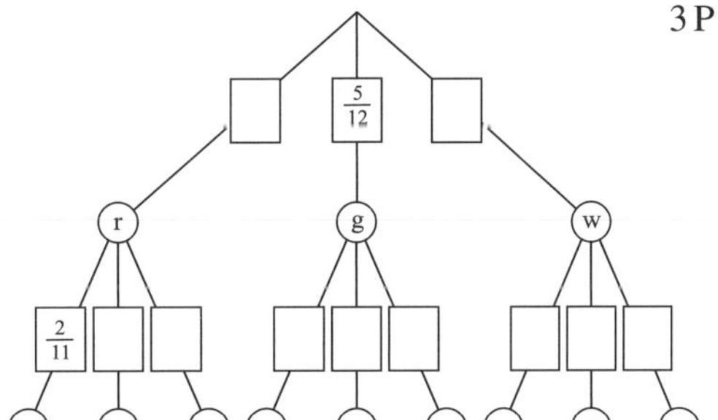

Die Grafik zeigt ein unvollständiges Baumdiagramm dieses Zufallsversuchs.

Vervollständigen Sie dieses Baumdiagramm.

Mit welcher Wahrscheinlichkeit zieht Antonetta bei diesem Zufallsversuch

- genau ein rotes Gummibärchen?
- höchstens ein weißes Gummibärchen?

6) Die Jungen der Klassen 7a und 7b werfen im Sportunterricht mit einem 200-g-Ball. Die Wurfweiten werden in ganzen Metern erfasst. Die Verteilungen der Wurfweiten der 17 Jungen der Klasse 7a und der 13 Jungen der Klasse 7b sind in den beiden Boxplots dargestellt. 4 P

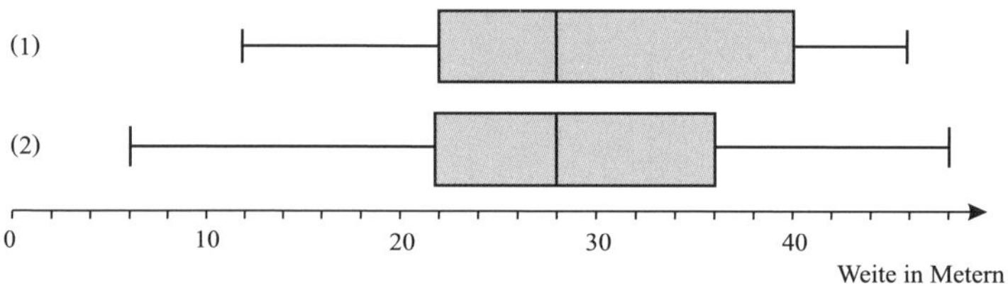

Rangplatz	1	2	3	4	5	6	7	8	9
Klasse 7a						23	25	28	28

Rangplatz	10	11	12	13	14	15	16	17
Klasse 7a	35	36	38	40				

Rangplatz	1	2	3	4	5	6	7	8	9	10	11	12	13
Klasse 7b					24	25	28	28	29	36	38	40	

Ordnen Sie die Boxplots den unvollständigen Ranglisten der Klassen 7a und 7b zu. Begründen Sie Ihre Entscheidung mithilfe geeigneter Kennwerte.

Ergänzen Sie die Ranglisten mit möglichen Werten.

Tom und Marc aus der Klasse 7a wurden im Nachhinein aus der Wertung genommen, da sie übertreten hatten. Tom hatte den Ball 23 m und Marc 36 m weit geworfen.
Alex behauptet: «Der Zentralwert ändert sich nicht, wenn Tom und Marc aus der Wertung genommen werden.»

Hat Alex Recht? Begründen Sie Ihre Antwort.

Tipps ab Seite 158, Lösungen ab Seite 205

Realschulabschlussprüfung 2018, Teil B

Hinweis: Im Teil B (20 P) sind zwei der drei Aufgaben zu bearbeiten.
Zugelassene Hilfsmittel: Formelsammlung, wissenschaftlicher Taschenrechner (nicht programmierbar), Parabelschablone, Zeichengeräte

Aufgabe 1

a) Gegeben ist das Dreieck ABC. Es gilt: 5P

$\overline{AB} = 12{,}0\,\text{cm}$

$\overline{BC} = 11{,}6\,\text{cm}$

$A_{ABC} = 54{,}0\,\text{cm}^2$

Berechnen Sie den Winkel α sowie den Abstand des Punktes D zur Strecke $\overline{AB}$.

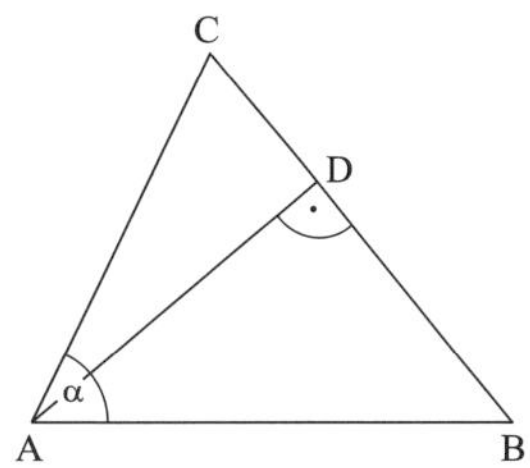

b) Das Schaubild zeigt Ausschnitte einer verschobenen Normalparabel p_1 und einer Geraden g. 5P

Bestimmen Sie die Funktionsgleichungen der Parabel p_1 und der Geraden g.

Die verschobene, nach oben geöffnete Normalparabel p_2 hat den Scheitelpunkt $S_2(5\,|\,-2)$.

Prüfen Sie rechnerisch, ob der Schnittpunkt Q der beiden Parabeln auf der Geraden g liegt.

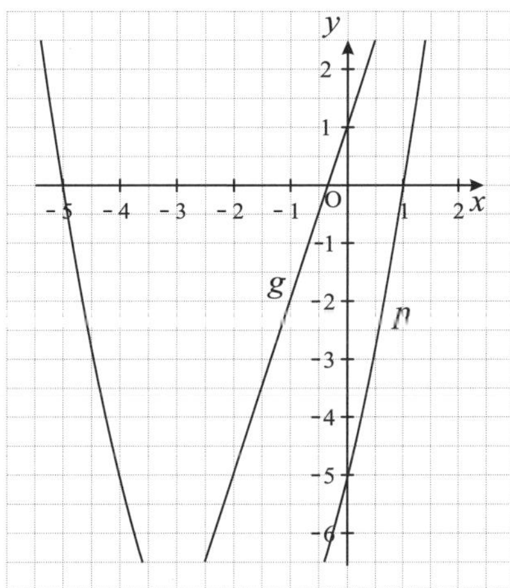

Die Gerade h verläuft durch die beiden Scheitelpunkte S_1 und S_2. Berechnen Sie die Funktionsgleichung der Geraden h.

Aufgabe 2

a) Ein massiver Kegel hat folgende Maße: 5 P

$V_{Kegel} = 500\,cm^3$

$d_{Kegel} = 13,0\,cm$

Dieser Kegel wird so bearbeitet, dass eine regelmäßige achtseitige Pyramide gleicher Höhe entsteht.

Ein Manteldreieck ist bereits sichtbar.

Berechnen Sie das Volumen der entstehenden Pyramide.

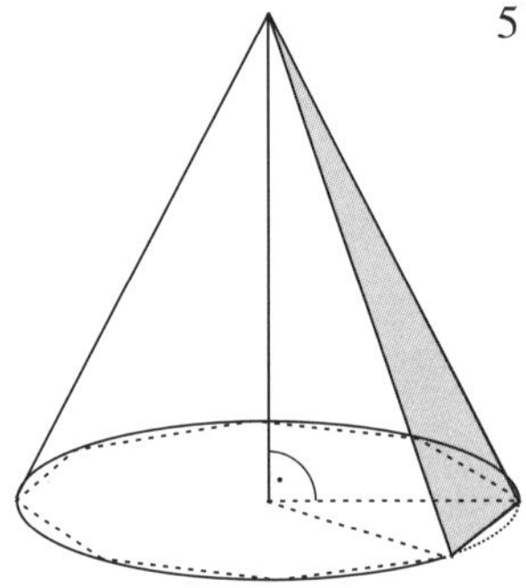

b) Die Parabel p der Form $y = ax^2 + c$ hat den Scheitelpunkt $S\,(0 \mid -4,5)$. 5 P
Sie geht durch den Punkt $P(-3 \mid 0)$.

Die Gerade g mit der Steigung $m = 1,5$ geht durch den Punkt $R(0 \mid 0,5)$.
Sie schneidet die Parabel p in den Punkten A und C.

Die Punkte A und C sind Eckpunkte des Rechtecks ABCD.
Zudem sind die Punkte A und C Anfangs- und Endpunkt einer Diagonalen dieses Rechtecks.
Die Seiten des Rechtecks verlaufen parallel zur x- bzw. y-Achse.

Berechnen Sie den Flächeninhalt des Rechtecks.

Aufgabe 3

a) Im Technikunterricht wurde für ein Schulfest ein Zufallsgerät gebaut, bei dem sich zwei Walzen unabhängig voneinander drehen. Die Walzen sind mit Symbolen beklebt. Auf jeder Walze sind vier Zitronen, zwei Glocken und eine Sieben abgebildet. Wenn sie stehen bleiben, erkennt man im Sichtfenster zwei Symbole nebeneinander. 5 P

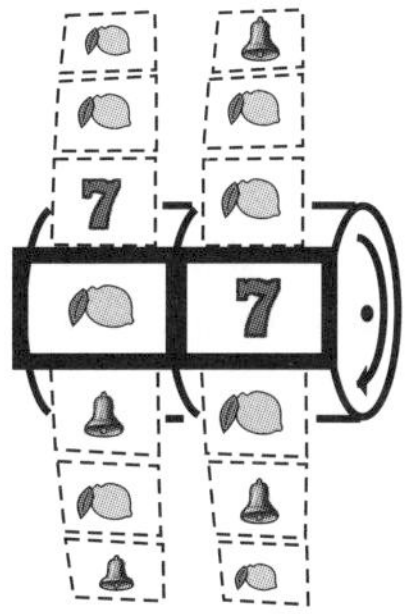

Wie groß ist die Wahrscheinlichkeit für das Ereignis «zweimal Glocke»?

Das Zufallsgerät wird für ein Glücksspiel eingesetzt. Dazu wird nebenstehender Gewinnplan geprüft.

Ereignis	Gewinn
zweimal Glocke	4,00 €
zweimal Sieben	10,00 €
sonstige	kein Gewinn
Einsatz pro Spiel: 1,00 €	

Berechnen Sie den Erwartungswert.
Was bedeutet dies für den Spieler?

Der Einsatz soll auf 1,20 € erhöht werden.
Der Gewinn für «zweimal Glocke» sowie der Erwartungswert bleiben gleich.

Merle behauptet: «Der Gewinn für 'zweimal Sieben' beträgt dann etwa 20 €.»

Hat Merle Recht? Begründen Sie rechnerisch.

b) Ein Golfspieler schlägt seinen Golfball ab. Die Flugbahn des Golfballs ist annähernd parabelförmig. In einer horizontalen Entfernung von 95 m zum Abschlag erreicht der Ball seine maximale Flughöhe von 25 m über dem Boden. 5 P

Geben Sie eine Gleichung der zugehörigen Parabel an.

Ein 15 m hoher Baum steht in 45 m Entfernung vom Abschlag.
In welchem Abstand überfliegt der Ball die Baumspitze?

Das Loch befindet sich auf einer 2 m höher gelegenen Ebene in 180 m horizontaler Entfernung zum Abschlag.
In welcher Entfernung vom Loch trifft der Ball auf der höher gelegenen Ebene auf?

@ https://www.vectorportal.com (Die Skizze ist nicht maßstabsgerecht)

3 Realschulabschlussprüfung 2019

Tipps ab Seite 161, Lösungen ab Seite 214

Realschulabschlussprüfung 2019, Teil A1 *

Im Teil A 1 (10 P) sind alle Aufgaben zu bearbeiten.
Zugelassene Hilfsmittel: Parabelschablone, Zeichengeräte

1) Lösen Sie folgendes Gleichungssystem: 1 P

$$\begin{array}{lccccc} \text{I} & 3x & - & 4y & = & 2 \\ \text{II} & 2x & + & y & = & 5 \end{array}$$

2) Eva legt Plättchen nach dem folgenden Muster 1 P

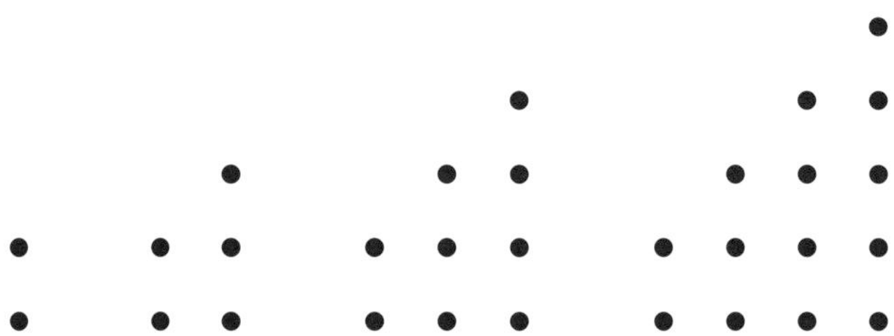

Wie viele Plättchen benötigt sie für das 9. Muster? Begründen Sie.

3) Ein Prisma mit quadratischer Grundfläche und der Höhe 6,0 cm hat ein Volumen von 54,0 cm^3 und ist vollständig mit Wasser gefüllt. 2 P
Das Wasser wird in eine quadratische Pyramide mit der Grundkante 3,0 cm und der Höhe 6,0 cm gegossen, bis sie vollständig gefüllt ist.
Wie viele Kubikzentimeter Wasser verbleiben im Prisma?
Berechnen Sie, wie hoch das Wasser anschließend im Prisma steht.

*Der Aufgabenteil A1 wurde ergänzt. Bei der Bearbeitung dieses Teils sind keine weiteren Hilfsmittel erlaubt.

4) In einer Schale befinden sich 20 Kugeln, die rot, gelb und blau sind. Es wird ohne Zurücklegen gezogen. 2 P

Ergänzen Sie die fehlenden Wahrscheinlichkeiten.

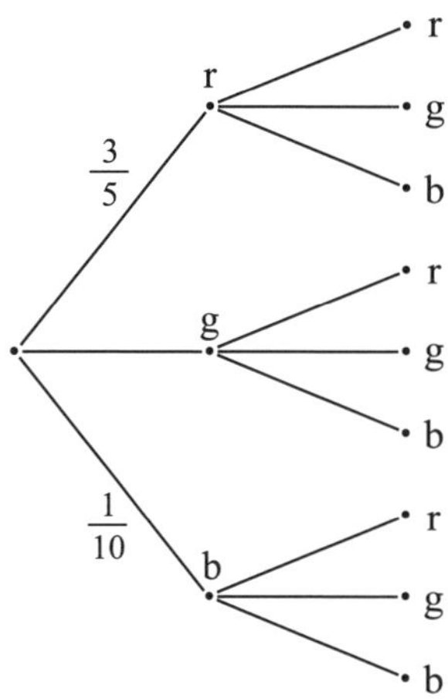

5) Kreuzen Sie die richtigen Aussagen an: 1 P

☐ $\sin\alpha = \frac{a}{c}$ ☐ $\cos\beta = \frac{c}{a}$ ☐ $\tan\alpha = \frac{c}{b}$

☐ $\tan\beta = \frac{b}{a}$ ☐ $\sin\beta = \frac{b}{c}$ ☐ $a^2 + b^2 = c^2$

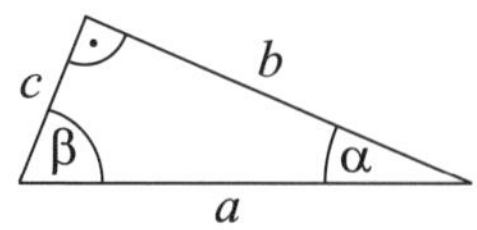

6) Gegeben ist das Netz und das Schrägbild eines Quaders. Auf dem Netz ist ein Streckenzug ABCD eingezeichnet. 1 P

Übertragen Sie den Streckenzug auf das Schrägbild des Quaders.

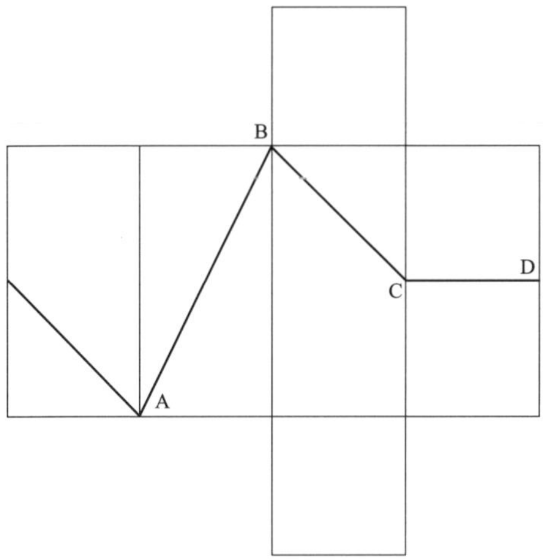

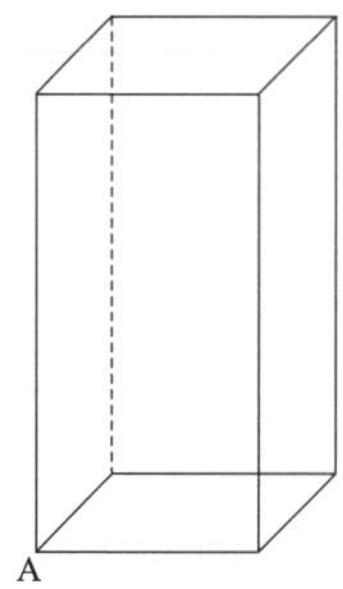

7) Anton behauptet: Die gezeichnete Gerade g hat die Gleichung $g: y = 4x - 2$, die gezeichnete Normalparabel p hat die Gleichung $y = x^2 - 4x + 5$. Hat er Recht? Begründen Sie.

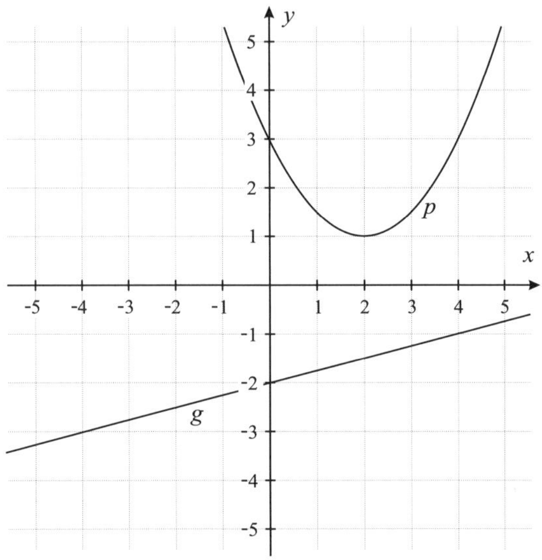

2 P

Tipps ab Seite 161, Lösungen ab Seite 217

Realschulabschlussprüfung 2019, Teil A2

Im Teil A2 (20P) sind alle sechs Aufgaben zu bearbeiten.
Zugelassene Hilfsmittel: Formelsammlung, wissenschaftlicher Taschenrechner (nicht programmierbar), Parabelschablone, Zeichengeräte

1) Das Dreieck ABC und das Rechteck ABDF überdecken sich teilweise. 3P

Es gilt:
$\overline{CE} = 6{,}3$ cm
$\overline{DE} = 5{,}1$ cm
$\gamma = 38{,}0°$
Berechnen Sie den Flächeninhalt des Trapezes ABEF.

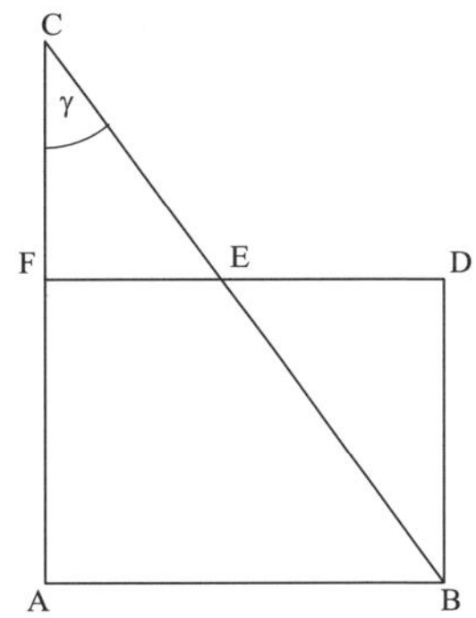

2) Ein zusammengesetzter Körper besteht aus einem Würfel und zwei quadratischen Pyramiden. 4P

Die Pyramiden haben die gleiche Höhe.
Es gilt:
$s = 8{,}5$ cm
$\varepsilon = 41{,}4°$
Berechnen Sie den Oberflächeninhalt des zusammengesetzten Körpers.
Wie weit sind die beiden Pyramidenspitzen A und B voneinander entfernt ?

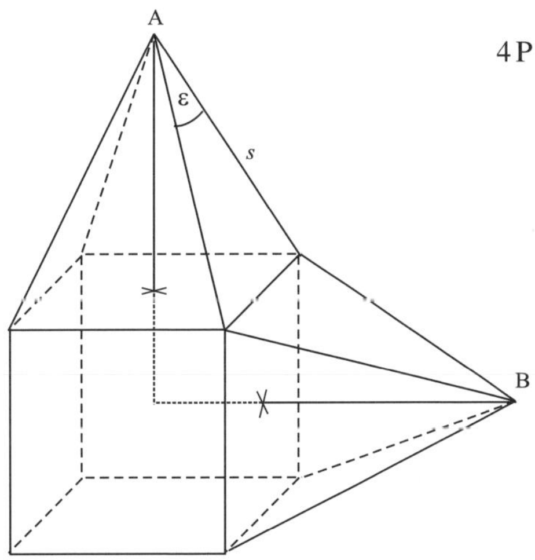

3) Gegeben sind eine Wertetabelle, die Graphen von zwei verschobenen Normalparabeln und drei Funktionsgleichungen. 3P

x	0	1	2	3
y	5	0	−3	−4

(A) $y = x^2 - 6x + 5$

(B) $y = x^2 - 2x + 5$

(C) $y = x^2 + 4x + 5$

Zur Wertetabelle gehören einer der beiden Graphen sowie eine der drei Funktionsgleichungen.

Ordnen Sie der Wertetabelle ihren Graphen und ihre Funktionsgleichung zu.

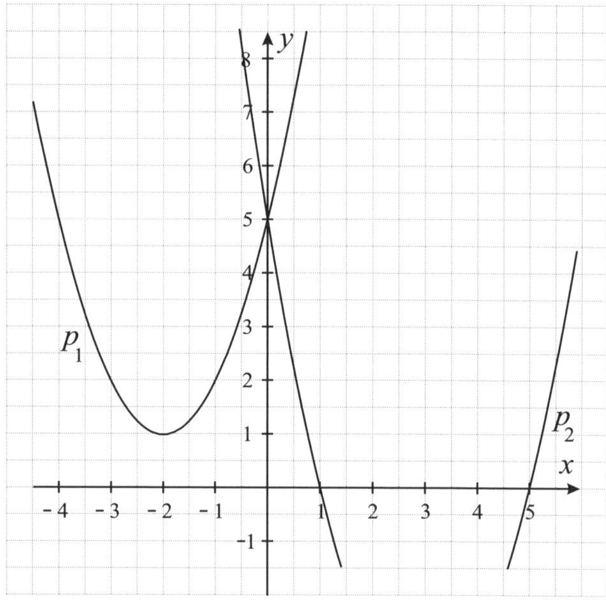

Begründen Sie Ihre Entscheidung.

Im Schaubild fehlt der Graph p_3 der dritten Parabel.
Zeichnen Sie den fehlenden Graphen p_3 in das Koordinatensystem ein.

4) In Deutschland boomt der Verkauf von E-Bikes. 3 P

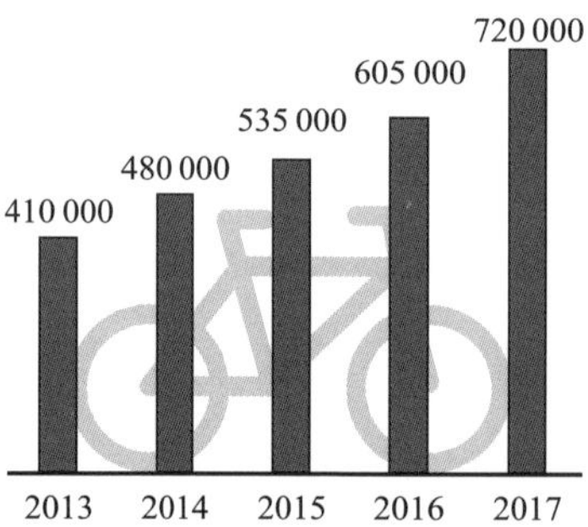

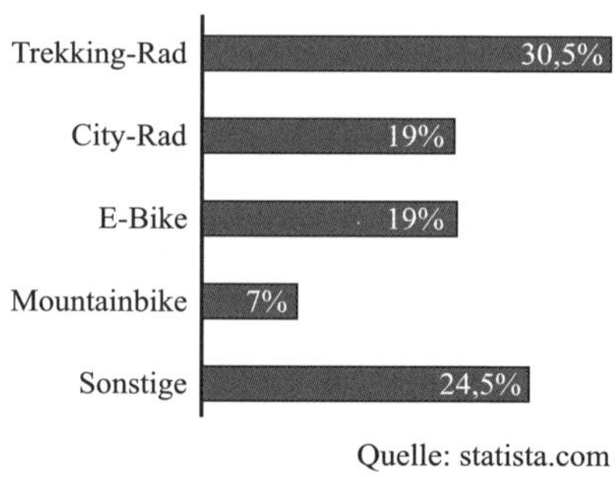

Um wieviel Prozent ist der Verkauf von E-Bikes von 2013 bis 2017 insgesamt gestiegen?

Berechnen Sie die Anzahl aller Fahrräder, die im Jahr 2017 verkauft wurden.

In einer Fachzeitschrift war zu lesen, dass 22% der im Jahr 2017 verkauften Mountainbikes eine Vollfederung hatten.
Wie viele Mountainbikes hatten eine Vollfederung?

5) In einem Kaugummiautomaten befinden sich 10 rote, 9 weiße und 6 grüne Kaugummis. 3 P
Betätigt man den Drehgriff, erhält man einen Kaugummi.
Luisa dreht zweimal.
Mit welcher Wahrscheinlichkeit erhält sie

- zuerst einen roten, dann einen weißen Kaugummi?
- keinen grünen Kaugummi?

Von den 25 Kaugummis sind die Hälfte der roten und die Hälfte der grünen Kaugummis mit Brause gefüllt.
Mit welcher Wahrscheinlichkeit erhält Luisa zwei mit Brause gefüllte Kaugummis?

6) Die beiden Ranglisten zeigen die monatlichen Vergütungen von zwei Berufsgruppen im ersten Ausbildungsjahr. 4 P
17 Jugendliche machen eine Ausbildung in einem technischen Beruf und 13 Jugendliche in einem kaufmännischen Beruf.

Ausbildungsvergütung in technischen Berufen (in Euro)
760 | 780 | 800 | 820 | 820 | 840 | 840 | 860 | 890 | 910 | 910 | 920 | 920 | 920 | 950 | 960 | 970

Ausbildungsvergütung in kaufmännischen Berufen (in Euro)
760 | 770 | 820 | 820 | 840 | 880 | 890 | 910 | 920 | 940 | 940 | 950 | 970

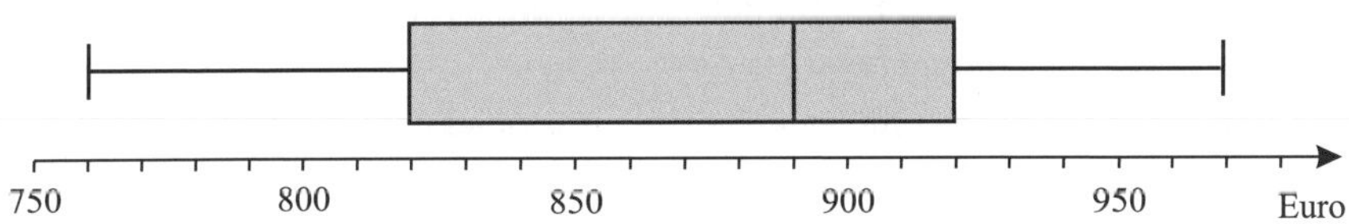

Zu welcher Rangliste gehört der dargestellte Boxplot? Begründen Sie.

Zeichnen Sie den Boxplot der anderen Berufsgruppe ein.

Vier Jugendliche, die eine kaufmännische Ausbildung machen, wurden nachträglich befragt.
Sie verdienen monatlich 800 €, 850 €, 900 € und 950 €.
Wie verändert sich der zugehörige Boxplot, wenn diese Werte hinzukommen? Begründen Sie.

Tipps ab Seite 163, Lösungen ab Seite 225

Realschulabschlussprüfung 2019, Teil B

Aufgabe 1

a) Ein DIN-A4-Blatt mit den Eckpunkten A, B, C und D wird entlang von $\overline{FG}$ gefaltet. 5 P

Dadurch entsteht der Punkt A′ auf $\overline{CD}$.

Es gilt:

$\overline{AF} = 13{,}3\text{ cm}$

Berechnen Sie den Flächeninhalt des Vierecks GBCA′.

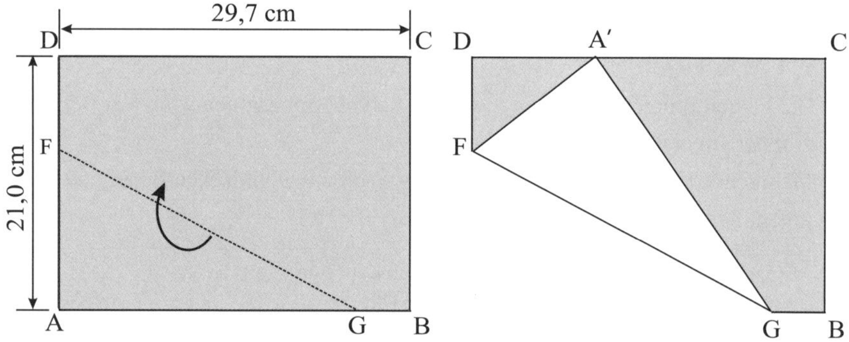

b) Die nach oben geöffnete Normalparabel p_1 hat den Scheitelpunkt $S_1\,(2 \mid 2)$. 5 P

Die nach unten geöffnete Normalparabel p_2 hat mit der x-Achse die Schnittpunkte $N_1\,(-2 \mid 0)$ und $N_2\,(2 \mid 0)$.

Berechnen Sie die Koordinaten des gemeinsamen Punktes T der beiden Parabeln.

Die Gerade g mit der Steigung $m = 2$ schneidet beide Parabeln ebenfalls im Punkt T.

Berechnen Sie die Gleichung von g.

Geben Sie die Gleichung einer Parabel p_3 an, die weder mit p_1 noch mit p_2 einen gemeinsamen Punkt hat.

Aufgabe 2*

a) Ein Reagenzglas, das aus einer Halbkugel von 3 cm Innendurchmesser und einem 17,5 cm hohen Kreiszylinder zusammengesetzt ist, enthält $100\,\text{cm}^3$ Wasser (vgl. Abb. 1). 5 P
Berechnen Sie den Abstand d des Wasserspiegels von der Oberkante des Reagenzglases.
Das Wasser aus dem Reagenzglas wird vollständig in ein Kelchglas, das innen die Form eines geraden Kreiskegels besitzt (vgl. Abb. 2), eingefüllt.

Abb. 1 Reagenzglas (nicht maßstäblich)

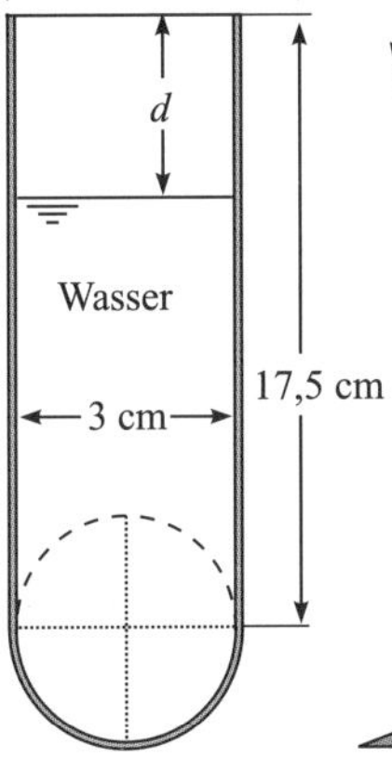

Abb. 2 Kelchglas (nicht maßstäblich)

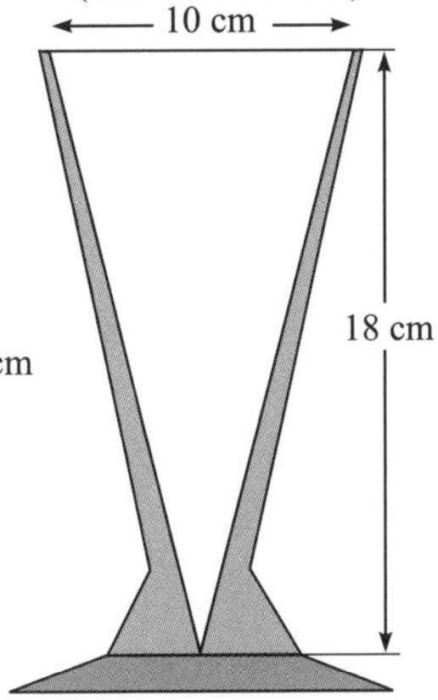

Zu wie viel Prozent seines Gesamtvolumens ist das Kelchglas dann gefüllt?

b) Eine Parabel p_1 mit der Gleichung $y = ax^2 + c$ hat den Scheitelpunkt $S_1\,(0 \mid 6)$. 5 P
Eine zweite Parabel p_2 hat die Gleichung $y = x^2 + 3x + q$.
Der Punkt $B\,(2 \mid 4)$ ist einer der beiden Schnittpunkte von p_1 und p_2.
Berechnen Sie die Koordinaten des zweiten Schnittpunkts A der beiden Parabeln.
Zeigen Sie rechnerisch, dass die Punkte A, B und $C\,(0 \mid 2)$ auf einer Geraden liegen.

*Aufgabe an die neuen Prüfungsvorgaben angepasst

Aufgabe 3

a) Beim Würfelspiel «Augensumme 4 gewinnt» wird gleichzeitig mit zwei Spielwürfeln geworfen. Die Augenzahlen werden addiert (Augensumme). Dieses Spiel soll als Glücksspiel eingesetzt werden. Dazu wird nebenstehender Gewinnplan verwendet. Berechnen Sie den Erwartungswert. Der Betreiber bekommt die Vorgabe, das Glücksspiel zu verändern. Er soll auf einem der beiden Spielwürfel die Vier, die Fünf und die Sechs entweder durch drei Einsen oder durch drei Dreien ersetzen. Wofür sollte sich der Betreiber entscheiden? Begründen Sie Ihre Entscheidung durch Rechnung oder Argumentation. 5 P

Ereignisse	Gewinn
„Augensumme gleich 4"	4,00 €
„Augensumme kleiner 4"	2,00 €
„Augensumme größer 4"	kein Gewinn
Einsatz pro Spiel: 1,00 €	

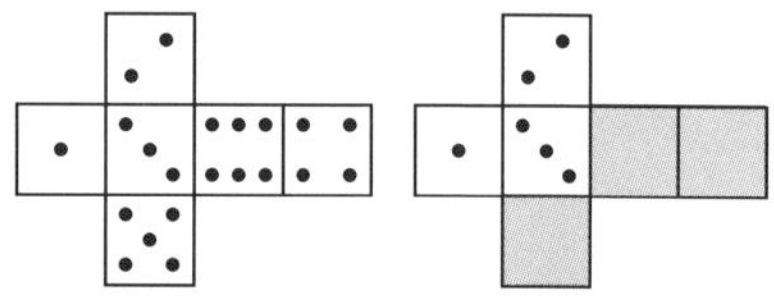

b) Im Querschnitt einer Skater-Rampe sieht man die beiden geraden Teilstücke $\overline{AC}$ und $\overline{BD}$ sowie das parabelförmige Teilstück AB. Die beiden Punkte A und B liegen auf gleicher Höhe und sind $4,00\,\text{m}$ voneinander entfernt. Der tiefste Punkt T der Skater-Rampe liegt 20 cm über dem Boden. 5 P
Bestimmen Sie eine mögliche Funktionsgleichung für das parabelförmige Teilstück AB.
Die beiden Punkte C und D liegen ebenfalls auf gleicher Höhe und sind $8,00\,\text{m}$ voneinander entfernt.
Bestimmen Sie eine mögliche Funktionsgleichung für die Gerade, auf der das gerade Teilstück $\overline{BD}$ liegt.

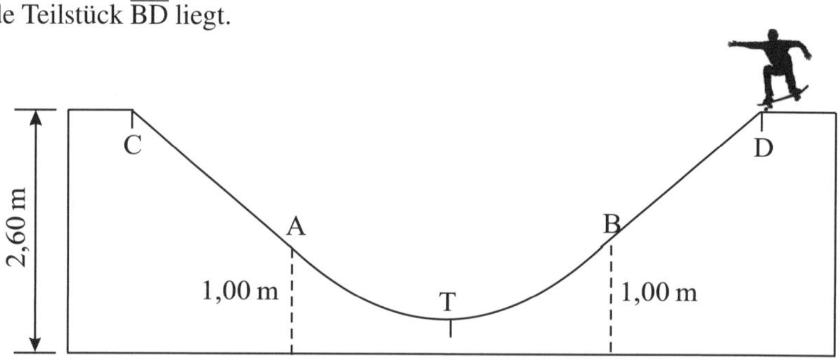

Bild: © Can Stock Photo / Snap2Art

(Skizze nicht maßstabsgetreu)

4 Realschulabschlussprüfung 2020

Tipps ab Seite 165, Lösungen ab Seite 233

Realschulabschlussprüfung 2020, Teil A1 *

Im Teil A 1 (10 P) sind alle Aufgaben zu bearbeiten.
Zugelassene Hilfsmittel: Parabelschablone, Zeichengeräte

1) Zeigen Sie, dass gilt: 1 P

$$\left(10^8 \cdot 0{,}001\right) \div 5^5 = 32$$

2) Sonja legt Plättchen nach dem folgenden Muster: 2 P

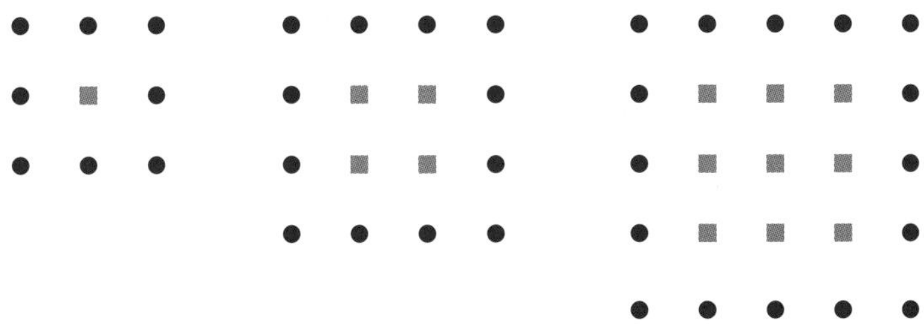

Nach einer gewissen Schrittzahl ist die Anzahl der eckigen Plättchen größer als die Anzahl der runden Plätchen. Geben Sie an, wann dies der Fall ist und begründen Sie Ihre Lösung.

3) Eine quadratische Pyramide mit Grundkante 3,0 cm und Höhe 8,0 cm wird vollständig mit Wasser gefüllt. 2 P
Das Wasser wird in einen Würfel mit Kantenlänge 2,0 cm gegossen, bis er vollständig gefüllt ist.
Wie viele Kubikzentimeter Wasser verbleiben in der Pyramide?
Die verbliebene Wassermenge füllt eine zweite Pyramide mit der Grundkante 4,0 cm vollständig.
Bestimmen Sie die Höhe der zweiten Pyramide.

*Der Aufgabenteil A1 wurde ergänzt. Bei der Bearbeitung dieses Teils sind keine weiteren Hilfsmittel erlaubt.

4) In der Abbildung ist ein spezieller Würfel dargestellt. Dieser Würfel wird zwei Mal geworfen. Beschriften Sie die freie Fläche auf dem Würfelnetz, so dass die beiden folgenden Wahrscheinlichkeiten gelten: $P(1;3) = \frac{1}{12}$, $P(3;3) = \frac{1}{4}$ 1 P

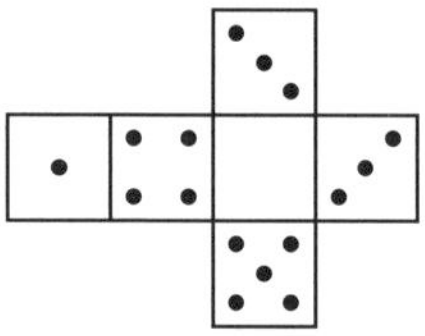

5) Welche der angegebenen Sinuswerte sind gleich? 1 P
Kreuzen Sie an und begründen Sie Ihre Entscheidung:

☐ $\sin 137°$ ☐ $\sin 53°$
☐ $\sin 37°$ ☐ $\sin 143°$

6) Gegeben sind das Schrägbild und das Netz einer quadratischen Pyramide. 1 P
Auf dem Schrägbild ist ein Streckenzug ABCD eingezeichnet. Dabei halbieren die Punkte B, C und D die Streckenkanten.
Übertragen Sie den Streckenzug auf das Netz der Pyramide.

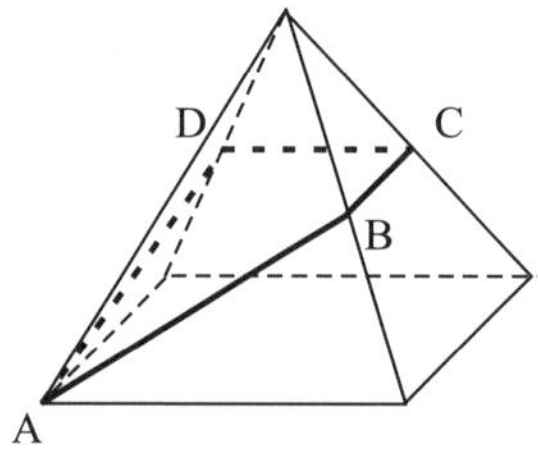

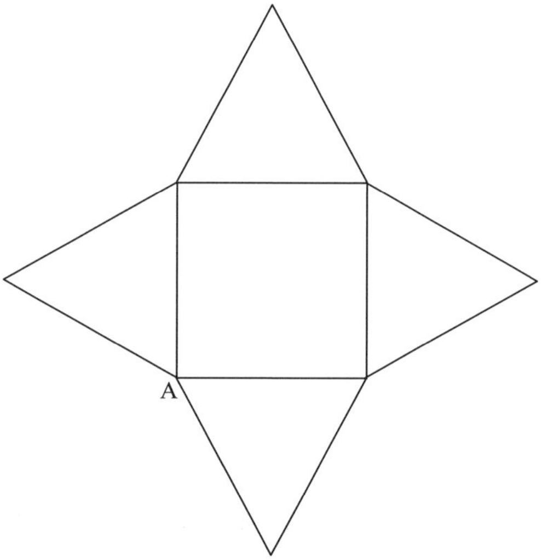

7) Johanna hat die Parabel p mit der Gleichung $p\colon\ y=(x-2)^2+1{,}5$ und die Gerade g mit der Gleichung $g\colon\ y=-2\cdot x-2{,}5$ in ein Koordinatensystem gezeichnet. Welche Fehler hat sie dabei gemacht? Zeichnen Sie die Parabel und die Gerade korrekt ein. 2 P

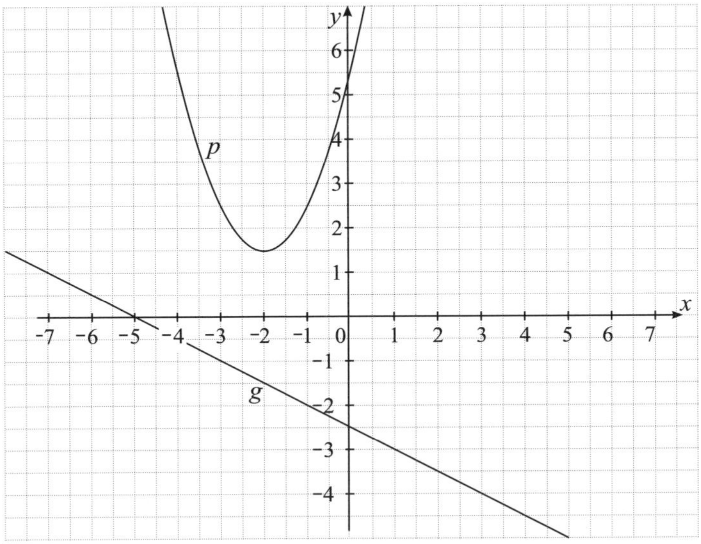

Realschulabschlussprüfung 2020, Teil A 2

Im Teil A 2 (20 P) sind alle sechs Aufgaben zu bearbeiten.
Zugelassene Hilfsmittel: Formelsammlung, wissenschaftlicher Taschenrechner (nicht programmierbar), Parabelschablone, Zeichengeräte

1) Im Quadrat ABCD liegt der Streckenzug DEFB. Es gilt: 3 P
$\overline{BF} = 8{,}5$ cm
$\overline{EF} = 8{,}3$ cm
$\overline{AB} = 16{,}7$ cm
$\beta_1 = 52{,}0°$
$\overline{EF}$ verläuft parallel zu $\overline{AB}$.
Berechnen Sie den Winkel δ_1.

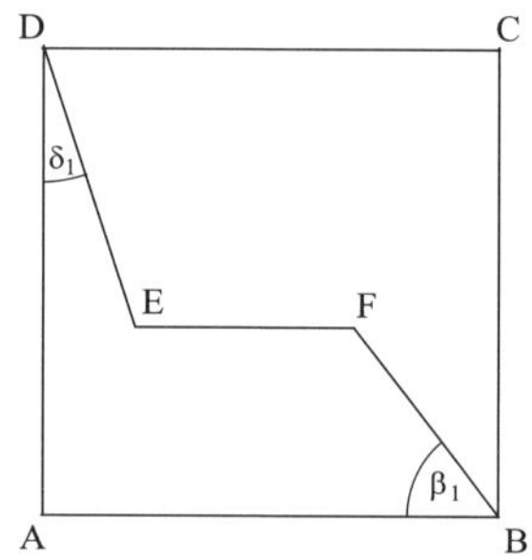

2) Ein Werkstück besteht aus einem Kegel und einem halben Zylinder. Berechnen Sie den Oberflächeninhalt des Werkstücks. 4 P

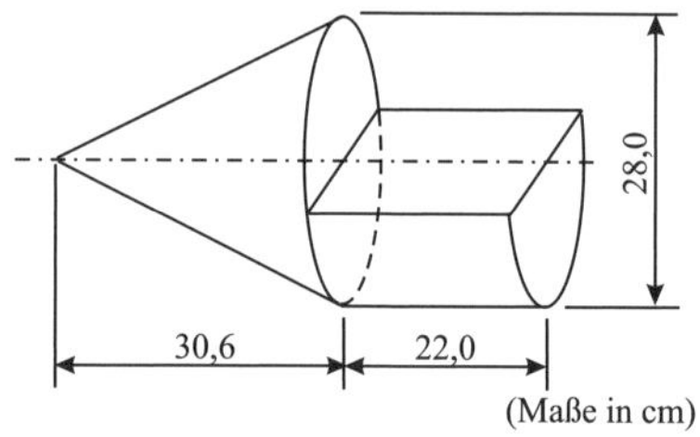

3) Gegeben sind fünf Funktionsgleichungen und drei Graphen. 3 P

(1) $y = \frac{1}{2}x + 3$

(2) $y = x^2 + 4x + 3$

(3) $y = \frac{1}{2}x^2 + 3$

(4) $y = x^2 - 4x + 3$

(5) $y = -\frac{1}{2}x + 3$

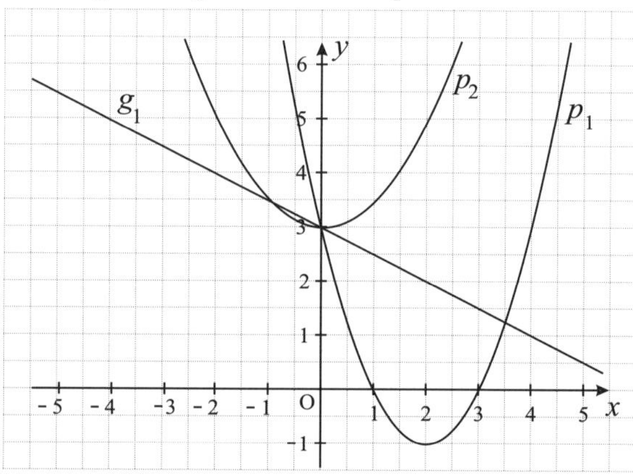

Ordnen Sie jedem Graphen die zugehörige Funktionsgleichung zu. Begründen Sie Ihre Entscheidung.

Zeichnen Sie die beiden fehlenden Graphen in das Koordinatensystem ein.

4) Die Diagramme zeigen den Verbrauch von Getränkeverpackungen. 3 P

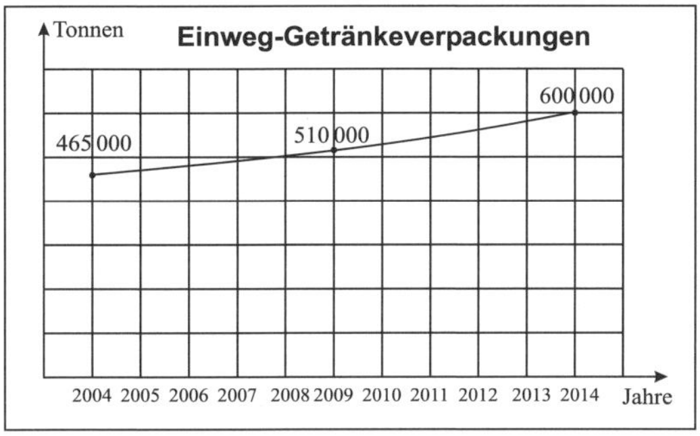

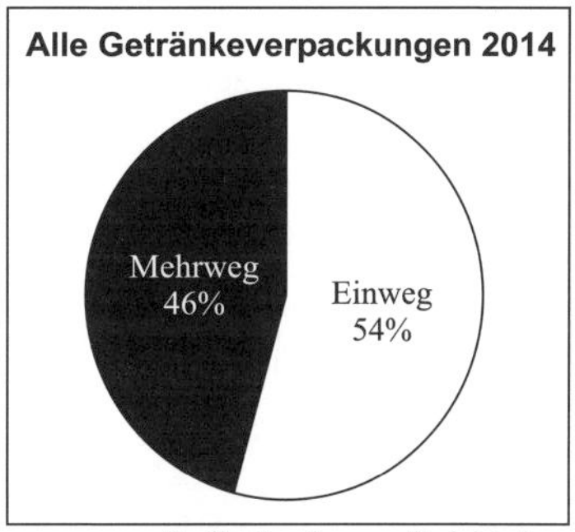

Quelle: Bundesumweltministerium

Um wie viel Prozent ist der Verbrauch der Einweg-Getränkeverpackungen von 2004 bis 2014 insgesamt gestiegen?

Wie viele Tonnen Getränkeverpackungen (Einweg und Mehrweg) wurden im Jahr 2014 insgesamt verbraucht?

Der Verbrauch von Einweg-Getränkeverpackungen soll in den zehn Jahren von 2014 bis 2024 jährlich um jeweils 5% gegenüber dem Vorjahr sinken.
Wie viele Tonnen Einweg-Getränkeverpackungen wären es dann im Jahr 2024?

5) Ben, Laura und Emma besitzen jeweils ein Rubbel-Los. 3 P
Auf jedem Los befinden sich 16 gleich große Felder.
Nur zwei der 16 Felder werden freigerubbelt. Die beiden Beträge, die dadurch sichtbar werden, werden addiert und ergeben den Gewinn.
Auf acht Feldern steht der Betrag 0 €, auf sechs Feldern steht der Betrag 1 € und auf zwei Feldern der Betrag 10 €.

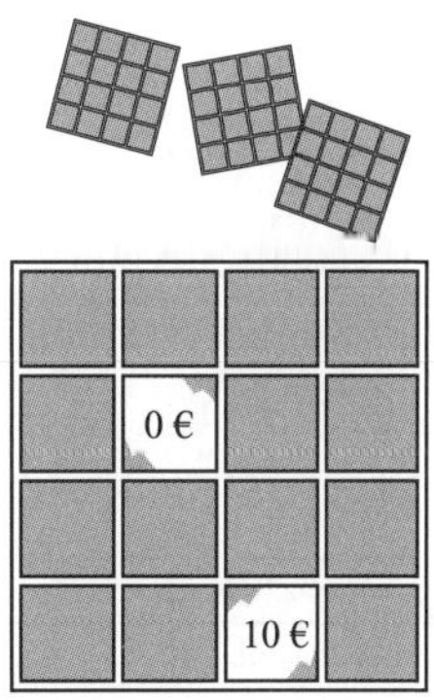

- Ben hat auf seinem Los zwei Felder freigerubbelt (siehe Abbildung). Berechnen Sie die Wahrscheinlichkeit für das Ereignis «Gewinn 10 €».
- Laura überlegt sich, wie groß die Wahrscheinlichkeit ist, den Hauptgewinn von 20 € zu erhalten.
  Berechnen Sie die Wahrscheinlichkeit.
- Emma möchte mehr als 10 € gewinnen.
  Berechnen Sie diese Wahrscheinlichkeit.

6) Im Rahmen einer Untersuchung wurden die Wartezeiten beim Anruf zweier Hotlines notiert. 4 P

Das Diagramm zeigt die Wartezeiten von 41 Anrufern der Hotline QUICK-TEL.

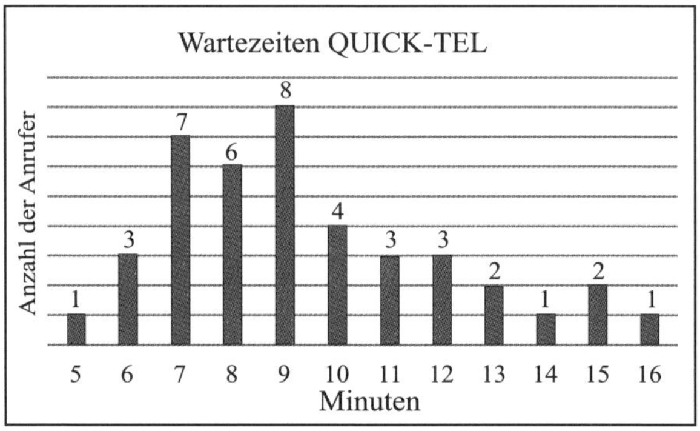

Welcher der beiden Boxplots stellt die Verteilung der Wartezeiten aus dem Diagramm dar?

Begründen Sie mit Hilfe der Kennwerte.

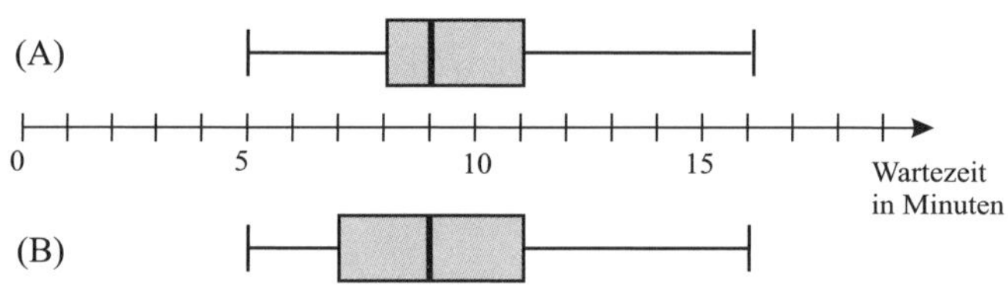

Der andere Boxplot zeigt die Verteilung der Wartezeiten der Hotline FAST-PHONE. Hier wurden ebenfalls 41 Wartezeiten erfasst.

In der Strichliste fehlen die Werte für 8, 9 und 11 Minuten.

Ergänzen Sie diese drei Felder mit möglichen Werten.

Minuten	5	6	7	8	9	10	11	12	13	14	15	16
Anzahl der Anrufer	II	IIII	III			~~IIII~~		IIII	I	I	II	I

Tipps ab Seite 166, Lösungen ab Seite 242

Realschulabschlussprüfung 2020, Teil B

Hinweis: Im Teil B (20 P) sind zwei der drei Aufgaben zu bearbeiten.
Zugelassene Hilfsmittel: Formelsammlung, wissenschaftlicher Taschenrechner (nicht programmierbar), Parabelschablone, Zeichengeräte

Aufgabe 1

a) Im Fünfeck ABCDE gilt: 5 P

$\overline{CD} = 9{,}5\ \text{cm}$

$\varepsilon_1 = 64{,}0°$

$\gamma = 95{,}0°$

$\overline{AB} \parallel \overline{CE}$

Der Abstand des Punktes D zu $\overline{AB}$ beträgt 12,9 cm.
Berechnen Sie den Flächeninhalt des Vierecks ABCE.

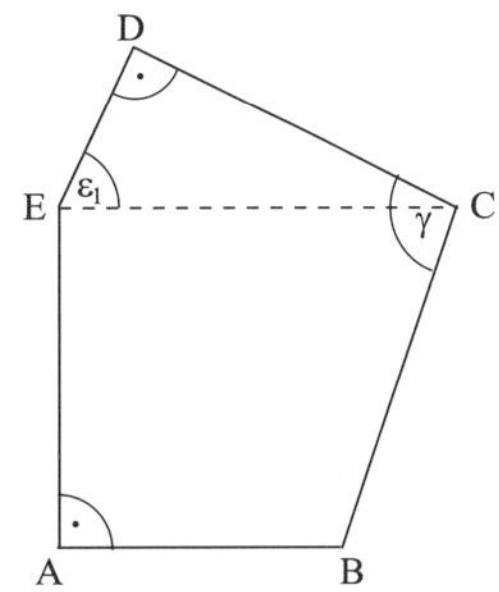

b) Die nach oben geöffnete Normalparabel p_1 hat mit der x-Achse die Schnittpunkte $N_1(-5 \mid 0)$ und $N_2(-1 \mid 0)$. Sie schneidet die y-Achse im Punkt A. 5 P

Die Parabel p_2 hat die Funktionsgleichung $y = x^2 - 6x + 11$ und schneidet die y-Achse im Punkt B.

Durch die Scheitelpunkte S_1 und S_2 der beiden Parabeln verläuft die Gerade g.
Berechnen Sie die Funktionsgleichung der Geraden g.

Der Punkt C ist der Mittelpunkt der Strecke $\overline{AB}$.
Die Gerade h mit der Steigung $m = -1$ geht durch C.
Unter welchen Winkeln schneiden sich die Geraden g und h?
Begründen Sie Ihre Antwort durch Rechnung oder Argumentation.

Aufgabe 2

a) Von einer regelmäßigen achtseitigen Pyramide sind bekannt: 5 P

$a = 6,2\,\text{cm}$

$s = 32,0\,\text{cm}$

Der Punkt C liegt auf der Höhe h der Pyramide.
Das Dreieck ABC soll den gleichen Flächeninhalt haben wie eines der Manteldreiecke.
Berechnen Sie die Länge von $\overline{SC}$.

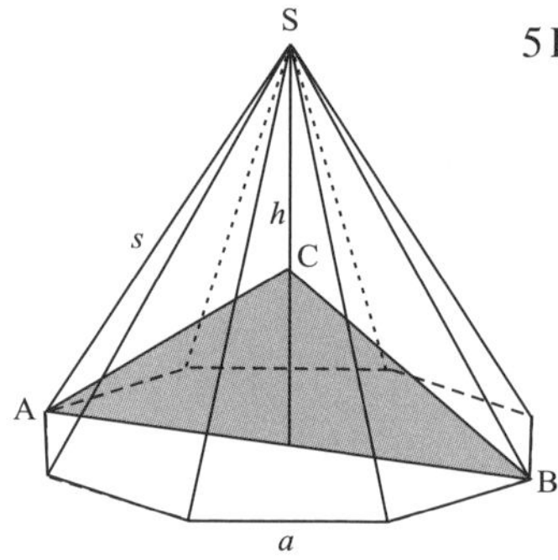

b) Die Parabel p mit der Funktionsgleichung $y = x^2 + 6x$ schneidet die x-Achse in den Punkten N_1 und N_2. Die Gerade g mit der Funktionsgleichung $y = x$ schneidet die Parabel in den Punkten N_1 und C. 5 P

Berechnen Sie den Flächeninhalt des Dreiecks N_1N_2C.

Die Gerade h mit der Funktionsgleichung $y = \frac{1}{2}x$ schneidet die Parabel in den Punkten N_1 und D.
Peter behauptet: »Die Steigung der Geraden h ist nur halb so groß wie die der Geraden g. Daher ist der Flächeninhalt des Dreiecks N_1N_2D auch nur halb so groß wie der des Dreiecks N_1N_2C.»

Hat Peter Recht? Begründen Sie rechnerisch.

Aufgabe 3

a) Die beiden Glücksräder werden gedreht. Nachdem sie stehen bleiben, erkennt man im Sichtfenster eine Kombination zweier Symbole. **5 P**

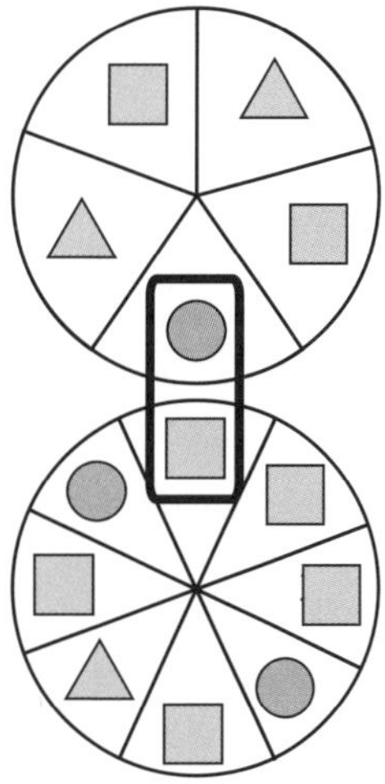

Wie groß ist die Wahrscheinlichkeit, zwei gleiche Symbole im Sichtfenster zu sehen?

Die Glücksräder werden für ein Glücksspiel eingesetzt. Dazu wird der abgebildete Gewinnplan geprüft.

Berechnen Sie den Erwartungswert.

Ereignis	Gewinn
gleiche Symbole	2,00 €
Kreis und Dreieck	4,00 €
restliche Möglichkeiten	kein Gewinn
Einsatz pro Spiel 1,50 €	

Der Gewinnplan soll so verändert werden, dass das Spiel fair wird.

Wie hoch muss dann der Gewinn für das Ereignis «Kreis und Dreieck» sein, wenn alles andere unverändert bleibt?

b) Thea trainiert Aufschläge beim Volleyball (siehe Skizze). Die Flugkurve des Balles lässt sich mit einer Funktionsgleichung der Form $y = ax^2 + c$ annähernd beschreiben. **5 P**

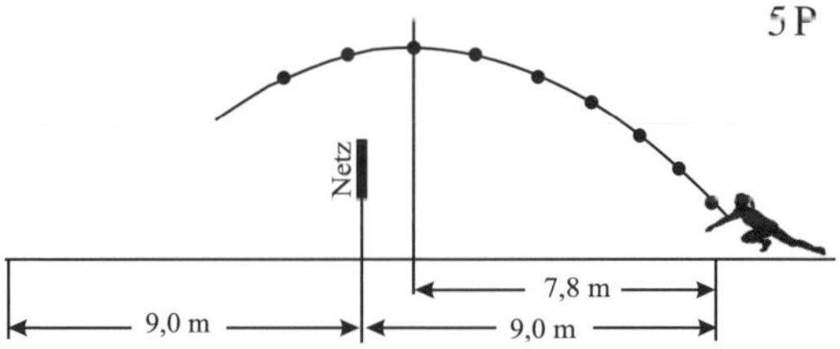

Bild: https://creazilla.com

Der Ball verlässt beim Aufschlag von unten die Hand in einer Höhe von 90 cm über der Grundlinie. Nach $7,8\,\text{m}$ (horizontal gemessen) erreicht die Flugkurve des Balles ihre maximale Höhe von $4,0\,\text{m}$.
Geben Sie eine mögliche Funktionsgleichung der zugehörigen Parabel p an.

In welchem Abstand überquert der Ball das $2,24\,\text{m}$ hohe Netz?

Die Grundlinien des Volleyballspielfeldes sind jeweils $9,0\,\text{m}$ vom Netz entfernt (siehe Skizze).
In welcher Entfernung zur Grundlinie trifft der Ball auf dem Boden auf?

5 Realschulabschlussprüfung 2021

Tipps ab Seite 169, Lösungen ab Seite 254

Realschulabschlussprüfung 2021, Teil A1

Hinweis: Im Teil A 1 (10 P) sind alle Aufgaben zu bearbeiten.
Zugelassene Hilfsmittel: Parabelschablone, Zeichengeräte

Aufgabe 1 (1,5 P)

a) Auf der Mantelfläche der quadratischen Pyramide ist ein Streckenzug eingezeichnet. Auf welchem der vier abgebildeten Netze wird der Streckenzug richtig dargestellt?

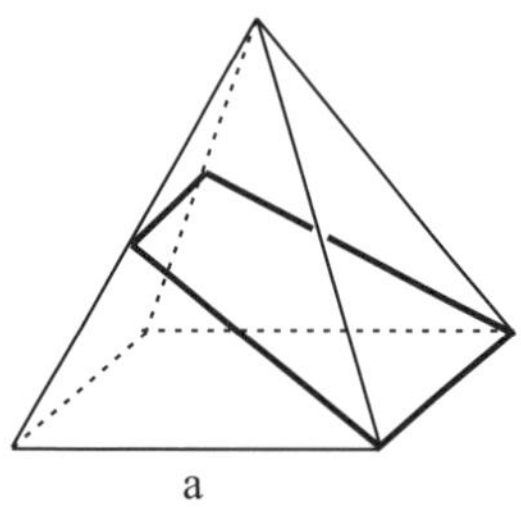

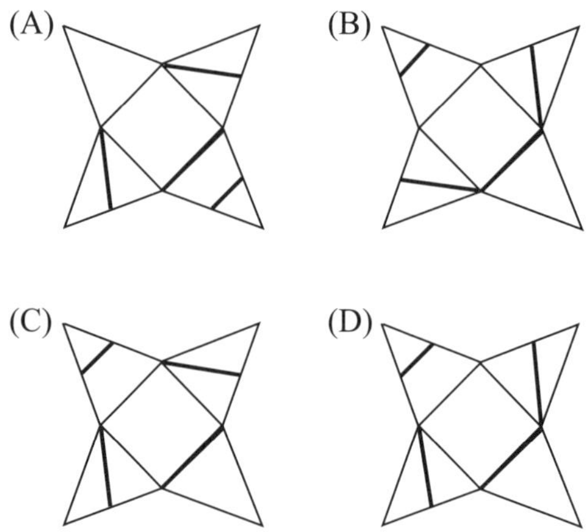

b) Die Grundkante a der quadratischen Pyramide ist 5 cm lang.
Die Körperhöhe h beträgt 6 cm.
Berechnen Sie das Volumen der quadratischen Pyramide.

Aufgabe 2 (1,5 P)

Lösen Sie die Gleichung.

$$(x-3)(x+5)+7=8(x-2)$$

Aufgabe 3 (2 P)

In einem Behälter liegen gelbe, rote und blaue Kugeln.
Insgesamt sind es sechs Stück.
Kim zieht ohne hinzuschauen zwei Kugeln gleichzeitig.
Im Baumdiagramm sind zwei Wahrscheinlichkeiten angegeben.

a) Ergänzen Sie in den leeren Feldern die Wahrscheinlichkeitsangaben.

b) Wie groß ist die Wahrscheinlichkeit, dass Kim zwei rote Kugeln zieht?

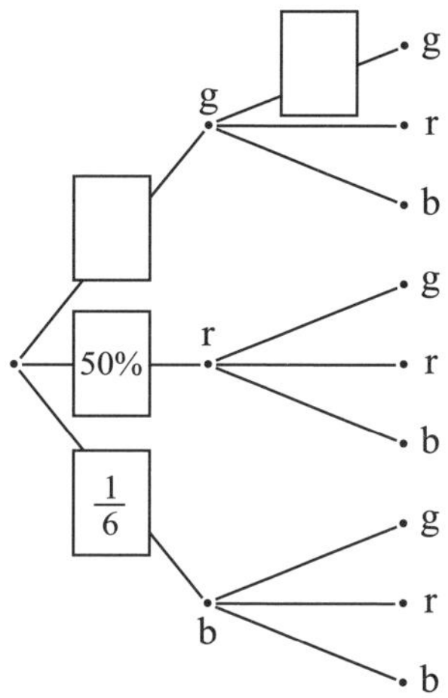

Aufgabe 4 (2 P)

a) Sechs Funktionsgleichungen – drei Graphen.
Welche Funktionsgleichung gehört zu welchem Graphen?

(1) $y = -3x + 3$

(2) $y - -\frac{1}{2}x^2 + 3$

(3) $y = x^2 - 4x + 3$

(4) $y = 3x + 3$

(5) $y = x^2 + 4x + 3$

(6) $y = -\frac{1}{4}x^2 + 3$

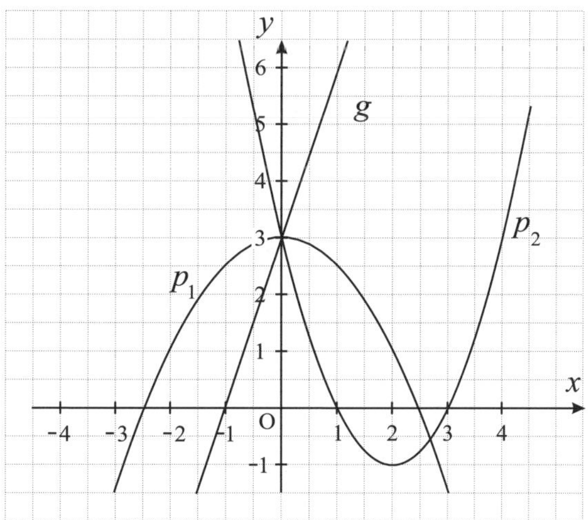

1) Die Gerade h hat die Funktionsgleichung $y = -\frac{1}{2}x + 2$.
Zeichnen Sie die Gerade h in das abgebildete Koordinatensystem.

Aufgabe 5 (1 P)

Weisen Sie nach, dass gilt:

$$\frac{10^6}{5^4 \cdot 5^2} : 2^4 = 4$$

Aufgabe 6 (1 P)

Johannes legt drei Muster mit quadratischen Kärtchen.

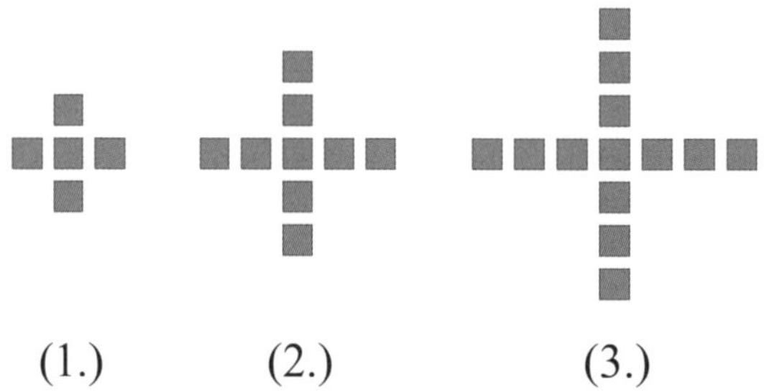

Er behauptet: «Das 10. Muster besteht aus 43 Kärtchen.»

Hat Johannes Recht?

Begründen Sie Ihre Aussage.

Aufgabe 7 (1 P)

Ordnen Sie jedem Kreisdiagramm die passende Aussage zu.

Tragen Sie den Buchstaben in das Kästchen ein.

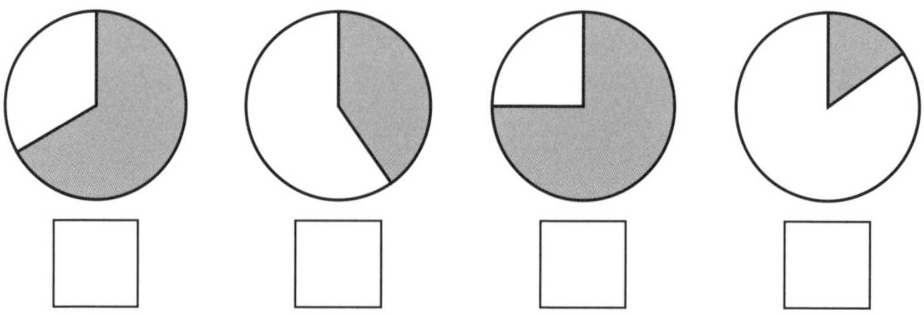

(A) Drei Viertel der Schülerinnen und Schüler kommen im Winter mit dem Bus zur Schule.

(B) 15% der Schülerinnen und Schüler besuchen die Klassenstufe 10.

(C) 200 von 300 Schülerinnen und Schülern haben Geschwister.

(D) 40% der Schülerinnen und Schüler fahren im Sommer mit dem Fahrrad zur Schule.

Tipps ab Seite 170, Lösungen ab Seite 257

Realschulabschlussprüfung 2021, Teil A 2 (Pflichtteil)

Im Teil A 2 (20 P) sind alle sechs Aufgaben zu bearbeiten.
Zugelassene Hilfsmittel: Formelsammlung, wissenschaftlicher Taschenrechner (nicht programmierbar), Parabelschablone, Zeichengeräte

Aufgabe 1 (3,5 P)

Das gleichschenklige Dreieck ABC und das Quadrat ADEF überdecken sich teilweise.
Es gilt:

$$\overline{BD} = 10{,}0\,\text{cm}$$
$$\beta = 67{,}0^\circ$$
$$\overline{AC} = \overline{BC}$$

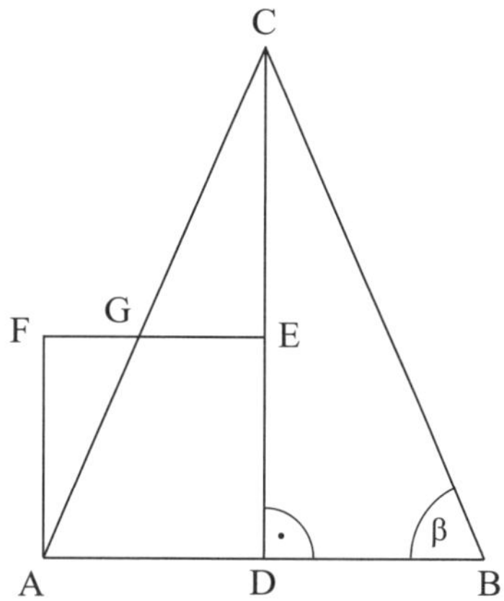

Berechnen Sie den Umfang des Dreiecks GEC.

Aufgabe 2 (3,5 P)

Ein Kunstwerk setzt sich aus einer Halbkugel und einem Kegel zusammen.
Es gilt:

$$s = 3{,}7\,\text{m}$$
$$h_{ges} - 5{,}1\,\text{m}$$
$$\alpha = 72{,}0^\circ$$

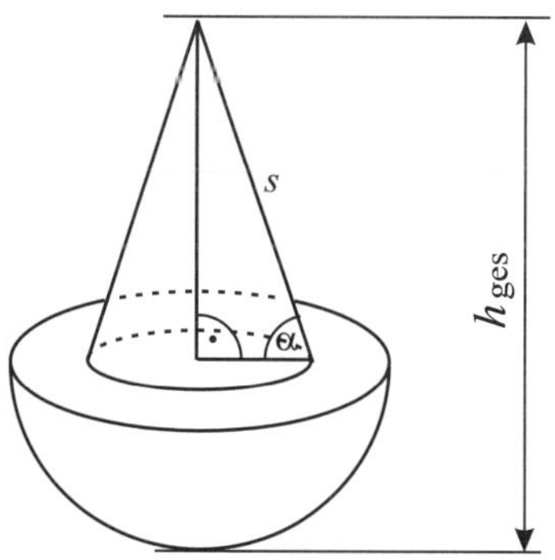

Berechnen Sie den Oberflächeninhalt des zusammengesetzten Körpers.
Dieses Kunstwerk soll mit Farbe angestrichen werden.
Eine 1-Liter-Farbdose reicht für $10\,\text{m}^2$.
Wie viele Dosen müssen gekauft werden?
Überprüfen Sie durch Rechnung.

Aufgabe 3 (3,5 P)

Die beiden Glücksräder werden gedreht.
Wenn sie stehen bleiben, erkennt man im Sichtfenster eine zweistellige Zahl.
Die Abbildung zeigt die Zahl 43.
Mit welcher Wahrscheinlichkeit ist im Sichtfenster

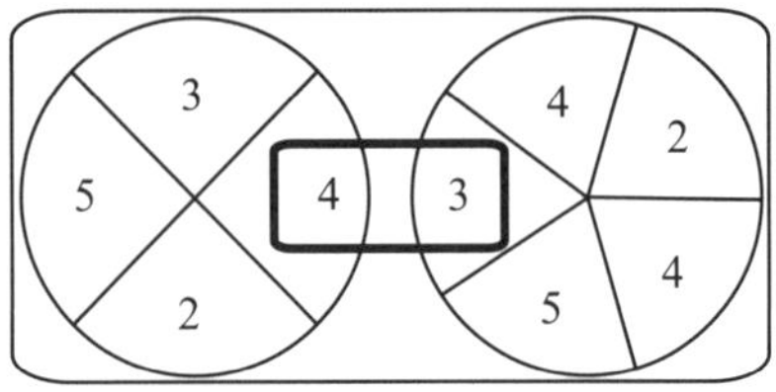

- eine Zahl mit zwei gleichen Ziffern zu sehen?
- eine durch 12 teilbare Zahl zu sehen?
- höchstens einmal die Ziffer 4 zu sehen?

Aufgabe 4 (3 P)

Immer mehr Menschen kaufen im Internet ein. Die Grafik zeigt die Umsatzentwicklung des Onlinehandels in Deutschland.

- Um wie viel Prozent ist der Umsatz des Onlinehandels von 2016 bis 2019 insgesamt gestiegen?

Das Kreisdiagramm zeigt die Umsatzanteile verschiedener Bereiche am Gesamtumsatz des Onlinehandels im Jahr 2017.

- Wie hoch war der Umsatz (in Euro) für den Bereich «Freizeit und Hobby»?

Laut einer Untersuchung entfielen im Jahr 2017 allein 53,0 % des Bereichs «Elektronik» auf den Onnlinehandel mit Smartphones.

- Wie viele Euro wurden nach dieser Untersuchung im Onlinehandel für Smartphones ausgegeben?

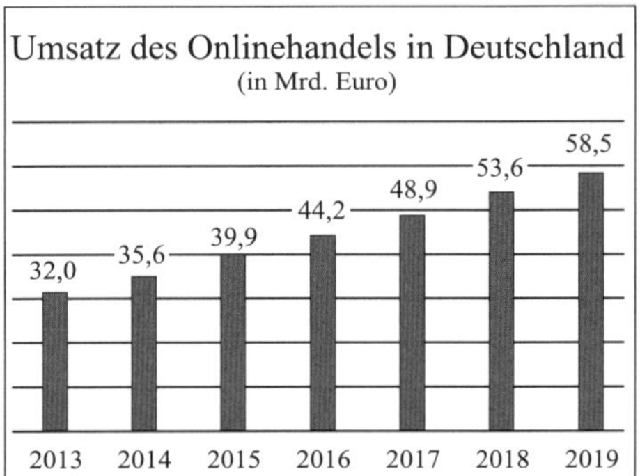

Quelle: HDE Handelsverband Deutschland
https://einzelhandel.de/presse/zahlenfaktengrafiken/861-online-handel/1889-e

Aufgabe 5 (3 P)

Die Parabel p hat die Funktionsgleichung $y = x^2 - 6x + 10$.
Eine Gerade g besitzt die Steigung $m = -2$.
Sie geht durch den Scheitelpunkt S der Parabel.
Berechnen Sie die Koordinaten des zweiten Schnittpunkts Q der Parabel p mit der Geraden g.
Die Gerade h verläuft senkrecht zur Geraden g und geht durch den Punkt Q.
Berechnen Sie eine Funktionsgleichung der Geraden h.

Aufgabe 6 (3,5 P)

Im Rahmen einer Umfrage wurden 25 Männer und 25 Frauen getrennt voneinander befragt, wie viele Stunden sie pro Woche lesen.
Die Ergebnisse dieser Befragungen sind in den beiden Boxplots dargestellt.

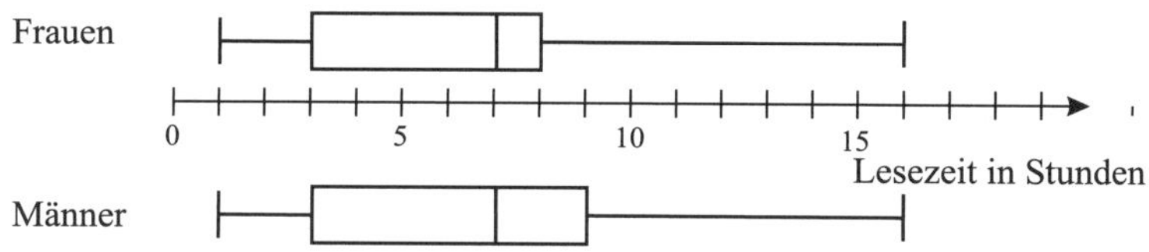

Außerdem sind die Ergebnisse der Befragungen in den beiden Säulendiagrammen abgebildet, wobei das Diagramm (2) unvollständig ist.
Welcher Boxplot gehört zu Diagramm (1)? Begründen Sie mit Hilfe der Kennwerte.

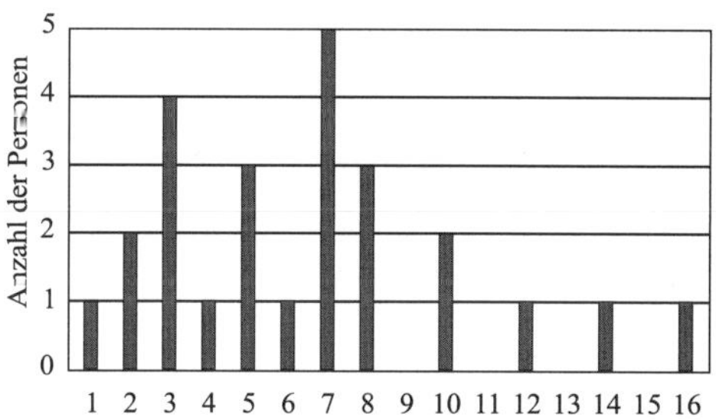

(1)

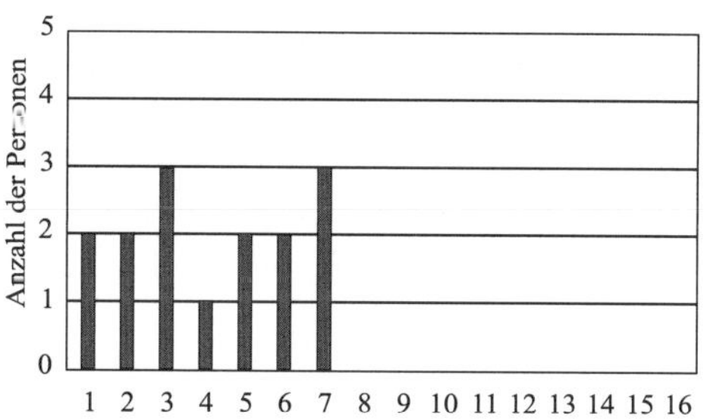

(2)

Der andere Boxplot gehört zu Diagramm (2). Hier fehlen die Säulen von 8 bis 16 Stunden Lesezeit.
Ergänzen Sie mögliche Säulen im Diagramm (2) für die Werte von 8 bis 16 Stunden Lesezeit mit Hilfe des zugehörigen Boxplots.
Finn behauptet: «Über die Hälfte der Männer liest 7 Stunden oder mehr pro Woche.»
Hat Finn Recht? Begründen Sie.

Tipps ab Seite 171, Lösungen ab Seite 265

Realschulabschlussprüfung 2021, Teil B
Hinweis: Im Teil B (20 P) sind zwei der drei Aufgaben zu bearbeiten.
Zugelassene Hilfsmittel: Formelsammlung, wissenschaftlicher Taschenrechner (nicht programmierbar), Parabelschablone, Zeichengeräte

Aufgabe 1

a) Gegeben sind das rechtwinklige Dreieck ABC und das gleichschenklige Dreieck ADE. (5 P)
Es gilt:

$\overline{AB} = 13{,}2\,\text{cm}$

$\alpha = 55{,}0°$

$\overline{CE} = 8{,}0\,\text{cm}$

$\overline{AE} = \overline{DE}$

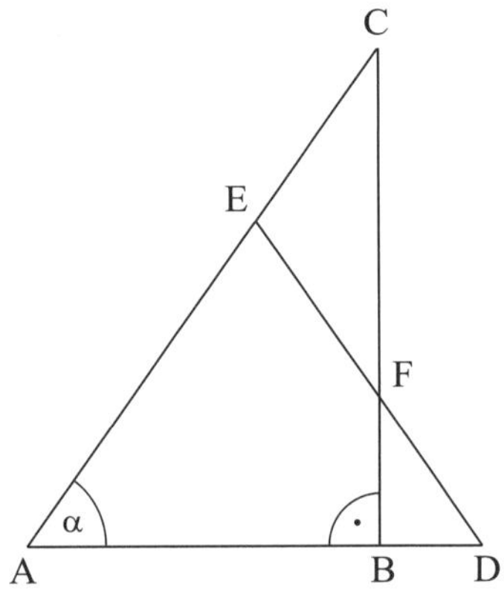

Berechnen Sie die Länge von $\overline{DF}$.

Berechnen Sie den Umfang des Vierecks ABFE.

b) Die Punkte $A(1 \mid -8)$ und $B(3 \mid -8)$ liegen auf einer nach oben geöffneten verschobenen Normalparabel p. (5 P)
Geben Sie die Funktionsgleichung der Parabel p in der Normalform $y = x^2 + bx + c$ an.

Die Schnittpunkte der Parabel p mit der x-Achse und die Punkte A und B bilden ein Viereck.
Berechnen Sie den Flächeninhalt dieses Vierecks.

Die Geraden g und h verlaufen jeweils auf den Diagonalen des Vierecks.
Sie schneiden sich im Punkt Q.
Berechnen Sie die Koordinaten des Schnittpunktes Q.

Aufgabe 2

a) Der Punkt $A(-4 \mid -1)$ liegt auf der Parabel p_1 mit der Funktionsgleichung $y = x^2 + bx + 7$. (5 P)
Die Gerade g schneidet die Parabel p_1 im Punkt A und im Scheitelpunkt S_1.
Berechnen Sie die Funktionsgleichungen der Parabel p_1 und der Geraden g.
Durch Spiegelung des Scheitelpunkts S_1 an der y-Achse entsteht der Punkt S_2.
S_2 ist der Scheitelpunkt einer nach oben geöffneten verschobenen Normalparabel p_2.
Geben Sie die Funktionsgleichung von p_2 in der Form $y = x^2 + bx + c$ an.
Der Schnittpunkt der Geraden g mit der y-Achse ist der Scheitelpunkt S_3 der Parabel p_3. Die Parabel p_3 der Form $y = ax^2 + c$ geht außerdem durch die Scheitelpunkte S_1 und S_2.
Berechnen Sie die Funktionsgleichung der Parabel p_3.

b) In einer quadratischen Pyramide liegt das gleichschenklige Dreieck EFS. (5 P)
Es gilt:

$\overline{AB} = \overline{EF} = 12{,}6\,\text{cm}$

$\alpha = 72{,}0^\circ$

$\overline{EF} \parallel \overline{AC}$

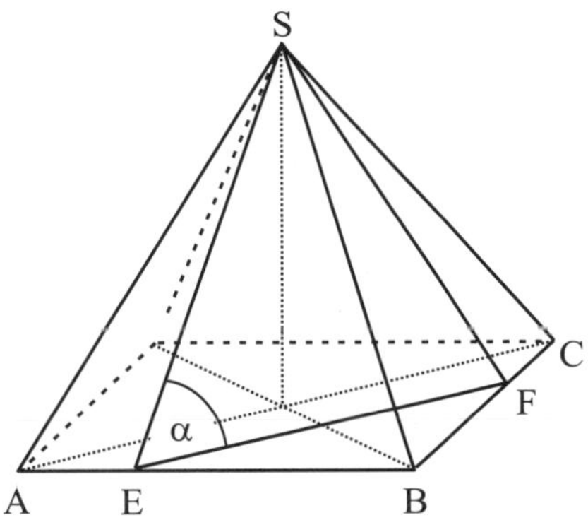

Berechnen Sie den Flächeninhalt des Dreiecks EFS.

Berechnen Sie das Volumen der quadratischen Pyramide.

Aufgabe 3

a) Zehn gleich große Karten sind mit vier verschiedenen Symbolen (Handball, Radfahren, Laufen, Fußball) bedruckt. (5 P)
Sie sind nach den vier Symbolen in Stapeln sortiert (siehe Abbildung).
Die Karten werden gemischt und verdeckt auf den Tisch gelegt.
Sie werden für ein Glücksspiel eingesetzt.
Dabei werden zwei Karten gleichzeitig gezogen.
Für das Spiel wird der abgebildete Gewinnplan geprüft.

Ereignis	Gewinn
zweimal 	9,00 €
 und 	6,00 €
 und 	3,00 €
andere Ereignisse	kein Gewinn
Einsatz pro Spiel 1,00 €	

- Berechnen Sie den Erwartungswert.

Der Veranstalter möchte langfristig pro Spiel einen Erlös von $0,50$ € erzielen.

- Wie hoch muss dann der Gewinn für «  und  » sein, wenn alles andere unverändert bleibt?

b) Die Flugbahn eines Speers ist nahezu parabelförmig. (5 P)
Der Abwurfpunkt A liegt $1,80$ m über der Abwurflinie.
Der Speer erreicht nach 20 m, in horizontaler Richtung von der Abwurflinie gemessen, seine maximale Höhe von $9,80$ m.

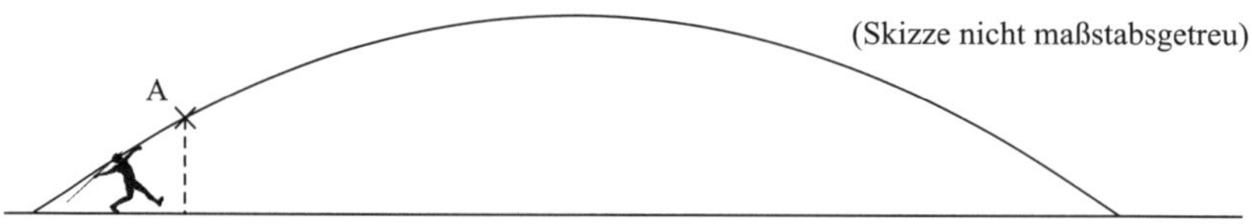

Berechnen Sie eine mögliche Funktionsgleichung der Flugkurve des Speers.
Wie weit fliegt der Speer?
Ein zweiter Wurfversuch kann mit der Funktionsgleichung $y = -\frac{1}{30}x^2 + 13$ beschrieben werden. Die Wurfweite beträgt $38,15$ m.
Geben Sie die Höhe dieses Abwurfpunktes an.

Aufgabe 4

a) Die Gerade g und die verschobene Normalparabel p gehen durch die beiden Punkte $A(2 \mid 3)$ und $B(6 \mid 11)$. (5 P)
Der Punkt $C(4 \mid y_C)$ liegt auf der Parabel p.
Die Gerade h steht senkrecht auf g und geht durch C.
Die Gerade h schneidet die beiden Koordinatenachsen in den Punkten P und Q.

Berechnen Sie die Koordinaten von P und Q.

b) Ein DIN A4-Blatt hat die Eckpunkte A, B, C und D. (5 P)
Die Punkte M_1 und M_2 halbieren die Seitenlängen des DIN A4-Blatts.
Das DIN A4-Blatt wird wie abgebildet gefaltet. Der Punkt A wird zu A' und liegt nach dem Falten auf M_1.
Der Punkt C wird zum Punkt C'. Die beiden Papierkanten stoßen entlang von $\overline{M_1F}$ aneinander.

Berechnen Sie die Flächeninhalte des Dreiecks EM_1D und des Vierecks FBM_2C'.

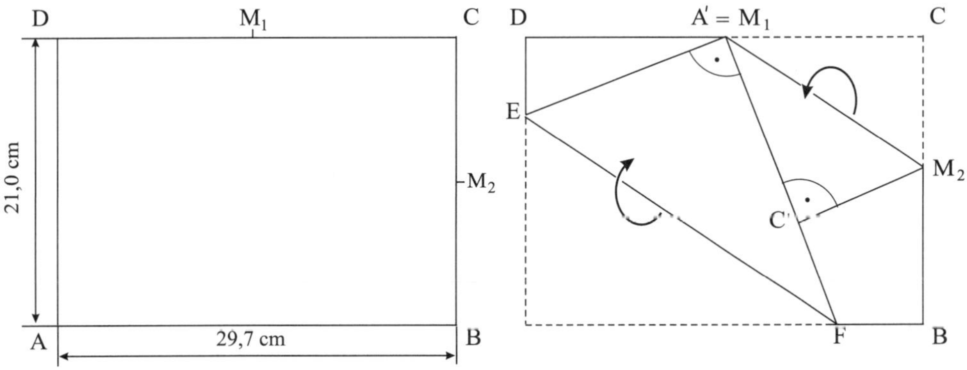

Tipps

1 Realschulabschlussprüfung 2017

Teil A1 2017

1) Verwende die Wurzelgesetze: $\overline{a}\quad \overline{b} = \ \overline{a\ \ b}$ und $\frac{\overline{a}}{\overline{b}} = \sqrt{\frac{a}{b}}$.

2) Überlege, wie die nächsten Rechteckszahlen «gezeichnet» werden müssen und wie man sie auch ohne Zeichnung berechnen kann. Beachte, dass es für die Seite 10 zwei mögliche Rechteckszahlen gibt.

3) Das Volumen einer Kugel erhältst Du mit der Formel $V_{\text{Kugel}} = \frac{4}{3}\ \pi\ r^3$. Das Volumen eines Kegels erhältst Du mit der Formel $V_{\text{Kegel}} = \frac{1}{3}\ G\ h = \frac{1}{3}\ \pi\ r^2\ h$.

4) Bestimme aufgrund der Pfadregeln mit P(22) die Wahrscheinlichkeit P(2) bei einmaligem Würfeln und damit die Anzahl der Flächen mit der Zahl «2». Bestimme aufgrund der Pfadregeln mit P(33) die Wahrscheinlichkeit P(3) bei einmaligem Würfeln und damit die Anzahl der Flächen mit der Zahl «3». Die Wahrscheinlichkeit, dass die Augensumme fünf beträgt, erhältst Du mit den Pfadregeln.

5) Den Umfang des Dreiecks erhältst Du, indem Du die Längen der drei Seiten addierst. Berechne die Seite x mithilfe des Sinusverhältnisses, die Seite y mithilfe des Kosinusverhältnisses jeweils in Abhängigkeit von a. Addiere die drei Seiten und klammere a aus.

6) Markiere zuerst die Lage der Punkte B, C und D in der Zeichnung. Achte auf die Umlaufrichtung der Punkte.

7) Bestimme die Koordinaten des Scheitels der Parabel p und zeichne sie mit der Parabelschablone ein. Zeichne eine Gerade durch den Ursprung ein, welche mit der Parabel keinen gemeinsamen Punkt hat und bestimme deren Gleichung.

Teil A 2 2017

1) Trage alle Maße und Winkel in eine Skizze ein. Im Dreieck BCE kannst Du die Seite $\overline{BE}$ mithilfe des Sinusverhältnisses und den Winkel β_1 mithilfe der Winkelsumme im Dreieck bestimmen. Damit ergibt sich bei Punkt B der Winkel β_2. Im gleichschenkligen Dreieck ABF kannst Du die Höhe auf die Seite $\overline{BF}$ einzeichnen, so dass gilt: $\overline{BG} = \overline{FG}$. Im Dreieck ABG kannst Du die Seite $\overline{BG}$ mithilfe des Kosinusverhältnisses bestimmen. Beachte dabei, dass $\overline{BC} = \overline{AB}$ gilt. Bestimme mithilfe von $\overline{BG} = \overline{FG}$ die Seite $\overline{BF}$ und anschließend die Seite $\overline{EF}$.

2) Trage alle Maße und Winkel in eine Skizze ein. Im rechtwinkligen Dreieck berechnest Du zuerst die Seite $\frac{a}{2}$ mithilfe des Tangensverhältnisses und die Seitenflächenhöhe h_S mithilfe des Sinusverhältnisses. Damit erhältst Du die Grundseite a des Quadrats. Die Oberfläche des zusammengesetzten Körpers erhältst Du, indem Du zur Mantelfläche der Pyramide die halbe Mantelfläche des Zylinders sowie eine Grundfläche des Zylinders addierst. Beachte,

dass sich die Mantelfläche M_P der Pyramide aus vier kongruenten Dreiecken zusammensetzt. Für den Flächeninhalt eines Dreiecks gilt: $A_{Dreieck} = \frac{1}{2}\ \ a\ \ h_S$. Bestimme den Radius r und die Höhe h_Z des Zylinders. Berechne die Grundfläche G_Z des Zylinders mit der Formel $G_Z = \pi\ \ r^2$ und die halbe Mantelfläche des Zylinders mit der Formel $\frac{1}{2}\ \ M_Z = \frac{1}{2}\ \ 2\ \ \pi\ \ r\ \ h_Z$. Damit kannst Du die Oberfläche des zusammengesetzten Körpers bestimmen.

3) Bestimme die Nullstellen x_1 und x_2 der Parabel p und verwende den Nullstellenansatz $y = (x \quad x_1)\ \ (x \quad x_2)$. Den Scheitelpunkt S von p erhältst Du durch quadratische Ergänzung. Alternativ kannst Du auch den x-Wert des Scheitels bestimmen und diesen und die Koordinaten eines Punktes in die Scheitelform $y = (x \quad d)^2 + c$ einsetzen, um c zu erhalten. Setze die Koordinaten des Scheitels von p in die gegebene Geradengleichung ein, um b zu erhalten. Die Koordinaten des zweiten Schnittpunkts Q von p und g erhältst Du durch Gleichsetzen der Gleichungen von p und g. Löse die entstandene quadratische Gleichung mithilfe der pq-Formel. Überlege, zu welchem x-Wert der Scheitelpunkt gehört. Den y-Wert des zweiten Schnittpunkts Q erhältst Du, indem Du den anderen x-Wert in die Gleichung von g einsetzt.

4) Berechne die Anzahl der Reisen nach Österreich, indem Du $6,1\,\%$ der $54\,000$ Reisen bestimmst. Berechne die Anzahl der Reisen nach Deutschland, indem du $37,5\,\%$ der $54\,000$ Reisen bestimmst. Berechne die Anzahl der Reisen nach Bayern, indem Du $18,0\,\%$ dieser Reisen bestimmst. Berechne die Anzahl der «sonstigen» Reisen, indem Du $17,6\,\%$ der $54\,000$ Reisen bestimmst. Den prozentualen Anteil der Reisen in die USA an den «sonstigen» Urlaubszielen erhältst Du, indem Du die Anzahl der Reisen in die USA durch die Anzahl der «sonstigen» Reisen teilst.

5) Bestimme die Wahrscheinlichkeit für eine geworfene Zahl bei einem idealen Würfel und die Wahrscheinlichkeit für jedes Ergebnis beim Wurf von zwei Würfeln. Die Wahrscheinlichkeit fur die Augensumme 6 erhältst Du mithilfe der Pfadregeln. Beachte, dass es fünf mögliche Versuchsausgänge gibt. Die Wahrscheinlichkeit für die Augensumme 9 erhältst Du ebenfalls mithilfe der Pfadregeln. Beachte, dass es vier mögliche Versuchsausgänge gibt. Bestimme die Augensumme von Max und überlege, welche Augensummen Nele werfen muss. Verwende wieder die Pfadregeln.

6) Zuerst bestimmst Du die Kennwerte der dargestellten Boxplots. Beachte, dass sich die beiden Boxplots nur im oberen Quartil unterscheiden. Bestimme anhand des Säulendiagramms die Anzahl der Schülerinnen und Schüler der Klasse 10a. Damit kannst Du das obere Quartil bestimmen. Überlege, in welcher Säule das obere Quartil enthalten ist. Berechne das obere Quartil für Klasse 10b. Überlege, wie hoch die Säulen zusammen höchstens sein dürfen, und in welcher Säule das obere Quartil enthalten sein muss.

Teil B 2017

Aufgabe 1

a) Trage alle Maße und Winkel in die Zeichnung ein (siehe Lösung). Im Dreieck ABD kannst Du die Seiten $\overline{AD}$ mithilfe des Sinusverhältnisses und $\overline{AB}$ mithilfe des Tangensverhältnisses bestimmen. Damit erhältst Du $\overline{AE} = \overline{AD} \quad \overline{DE}$. Den Abstand des Punktes E von $\overline{AB}$ erhältst Du, indem Du im Dreieck AFE die Seite $\overline{EF}$ mithilfe des Sinusverhältnisses berechnest. Den Winkel γ erhältst Du, indem Du die beiden Teilwinkel γ_1 und γ_2 berechnest. Beachte, dass im gleichschenkligen Dreieck ABC gilt: $\gamma_1 = \gamma_2$ und dass ferner gilt: $\gamma_1 = \varepsilon_1$. Im Dreieck AFE kannst Du die Seite $\overline{AF}$ mithilfe des Kosinusverhältnisses berechnen. Damit erhältst Du $\overline{BF} = \overline{AB} \quad \overline{AF}$. Damit kannst Du im Dreieck BEF den Winkel ε_1 mithilfe des Tangensverhältnisses bestimmen. Damit ergibt sich: $\varepsilon_1 = \gamma_1 = \gamma_2$. Den Winkel γ erhältst Du, indem Du γ_1 und γ_2 addierst.

b) Um zu bestimmen, welcher Graph zu welcher Funktionsgleichung gehört, bestimmst Du zuerst die x-Werte der Scheitelpunkte S_1, S_2 und S_3 der drei Parabeln p_1, p_2 und p_3 durch Ablesen anhand der gegebenen Zeichnung. Anschließend formst Du zwei der drei gegebenen Gleichungen in die Scheitelform um. Verwende die quadratische Ergänzung. Lies die Koordinaten der jeweiligen Scheitelform ab und ordne damit die Gleichungen den Parabeln zu. Um die Funktionsgleichungen von (A) und (C) zu vervollständigen, setzt Du jeweils die Koordinaten eines Punktes, der in der Zeichnung abgelesen werden kann, in die entsprechende Gleichung ein. Die Steigung m von g durch die Scheitelpunkte S_2 und S_3 erhältst Du mit der Steigungsformel $m = \frac{y_2 \quad y_1}{x_2 \quad x_1}$. Setze anschließend m und die Koordinaten des Punktes S_3 in die Hauptform $y = m \quad x + b$ ein. Den Scheitelpunkt S_1 von p_1 erhältst Du durch quadratische Ergänzung. Um nachzuweisen, dass der Scheitelpunkt S_1 ebenfalls auf der Geraden g liegt, setzt Du seine Koordinaten in die Gleichung von g ein (Punktprobe). Bei einer wahren Aussage liegt S_1 auch auf g.

Aufgabe 2

a) Beachte, dass sich die bemalte Fläche aus einem Kreisring und einem Rechteck zusammensetzt. Bestimme die Radien des Kreisrings und berechne den Flächeninhalt des Kreisrings mit der Formel $A_{\text{Kreisring}} = \pi \quad \left(r_1^2 \quad r_2^2\right)$. Beachte, dass die Länge a des Rechtecks dem Umfang $U = 2 \quad \pi \quad r_1$ des äußeren Kreises entspricht und die Breite b die Breite des Streifens ist. Verwende die Formel $A_{\text{Rechteck}} = a \quad b$. Den Flächeninhalt A der bemalten Fläche erhältst Du, indem Du die beiden Teilflächen addierst. Skizziere den Kegel und bestimme den Radius der Grundfläche mithilfe des gegebenen Durchmessers. Die Höhe h des Kegels erhältst Du mit dem Satz des Pythagoras: $s^2 = h^2 + r^2$. Das Volumen V_{Kegel} des Kegels berechnest Du mit der Formel $V_{\text{Kegel}} = \frac{1}{3} \quad \pi \quad r^2 \quad h$. Beachte, dass der Kegel dann vollständig von Wasser bedeckt ist, wenn das Volumen des Teilzylinders mit Höhe h abzüglich des Volumens des Kegels kleiner als $500\,\text{cm}^3$ ist. Berechne das Volumen des Teilzylinders mit der Formel $V_{\text{Teilzylinder}} = \pi \quad r_2^2 \quad h$. Subtrahiere das Kegelvolumen vom Volumen des Teilzylinders. Skizziere die äußere Mantelfläche des Zylinders. Beachte, dass der äußere Mantel des Zylinders ein Rechteck ist; die Länge a des Rechtecks ist der Umfang des äußeren Kreises, die Breite b des Rechtecks ist die Höhe der Vase. Berechne die Länge l der Diagonalen des Rechtecks mithilfe des Satzes des Pythagoras, um die Länge des Goldfadens zu erhalten.

b) Die Gleichung der nach oben geöffneten Normalparabel p_2 mit dem Scheitel S_2 erhältst

Du mit der Scheitelform $y = (x \quad d)^2 + c$. Den gemeinsamen Punkt R von p_1 und p_2 erhältst Du, indem Du die Gleichungen von p_1 und p_2 gleichsetzt. Löse die entstandene Gleichung mithilfe der pq-Formel. Den zugehörigen y-Wert erhältst Du, indem Du den erhaltenen x-Wert in die Gleichung von p_1 einsetzt. Die Steigung m von h erhältst Du mit der Steigungsformel $m = \frac{y_2 \quad y_1}{x_2 \quad x_1}$. Setze m und die Koordinaten des Ursprungs in die Hauptform $y = m \quad x + b$ ein. Die Schnittpunkte N_1 und N_2 der Parabel p_1 mit der x-Achse erhältst Du, indem Du die Gleichung $y = 0$ nach x durch Wurzelziehen auflöst. Skizziere das Dreieck N_1RN_2. Den Flächeninhalt des Dreiecks N_1RN_2 erhältst Du mit der Formel $A_{\text{Dreieck}} = \frac{1}{2} \quad g \quad h$. Verwende als Grundseite $g = \overline{N_1N_2}$. Beachte, dass die zugehörige Höhe h der Abstand des Punktes R zur x-Achse ist. Beachte, dass die Gerade h durch den Ursprung und durch den Punkt R das Dreieck N_1RN_2 in die zwei Teildreiecke ORN_2 und ON_1R teilt. Überlege, welche Grundseite und welche Höhe diese beiden Teildreiecke jeweils haben. Alternativ kannst Du auch den Flächeninhalt eines Teildreiecks berechnen.

Aufgabe 3

a) Bestimme für einmaliges Drehen jeweils die Wahrscheinlichkeit für ☺, 😐, ☹, indem Du die angegebenen Mittelpunktswinkel jeweils durch 360 teilst.
Die Wahrscheinlichkeit, bei zweimaligem Drehen höchstens einmal das Symbol ☺ zu erhalten, berechnest Du mithilfe der Pfadregeln und der Wahrscheinlichkeit des Gegenereignisses (zweimal ☺): $P(A) = 1 \quad P(\overline{A})$. Berechne die Wahrscheinlichkeit, zweimal ☺ bzw. zweimal 😐 zu erhalten, mithilfe der 1. Pfadregel. Den Erwartungswert E für den Gewinn eines Spielers anhand des Gewinnplans erhältst Du, indem Du die Gewinne für das jeweilige Ergebnis mit den zugehörigen Wahrscheinlichkeiten multiplizierst und den Einsatz subtrahierst. Beachte, dass bei einem fairen Spiel für den Erwartungswert E gelten muss: E = 0. Lege x für den Gewinn für das Ereignis «zweimal ☺» fest und berechne den neuen Erwartungswert E . Löse die Gleichung E = 0 nach x auf.

b) Lege das Koordinatensystem so fest, dass die x-Achse auf der Wasseroberfläche liegt und die y-Achse durch den Scheitelpunkt S der parabelförmigen Bogenbrücke geht. Bestimme die Koordinaten des Scheitels S der Parabel p. Setze zuerst die Koordinaten von S in die gegebene Gleichung von p ein. Bestimme zwei weitere Punkte der Parabel auf der Wasseroberfläche und setze einen davon in die Parabelgleichung ein. Damit erhältst Du die vollständige Parabelgleichung. Die Länge der Fahrbahn innerhalb des Brückenbogens erhältst Du, indem Du die Parabel p mit der Geraden g mit der Gleichung $g: y = 50$ schneidest. Dazu löst Du die Gleichung, die sich durch Gleichsetzen der Gleichungen von p und g ergibt, durch Wurzelziehen nach x auf. Beachte, dass die Länge l der Fahrbahn die Differenz der beiden x-Werte ist.

2 Realschulabschlussprüfung 2018

Teil A1 2018

1) Verwende die Potenzgesetze $(a^m)^n = a^{m\ n}$, $a^m\ \ a^n = a^{m+n}$ und $\frac{a^m}{a^n} = a^{m\ \ n}$.
2) Denke dir das Muster aus zwei Bereichen zusammengesetzt: Einem oberen Dreieck und einem unteren Rechteck. Überlege, wieviele Plättchen beim Dreieck und wieviele Plättchen beim Rechteck dazukommen.
3) Die Mantelfläche eines Kegels erhältst Du mit der Formel $M_{Kegel} = \pi\ \ r\ \ s$. Skizziere einen Kegel mit einem rechtwinkligen Dreieck. Die Mantellinie s erhältst Du mit dem Satz des Pythagoras: $s^2 = r^2 + h^2$. Die Oberfläche einer Kugel erhältst Du mit der Formel $O_{Kugel} = 4\ \ \pi\ \ r^2$.
4) Überlege mithilfe der Pfadregeln, wie groß die Wahrscheinlichkeit sein muss, bei einmaligem Werfen eine rote Fläche zu erhalten. Berechne anschließend die Anzahl der roten Flächen, indem Du die erhaltene Wahrscheinlichkeit mit der Anzahl der Flächen des Oktaeders multiplizierst.
5) Skizziere die Sinuskurve und überlege, für welche Winkel die Sinuswerte gleich sind.
6) Betrachte bei den Körpern die Länge der oberen Kante im Verhältnis zu den seitlichen Kanten.
7) Beachte, dass bei einer Parabel mit der Gleichung $y = ax^2 + c$ der Faktor a die Streckung bzw. Stauchung in y-Richtung angibt und c die Verschiebung in y-Richtung; falls $a < 0$ ist die Parabel nach unten geöffnet. Überlege, wie eine Normalparabel verschoben ist, wenn die Scheitelform $y = (x\ \ \ d)^2 + c$ gegeben ist.

Teil A 2 2018

1) Um den Flächeninhalt des Trapezes EBCF zu berechnen, benötigst Du die Trapezformel: $A_{Trapez} = \frac{a+c}{2}\ \ h$. $a = \overline{EB}$ und $c = \overline{CF}$, die zugehörige Höhe ist $h = \overline{BC}$. Trage alle bekannten Maße und Winkel in eine Skizze ein. Im Dreieck AED kannst Du die Seiten $\overline{AE}$ und $\overline{DE}$ mithilfe des Tangens- und Kosinusverhältnisses bestimmen. Berechne anschließend $\overline{EB} = \overline{AB}\ \ \ \overline{AE}$. Den Winkel δ_2 bei Punkt D bestimmst Du mithilfe des Ergänzungswinkels auf 90 . Im Dreieck DEF kannst Du nun die Seite $\overline{DF}$ mithilfe des Kosinusverhältnisses bestimmen. Die Höhe h des Trapezes ist schon gegeben: $h = \overline{BC} = \overline{AD}$. Setze die erhaltenen Werte in die Trapezformel ein.
2) Zuerst berechnest Du das Volumen des quadratischen Prismas mit der Formel $V = G_{Pr}\ \ h_{Pr}$. Beachte, dass dieses Wasservolumen in den zusammengesetzten Körper umgefüllt wird. Berechne das Volumen des Kegels mit der Formel $V_{Kegel} = \frac{1}{3}\ \ G_{Kegel}\ \ h_{Kegel}$. Bestimme dazu den Radius r des Kegels als Hälfte des Durchmessers. Die Höhe des Kegels erhältst Du mithilfe des Satzes des Pythagoras: $h_{Kegel}^2 + r^2 = s^2$. Beachte, dass der Kegel vollständig mit Wasser gefüllt wird, so dass für den aufgesetzten Zylinder noch ein Wasservolumen übrig bleibt, das Du erhältst, indem Du vom Prismenvolumen das Kegelvolumen subtrahierst. Um die Höhe h_Z des Wasserstands im Zylinder zu berechnen, verwendest Du die

Volumenformel $V_Z = G \;\; h_Z$ und setzt die gegebenen Maße ein. Um zu berechnen, wie hoch das Wasser im zusammengesetzten Körper steht, addierst Du die Kegelhöhe zur Höhe h_Z des Wasserstands im Zylinder.

3) Als Ansatz für die Funktionsgleichung einer verschobenen, nach oben geöffneten Normalparabel p verwendest Du die Gleichung $y = x^2 + px + q$. Aus der gegebenen Wertetabelle kannst Du zwei Punkte ablesen. Setze die Koordinaten dieser Punkte in den Ansatz ein und bestimme damit p und q. Mithilfe des Taschenrechners und der Funktionsgleichung kannst Du die fehlenden Werte in der Tabelle bestimmen. Den Schnittpunkt R der Parabel mit der y-Achse kannst Du der Wertetabelle entnehmen. Auch den Scheitelpunkt S der Parabel kannst du aufgrund der Symmetrie der Wertetabelle entnehmen. Alternativ kannst Du die Koordinaten des Scheitelpunkts auch durch quadratische Ergänzung ermitteln. Die Steigung der Geraden g durch die Punkte R und S erhältst Du mit der Steigungsformel $m = \frac{y_2 \;\; y_1}{x_2 \;\; x_1}$.

4) Bestimme den jeweiligen Wasserverbrauch und die Abnahme, indem du die Differenz der beiden Verbrauchszahlen bildest. Teile anschließend die Abnahme des Wasserverbrauchs durch den Wasserverbrauch im Jahr 1990. Alternativ kannst Du auch die Prozentformel $P = G \;\; \frac{p}{100}$ verwenden. Bestimme den Wasserverbrauch im Jahr 2015 und den prozentualen Anteil für die Körperpflege. Berechne damit den Wasserverbrauch für die Körperpflege. Um den täglichen Wasserverbrauch im Jahr 2020 zu prognostizieren, bestimmst Du für jedes Folgejahr ab 2015 den Wasserverbrauch, indem Du jeweils 99% des vorherigen Wasserverbrauchs berechnest. Alternativ kannst Du den voraussichtlichen Wasserverbrauch pro Kopf auch mithilfe der Wachstumsformel $W_n = W_0 \;\; q^n$ mit $q = 1 + \frac{p}{100}$ direkt berechnen.

5) Beachte, dass es sich beim gleichzeitigen Ziehen um Ziehen ohne Zurücklegen handelt, so dass sich die Wahrscheinlichkeiten bei jedem Zug ändern. Anhand des gegebenen Baumdiagramms kannst Du wegen der Wahrscheinlichkeit $\left(\frac{5}{12}\right)$ erkennen, wie viele grüne Gummibärchen in der Schale sind. Beachte, dass beim zweiten Zug noch zwei rote Gummibärchen vorhanden waren $\left(\frac{2}{11}\right)$. Bestimme damit die Anzahl der roten und der weißen Gummibärchen in der Schale. Damit kannst Du das Baumdiagramm vervollständigen. Die Wahrscheinlichkeit, dass Antonetta genau ein rotes Gummibärchen zieht, erhältst Du mithilfe der 1. und 2. Pfadregel. Beachte, dass es dazu vier mögliche Versuchsausgänge gibt. Die Wahrscheinlichkeit, dass Antonetta höchstens ein weißes Gummibärchen zieht, erhältst Du mithilfe der Wahrscheinlichkeit des Gegenereignisses (zwei weiße Gummibärchen): $P(A) = 1 \quad P\left(\overline{A}\right)$.

6) Zuerst bestimmst Du die Kennwerte der dargestellten Boxplots. Überlege, welche Quartile verschieden sind. Berechne die verschiedenen Quartile der beiden Ranglisten. Damit kannst Du die Boxplots den Ranglisten zuordnen. Um die Ranglisten mit möglichen Werten zu ergänzen, berechnest Du noch, an welcher Stelle sich das untere Quartil, das durch die Boxplots gegeben ist, befindet. Ferner musst Du für mögliche Werte noch x_{min} und x_{max} beachten. Die Zwischenwerte können beliebig ergänzt werden, müssen aber aufsteigend oder gleichbleibend sein. Berechne den Zentralwert der Rangliste der Klasse 7a. Stelle die

neue Rangliste auf, wenn Tom und Marc aus der Klasse 7a im Nachhinein aus der Wertung genommen wurden. Berechne den Zentralwert der neuen Rangliste und vergleiche diesen mit dem Wert der ursprünglichen Rangliste.

Teil B 2018

Aufgabe 1

a) Trage alle Maße und Winkel in die Zeichnung ein (siehe Lösung). Den Winkel α erhältst Du, indem Du die beiden Teilwinkel α_1 und α_2 berechnest. Mithilfe des gegebenen Flächeninhalts des Dreiecks ABC kannst Du zuerst die Strecke $\overline{AD}$ berechnen. Wähle $g = \overline{BC}$ als Grundlinie und $h = \overline{AD}$ als Höhe des Dreiecks ABC. Verwende die Formel $A_{ABC} = \frac{1}{2} \; g \; h$, stelle eine Gleichung auf und löse diese. Damit kannst Du im Dreieck ABD den Winkel α_1 mithilfe des Kosinusverhältnisses und die Seite $\overline{BD}$ mithilfe des Satzes des Pythagoras bestimmen. Damit erhältst Du die Seite $\overline{CD} = \overline{BC} \quad \overline{BD}$. Damit kannst Du im Dreieck ADC den Winkel α_2 mithilfe des Tangensverhältnisses berechnen. Den Winkel α erhältst Du, indem Du α_1 und α_2 addierst. Im Dreieck AED kannst Du den Abstand des Punktes D zur Strecke $\overline{AB}$ mithilfe des Sinusverhältnisses bestimmen.

b) Bestimme die Nullstellen x_1 und x_2 von p_1 und verwende den Nullstellenansatz $y = (x \quad x_1) \quad (x \quad x_2)$, um die Gleichung von p_1 zu erhalten. Alternativ kannst Du auch den x-Wert des Scheitels bestimmen und diesen und die Koordinaten eines Punktes in die Scheitelform $y = (x \quad d)^2 + c$ einsetzen, um c zu erhalten. Bestimme die Koordinaten von zwei Punkten der Geraden g. Die Steigung m von g erhältst Du mit der Steigungsformel $m = \frac{y_2 \quad y_1}{x_2 \quad x_1}$. Setze m und die Koordinaten eines Punktes von g in die Hauptform $y = m \quad x + b$ ein, um die Gleichung von g zu erhalten. Die Gleichung der nach oben geöffneten Normalparabel p_2 mit dem Scheitelpunkt S_2 erhältst Du mit der Scheitelpunktform $y = (x \quad d)^2 + c$. Die Koordinaten des Schnittpunkts Q der beiden Parabeln erhältst Du durch Gleichsetzen der Gleichungen von p_1 und p_2. Den zugehörigen y-Wert erhältst Du, indem Du den erhaltenen x-Wert in die Gleichung von p_1 oder p_2 einsetzt. Um zu prüfen, ob der Punkt Q auf der Geraden g liegt, setzt Du seine Koordinaten in die Gleichung von g ein (Punktprobe). Bei einer wahren Aussage liegt Q auf g. Um die Gleichung der Geraden h, die durch die beiden Scheitelpunkte S_1 und S_2 verläuft, zu berechnen, bestimmst Du zuerst den Scheitelpunkt S_1 von p_1 durch quadratische Ergänzung. Die Steigung m von h erhältst Du mit der Steigungsformel $m = \frac{y_2 \quad y_1}{x_2 \quad x_1}$. Setze m und die Koordinaten eines Scheitels in die Hauptform $y = m \quad x + b$ ein.

Aufgabe 2

a) Mithilfe des gegebenen Volumens und des Durchmessers des Kegels kannst Du zuerst die Höhe h_{Kegel} des Kegels mithilfe der Formel $V_{Kegel} = \frac{1}{3} \quad G_{Kegel} \quad h_{Kegel}$ berechnen. Stelle eine Gleichung auf und löse diese. Beachte, dass die Grundfläche G der regelmäßigen achtseitigen Pyramide in acht gleichschenklige Dreiecke aufgeteilt werden kann. Skizziere die Grundfläche und bestimme den zugehörigen Mittelpunktswinkel bei einem Dreieck, indem Du 360 durch 8 teilst. In einem rechtwinkligen Dreieck kannst Du die Seite a mithilfe des Sinusverhältnisses und die Höhe h des Dreiecks mithilfe des Kosinusverhältnisses bestimmen. Damit erhältst Du den Flächeninhalt des Achtecks, indem du die Formel $A_{\text{Dreieck}} = \frac{1}{2}\ a\ h$ verwendest. Beachte, dass die achtseitige Pyramide die gleiche Höhe wie der Kegel hat. Das Volumen der entstehenden Pyramide erhältst Du mit der Formel $V_{\text{Py}} = \frac{1}{3}\ G_{\text{Py}}\ h_{\text{Py}}$.

b) Um die Gleichung $y = ax^2 + c$ einer Parabel p mit dem Scheitelpunkt S zu bestimmen, setzt Du zuerst die Koordinaten von S in p ein und erhältst damit c. Anschließend setzt Du die Koordinaten von P in p ein und erhältst damit a. Die Gleichung der Geraden g erhältst Du, indem Du die gegebene Steigung m und die Koordinaten des Punktes R in die Hauptform $y = mx + b$ einsetzt. Die Koordinaten der Schnittpunkte A und C der Parabel p und der Geraden g erhältst Du, indem Du die Gleichungen von p und g gleichsetzt und die entstandene quadratische Gleichung mithilfe der pq-Formel löst. Die zugehörigen y-Werte erhältst Du, indem Du die erhaltenen x-Werte in die Gleichung von g einsetzt. Zur Veranschaulichung zeichnest Du das Rechteck ABCD in ein Koordinatensystem. Da die Seiten des Rechtecks parallel zur x- bzw. y-Achse verlaufen, kannst du die Koordinaten von B und und D ablesen. Den Flächeninhalt des Rechtecks erhältst Du mit der Formel $A_{\text{Rechteck}} = a\ b$. Verwende $a = \overline{\text{AB}}$ und $b = \overline{\text{BC}}$ als Rechteckseiten.

Aufgabe 3

a) Beachte, dass es auf jeder Walze sieben Felder gibt. Bezeichne mit Z: Zitrone, G: Glocke und 7: Sieben, und bestimme bei einer Walze die Wahrscheinlichkeiten für Zitrone, Glocke und Sieben. Beachte, dass sich die beiden Walzen unabhängig voneinander drehen, so dass es sich um «zweimaliges Ziehen mit Zurücklegen» handelt. Die Wahrscheinlichkeit für das Ereignis «zweimal Glocke» erhältst Du mithilfe der 1. Pfadregel. Die Wahrscheinlichkeit für das Ereignis «zweimal Sieben» erhältst Du ebenfalls mithilfe der 1. Pfadregel. Den Erwartungswert E für den Gewinn eines Spielers anhand des Gewinnplans erhältst Du, indem Du die Gewinne für das jeweilige Ergebnis mit den zugehörigen Wahrscheinlichkeiten multiplizierst und den Einsatz subtrahierst. Überlege, ob der Spieler auf lange Sicht bei einem Spiel Gewinn oder Verlust macht. Um Merles Behauptung zu prüfen, stellst Du einen neuen Gewinnplan auf und berechnest den Erwartungswert für den Gewinn eines Spielers anhand des neuen Gewinnplans. Den Erwartungswert E für den Gewinn eines Spielers anhand des neuen Gewinnplans erhältst Du wieder, indem Du die Gewinne für das jeweilige Ergebnis mit den zugehörigen Wahrscheinlichkeiten multiplizierst und den Einsatz subtrahierst. Vergleiche die beiden Erwartungswerte.

b) Lege das Koordinatensystem am geschicktesten so fest, dass die x-Achse auf dem Boden liegt und die y-Achse durch den Scheitel der Parabel p geht. Skizziere die Flugbahn. Bestimme die Koordinaten des Scheitels S der Parabel p und setze sie in den Ansatz $y = ax^2 + c$ ein. Anschließend bestimmst Du die Koordinaten des Abschlagpunktes A und setzt diese ebenfalls in den Ansatz ein, um die Parabelgleichung zu erhalten. Bestimme die Koordinaten des Baums B. Die Flughöhe des Balls beim Baum erhältst Du, indem Du den x-Wert von B in die Gleichung von p einsetzt. Bestimme anschließend den Abstand der Flughöhe von der Baumspitze. Um den Auftreffpunkt des Balls auf der 2 m höher gelegenen Ebene zu berechnen, schneidest Du die Parabel p mit der Geraden $y = 2$ durch Gleichsetzen. Löse die Gleichung durch Wurzelziehen nach x auf. Überlege, welche der beiden Lösungen in Frage kommt. Berechne die Entfernung vom Auftreffpunkt P zum Loch L.

3 Realschulabschlussprüfung 2019

Teil A1 2019

1) Löse das lineare Gleichungssystem mit dem Additionsverfahren. Zuerst multiplizierst Du Gleichung II mit 4, um Gleichung IIa zu erhalten. Anschließend addierst Du Gleichung I zu Gleichung IIa. Bestimme aus Gleichung IIb die Lösung für x. Setze den erhaltenen x-Wert in Gleichung I ein, um y zu erhalten.

2) Denke dir das Muster aus zwei Bereichen zusammengesetzt: Einem oberen Dreieck und einer unteren horizontalen Linie. Überlege, wie der Zuwachs bei den Dreiecken und bei der Linie ist. Erstelle eine Tabelle.

3) Das Volumen einer Pyramide erhältst Du mit der Formel $V_{\text{Pyramide}} = \frac{1}{3}\ G\ h$. Bestimme damit das Volumen der gegebenen quadratischen Pyramide. Um zu berechnen, wie viele Kubikzentimeter Wasser im Prisma verbleiben, subtrahierst Du das Pyramidenvolumen vom gegebenen Prismenvolumen. Um zu berechnen, wie hoch das Wasser anschließend im Prisma steht, berechnest Du zuerst die Grundfläche des Prismas und setzt dann die gegebenen Daten in die Prismenformel ein. Das Volumen eines Prismas erhältst Du mit der Formel $V_{\text{Prisma}} = G\ h$. Stelle eine Gleichung auf und löse sie nach h auf.

4) Da in der Schale 20 Kugeln sind, erweiterst Du die gegebenen Brüche so, dass der Nenner 20 beträgt. Damit kannst du die Anzahl der roten, blauen und gelben Kugeln bestimmen, die zu Beginn in der Schale sind. Da es sich um Ziehen ohne Zurücklegen handelt, ändern sich die Wahrscheinlichkeiten beim zweiten Zug.

5) Verwende die trigonometrischen Verhältnisse $\sin\varphi = \frac{\text{Gegenkathete}}{\text{Hypotenuse}}$, $\cos\varphi = \frac{\text{Ankathete}}{\text{Hypotenuse}}$ und $\tan\varphi = \frac{\text{Gegenkathete}}{\text{Ankathete}}$. Beachte, dass beim Satz des Pythagoras die längste Seite im rechtwinkligen Dreieck die Hypotenuse ist, die gegenüber des rechten Winkels liegt.

6) Markiere zuerst die Lage der Punkte B, C und D in der Zeichnung. Beachte die Umlaufrichtung der Punkte.

7) Bestimme die Steigung der Geraden g anhand der Gleichung und vergleiche sie mit der Zeichnung. Bestimme den Scheitel der gezeichneten Normalparabel p und setze seine Koordinaten in die Scheitelform $y = (x\quad d)^2 + c$ ein. Löse die Klammern auf und vergleiche die erhaltene Gleichung mit der gegebenen Parabelgleichung.

Teil A 2 2019

1) Um den Flächeninhalt des Trapezes ABEF zu berechnen, benötigst Du die Trapezformel: $A_{\text{Trapez}} = \frac{a+c}{2}\ h$. Die beiden parallelen Strecken sind $a = \overline{AB}$ und $c = \overline{EF}$, die zugehörige Höhe ist $h = \overline{AF}$. Trage alle bekannten Maße und Winkel in eine Skizze ein. Im Dreieck FEC kannst Du die Seite $\overline{EF}$ mithilfe des Sinusverhältnisses bestimmen. Berechne anschließend $\overline{AB} = \overline{FD} = \overline{EF} + \overline{DE}$. Den Winkel ε_1 bei Punkt E bestimmst Du mithilfe der Winkelsumme im Dreieck FEC. Dieser ist gleich groß wie der Winkel ε_2 im Dreieck BDE. Im Dreieck BDE kannst Du nun die Seite $\overline{BD}$ mithilfe des Tangensverhältnisses bestimmen. Setze die erhaltenen Werte in die Trapezformel ein.

2) Um den Oberflächeninhalt des zusammengesetzten Körpers zu berechnen, benötigst Du den Flächeninhalt eines Quadrats und einer dreieckigen gleichschenkligen Seitenfläche. Trage die bekannten Maße und Winkel in eine Skizze ein und beachte, dass im gleichschenkligen Dreieck die Grundseite und der gegenüberliegende Winkel halbiert wird. Dadurch wird das gleichschenklige Dreieck in zwei rechtwinklige Dreiecke geteilt. Bestimme im rechtwinkligen Dreieck die Hälfte der Seite a des Quadrats mithilfe des Sinusverhältnisses. Die Seitenflächenhöhe h_s erhältst Du mithilfe des Kosinusverhältnisses. Bestimme damit den Flächeninhalt eines Quadrats mit der Formel $\mathrm{A}_{\text{Quadrat}} = a^2$ und eines Seitenflächendreiecks mit der Formel $\mathrm{A}_{\text{Dreieck}} = \frac{1}{2} \cdot a \cdot h_s$. Den Oberflächeninhalt des zusammengesetzten Körpers bestimmst Du durch $\mathrm{O} = 4 \cdot \mathrm{A}_{\text{Quadrat}} + 8 \cdot \mathrm{A}_{\text{Dreieck}}$. Zur Bestimmung der Entfernung der beiden Pyramidenspitzen A und B berechnest Du zuerst die Pyramidenhöhe h mithilfe des Satzes des Pythagoras. Die Strecke $\overline{\mathrm{AB}}$ erhältst Du ebenfalls mithilfe des Satzes des Pythagoras.

3) Überlege, auf welcher Parabel die Punkte $(0 \mid 5)$ und $(1 \mid 0)$ aus der Wertetabelle liegen. Setze $x = 1$ in die drei Funktionsgleichungen ein, um herauszufinden, welche Funktionsgleichung zu welcher Parabel gehört. Um den fehlenden Graphen p_3 zu zeichnen, erstellst Du mithilfe der entsprechenden Funktionsgleichung eine Wertetabelle. Alternativ kannst Du auch den Scheitel von p_3 bestimmen und die Parabel mit der Schablone zeichnen.

4) Um zu berechnen, um wieviel Prozent der Verkauf von E-Bikes von 2013 bis 2017 insgesamt gestiegen ist, teilt man die Anzahl der mehr verkauften E-Bikes im Jahr 2017 durch die Anzahl der verkauften E-Bikes im Jahr 2013. Alternativ kannst Du auch die Prozentformel $\mathrm{P} = \mathrm{G} \cdot \frac{p}{100}$ verwenden. Beachte, dass 720 000 E-Bikes verkauft wurden, was einem Anteil von 19 % entspricht. Verwende den Dreisatz, um die Gesamtanzahl der verkauften E-Bikes zu berechnen. Beachte, dass 7% aller verkauften Fahrräder Mountainbikes waren. Bestimme damit die Anzahl der verkauften Mountainbikes, z.B. mit der Prozentformel $\mathrm{P} = \mathrm{G} \cdot \frac{p}{100}$. Berechne schließlich 22% der im Jahr 2017 verkauften Mountainbikes.

5) Um die gesuchten Wahrscheinlichkeiten zu bestimmen, erstellst Du ein Baumdiagramm. Beachte, dass es sich um Ziehen ohne Zurücklegen handelt, d.h. die Wahrscheinlichkeiten ändern sich bei jedem Zug. Insgesamt gibt es 25 Kaugummis. Bezeichne mit r: roter Kaugummi, w: weißer Kaugummi und g: grüner Kaugummi und bestimme die entsprechenden Wahrscheinlichkeiten. Die Wahrscheinlichkeit, dass Luisa zuerst einen roten, dann einen weißen Kaugummi zieht, erhälst Du mithilfe der 1. Pfadregel. Die Wahrscheinlichkeit, dass Luisa keinen grünen Kaugummi zieht, erhälst Du mithilfe der 1. und 2. Pfadregel. Bestimme die Anzahl der Kaugummis, die mit Brause gefüllt sind. Beachte, dass wieder zweimal ohne Zurücklegen gezogen wird. Bezeichne mit B: Brausegefüllt und O: Ohne Brause, und erstelle das dazugehörige Baumdiagramm. Die Wahrscheinlichkeit, dass Luisa zwei mit Brause gefüllte Kaugummis zieht, erhältst Du mithilfe der 1. Pfadregel.

6) Bestimme zuerst die Kennwerte des dargestellten Boxplots. Anschließend ermittelst Du die Kennwerte der gegebenen Ranglisten. Vergleiche die Kennwerte miteinander und zeichne den Boxplot der anderen Berufsgruppe. Um zu klären, wie sich der Boxplot durch die hinzukommenden Werte verändert, ergänzt Du zuerst die Rangliste für die Ausbildungs-

vergütungen in kaufmännischen Berufen durch die angegebenen Werte. Anschließend ermittelst Du die Kennwerte für die ergänzte Rangliste. Überlege, ob sich etwas ändert.

Teil B 2019

Aufgabe 1

a) Um den Flächeninhalt des Vierecks GBCA zu berechnen, benötigst Du die Trapezformel: $A_{\text{Trapez}} = \frac{a+c}{2} \quad h$. Die beiden parallelen Strecken sind $a = \overline{GB}$ und $c = \overline{A\ C}$, die zugehörige Höhe ist $h = \overline{BC}$. Beachte, dass $\overline{BC} = \overline{AD}$ schon gegeben ist. Also sind nur noch $a = \overline{GB}$ und $c = \overline{A\ C}$ zu berechnen. Trage alle bekannten Maße und Winkel in eine Skizze ein (siehe Lösung). Bestimme im Dreieck FA D die Seiten $\overline{DF} = \overline{AD} \quad \overline{AF}$ und $\overline{FA\ } = \overline{AF}$ sowie mithilfe des Satzes des Pythagoras die Seite $\overline{A\ D}$. Damit erhältst Du $c = \overline{A\ C} = \overline{CD} \quad \overline{A\ D}$. Berechne den Winkel φ_1 bei F mithilfe des Kosinusverhältnisses. Beachte, dass beim Punkt F aufgrund des Umklappens gilt: $\varphi_2 = \varphi_3$ und $\varphi_1 + \varphi_2 + \varphi_3 = 180$. Berechne damit φ_2 bzw. φ_3. Berechne anschließend im Dreieck AGF die Seite $\overline{AG}$ mithilfe des Tangensverhältnisses. Damit erhältst Du die Seite $a = \overline{GB} = \overline{AB} \quad \overline{AG}$. Setze die erhaltenen Werte in die Trapezformel ein.

b) Die Gleichung der nach oben geöffneten Normalparabel p_1 mit dem Scheitelpunkt S_1 erhältst Du mit der Scheitelpunktform $y = (x \quad d)^2 + c$. Die Gleichung der nach unten geöffneten Normalparabel p_2 mit den x-Achsenschnittpunkten N_1 und N_2 erhältst Du mit dem Nullstellenansatz $y = \quad (x \quad x_1) \ (x \quad x_2)$. Alternativ kannst Du auch den x-Wert des Scheitels von p_2 bestimmen und diesen und die Koordinaten eines Punktes in die Scheitelform $y = \quad (x \quad d)^2 + c$ einsetzen, um c zu erhalten. Die Koordinaten des gemeinsamen Punktes T der beiden Parabeln erhältst Du durch Gleichsetzen der Gleichungen von p_1 und p_2. Verwende die pq-Formel. Den zugehörigen y-Wert erhältst Du, indem Du den erhaltenen x-Wert in die Gleichung von p_1 oder p_2 einsetzt. Die Gleichung der Geraden g mit der gegebenen Steigung m, die ebenfalls durch den Punkt $T(1 \quad 3)$ verläuft, erhältst Du mit der Hauptform: $y = m \quad x + b$. Um die Gleichung einer Parabel p_3 anzugeben, die weder mit p_1 noch mit p_2 einen gemeinsamen Punkt hat, skizzierst Du p_1 und p_2 mithilfe des Scheitels oder einer Wertetabelle in ein Koordinatensystem. Überlege, wie eine Parabel p_3 verlaufen kann.

Aufgabe 2

a) Bestimme den Radius der Halbkugel und berechne das Volumen $V_{\text{Halbkugel}}$ der Halbkugel mit der Formel $V_{\text{Halbkugel}} = \frac{1}{2} \quad \frac{4}{3} \quad \pi \quad r^3$. Bestimme das Volumen des Teilzylinders und berechne die Höhe h des Teilzylinders mithilfe der Formel $V_{\text{Teilzylinder}} = \pi \quad r^2 \quad h$. Den Abstand d erhältst Du, indem Du von der Höhe des Kreiszylinders die Höhe des Teilzylinders subtrahierst. Bestimme den Radius und die Höhe des Kegels. Das Volumen des Kegels erhältst du mit der Formel $V_{\text{Kegel}} = \frac{1}{3} \quad \pi \quad r^2 \quad h$. Berechne den Prozentsatz, indem du das Volumen des Wassers durch das Volumen des Kegels teilst.

b) Um die Gleichung von p_1 zu bestimmen, setzt Du zuerst den Scheitelpunkt S_1 in die vorgegebene Gleichung von p_1 ein. Anschließend setzt Du noch die Koordinaten von B in die entstandene Gleichung von p_1 ein.
Die Gleichung von p_2 erhältst Du, indem Du die Koordinaten des Punktes B in die vorgegebene Gleichung von p_2 einsetzt. Die Koordinaten des zweiten Schnittpunkts A der beiden Parabeln erhältst Du durch Gleichsetzen der Gleichungen von p_1 und p_2. Löse die entstandene quadratische Gleichung mithilfe der pq-Formel. Überlege, welche der Lösungen zu Punkt B gehört. Den y-Wert des zweiten Schnittpunkts A erhältst Du, indem Du den zweiten x-Wert in die Gleichung von p_1 oder p_2 einsetzt. Um rechnerisch zu zeigen, dass die Punkte A, B und C auf einer Geraden liegen, stellst Du zuerst die Gleichung der Geraden g durch die Punkte A und B auf. Die Steigung m von g erhältst Du mit der Steigungsformel $m = \frac{y_2 \quad y_1}{x_2 \quad x_1}$. Setze anschließend m und die Koordinaten von A in die Hauptform $y = m \quad x + b$ ein. Um zu prüfen, ob auch der Punkt C auf g liegt, setzt Du seine Koordinaten in die Gleichung von g ein (Punktprobe). Bei einer wahren Aussage liegt C auf g.

Aufgabe 3

a) Bestimme zuerst die Wahrscheinlichkeiten für die möglichen Ereignisse, bei denen Gewinne erzielt werden. Beachte, dass es für das Ereignis «Augensumme gleich 4» drei mögliche Spielausgänge gibt. Verwende die Pfadregeln. Bestimme auch für das Ereignis «Augensumme kleiner 4» die drei möglichen Spielausgänge und die zugehörige Wahrscheinlichkeit. Den Erwartungswert E für den Gewinn eines Spielers erhältst Du, indem Du die Gewinne für das jeweilige Ergebnis mit der zugehörigen Wahrscheinlichkeit multiplizierst, die Ergebnisse addierst und den Einsatz subtrahierst.
Beachte, dass sich die Wahrscheinlichkeiten beim zweiten Spielwürfel ändern, wenn auf dem zweiten Spielwürfel drei Einsen oder drei Dreien sind. Bestimme wieder die zugehörigen Wahrscheinlichkeiten für die Ereignisse, bei denen Gewinne erzielt werden und den entsprechenden Erwartungswert.

b) Lege das Koordinatensystem am geschicktesten so fest, dass die x-Achse auf dem Boden liegt und die y-Achse durch den Punkt T geht. Bestimme die Koordinaten des Scheitels T der Parabel p und die Koordinaten der beiden anderen Parabelpunkte A und B. Da der Scheitel gegeben ist, kannst Du als Ansatz für eine Funktionsgleichung der zur y-Achse symmetrischen Parabel p den Ansatz $y = a \quad x^2 + c$ verwenden. Setze zuerst die Koordinaten von T in die Gleichung von p ein und anschließend die Koordinaten von A oder B. Damit erhältst Du die Parabelgleichung. Bestimme die Koordinaten der Punkte C und D. Beachte, dass sie auf gleicher Höhe wie die Rampe liegen. Die Gleichung der Geraden g durch die Punkte B und D bestimmst Du mit der Hauptform $y = m \quad x + b$. Die Steigung m von g erhältst Du mit der Steigungsformel $m = \frac{y_2 \quad y_1}{x_2 \quad x_1}$. Setze anschließend m und die Koordinaten von B oder D in die Hauptform ein.

4 Realschulabschlussprüfung 2020

Teil A1 2020

1) Wandle die Dezimalzahl in eine Zehnerpotenz um und verwende anschließend die Potenzgesetze: $a^m \quad a^n = a^{m+n}$, $\frac{a^n}{b^n} = \left(\frac{a}{b}\right)^n$

2) Bestimme jeweils die Anzahl der abgebildeten eckigen Plättchen und überlege, wie die Zahlenfolge weitergeht. Bestimme ebenso die Anzahl der abgebildeten runden Plättchen und überlege, wie die Zahlenfolge weitergeht. Vergleiche die beiden Zahlenfolgen.

3) Bestimme das Volumen der Pyramide mit der Formel $\mathrm{V_P} = \frac{1}{3} \quad \mathrm{G} \quad h$. Das Volumen eines Würfels erhältst Du mit der Formel $\mathrm{V_W} = a^3$. Subtrahiere die beiden Volumina, um zu berechnen, wie viele Kubikzentimeter Wasser in der Pyramide verbleiben. Setze die gegebenen Daten der zweiten Pyramide in die Volumenformel einer Pyramide ein und löse die entstandene Gleichung nach h auf.

4) Setze auf die freie Fläche eine geschickte Zahl und berechne die angegebenen Wahrscheinlichkeiten mit der 1. Pfadregel zum Prüfen Deiner Vermutung.

5) Skizziere die Sinuskurve und überlege, für welche Winkel die Sinuswerte gleich sind.

6) Markiere die Lage der Punkte B, C und D im Netz auf den Kanten. Markiere jeden Punkt zwei Mal, da die Kanten beim Aufstellen des Netzes auseinandergeschnitten werden. Verbinde anschließend die Punkte. Zeichne jedoch nur die Verbindungsgeraden, die auf Flächen des Netzes liegen.

7) Bestimme die Koordinaten des Scheitels der durch die Gleichung gegebenen Parabel und vergleiche sie mit den Koordinaten des Scheitels der Zeichnung. Bestimme die Steigung der durch die Gleichung gegebenen Geraden und vergleiche sie mit der Steigung der gezeichneten Geraden.

Teil A 2 2020

1) Trage alle bekannten Maße und Winkel in eine Skizze ein und ergänze Hilfslinien, sodass die rechtwinkligen Dreiecke BGF und HED entstehen. Im Dreieck BFG kannst Du die Seite $\overline{\mathrm{FG}}$ mit dem Sinusverhältnis und die Seite $\overline{\mathrm{BG}}$ mit dem Kosinusverhältnis bestimmen. Beachte, dass das Viereck ABCD ein Quadrat ist, sodass gilt: $\overline{\mathrm{AB}} = \overline{\mathrm{AD}}$. Damit erhältst Du $\overline{\mathrm{DH}} = \overline{\mathrm{AD}} \quad \overline{\mathrm{FG}}$ und $\overline{\mathrm{EH}} = \overline{\mathrm{AB}} \quad \overline{\mathrm{BG}} \quad \overline{\mathrm{EF}}$. Im Dreieck DHE kannst du schließlich den Winkel δ_1 mithilfe des Tangensverhältnisses berechnen.

2) Um den Oberflächeninhalt O des Werkstücks zu berechnen, benötigst Du den Flächeninhalt des Kegelmantels, des halben Zylindermantels, eines Rechtecks und einer Grundfläche des Kegels (bzw. Zylinders). Den Flächeninhalt des Kegelmantels erhältst Du mit der Formel $\mathrm{M_{Kegel}} = \pi \quad r \quad s$. Bestimme den Radius r und die Höhe h_{Kegel} des Kegels. Skizziere damit ein rechtwinkliges Dreieck und berechne die Mantellinie s des Kegels mithilfe des Satzes des Pythagoras: $s^2 = r^2 + h^2_{\mathrm{Kegel}}$. Den Flächeninhalt des Zylindermantels erhältst Du mit der Formel $\mathrm{M_{Zylinder}} = 2 \quad \pi \quad r \quad h_{\mathrm{Zylinder}}$. Den Flächeninhalt des Rechtecks erhältst

Du mit der Formel $A_{\text{Rechteck}} = a\ \ b$. Den Flächeninhalt der Grundfläche des Kegels (bzw. Zylinders) erhältst Du mit der Formel $G = \pi\ \ r^2$. Addiere alle Teilflächen.

3) Bestimme die Steigung der Geraden g_1 und beachte, dass nur die Funktionsgleichungen (1) und (5) Geradengleichungen sind. Bestimme den Scheitel S_1 von p_1 und setze seine Koordinaten in die Scheitelform $y = (x\ \ d)^2 + c$ ein, sodass sich eine der gegebenen Funktionsgleichungen ergibt. Bestimme den Scheitel S_2 der Parabel p_2 und beachte, dass sie nach oben geöffnet und achsensymmetrisch zur y-Achse ist.
Bestimme den Scheitel S_3 der übrigen Parabelgleichung durch quadratische Ergänzung sowie die Steigung und den y-Achsenabschnitt der übrigen Geradengleichung. Damit können diese in ein Koordinatensystem eingezeichnet werden.
Alternativ kannst Du auch von allen Funktionsgleichungen Wertetabellen erstellen und anhand von abgelesenen Punkten der Graphen die Zuordnung durchführen bzw. die Zeichnung erstellen.

4) Um zu berechnen, um wie viel Prozent der Verbrauch der Einweg-Getränkeverpackungen von 2004 bis 2014 insgesamt gestiegen ist, teilst Du die Anzahl der Einweg-Getränkeverpackungen im Jahr 2014 durch die Anzahl der Einweg-Getränkeverpackungen im Jahr 2004 und subtrahierst 100%. Beachte, dass im Jahr 2014 600000t Einweg-Getränkeverpackungen verbraucht wurden, was einem Anteil von 54 % entspricht. Verwende den Dreisatz, um die Gesamtanzahl der verbrauchten Getränkeverpackungen zu berechnen. Bestimme den jährlichen Wachstumsfaktor q und verwende die Wachstumsformel $W_n = W_0\ \ q^n$ mit $q = 1 + \frac{p}{100}$.

5) Erstelle ein Baumdiagramm. Beachte, dass es sich um «Ziehen ohne Zurücklegen» handelt, d.h. die Wahrscheinlichkeiten ändern sich bei jedem Rubbeln. Bezeichne mit 0: Betrag 0 €, 1: Betrag 1 € und 10: Betrag 10 €. Die Wahrscheinlichkeit, dass Ben einen Gewinn von 10 € erzielt, erhältst Du mithilfe der 1. und 2. Pfadregel. Die Wahrscheinlichkeit, dass Laura den Hauptgewinn von 20 € erzielt, erhältst Du mithilfe der 1. Pfadregel. Die Wahrscheinlichkeit, dass Emma mehr als 10 € gewinnt, erhältst Du wieder mithilfe der 1. und 2. Pfadregel.

6) Bestimme zuerst die Kennwerte der dargestellten Boxplots und vergleiche die Kennwerte miteinander. Beachte, dass sie sich nur in einem Wert unterscheiden. Berechne das untere Quartil des Diagramms durch q_u : n 0,25 x_u. Ordne damit dem Diagramm den entsprechenden Boxplot zu. Bestimme die übrigen Kennwerte für die Wartezeiten der Hotline FAST-PHONE, um die Strichliste zu ergänzen. Beachte, dass es einige verschiedene Möglichkeiten gibt.

Teil B 2020

Aufgabe 1

a) Trage alle bekannten Maße und Winkel in eine Skizze ein (siehe Lösung). Um den Flächeninhalt des Vierecks ABCE zu berechnen, benötigst Du die Trapezformel: $A_{\text{Trapez}} = \frac{a+c}{2}\ \ h$. Die beiden parallelen Strecken sind $a = \overline{AB}$ und $c = \overline{EC}$, die zugehörige Höhe ist

$h = \overline{AE}$. Im Dreieck CDE kannst Du die Seite $\overline{EC}$ mit dem Sinusverhältnis und die Seite $\overline{ED}$ mit dem Tangensverhältnis bestimmen. Bestimme den Winkel γ_1 mithilfe der Winkelsumme und den Winkel γ_2 als Differenz zu γ. Im Dreieck EFD kannst Du die Seite $\overline{EF}$ mit dem Kosinusverhältnis und die Seite $\overline{DF}$ mit dem Sinusverhältnis bestimmen. Mithilfe der Seite $\overline{EF}$ erhältst Du die Seiten $\overline{CF}$ und $\overline{AG}$. Da der Abstand des Punktes D zu $\overline{AB}$ gegeben ist, kannst du die Seite $\overline{FG}$ bzw. $\overline{AE}$ ermitteln. Wegen $\overline{BH} = \overline{FG}$ kannst Du im Dreieck BCH die Seite $\overline{CH}$ mit dem Tangensverhältnis bestimmen. Damit ergeben sich die Seiten $\overline{FH}$ bzw. $\overline{BG}$ sowie $\overline{AB}$ und der Flächeninhalt des Vierecks ABCE.

b) Die Gleichung der nach oben geöffneten Normalparabel p_1 mit den x-Achsenschnittpunkten N_1 und N_2 erhältst Du mit dem Nullstellenansatz $y = (x \quad x_1) \quad (x \quad x_2)$. Alternativ kannst Du auch den x-Wert des Scheitels von p_1 bestimmen und diesen und die Koordinaten eines Punktes in die Scheitelform $y = (x \quad d)^2 + c$ einsetzen, um c zu erhalten. Die Koordinaten des Schnittpunkts A von p_1 mit der y-Achse erhältst Du, indem Du $x = 0$ in die Gleichung von p_1 einsetzt. Die Koordinaten des Schnittpunkts B von p_2 mit der y-Achse erhältst Du, indem Du $x = 0$ in die Gleichung von p_2 einsetzt. Die Scheitelpunkte S_1 und S_2 der beiden Parabeln erhältst Du durch quadratische Ergänzung. Die Gleichung der Geraden g durch die Scheitelpunkte S_1 und S_2 erhältst Du mit der Hauptform $y = mx + b$. Die Steigung m erhältst Du mit der Steigungsformel $m = \frac{y_2 \quad y_1}{x_2 \quad x_1}$. Setze m und die Koordinaten von S_1 in die Hauptform ein, um b und die Geradengleichung zu erhalten. Die Koordinaten des Mittelpunktes C von A und B erhältst Du mit der Mittelpunktsformel $C\left(\frac{x_1+x_2}{2} \quad \frac{y_1+y_2}{2}\right)$. Beachte, dass die Steigung von h der negative Kehrwert der Steigung von g ist, so dass g und h orthogonal zueinander sind. Alternativ kannst Du die Winkel auch berechnen. Den Winkel α zwischen der Geraden g und einer Parallelen zur x-Achse durch C erhältst Du mit der Formel $\tan(\alpha) = m$, den Winkel β zwischen der Geraden h und einer Parallelen zur x-Achse durch C erhältst Du mit der gleichen Formel. Überlege, wie groß dann die Winkel zwischen g und h sind.

Aufgabe 2

a) Den Flächeninhalt eines Manteldreiecks erhältst Du mit der Formel $A_S = \frac{1}{2} \quad g_S \quad h_S$. Skizziere ein Manteldreieck. Beachte, dass die Grundseite g_S eines Manteldreiecks a ist, die Höhe h_S erhältst Du mithilfe des Satzes des Pythagoras: $h_S^2 + \left(\frac{a}{2}\right)^2 = s^2$. Den Flächeninhalt des Dreiecks ABC erhältst Du mit der Formel $A_{ABC} = \frac{1}{2} \quad g \quad h_g$. Die Grundseite $g = \overline{AB}$ des Dreiecks ABC erhältst Du, indem Du den Radius r des Umkreises der achtseitigen Pyramidengrundfläche bestimmst. Berechne den Mittelpunktswinkel α eines Dreiecks der Grundfläche und berechne r mithilfe des Sinusverhältnisses. Damit erhältst Du $g = \overline{AB} = 2 \quad r$. Da ein Manteldreieck den gleichen Flächeninhalt wie das Dreieck ABC hat, kannst Du die Höhe h_g des Dreiecks ABC durch Gleichsetzen der Flächeninhalte berechnen. Die Höhe h der Pyramide erhältst Du ebenfalls mithilfe des Satzes des Pythagoras: $h^2 + r^2 = s^2$. Damit erhältst Du die Länge von $\overline{SC}$ durch $\overline{SC} = h \quad h_g$.

b) Die Koordinaten der Schnittpunkte N_1 und N_2 der Parabel p mit der x-Achse erhältst Du, indem Du die Gleichung $y = 0$ nach x auflöst. Verwende den Satz vom Nullprodukt oder

die pq-Formel. Die Koordinaten der Schnittpunkte der Geraden g und der Parabel erhältst Du durch Gleichsetzen der Funktionsgleichungen. Verwende den Satz vom Nullprodukt oder die pq-Formel. Den zugehörigen y-Wert von C erhältst Du, indem Du den entsprechenden x-Wert in die Geradengleichung von g einsetzt. Zeichne das Dreieck N_1N_2C in ein Koordinatensystem. Den Flächeninhalt A_1 des Dreiecks N_1N_2C erhältst Du mit der Formel $A_1 = \frac{1}{2}\ g\ \ h$. Verwende als Grundseite $g = \overline{N_1N_2}$ und bestimme die zugehörige Höhe h.
Die Koordinaten der Schnittpunkte der Geraden h und der Parabel erhältst Du durch Gleichsetzen der Funktionsgleichungen. Verwende den Satz vom Nullprodukt oder die pq-Formel. Den zugehörigen y-Wert von D erhältst Du, indem Du den entsprechenden x-Wert in die Geradengleichung von h einsetzt. Den Flächeninhalt A_2 des Dreiecks N_1N_2D erhältst Du ebenfalls mit der Formel $A_2 = \frac{1}{2}\ g\ \ h$. Verwende als Grundseite $g = \overline{N_1N_2}$ und bestimme die zugehörige Höhe h. Vergleiche die beiden Flächeninhalte der Dreiecke N_1N_2D und N_1N_2C.

Aufgabe 3

a) Bestimme beim oberen und beim unteren Glücksrad jeweils die Wahrscheinlichkeiten für «Kreis», «Dreieck» und «Quadrat». Bezeichne mit K: Kreis, mit D: Dreieck und mit Q: Quadrat, und erstelle ein Baumdiagramm. Die Wahrscheinlichkeit, zwei gleiche Symbole im Sichtfenster zu sehen, erhältst Du mithilfe der Pfadregeln. Um den Erwartungswert zu bestimmen, berechnest Du zuerst die Wahrscheinlichkeit, im Sichtfenster Kreis und Dreieck zu sehen. Dazu verwendest Du auch die Pfadregeln. Den Erwartungswert E für den Gewinn eines Spielers erhältst Du, indem Du die Gewinne für das jeweilige Ergebnis mit der zugehörigen Wahrscheinlichkeit multiplizierst, die Ergebnisse addierst und den Einsatz subtrahierst. Beachte, dass der Erwartungswert Null sein muss, wenn das Spiel fair sein soll. Bezeichne mit x den Gewinn für das Ereignis «Kreis und Dreieck» und bestimme den Erwartungswert in Abhängigkeit von x. Löse die Gleichung $E = 0$ nach x auf.

b) Lege das Koordinatensystem am geschicktesten so fest, dass die x-Achse auf dem Boden liegt und die y-Achse durch den Scheitel S geht. Bestimme die Koordinaten des Scheitels S der Parabel p und die Koordinaten eines weiteren Parabelpunkts A (Hand). Setze die Koordinaten des Scheitels S in die Form $y = ax^2 + c$ ein und bestimme c. Setze anschließend die Koordinaten von A ein, um a und damit die Parabelgleichung zu erhalten. Bestimme die Koordinaten des höchsten Punktes N des Netzes. Um zu berechnen, in welchem Abstand d der Ball das Netz überquert, setzt Du zuerst den x-Wert von N in die Gleichung von p ein, um den Punkt P der Parabel zu bestimmen, der genau über dem Netz liegt. Subtrahiere die y-Werte der Punkte P und N. Bestimme die Koordinaten des linken Grundlinienpunktes G. Um zu berechnen, in welcher Entfernung e zur Grundlinie der Ball auf dem Boden auftrifft, berechnest Du zuerst die Koordinaten des Schnittpunktes B der Flugbahn mit dem Boden. Dazu löst Du die Gleichung $y = 0$ durch Wurzelziehen nach x auf. Überlege, welche der beiden Lösungen in Frage kommt. Subtrahiere die x-Werte von B und G.

5 Realschulabschlussprüfung 2021

Teil A1 2021

Aufgabe 1

1) Überlege, welche Streckenzüge nicht in Frage kommen.

2) Das Volumen V der quadratischen Pyramide erhältst Du mit Hilfe der Formel $V = \frac{1}{3}\ G\ h$. Beachte, dass für die Grundfläche G gilt: $G = a^2$.

Aufgabe 2

Vereinfache die Gleichung zuerst durch Ausmultiplizieren der Klammern. Zur Lösung der entstandenen quadratischen Gleichung $x^2 + px + q = 0$ verwendest Du die pq-Formel $x_{1,2} = \ \frac{p}{2}\ \ \sqrt{\left(\frac{p}{2}\right)^2\ \ q}$.

Aufgabe 3

a) Bestimme die Wahrscheinlichkeit P(r) als Bruch mit Nenner 6 und damit die Anzahl der Kugeln sowie P(g).
Überlege, wie viele Kugeln insgesamt und wie viele gelbe Kugeln noch im Behälter sind, wenn schon eine gelbe Kugel gezogen wurde.

b) Die Wahrscheinlichkeit, dass Kim zwei rote Kugeln zieht, erhältst Du mit Hilfe der Pfadregeln. Beachte, dass es sich um Ziehen ohne Zurücklegen handelt, d.h. dass sich die Wahrscheinlichkeiten beim zweiten Zug ändern.

Aufgabe 4

a) Bestimme die Steigung m und den y-Achsenabschnitt b der Geraden g.
Bestimme die Koordinaten des Scheitels S_1 der Parabel p_1 und beachte die Öffnung der Parabel. Überlege, welche Gleichungen in Frage kommen können. Setze $x = 1$ in die in Frage kommenden Gleichungen ein und vergleiche das Ergebnis mit den Koordinaten des entsprechenden Punktes von p_1.
Bestimme die Koordinaten des Scheitels S_2 der Parabel p_2 und beachte die Öffnung der Parabel. Überlege, welche Gleichungen in Frage kommen können. Setze $x = 2$ in die in Frage kommenden Gleichungen ein und vergleiche das Ergebnis mit den Koordinaten des Scheitels.

b) Bestimme die Steigung m und den y-Achsenabschnitt b der Geraden h, um diese einzuzeichnen.

Aufgabe 5

Verwende die Potenzgesetze $a^m\ \ a^n = a^{m+n}$ und $\frac{a^n}{b^n} = \left(\frac{a}{b}\right)^n$ sowie $a^m : a^n = a^{m\ \ n}$ und vereinfache so weit wie möglich.

Aufgabe 6

Beachte, dass in der Mitte immer ein Kärtchen liegt und in jeder der vier Richtungen sich die Anzahl der Kärtchen von Muster zu Muster jeweils um eins erhöht. Bestimme damit einen Term für die Anzahl der Kärtchen für das 1., 2. und 3. Muster. Überlege, wie der Term für das 10. Muster aussehen muss. Bestimme damit die Anzahl der Kärtchen und prüfe die Aussage von Johannes.

Aufgabe 7

Überlege, welche Brüche zu den Aussagen gehören.

Teil A2 2021

Aufgabe 1

Um den Umfang des Dreiecks GEC zu berechnen, benötigst Du die Seiten $\overline{CE}$, $\overline{CG}$ und $\overline{EG}$. Trage alle bekannten Maße und Winkel in eine Skizze ein. Im Dreieck BCD kannst Du die Seite $\overline{CD}$ mithilfe des Tangensverhältnisses bestimmen. Beachte, dass das Dreieck ABC gleichschenklig ist, so dass gilt: $\alpha = \beta$. Bestimme γ sowie γ_1 und γ_2. Im Dreieck CEG kannst Du nun zuerst die Seite $\overline{CE}$ bestimmen: $\overline{CE} = \overline{CD} \quad \overline{DE}$. Anschließend bestimmt Du die Seite $\overline{CG}$ mit Hilfe des Kosinusverhältnisses und $\overline{EG}$ mit Hilfe des Tangensverhältnisses. Damit erhältst Du den Umfang des Dreiecks GEC: $U_{GEC} = \overline{CE} + \overline{EG} + \overline{CG}$.

Aufgabe 2

Trage alle bekannten Maße und Winkel in eine Skizze ein. Den Oberflächeninhalt O des zusammengesetzten Körpers erhältst Du, indem Du den Mantel M_{Ke} des Kegels, die Fläche des Kreisrings A und eine halbe Kugeloberfläche $\frac{O_{Ku}}{2}$ berechnest. Den Mantel M_{Ke} des Kegels erhältst Du mit der Formel $M_{Ke} = \pi \quad r_{Ke} \quad s$. Den Radius r_{Ke} des Kegels erhältst Du im rechtwinkligen Dreieck mit Hilfe des Kosinusverhältnisses. Zur Berechnung des Flächeninhalts A des Kreisrings benötigst Du den Radius r_{Ku} der Kugel. Dazu berechnest Du zuerst die Höhe h_{Ke} des Kegels im rechtwinkligen Dreieck mit Hilfe des Sinusverhältnisses. Damit ergibt sich: $r_{Ku} = h_{ges} \quad h_{Ke}$. Den Flächeninhalt A des Kreisrings erhältst Du durch $A = \pi \quad r_1^2 \quad \pi \quad r_2^2$. Die Oberfläche einer Kugel erhältst Du mit der Formel $O_{KU} = 4 \quad \pi \quad r_{KU}^2$. Teile das Ergebnis durch zwei. Addiere alle Teilflächen. Die Anzahl der Farbdosen erhältst Du durch eine einfache Überlegung.

Aufgabe 3

Bestimme zuerst die Wahrscheinlichkeiten für die einzelnen Ziffern für die beiden Glücksräder. Die Wahrscheinlichkeit, dass eine Zahl mit zwei gleichen Ziffern zu sehen ist, erhältst Du mit Hilfe der Pfadregeln. Die Wahrscheinlichkeit, dass eine durch 12 teilbare Zahl zu sehen ist, erhältst Du ebenfalls mit Hilfe der Pfadregeln. Die Wahrscheinlichkeit, dass höchstens einmal die Ziffer 4 zu sehen ist, erhältst Du mit Hilfe der Wahrscheinlichkeit des Gegenereignisses und der Pfadregeln.

Aufgabe 4

Bestimme den Umsatz des Onlinehandels im Jahr 2016 und im Jahr 2019. Den Anstieg erhältst Du, indem Du die Differenz der beiden Werte bildest. Um zu berechnen, um wie viel Prozent der Umsatz des Onlinehandels von 2016 bis 2019 insgesamt gestiegen ist, teilst Du den Anstieg durch den Wert im Jahr 2016. Alternativ kannst Du auch die Prozentformel $P = G \quad \frac{p}{100}$ verwenden. Den Umsatz U für den Bereich «Freizeit und Hobby» im Jahr 2017 erhältst Du, indem Du zuerst den Prozentsatz und den Umsatz bestimmst und anschließend den Prozentwert berechnest. Verwende die Prozentformel $P = G \quad \frac{p}{100}$. Bestimme den Prozentsatz für «Elektronik» und berechne den Prozentwert für Elektronik und anschließend den Prozentwert für Smartphones. Verwende die Prozentformel.

Aufgabe 5

Die Koordinaten des Scheitelpunkts S der Parabel p erhältst Du durch quadratische Ergänzung zur Scheitelpunktsformel. Die Gleichung der Geraden g, die durch S verläuft und die Steigung m besitzt, erhältst Du mit Hilfe des Ansatzes $y = mx + b$. Setze die Koordinaten von S und die Steigung m ein und berechne b. Die Koordinaten des zweiten Schnittpunkts Q der Parabel p mit der Geraden g erhältst Du durch Gleichsetzen der Gleichungen von p und g. Die Lösungen der quadratischen Gleichung erhältst Du mit Hilfe der pq-Formel: $x_{1,2} = \quad \frac{p}{2} \quad \sqrt{\left(\frac{p}{2}\right)^2 \quad q}$. Die zugehörigen y-Werte erhältst Du, indem Du die x-Werte in die Gleichung von g einsetzt. Überlege, welcher der Punkte Q ist. Bestimme die Steigung der Geraden h, die senkrecht zur Geraden g verläuft, indem Du den negativen Kehrwert der Steigung von g bildest: $m_h = \quad \frac{1}{m_g}$. Verwende anschließend den Ansatz $y = mx + b$. Setze die Koordinaten von Q und die Steigung m_h ein, um b zu erhalten.

Aufgabe 6

Bestimme zuerst die Kennwerte der dargestellten Boxplots. Beachte, dass sich die beiden Boxplots nur im oberen Quartil unterscheiden. Berechne für das Diagramm (1) das obere Quartil durch $n \quad 0{,}75 \qquad q_o$. Überlege, in welchem Diagramm dieser Wert an welcher Stelle enthalten ist. Zur Ergänzung der Werte im Diagramm (2) beachte das obere Quartil und die Gesamtanzahl von 25. Überlege, welches Diagramm zur Lesezeit der Männer gehört und addiere alle Balken ab 7 Stunden Lesezeit. Vergleiche das Ergebnis mit der Gesamtanzahl der Männer und prüfe die Aussage Finns.

Teil B 2021

Aufgabe 1

a) Trage alle bekannten Maße und Winkel in eine Skizze ein. Zeichne zusätzlich das Lot von E auf die Seite AB. So erhältst Du den Lotfusspunkt G. Im Dreieck ABC kannst Du die Seite $\overline{AC}$ mit dem Kosinusverhältnis und die Seite $\overline{BC}$ mit dem Tangensverhältnis bestimmen. Damit erhältst Du $\overline{AE} = \overline{AC} \quad \overline{CE}$ sowie $\overline{DE} = \overline{AE}$. Im Dreieck AGE kannst Du die Seite $\overline{AG}$ mit dem Kosinusverhältnis berechnen. Da das Dreieck ADE gleichschenklig ist, erhältst Du damit $\overline{GD} = \overline{AG}$ sowie $\overline{AD} = 2 \quad \overline{AG}$ und $\delta = \alpha$. Damit ergibt sich

$\overline{BD} = \overline{AD} - \overline{AB}$. Im Dreieck BDF kannst Du nun die Seite $\overline{DF}$ mit dem Kosinusverhältnis berechnen.
Für den Umfang des Vierecks ABFE benötigst Du noch die Strecken $\overline{BF}$ und $\overline{FE}$. Im Dreieck BDF kannst Du die Strecke $\overline{BF}$ mit dem Tangensverhältnis berechnen. Ferner ergibt sich: $\overline{EF} = \overline{DE} - \overline{DF}$. Damit erhältst Du den Umfang des Vierecks ABFE:
$U_{ABFE} = \overline{AB} + \overline{BF} + \overline{EF} + \overline{AE}$.

b) Setze die die Koordinaten der Punkte A und B in die Gleichung $y = x^2 + bx + c$ ein und löse das zugehörige Gleichungssystem, indem Du Gleichung II von Gleichung I subtrahierst. Setze den erhaltenen Wert für b in Gleichung I ein, um c zu erhalten. Die Schnittpunkte der Parabel p mit der x-Achse erhältst Du, indem Du die Gleichung $y = 0$ nach x auflöst. Die Lösungen der quadratischen Gleichung erhältst Du mit Hilfe der pq-Formel $x_{1,2} = -\frac{p}{2} \pm \sqrt{\left(\frac{p}{2}\right)^2 - q}$. Benenne die Schnittpunkte von p mit der x-Achse mit N_1 und N_2. Beachte, dass das Viereck ABN_1N_2 ein Trapez ist. Erstelle eine Skizze. Den Flächeninhalt eines Trapezes kannst Du mit der Formel $A = \frac{a+c}{2} \cdot h$ berechnen. Bestimme die Längen der parallelen Seiten $a = \overline{AB}$ und $c = \overline{N_1N_2}$ sowie die zugehörige Höhe h. Die Gerade g verläuft durch die Punkte A und N_1. Die Steigung m_g von g erhältst Du mit der Steigungsformel $m = \frac{y_2 - y_1}{x_2 - x_1}$. Die Gleichung der Geraden g, welche die Steigung m_g hat und durch den Punkt A geht, erhältst Du mit der Hauptform $y = mx + b$. Setze die Koordinaten von A und m_g ein, um b zu erhalten. Die Gerade h verläuft durch die Punkte B und N_2. Die Steigung m_h von h erhältst Du mit der Steigungsformel $m = \frac{y_2 - y_1}{x_2 - x_1}$. Die Gleichung der Geraden h, welche die Steigung m_h hat und durch den Punkt B geht, erhältst Du mit der Hauptform $y = mx + b$. Setze die Koordinaten von B und m_h ein, um b zu erhalten. Die Koordinaten des Schnittpunktes Q von g und h erhältst Du durch Gleichsetzen der Geradengleichungen. Den zugehörigen y-Wert erhältst Du, indem Du den erhaltenen x-Wert in die Gleichung von g (oder h) einsetzt.

Aufgabe 2

a) Setze die Koordinaten des Punktes A in die gegebene Gleichung ein und bestimme b. Die Koordinaten des Scheitelpunkts S_1 der Parabel p_1 erhältst Du mit quadratischer Ergänzung. Die Steigung m_g von g, die durch die beiden Punkte A und S_1 verläuft, erhältst Du mit der Steigungsformel $m = \frac{y_2 - y_1}{x_2 - x_1}$. Die Gleichung der Geraden g, welche die Steigung m_g hat und durch den Punkt A geht, erhältst Du mit der Hauptform $y = mx + b$. Setze m_g und die Koordinaten von A ein und bestimme b. Spiegle den Scheitelpunkt S_1 an der y-Achse und bestimme die Koordinaten von S_2. Die Gleichung der nach oben geöffneten verschobenen Normalparabel p_2 mit dem Scheitelpunkt S_2 erhältst Du mit der Scheitelform $y = (x - d)^2 + c$. Verwende die binomischen Formeln. Die Koordinaten des Schnittpunkts der Geraden g mit der y-Achse erhältst Du, indem Du $x = 0$ in die Geradengleichung einsetzt. Damit ergibt sich der Scheitelpunkt S_3 der Parabel p_3. Setze die Koordinaten von S_3 in die Gleichung von p_3: $y = ax^2 + c$ ein und bestimme c. Anschließend setzt Du die Koordinaten von S_2, der auch auf p_3 liegt, ebenfalls in die Gleichung von p_3 ein und bestimmst a.

b) Bezeichne mit M_1 den Mittelpunkt von $\overline{EF}$ und mit M_2 den Mittelpunkt von $\overline{AC}$ und trage alle Maße in eine Skizze ein. Den Flächeninhalt des Dreiecks EFS erhältst Du mit der Formel $A = \frac{1}{2}\ g\ \ h$. Als Grundseite g des Dreiecks EFS verwendest Du $g = \overline{EF}$. Die zugehörige Höhe h_{EF} erhältst Du im rechtwinligen Dreieck EM_1S mit Hilfe des Tangensverhältnisses. Das Volumen V der quadratischen Pyramide erhältst Du mit der Formel $V = \frac{1}{3}\ G\ \ h$.
Die Grundfläche G der Pyramide erhältst Du durch $G = a^2 = \overline{AB}^2$. Die Höhe h der Pyramide erhältst Du im rechtwinkligen Dreieck M_1SM_2 mit Hilfe des Satzes des Pythagoras. Dazu benötigst Du noch die Länge $\overline{M_1M_2}$, für die gilt: $\overline{M_1M_2} = \frac{\overline{AC}\ \ \overline{EF}}{2}$. Die Länge der Seite $\overline{AC}$ erhältst Du im rechtwinligen Dreieck ABC mit Hilfe des Satzes des Pythagoras.

Aufgabe 3

a) Bestimme die Anzahl der jeweiligen Karten und die Anzahl der Karten insgesamt. Um den Erwartungswert für den Gewinn eines Spielers zu bestimmen, berechnest Du zuerst die Wahrscheinlichkeiten für die abgebildeten Ereignisse. Bezeichne mit H: Handball, mit R: Radfahren, mit L: Laufen und mit F: Fußball. Beachte, dass zwei Karten gleichzeitig gezogen werden, so dass es sich um «Ziehen ohne Zurücklegen» handelt, d.h. die Wahrscheinlichkeiten ändern sich beim zweiten Zug. Zeichne ein Baumdiagramm. Die Wahrscheinlichkeiten für die einzelnen Ereignisse erhältst Du mithilfe der Pfadregeln (Produkt- und Summenregel). Den Erwartungswert für den Gewinn eines Spielers erhältst Du, indem Du die Gewinne für das jeweilige Ereignis mit den zugehörigen Wahrscheinlichkeiten multiplizierst und den Einsatz subtrahierst. Beachte, dass der neue Erwartungswert E des Spielers 0,50 Euro betragen muss, wenn der Veranstalter langfristig einen Gewinn von 0,50 Euro erzielen will. Bezeichne mit x den Gewinn für « und » und berechne den Erwartungswert E des Spielers in Abhängigkeit von x. Löse anschließend die Gleichung E =   0,50 nach x auf.

b) Lege das Koordinatensystem so, dass die x-Achse auf dem Boden liegt und die y-Achse durch den Scheitelpunkt S der parabelförmigen Flugbahn geht. Bestimme die Koordinaten des Scheitels S der Parabel p und setze sie in den gegebenen Ansatz ein. Bestimme die Koordinaten des Abwurfpunktes A und setze sie in die Gleichung von p ein. Um zu berechnen, wie weit der Speer fliegt, bestimmst Du den Auftreffpunkt des Speers, also den Schnittpunkt B der Parabel p mit der x-Achse. Dazu löst Du die Gleichung $y = 0$ durch Wurzelziehen nach x auf. Überlege, welche Lösung aufgrund des Sachzusammenhangs in Frage kommt. Die Weite w erhältst Du, indem Du den x-Wert des Abwurfpunkts A vom x-Wert des Auftreffpunkts B subtrahierst.
Die Koordinaten des Auftreffpunktes C des zweiten Wurfversuchs erhältst Du, indem Du die Schnittpunkte der Parabel mit der gegebenen Gleichung mit der x-Achse berechnest. Dazu löst Du die Gleichung $y = 0$ durch Wurzelziehen nach x auf. Überlege, welche Lösung aufgrund des Sachzusammenhangs in Frage kommt. Du erhältst den x-Wert des Abwurfpunkts D, indem Du die gegebene Wurfweite vom x-Wert des Auftreffpunktes C

subtrahierst. Die Höhe des Abwurfpunktes D erhältst Du, indem Du den x-Wert des Abwurfpunktes in die gegebene Funktionsgleichung einsetzt.

Aufgabe 4

a) Als Ansatz für eine verschobene Normalparabel p verwendest Du $y = x^2 + bx + c$. Setze die Koordinaten der Punkte A und B in diese Gleichung ein und löse das zugehörige Gleichungssystem, indem Du Gleichung II von Gleichung I subtrahierst. Setze den erhaltenen b-Wert in Gleichung I ein, um c zu erhalten. Die Koordinaten des Punktes C erhältst Du, indem Du den x-Wert von C in die Parabelgleichung einsetzt. Die Steigung m_g der Geraden g, die durch die beiden Punkte A und B geht, erhältst Du mit der Steigungsformel $m = \frac{y_2 \ \ y_1}{x_2 \ \ x_1}$. Die Steigung m_h der Geraden h, die senkrecht auf g steht, erhältst Du mit dem negativen Kehrwert der Steigung von g: $m_h = \ \ \frac{1}{m_g}$. Die Gleichung der Geraden h, welche die Steigung m_h hat und durch den Punkt C geht, erhältst Du mit der Hauptform $y = mx + b$. Setze die Koordinaten von C und m_h ein, um b zu erhalten. Die Koordinaten des Schnittpunkts P von h mit der y-Achse erhältst Du, indem Du $x = 0$ in die Gleichung von h einsetzt. Die Koordinaten des Schnittpunkts Q von h mit der x-Achse erhältst Du, indem Du die Gleichung $y = 0$ nach x auflöst.

b) Trage zuerst alle Maße in eine Skizze ein und ermittle alle Winkel in den rechtwinkligen Dreiecken. Den Winkel α_1 im Dreieck M_1M_2C erhältst Du mit Hilfe des Tangensverhältnisses. Beachte, dass $\alpha_2 = \alpha_1$ gilt. Bestimme α_3 und ε_1 mit Hilfe der Winkelsumme im Dreieck. Beachte, dass $\varepsilon_2 = \varepsilon_3$ gilt und bestimme diese. Den Flächeninhalt A_1 des Dreiecks EM_1D erhältst Du mit der Formel $A_1 = \frac{1}{2} \ g \ h$. Als Grundseite g kannst Du $g = \overline{DM_1}$ wählen, die zugehörige Höhe h ist $h = \overline{DE}$. Im rechtwinkligen Dreieck EM_1D kannst Du $\overline{DE}$ mit Hilfe des Tangensverhältnisses berechnen. Den Flächeninhalt des Vierecks FBM_2C erhältst Du, indem Du vom Flächeninhalt des Vierecks ABCD die Flächeninhalte der Dreiecke AFE, EFM_1, EM_1D, $M_1C\ M_2$ und M_1M_2C subtrahierst. Im Dreieck EM_1D kannst Du die Seite EM_1 mit Hilfe des Kosinusverhältnisses berechnen. Im Dreieck EFM_1 kannst Du nun die Seite $\overline{FM_1}$ mit Hilfe des Tangensverhältnisses berechnen. Den Flächeninhalt A_2 des Dreiecks EFM_1 (und des Dreiecks AFE) erhältst Du mit der Formel $A_2 = \frac{1}{2} \ g \ h$. Als Grundseite kannst Du $g = \overline{EM_1}$ wählen, die zugehörige Höhe h ist $h = \overline{FM_1}$. Den Flächeninhalt A_3 des Dreiecks M_1M_2C (und des Dreiecks $M_1C\ M_2$) erhältst Du mit der Formel $A_3 = \frac{1}{2} \ g \ h$. Als Grundseite kannst du $g = \overline{M_1C}$ wählen, die zugehörige Höhe h ist $h = \overline{M_2C}$. Den Flächeninhalt A_4 des DIN A4-Blattes erhältst Du mit der Formel $A_4 = a \ \ b$, wobei a und b die Rechtecksseiten sind. Damit erhältst Du den Flächeninhalt A_5 des Vierecks FBM_2C durch $A_5 = A_4 \ \ A_1 \ \ 2 \ A_2 \ \ 2 \ A_3$.

1 Realschulabschlussprüfung 2017

Teil A 1

1) Den gegebenen Term kann man mithilfe der Wurzelgesetze umformen:

$$\frac{\sqrt{2}\cdot\sqrt{30}}{\sqrt{5}\cdot\sqrt{3}} = \frac{\sqrt{2\cdot 30}}{\sqrt{5\cdot 3}} = \frac{\sqrt{60}}{\sqrt{15}} = \sqrt{\frac{60}{15}} = \sqrt{4} = 2$$

2) Die nächsten 3 Rechteckszahlen sind:
$20 = 5\cdot 4$, $30 = 6\cdot 5$, $42 = 7\cdot 6$.

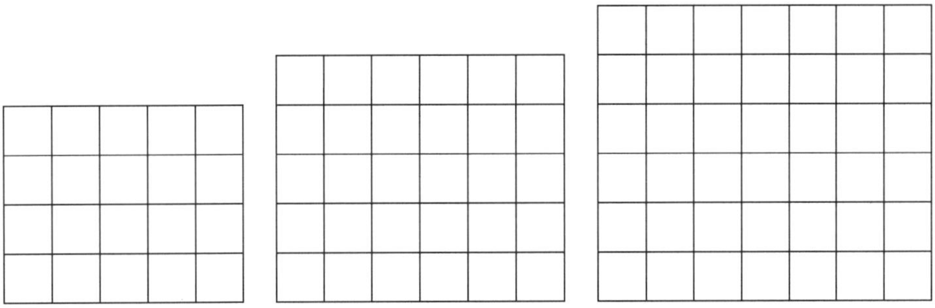

20 30 42

Eine Rechteckszahl, deren eine Seite den Wert 10 hat, kann $10\cdot 9 = 90$ oder $11\cdot 10 = 110$ sein. Also sind folgende Antworten richtig:

☐ 70 ☐ 80 ☒ 90 ☐ 100 ☒ 110 ☐ 120

3) Das Volumen einer Kugel erhält man mit der Formel $V_{\text{Kugel}} = \frac{4}{3}\cdot\pi\cdot r^3$.
Damit gilt für das Volumen einer Halbkugel mit Radius $r = 3{,}0\,\text{cm}$:

$$V_{\text{Halbkugel}} = \frac{1}{2}\cdot\frac{4}{3}\cdot\pi\cdot 3^3 = \frac{2}{3}\pi\cdot 27 = \frac{54}{3}\cdot\pi = 18\cdot\pi\,\text{cm}^3$$

Das Volumen eines Kegels erhält man mit der Formel $V_{\text{Kegel}} = \frac{1}{3}\cdot \text{G}\cdot \text{h} = \frac{1}{3}\cdot\pi\cdot r^2\cdot h$.
Damit ergibt sich für das Volumen eines Kegels mit dem Radius $r = 3{,}0\,\text{cm}$ und der Höhe $h = 6{,}0\,\text{cm}$:

$$V_{\text{Kegel}} = \frac{1}{3}\cdot\pi\cdot r^2\cdot h = \frac{1}{3}\cdot\pi\cdot 3^2\cdot 6 = \frac{54}{3}\cdot\pi = 18\cdot\pi\,\text{cm}^3$$

Also ist das Volumen der Halbkugel gleich groß wie das Kegelvolumen.
Somit hat Aurelia nicht Recht.

4) Wegen

$$P(22) = \frac{1}{9} = \frac{1}{3}\cdot\frac{1}{3}$$

muss aufgrund der Pfadregeln gelten: $P(2) = \frac{1}{3}$.
Somit sind auf dem Würfel $\frac{1}{3} \cdot 12 = 4$ Flächen mit der Zahl «2».
Wegen

$$P(33) = \frac{1}{16} = \frac{1}{4} \cdot \frac{1}{4}$$

muss aufgrund der Pfadregeln gelten: $P(3) = \frac{1}{4}$.
Somit sind auf dem Würfel $\frac{1}{4} \cdot 12 = 3$ Flächen mit der Zahl «3».
Da bisher nur auf zwei Flächen die Zahl «3» steht, muss auf der übrigen Fläche die Zahl «3» sein.
Die Wahrscheinlichkeit, dass die Augensumme fünf beträgt, erhält man ebenfalls mit den Pfadregeln:

$$\begin{aligned} P(\text{Augensumme ist fünf}) &= P(23) + P(32) \\ &= \frac{1}{3} \cdot \frac{1}{4} + \frac{1}{4} \cdot \frac{1}{3} = \frac{1}{12} + \frac{1}{12} = \frac{2}{12} = \frac{1}{6} \end{aligned}$$

Somit beträgt die Wahrscheinlichkeit, dass die Augensumme fünf ist, $\frac{1}{6}$.

5) Den Umfang des Dreiecks erhält man, indem man die Längen der drei Seiten addiert:

$$U = a + x + y$$

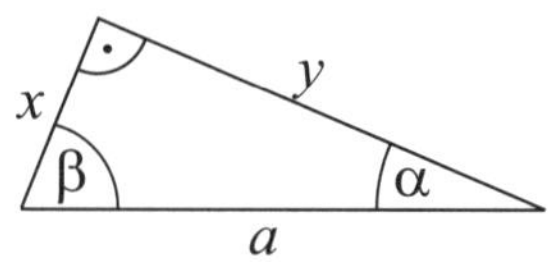

Für die Seite x gilt:

$$\sin\alpha = \frac{x}{a}$$
$$a \cdot \sin\alpha = x$$

Für die Seite y gilt:

$$\cos\alpha = \frac{y}{a}$$
$$a \cdot \cos\alpha = y$$

Damit erhält man den Umfang des Dreiecks:

$$U = a + x + y = a + a \cdot \sin\alpha + a \cdot \cos\alpha = a \cdot (1 + \sin\alpha + \cos\alpha)$$

6) Zuerst markiert man die Lage der Punkte B, C und D in der Zeichnung. Beachtet man die

Umlaufrichtung der Punkte, ergibt sich:

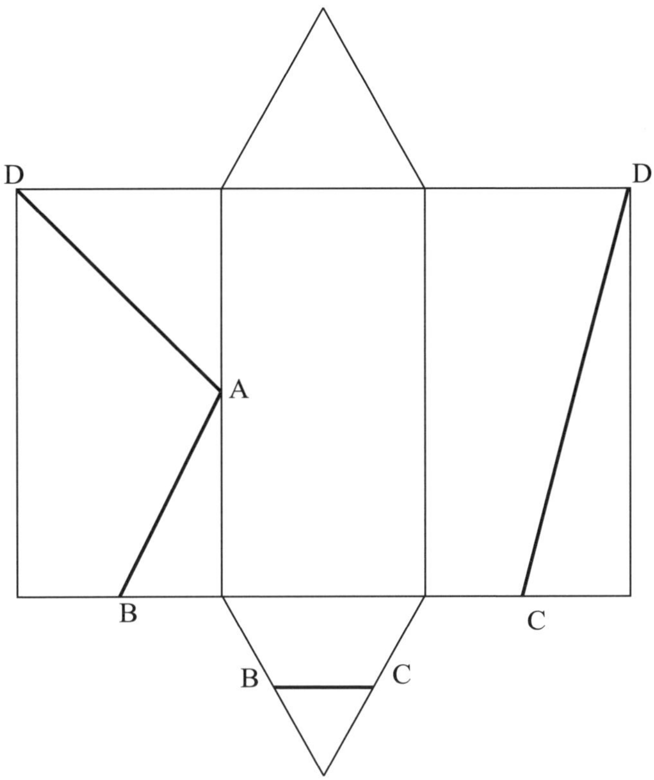

7) Die Parabel p mit der Gleichung $p:\ y = (x-1)^2 + 1$ hat den Scheitel $S(1 \mid 1)$. Damit kann man die Parabel mit der Parabelschablone einzeichnen.

Nun kann man eine Gerade durch den Ursprung einzeichnen, die mit der Parabel keinen gemeinsamen Punkt hat, z.B. die Ursprungsgerade mit der Gleichung $y = \frac{1}{4}x$. Sie geht durch den Ursprung und hat die postive Steigung $m = \frac{1}{4}$. Somit hat Theo nicht Recht mit seiner Behauptung.

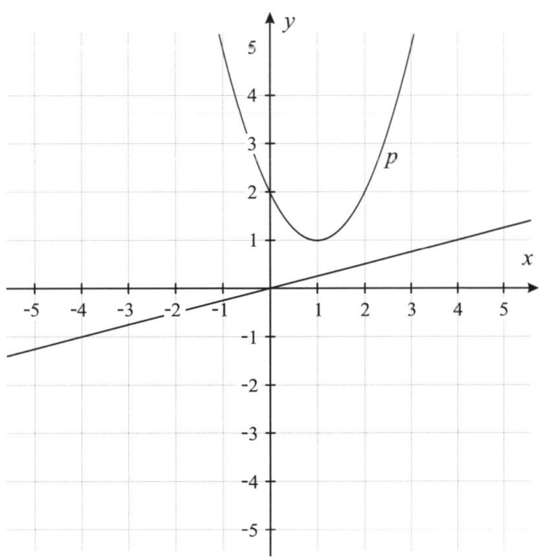

Teil A 2 2017

1) Zunächst trägt man alle Maße und Winkel in eine Zeichnung ein.
Um die Länge von $\overline{EF}$ zu berechnen, kann man zuerst im Dreieck BCE die Seite $\overline{BE}$ und den Winkel β_1 bestimmen:

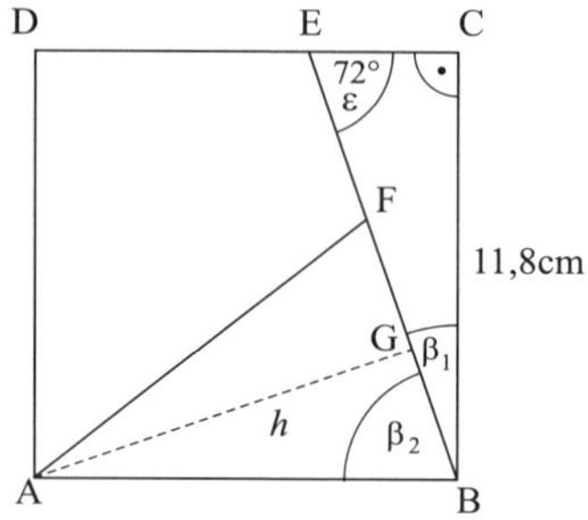

$$\sin(\varepsilon) = \frac{\overline{BC}}{\overline{BE}}$$
$$\sin(\varepsilon)\cdot\overline{BE} = \overline{BC}$$
$$\overline{BE} = \frac{\overline{BC}}{\sin(\varepsilon)}$$
$$\overline{BE} = \frac{11,8}{\sin(72^\circ)}$$
$$\overline{BE} \approx 12,41\,\text{cm}$$

und

$$\beta_1 = 180^\circ - 90^\circ - \varepsilon = 90^\circ - 72^\circ = 18^\circ$$

Damit ergibt sich bei Punkt B:

$$\beta_2 = 90^\circ - \beta_1 = 90^\circ - 18^\circ = 72^\circ$$

Im gleichschenkligen Dreieck ABF kann man die Höhe auf die Seite $\overline{BF}$ einzeichnen, so dass gilt: $\overline{BG} = \overline{FG}$.
Im Dreieck ABG kann man die Seite $\overline{BG}$ bestimmen. Wegen $\overline{BC} = \overline{AB} = 11,8\,\text{cm}$ gilt:

$$\cos(\beta_2) = \frac{\overline{BG}}{\overline{AB}}$$
$$\cos(\beta_2)\cdot\overline{AB} = \overline{BG}$$
$$\cos(72^\circ)\cdot 11,8 = \overline{BG}$$
$$\overline{BG} \approx 3,65\,\text{cm}$$

Wegen $\overline{BG} = \overline{FG}$ erhält man:

$$\overline{BF} = \overline{BG} + \overline{FG} = 3,65 + 3,65 = 7,30\,\text{cm}$$

Damit gilt:

$$\overline{EF} = \overline{BE} - \overline{BF} = 12,41 - 7,30 = 5,11\,\text{cm}$$

Somit beträgt die Länge von $\overline{EF}$ etwa $5,1\,\text{cm}$.

2) Zunächst trägt man alle Maße und Winkel in eine Zeichnung ein:

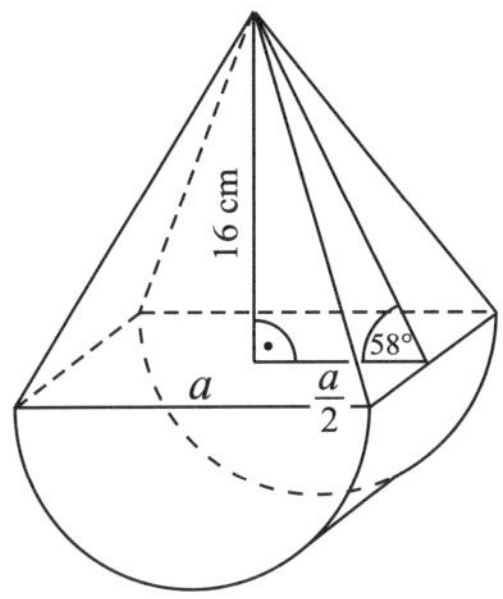

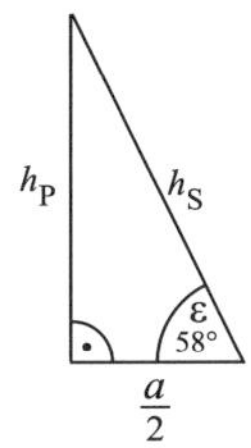

Im rechtwinkligen Dreieck berechnet man die Seite $\frac{a}{2}$ und die Seitenflächenhöhe h_S:

$$\tan(\varepsilon) = \frac{h_P}{\frac{a}{2}}$$
$$\frac{a}{2} \cdot \tan(\varepsilon) = h_P$$
$$\frac{a}{2} = \frac{h_P}{\tan(\varepsilon)}$$
$$\frac{a}{2} = \frac{16}{\tan(58^\circ)}$$
$$\frac{a}{2} \approx 10{,}0\,\text{cm}$$

$$\sin(\varepsilon) = \frac{h_P}{h_S}$$
$$\sin(\varepsilon) \cdot h_S = h_P$$
$$h_S = \frac{h_P}{\sin(\varepsilon)}$$
$$h_S = \frac{16}{\sin(58^\circ)}$$
$$h_S \approx 18{,}87\,\text{cm}$$

Damit erhält man die Grundseite des Quadrats:

$$a = 2 \cdot \frac{a}{2} = 2 \cdot 10{,}0 = 20{,}0\,\text{cm}$$

Die Oberfläche des zusammengesetzten Körpers erhält man, indem man zur Mantelfläche der Pyramide die halbe Mantelfläche des Zylinders sowie eine Grundfläche des Zylinders addiert.

Die Mantelfläche M_P der Pyramide setzt sich aus vier kongruenten Dreiecken zusammen. Für den Flächeninhalt eines Dreiecks gilt:

$$A_{\text{Dreieck}} = \frac{1}{2} \cdot a \cdot h_S = \frac{1}{2} \cdot 20 \cdot 18{,}87 = 188{,}7\,\text{cm}^2$$

Damit ergibt sich:

$$M_P = 4 \cdot A_{\text{Dreieck}} = 4 \cdot 188{,}7 = 754{,}8\,\text{cm}^2$$

Der Zylinder hat folgende Maße:

Der Radius r des Zylinders ist $r = \frac{a}{2} = 10{,}0\,\text{cm}$.

Die Höhe h_Z des Zylinders ist $h_Z = a = 20{,}0\,\text{cm}$.

Für die Grundfläche G_Z des Zylinders gilt:

$$G_Z = \pi \cdot r^2 = \pi \cdot 10^2 = 314{,}16\,\text{cm}^2$$

Für die halbe Mantelfläche des Zylinders gilt:

$$\frac{1}{2} \cdot M_Z = \frac{1}{2} \cdot 2 \cdot \pi \cdot r \cdot h_Z = \pi \cdot 10 \cdot 20 \approx 628,32\,\text{cm}^2$$

Für die Oberfläche des zusammengesetzten Körpers erhält man:

$$O = M_P + \frac{1}{2} \cdot M_Z + G_Z = 754,8 + 628,32 + 314,16 = 1697,28\,\text{cm}^2$$

Die Oberfläche beträgt etwa $1697\,\text{cm}^2$.

3) Die Gleichung der nach oben geöffneten verschobenen Normalparabel p mit den Nullstellen $x_1 = -3$ und $x_2 = 1$ erhält man mit dem Nullstellenansatz:

$$p\colon\ y = (x - (-3)) \cdot (x - 1) = (x + 3) \cdot (x - 1) = x^2 - x + 3x - 3 = x^2 + 2x - 3$$

Alternativ kann man aus Symmetriegründen auch den x-Wert des Scheitels der Parabel bestimmen: $x = \frac{-3+1}{2} = -1$. Setzt man den x-Wert des Scheitels und die Koordinaten von $N_2(1 \mid 0)$ in die Scheitelform $y = (x - d)^2 + c$ ein, ergibt sich:

$$\begin{aligned} 0 &= (1 - (-1))^2 + c \\ 0 &= 2^2 + c \\ -4 &= c \end{aligned}$$

Der Scheitel hat die Koordinaten $S(-1 \mid -4)$.
Somit hat die Parabel p die Gleichung:

$$y = (x - (-1))^2 - 4 = (x + 1)^2 - 4 = x^2 + 2x + 1 - 4 = x^2 + 2x - 3$$

Den Scheitelpunkt S von p erhält man durch quadratische Ergänzung:

$$\begin{aligned} y &= x^2 + 2x - 3 \\ y &= x^2 + 2x + 1 - 1 - 3 \\ y &= (x + 1)^2 - 4 \end{aligned}$$

Also hat der Scheitel die Koordinaten $S\,(-1 \mid -4)$. Die Gerade g mit der Gleichung $y = 3x + b$ geht durch den Scheitelpunkt S der Parabel p. Also kann man die Koordinaten von $S\,(-1 \mid -4)$ in die Geradengleichung einsetzen:

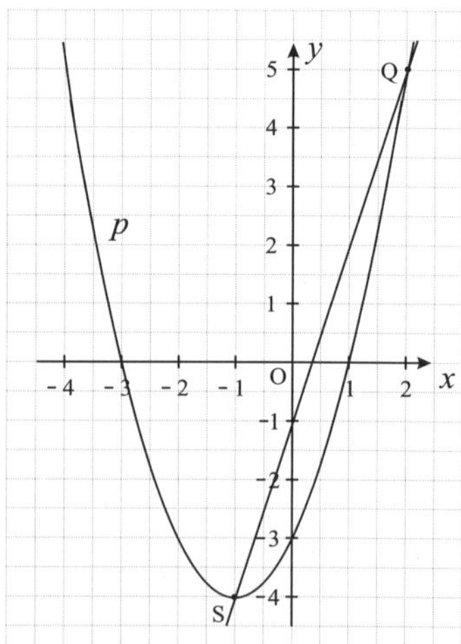

$$-4 = 3 \cdot (-1) + b \Rightarrow b = -1$$

Damit hat die Gerade g die Gleichung:

$$g\colon y = 3x - 1$$

Die Koordinaten des zweiten Schnittpunkts Q von p und g erhält man durch Gleichsetzen der Gleichungen von p und g:

$$x^2 + 2x - 3 = 3x - 1$$
$$x^2 - x - 2 = 0$$

Mithilfe der pq-Formel ($p = -1$ und $q = -2$) erhält man:

$$x_{1,2} = -\frac{-1}{2} \pm \sqrt{\left(\frac{-1}{2}\right)^2 - (-2)}$$

Daraus ergeben sich die Lösungen $x_1 = -1$ und $x_2 = 2$.
Zu $x_1 = -1$ gehört der gegebene Scheitelpunkt $S(-1 \mid -4)$.
Den y-Wert des zweiten Schnittpunkts Q erhält man, indem man $x_2 = 2$ in die Gleichung von g einsetzt:

$$y = 3 \cdot 2 - 1 = 5$$

Damit hat der Punkt Q die Koordinaten $Q(2 \mid 5)$.

4) Da 6,1 % der 54 000 Reisen nach Österreich gebucht wurden, ergibt sich für die Anzahl der Reisen nach Österreich:

$$R_{\text{Oesterreich}} = 6{,}1\,\% \text{ von } 54000 = 0{,}061 \cdot 54000 = 3294$$

Alternativ kann man auch die Prozentformel verwenden: $R_{\text{Oesterreich}} = 54000 \cdot \frac{6{,}1}{100} = 3294$.
Somit wurden 3294 Reisen nach Österreich gebucht.

Da 37,5 % der 54 000 Reisen nach Deutschland gebucht wurden, ergibt sich für die Anzahl der Reisen nach Deutschland:

$$R_{\text{Deutschland}} = 37{,}5\,\% \text{ von } 54000 = 0{,}375 \cdot 54000 = 20250$$

Alternativ kann man die Prozentformel verwenden: $R_{\text{Deutschland}} = 54000 \cdot \frac{37{,}5}{100} = 20250$.
Damit wurden 20 250 Reisen nach Deutschland gebucht.
Da 18,0 % dieser Reisen nach Bayern gebucht wurden, ergibt sich für die Anzahl der Reisen nach Bayern:

$$R_{\text{Bayern}} = 18\,\% \text{ von } 20250 = 0{,}18 \cdot 20250 = 3645$$

Alternativ kann man auch die Prozentformel verwenden: $R_{\text{Bayern}} = 20250 \cdot \frac{18}{100} = 3645$.
Somit wurden 3645 Reisen nach Bayern gebucht.
Da 17,6 % der 54 000 «sonstige»Reisen gebucht wurden, ergibt sich für die Anzahl der

«sonstigen» Reisen:

$$R_{\text{Sonstige}} = 17,6\,\% \text{ von } 54\,000 = 0,176 \cdot 54\,000 = 9504$$

Alternativ kann man auch die Prozentformel verwenden: $R_{\text{Sonstige}} = 54\,000 \cdot \frac{17,6}{100} = 9504$.
Damit wurden 9504 «sonstige» Reisen gebucht.
Den prozentualen Anteil der Reisen in die USA an den «sonstigen» Urlaubszielen erhält man, indem man die Anzahl der Reisen in die USA durch die Anzahl der «sonstigen» Reisen teilt:

$$\frac{704}{9504} = \frac{2}{27} \approx 0,074 = 7,4\,\%$$

Alternativ kann man auch die Prozentformel verwenden:

$$\begin{aligned} \mathrm{P} &= \mathrm{G} \cdot \frac{p}{100} \\ \frac{\mathrm{P} \cdot 100}{\mathrm{G}} &= p \\ \frac{704 \cdot 100}{9504} &= p \\ 7,4 &\approx p \end{aligned}$$

Somit beträgt der gesuchte prozentuale Anteil etwa $7,4\,\%$.

5) Die Wahrscheinlichkeit für eine geworfene Zahl bei einem Würfel beträgt $\frac{1}{6}$.
Da zwei Würfel gleichzeitig geworfen werden, beträgt die Wahrscheinlichkeit für jedes Ergebnis: $\frac{1}{6} \cdot \frac{1}{6} = \frac{1}{36}$.
Die Wahrscheinlichkeit für die Augensumme 6 erhält man mithilfe der Pfadregeln. Es gibt fünf mögliche Versuchsausgänge:

$$\begin{aligned} \mathrm{P}(\text{«Augensumme 6»}) &= \mathrm{P}(15) + \mathrm{P}(24) + \mathrm{P}(33) + \mathrm{P}(42) + \mathrm{P}(51) \\ &= \frac{1}{6} \cdot \frac{1}{6} + \frac{1}{6} \cdot \frac{1}{6} + \frac{1}{6} \cdot \frac{1}{6} + \frac{1}{6} \cdot \frac{1}{6} + \frac{1}{6} \cdot \frac{1}{6} \\ &= \frac{5}{36} \end{aligned}$$

Die Wahrscheinlichkeit für die Augensumme 9 erhält man ebenfalls mithilfe der Pfadregeln. Es gibt vier mögliche Versuchsausgänge:

$$\begin{aligned} \mathrm{P}(\text{«Augensumme 9»}) &= \mathrm{P}(36) + \mathrm{P}(45) + \mathrm{P}(54) + \mathrm{P}(63) \\ &= \frac{1}{6} \cdot \frac{1}{6} + \frac{1}{6} \cdot \frac{1}{6} + \frac{1}{6} \cdot \frac{1}{6} + \frac{1}{6} \cdot \frac{1}{6} \\ &= \frac{4}{36} \end{aligned}$$

Alternativ kann man auch argumentieren, dass es für das Ereignis «Augensumme 6» mehr

Versuchsausgänge gibt als für das Ereignis «Augensumme 9» und alle Versuchsausgänge die gleiche Wahrscheinlichkeit besitzen.
Somit ist die Aussage: «Die Wahrscheinlichkeit für Augensumme 6 ist größer als die Wahrscheinlichkeit für Augensumme 9» richtig.

Wenn Max eine 5 und eine 3 geworfen hat, also die Augensumme 8 beträgt, und Nele das Spiel gewinnen möchte, muss ihre Augensumme mindestens 9 betragen.
Die Wahrscheinlichkeit für das Ereignis «Augensumme mindestens 9» erhält man mithilfe der Pfadregeln:

$$\begin{aligned} P(\text{«A. mind. 9»}) &= P(36)+P(45)+P(54)+P(63)+P(46)+P(55)+P(64)+P(56)+P(65)+P(66) \\ &= \frac{1}{6}\cdot\frac{1}{6}+\frac{1}{6}\cdot\frac{1}{6}+\frac{1}{6}\cdot\frac{1}{6}+\frac{1}{6}\cdot\frac{1}{6}+\frac{1}{6}\cdot\frac{1}{6}+\frac{1}{6}\cdot\frac{1}{6}+\frac{1}{6}\cdot\frac{1}{6}+\frac{1}{6}\cdot\frac{1}{6}+\frac{1}{6}\cdot\frac{1}{6}+\frac{1}{6}\cdot\frac{1}{6} \\ &= \frac{10}{36}=\frac{5}{18} \end{aligned}$$

Die Wahrscheinlichkeit, dass Nele mit dem nächsten Wurf das Spiel gewinnt, beträgt $\frac{5}{18}$.

6) Zuerst bestimmt man die Kennwerte der dargestellten Boxplots.
Für Boxplot (1) links und Boxplot (2) rechts kann man ablesen:

Boxplot (1)	Boxplot (2)
$x_{\min}=2$	$x_{\min}=2$
$q_u=6$	$q_u=6$
$z=7$	$z=7$
$q_o=9$	$q_o=10$
$x_{\max}=12$	$x_{\max}=12$

Man kann erkennen, dass sich die beiden Boxplots nur im oberen Quartil unterscheiden.
Die Anzahl der Schülerinnen und Schüler der Klasse 10a kann man anhand des Säulendiagramms ermitteln:

$$1+2+2+4+5+2+4+2+1+2=25$$

Die Klasse 10a hat insgesamt 25 SchülerInnen.
Damit gilt für das obere Quartil:

$$\text{n}\cdot 0,75 = 25\cdot 0,75 = 18,75 \Rightarrow q_o = x_{19}$$

Der 19. Wert ist im Säulendiagramm in der Säule mit 9 Punkten enthalten also gilt: $q_o = x_{19} = 9$.
Somit zeigt Boxplot (1) die Verteilung der Ergebnisse der Klasse 10a.

Die Klasse 10b hat insgesamt 29 SchülerInnen. Damit gilt für das obere Quartil:

$$n \cdot 0,75 = 29 \cdot 0,75 = 21,75 \Rightarrow q_o = x_{22}$$

Somit muss der 22. Wert das obere Quartil angeben, also $x_{22} = 10$.
Im Diagramm sind schon insgesamt 22 Werte eingetragen, es fehlen also insgesamt noch 7 Werte.
Bis 8 Punkte sind es schon 18 Werte, d.h. bei 9 Punkten können es höchstens 3 Werte sein, damit der 22. Wert auf jeden Fall 10 Punkte beträgt.
Somit gibt es folgende Möglichkeiten für die Verteilung der Schülerinnen und Schüler auf die Punkte:

9 Punkte	**3**	2	1	0
10 Punkte	**4**	5	6	7

Damit erhält man beispielsweise folgende mögliche Lösung:

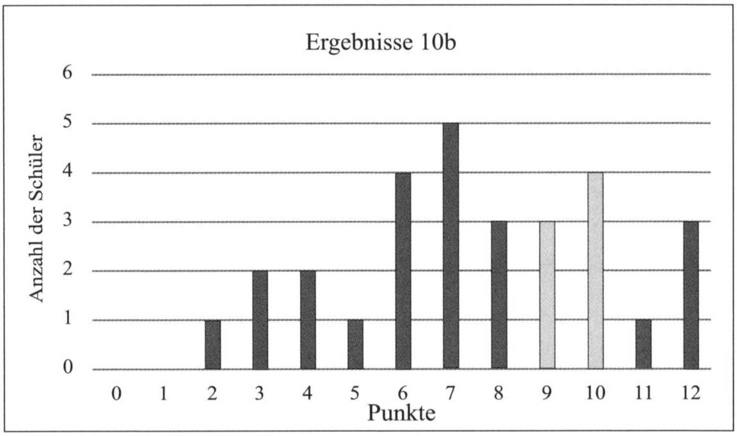

Teil B 2017

Aufgabe 1

a) Im Dreieck ABD kann man die Seiten $\overline{AD}$ und $\overline{AB}$ bestimmen:

$$\sin(\alpha) = \frac{\overline{BD}}{\overline{AD}}$$
$$\sin(\alpha)\cdot\overline{AD} = \overline{BD}$$
$$\overline{AD} = \frac{\overline{BD}}{\sin(\alpha)}$$
$$\overline{AD} = \frac{7,2}{\sin(42^\circ)}$$
$$\overline{AD} \approx 10,76\,\text{cm}$$

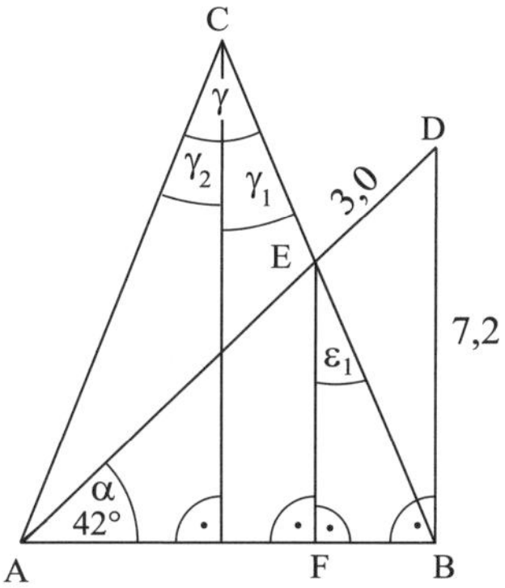

und

$$\tan(\alpha) = \frac{\overline{BD}}{\overline{AB}}$$
$$\tan(\alpha)\cdot\overline{AB} = \overline{BD}$$
$$\overline{AB} = \frac{\overline{BD}}{\tan(\alpha)}$$
$$\overline{AB} = \frac{7,2}{\tan(42^\circ)}$$
$$\overline{AB} \approx 8,00\,\text{cm}$$

Damit ergibt sich:

$$\overline{AE} = \overline{AD} - \overline{ED} = 10,76 - 3,0 = 7,76\,\text{cm}$$

Den Abstand des Punktes E von $\overline{AB}$ erhält man, indem man im Dreieck AFE die Seite $\overline{EF}$ berechnet:

$$\sin(\alpha) = \frac{\overline{EF}}{\overline{AE}}$$
$$\sin(\alpha)\cdot\overline{AE} = \overline{EF}$$
$$\sin(42^\circ)\cdot 7,76 = \overline{EF}$$
$$\overline{EF} \approx 5,19\,\text{cm}$$

Somit beträgt der Abstand des Punktes E von $\overline{AB}$ etwa $5,2\,\text{cm}$.

Den Winkel γ erhält man, indem man die beiden Teilwinkel γ_1 und γ_2 berechnet.
Im gleichschenkligen Dreieck ABC gilt: $\gamma_1 = \gamma_2$. Ferner gilt: $\gamma_1 = \varepsilon_1$ (Stufenwinkel).

Im Dreieck AFE kann man die Seite $\overline{AF}$ berechnen:

$$\cos(\alpha) = \frac{\overline{AF}}{\overline{AE}}$$
$$\cos(\alpha) \cdot \overline{AE} = \overline{AF}$$
$$\cos(42°) \cdot 7,76 = \overline{AF}$$
$$\overline{AF} \approx 5,77\,\text{cm}$$

Damit ergibt sich:

$$\overline{BF} = \overline{AB} - \overline{AF} = 8,00 - 5,77 = 2,23\,\text{cm}$$

Damit kann man im Dreieck BEF den Winkel ε_1 bestimmen:

$$\tan(\varepsilon_1) = \frac{\overline{BF}}{\overline{EF}}$$
$$\tan(\varepsilon_1) = \frac{2,23}{5,19}$$
$$\varepsilon_1 = \tan^{-1}\left(\frac{2,23}{5,19}\right)$$
$$\varepsilon_1 \approx 23,25°$$

Damit ergibt sich: $\gamma_1 = \gamma_2 = 23,25°$.
Den Winkel γ erhält man, indem man γ_1 und γ_2 addiert:

$$\gamma = \gamma_1 + \gamma_2 = 23,25° + 23,25° = 46,50°$$

Der Winkel γ beträgt etwa $46,5°$.

b) Um zu bestimmen, welcher Graph zu welcher Funktionsgleichung gehört, bestimmt man zuerst die x-Werte der Scheitelpunkte S_1, S_2 und S_3 von p_1, p_2 und p_3. Anhand der Zeichnung kann man ablesen: $x_1 \approx -2$, $x_2 = 3$ (aufgrund der Symmetrie) und $x_3 = 0$.
Anschließend formt man zwei der drei gegebenen Gleichungen in die Scheitelform um.
Für Gleichung (A) ergibt sich:

$$y = ax^2 - 1$$
$$y = a \cdot (x-0)^2 - 1$$

Damit hat Parabelgleichung (A) den Scheitel $S_3(0 \mid -1)$ und gehört damit zu p_3.
Für Gleichung (B) ergibt sich durch quadratische Ergänzung:

$$y = x^2 - 6x + 5$$
$$y = x^2 - 6x + 9 - 9 + 5$$
$$y = (x-3)^2 - 4$$

Damit hat die Parabelgleichung (B) den Scheitel $S_2(3 \mid -4)$ und gehört damit zu p_2.
Die Parabelgleichung (C) gehört schließlich zu p_1, da p_2 zu (B) und p_3 zu (A) gehört.

Um die Funktionsgleichungen von (A) und (C) zu vervollständigen, setzt man jeweils die Koordinaten eines Punktes, die in der Zeichnung abgelesen werden, in die entsprechende Gleichung ein.
Auf der Parabel p_1 liegt der Punkt $(0 \mid 5)$. Setzt man seine Koordinaten in die Gleichung (C) ein, erhält man:

$$5 = 0^2 + 4 \cdot 0 + q \Rightarrow q = 5$$

Damit hat Gleichung (C) von p_1 die Form:

$$p_1\colon y = x^2 + 4x + 5$$

Auf der Parabel p_3 liegt der Punkt $(2 \mid 0)$. Setzt man seine Koordinaten in die Gleichung (A) ein, erhält man:

$$0 = a \cdot 2^2 - 1 \Rightarrow a = \frac{1}{4}$$

Damit hat Gleichung (A) von p_3 die Form:

$$p_3\colon y = \frac{1}{4}x^2 - 1$$

Die Gerade g geht durch die Scheitelpunkte $S_2(3 \mid -4)$ und $S_3(0 \mid -1)$. Die Steigung m von g erhält man mit der Steigungsformel:

$$m = \frac{y_2 - y_1}{x_2 - x_1} = \frac{-1 - (-4)}{0 - 3} = -1$$

Setzt man $m = -1$ und die Koordinaten des Punktes $S_3(0 \mid -1)$ in die Hauptform ein, ergibt sich:

$$\begin{aligned} y &= m \cdot x + b \\ -1 &= -1 \cdot 0 + b \\ -1 &= b \end{aligned}$$

Somit hat die Gerade g die Gleichung $g\colon\ y = -x - 1$.

Den Scheitelpunkt S_1 von p_1 mit der Gleichung $y = x^2 + 4x + 5$ erhält man durch quadratische Ergänzung:

$$\begin{aligned} y &= x^2 + 4x + 5 \\ y &= x^2 + 4x + 4 - 4 + 5 \\ y &= (x + 2)^2 + 1 \end{aligned}$$

Damit hat die Parabel p_1 den Scheitel $S_1(-2 \mid 1)$.

Um nachzuweisen, dass der Scheitelpunkt $S_1(-2 \mid 1)$ ebenfalls auf der Geraden g liegt, setzt man seine Koordinaten in die Gleichung von g ein (Punktprobe):

$$1 = -(-2) - 1 \Rightarrow 1 = 1$$

Aufgrund der wahren Aussage liegt $S_1(-2 \mid 1)$ auch auf g.

Aufgabe 2

a) Die bemalte Fläche setzt sich zusammen aus einem Kreisring und einem Rechteck.
Der Kreisring hat den äußeren Radius $r_1 = 6\,\text{cm}$ und den inneren Radius $r_2 = 5\,\text{cm}$. Damit gilt für den Flächeninhalt:

$$A_{\text{Kreisring}} = \pi \cdot \left(r_1^2 - r_2^2\right) = \pi \cdot \left((6\,\text{cm})^2 - (5\,\text{cm})^2\right) \approx 34{,}56\,\text{cm}^2$$

Die Länge a des Rechtecks entspricht dem Umfang des äußeren Kreises: $a = 2 \cdot \pi \cdot r_1$, die Breite beträgt $b = 2\,\text{cm}$.
Damit gilt für den Flächeninhalt des Rechtecks:

$$A_{\text{Rechteck}} = a \cdot b = 2 \cdot \pi \cdot r_1 \cdot 2\,\text{cm} = 2 \cdot \pi \cdot 6\,\text{cm} \cdot 2\,\text{cm} \approx 75{,}40\,\text{cm}^2$$

Somit gilt für den Flächeninhalt A der bemalten Fläche:

$$A = A_{\text{Kreisring}} + A_{\text{Rechteck}} \approx 34{,}56\,\text{cm}^2 + 75{,}40\,\text{cm}^2 = 109{,}96\,\text{cm}^2$$

Die bemalte Fläche beträgt etwa $109{,}96\,\text{cm}^2$.

Der Kegel hat einen Durchmesser von $d = 9\,\text{cm}$, also einen Radius von $r = 4{,}5\,\text{cm}$.
Die Länge der Mantellinie s des Kegels beträgt $s = 9\,\text{cm}$.
Die Höhe h des Kegels erhält man mit dem Satz des Pythagoras:

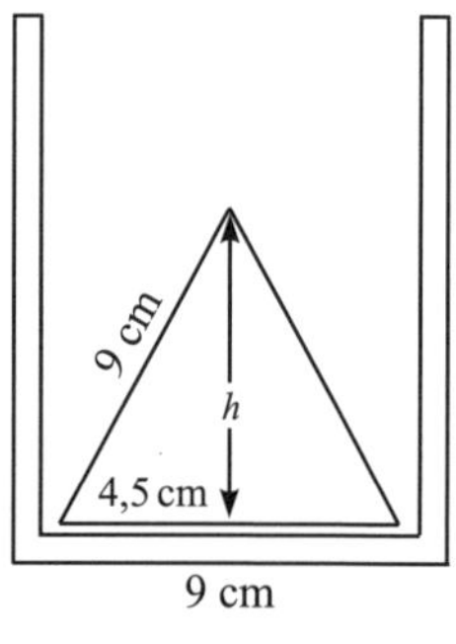

$$s^2 = h^2 + r^2$$
$$s^2 - r^2 = h^2$$
$$\sqrt{s^2 - r^2} = h$$
$$\sqrt{9^2 - 4{,}5^2} = h$$
$$h \approx 7{,}79\,\text{cm}$$

Das Volumen V_{Kegel} des Kegels berechnet man mit der Formel:

$$V_{Kegel} = \frac{1}{3} \cdot \pi \cdot r^2 \cdot h = \frac{1}{3} \cdot \pi \cdot (4{,}5\,cm)^2 \cdot 7{,}79\,cm \approx 165{,}19\,cm^3$$

Der Kegel ist dann vollständig von Wasser bedeckt, wenn das Volumen des Teilzylinders mit Höhe h abzüglich des Volumens des Kegels kleiner als $500\,cm^3$ ist.

$$V_{Teilzylinder} = \pi \cdot r_2^2 \cdot h = \pi \cdot (5\,cm)^2 \cdot 7{,}79\,cm \approx 611{,}83\,cm^3$$

Damit gilt:

$$V = V_{Teilzylinder} - V_{Kegel} = 611{,}83\,cm^3 - 165{,}19\,cm^3 = 446{,}64\,cm^3 < 500\,cm^3$$

Somit wird der Kegel vollständig von Wasser bedeckt.

Der äußere Mantel des Zylinders ist ein Rechteck; die Länge a des Rechtecks ist der Umfang des äußeren Kreises, die Breite b des Rechtecks ist die Höhe der Vase. Damit gilt:

$$a = 2 \cdot \pi \cdot r_1 = 2 \cdot \pi \cdot 6\,cm \approx 37{,}70\,cm \text{ und } b = 15\,cm$$

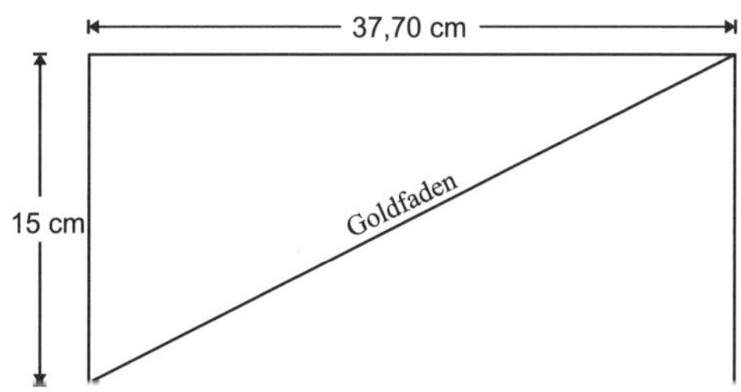

Die Länge l des Goldfadens erhält man mit dem Satz des Pythagoras:

$$\begin{aligned} l^2 &= a^2 + b^2 \\ &= (37{,}70\,cm)^2 + (15\,cm)^2 \Rightarrow l = \sqrt{1421\,cm^2 + 225\,cm^2} \approx 40{,}57\,cm \end{aligned}$$

Die Länge des Goldfadens beträgt also etwa $40{,}57\,cm$.

b) Die Parabel p_1 hat die Gleichung $y = \frac{1}{4}x^2 - 4$.
Die Gleichung der nach oben geöffneten Normalparabel p_2 mit dem Scheitel $S_2\,(1{,}5 \mid -3{,}25)$ erhält man mit der Scheitelform:

$$p_2\colon\ y = (x - 1{,}5)^2 - 3{,}25 = x^2 - 3x + 2{,}25 - 3{,}25 = x^2 - 3x - 1$$

Den gemeinsamen Punkt R von p_1 und p_2 erhält man, indem man die Gleichungen von p_1

und p_2 gleichsetzt:

$$\begin{aligned}\frac{1}{4}x^2-4&=x^2-3x-1\\0&=\frac{3}{4}x^2-3x+3\\0&=x^2-4x+4\end{aligned}$$

Mithilfe der pq-Formel ($p=-4$ und $q=4$) erhält man:

$$x_{1,2}=-\frac{-4}{2}\pm\sqrt{\left(\frac{-4}{2}\right)^2-4}$$

Daraus ergibt sich als einzige Lösung $x=2$.
Den zugehörigen y-Wert erhält man, indem man $x=2$ in die Gleichung von p_1 einsetzt:

$$y=\frac{1}{4}\cdot 2^2-4=-3\Rightarrow \mathrm{R}(2\mid -3)$$

Der Punkt R hat die Koordinaten $\mathrm{R}(2\mid -3)$.
Die Gerade h geht durch den Ursprung $(0\mid 0)$ und den Punkt $\mathrm{R}(2\mid -3)$. Die Steigung m von h erhält man mit der Steigungsformel:

$$m=\frac{y_2-y_1}{x_2-x_1}=\frac{-3-0}{2-0}=-\frac{3}{2}$$

Setzt man $m=-\frac{3}{2}$ und die Koordinaten des Punktes $(0\mid 0)$ in die Hauptform ein, ergibt sich:

$$\begin{aligned}y&=m\cdot x+b\\0&=-\frac{3}{2}\cdot 0+b\\0&=b\end{aligned}$$

Alternativ erhält man den y-Achsenabschnitt $b=0$, da die Gerade h durch den Ursprung verläuft.
Somit hat die Gerade h die Gleichung $h\colon\ y=-\frac{3}{2}x$.

Die Schnittpunkte der Parabel p_1 mit der x-Achse erhält man, indem man die Gleichung $y=0$ nach x auflöst:

$$\begin{aligned}\frac{1}{4}x^2-4&=0\\\frac{1}{4}x^2&=4\\x^2&=16\\x_{1,2}&=\pm 4\end{aligned}$$

Damit haben die Schnittpunkte der Parabel p_1 mit der x-Achse die Koordinaten $N_1(-4 \mid 0)$ und $N_2(4 \mid 0)$.

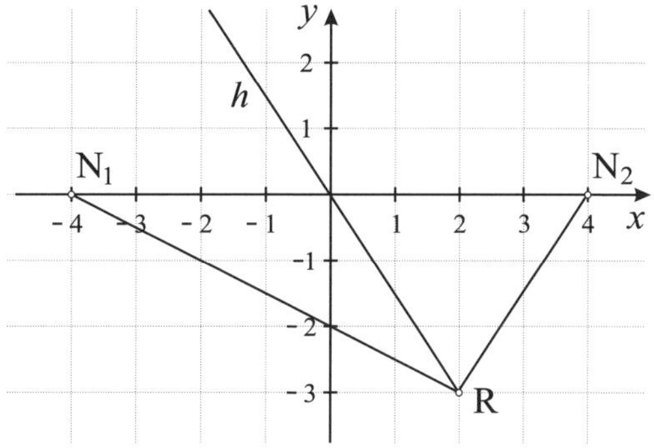

Den Flächeninhalt des Dreiecks N_1RN_2 erhält man mit der Formel $A_{\text{Dreieck}} = \frac{1}{2} \cdot g \cdot h$.
Als Grundseite g verwendet man $g = \overline{N_1N_2} = 4 - (-4) = 8$.
Die zugehörige Höhe h ist der Abstand des Punktes R zur x-Achse, also $h = 3$.
Damit gilt:

$$A_{N_1RN_2} = \frac{1}{2} \cdot g \cdot h = \frac{1}{2} \cdot 8 \cdot 3 = 12\,\text{FE}$$

Somit hat das Dreieck N_1RN_2 einen Flächeninhalt von 12 FE.

Die Gerade h geht durch den Ursprung und durch den Punkt R. Damit entstehen zwei Teildreiecke: ORN_2 und ON_1R.
Beide Teildreiecke haben die Grundseite $g = 4$ und die Höhe $h = 3$. Also haben sie den gleichen Flächeninhalt.
Somit hat Bastian mit seiner Behauptung: «Die Gerade h halbiert den Flächeninhalt des Dreiecks N_1RN_2.» Recht.
Alternativ kann man auch den Flächeninhalt eines Dreiecks, z.B. des Dreiecks ON_1R, bestimmen:
Die Grundseite g dieses Dreiecks ist $g = \overline{ON_1} = 4 - 0 = 4$. Die zugehörige Höhe ist der Abstand des Punktes R zur x-Achse, also $h = 3$.
Damit gilt:

$$A_{ON_1R} = \frac{1}{2} \cdot g \cdot h = \frac{1}{2} \cdot 4 \cdot 3 = 6\,\text{FE}$$

Wegen $A_{ON_1R} = \frac{1}{2} \cdot A_{N_1RN_2}$ halbiert die Gerade h den Flächeninhalt des Dreiecks N_1RN_2.
Bastian hat somit Recht.

Aufgabe 3

a) Da der Mittelpunktswinkel für ☺ 60° beträgt, ergibt sich für die Wahrscheinlichkeit, ☺ bei einmaligem Drehen zu erhalten: P(☺) $= \frac{60^\circ}{360^\circ} = \frac{1}{6}$.
Da der Mittelpunktswinkel für 😐 90° beträgt, ergibt sich für die Wahrscheinlichkeit, 😐 bei einmaligem Drehen zu erhalten: P(😐) $= \frac{90^\circ}{360^\circ} = \frac{1}{4}$.
Da der Mittelpunktswinkel für ☹ 210° beträgt, ergibt sich für die Wahrscheinlichkeit, ☹ bei einmaligem Drehen zu erhalten: P(☹) $= \frac{210^\circ}{360^\circ} = \frac{7}{12}$.
Die Wahrscheinlichkeit, bei zweimaligem Drehen höchstens einmal das Symbol ☺ zu erhalten, berechnet man mithilfe der Pfadregeln und der Wahrscheinlichkeit des Gegenereignisses (zweimal ☺):

$$P(\text{höchstens einmal ☺}) = 1 - P(\text{zweimal ☺}) = 1 - \frac{1}{6} \cdot \frac{1}{6} = \frac{35}{36}$$

Somit beträgt die Wahrscheinlichkeit, höchstens einmal das Symbol ☺ zu erhalten, $\frac{35}{36}$.
Die Wahrscheinlichkeit, zweimal ☺ zu erhalten, erhält man mithilfe der 1. Pfadregel:

$$P(\text{zweimal ☺}) = \frac{1}{6} \cdot \frac{1}{6} = \frac{1}{36}$$

Die Wahrscheinlichkeit, zweimal 😐 zu erhalten, erhält man ebenfalls mithilfe der 1. Pfadregel:

$$P(\text{zweimal 😐}) = \frac{1}{4} \cdot \frac{1}{4} = \frac{1}{16}$$

Den Erwartungswert E für den Gewinn eines Spielers anhand des Gewinnplans erhält man, indem man die Gewinne für das jeweilige Ergebnis mit den zugehörigen Wahrscheinlichkeiten multipliziert und den Einsatz subtrahiert:

$$E = 4\,€ \cdot \frac{1}{36} + 2\,€ \cdot \frac{1}{16} - 0{,}5\,€ = -\frac{19}{72}\,€ \approx -0{,}26\,€$$

Somit beträgt der Erwartungswert für den Gewinn eines Spielers $-0{,}26$ Euro, d.h. der Spieler macht auf lange Sicht pro Spiel einen Verlust von $0{,}26$ Euro.

Wenn der Gewinnplan so verändert werden soll, dass das Spiel fair wird, muss für den Erwartungswert E^* gelten: $E^* = 0$. Legt man x für den Gewinn für das Ereignis «zweimal ☺» fest, so gilt für den neuen Erwartungswert:

$$E^* = x\,€ \cdot \frac{1}{36} + 2\,€ \cdot \frac{1}{16} - 0{,}5\,€ = \left(\frac{1}{36}x - \frac{3}{8}\right)\,€$$

Die Gleichung $E^* = 0$ führt zu:

$$\frac{1}{36}x - \frac{3}{8} = 0 \Rightarrow x = \frac{108}{8} = 13{,}5$$

Somit muss der Gewinn für das Ereignis «zweimal ☺» genau $13{,}50\,€$ betragen, damit das Spiel fair ist.

b) Das Koordinatensystem wird am geschicktesten so gelegt, dass die x-Achse auf der Wasseroberfläche liegt und die y-Achse durch den Scheitelpunkt S der parabelförmigen Bogenbrücke geht.

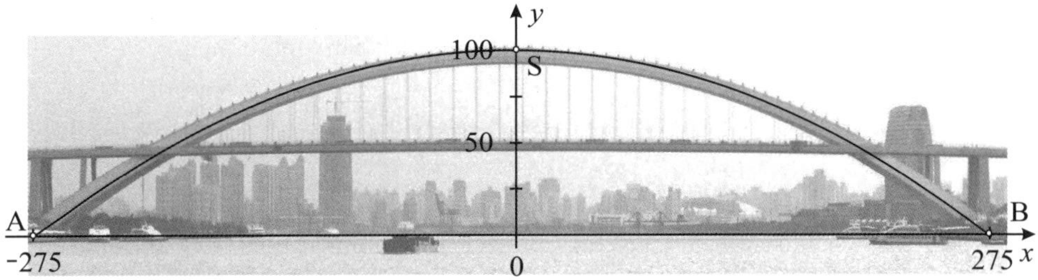

Der höchste Punkt der Parabel, also der Scheitel, befindet sich 100 m über der Wasseroberfläche, also hat der Scheitel S der Parabel p die Koordinaten $S(0 \mid 100)$. Setzt man die Koordinaten von S in den Ansatz $y = ax^2 + c$ ein, ergibt sich:

$$100 = a \cdot 0^2 + c \Rightarrow c = 100$$

Damit ergibt sich: $y = ax^2 + 100$.

Da die Bogenbrücke auf Höhe der Wasseroberfläche eine Weite von 550 m hat, liegen die Punkte $A(-275 \mid 0)$ und $B(275 \mid 0)$ auch auf der Parabel. Setzt man die Koordinaten von A oder B in die Gleichung von p ein, ergibt sich:

$$0 = a \cdot 275^2 + 100 \Rightarrow a = -\frac{100}{275^2} = -\frac{4}{3025}$$

Somit hat die Parabel p die Gleichung:

$$p\colon\ y = -\frac{4}{3025}x^2 + 100$$

Da sich die Fahrbahn 50 m über der Wasseroberfläche befindet, erhält man die Länge der Fahrbahn innerhalb des Brückenbogens, indem man die Parabel p mit der Geraden g mit der Gleichung $g\colon y = 50$ schneidet. Dazu löst man die Gleichung, die sich durch Gleichsetzen der Gleichungen von p und g ergibt, nach x auf:

$$\begin{aligned} -\frac{4}{3025}x^2 + 100 &= 50 \\ -\frac{4}{3025}x^2 &= -50 \\ x^2 &= 37812{,}5 \\ x_{1,2} &= \pm\sqrt{37812{,}5} \\ x_{1,2} &\approx \pm 194{,}45 \end{aligned}$$

Die Länge l der Fahrbahn ist die Differenz der beiden x-Werte:

$$l = x_2 - x_1 = 194{,}45 - (-194{,}45) = 388{,}90\,\text{m}$$

Somit hat die Fahrbahn innerhalb des Brückenbogens eine Länge von etwa 389 m.

2 Realschulabschlussprüfung 2018

Teil A 1

1) Mithilfe der Potenzgesetze kann man den gegebenen Term umformen:

$$\frac{a^3 \cdot b^2 \cdot (a^2 \cdot b)^4}{(a^2 \cdot b^2)^2 \cdot a^6 \cdot b} = \frac{a^3 \cdot b^2 \cdot a^8 \cdot b^4}{a^4 \cdot b^4 \cdot a^6 \cdot b} = \frac{a^{11} \cdot b^6}{a^{10} \cdot b^5} = a \cdot b$$

2) Man kann sich das Muster aus zwei Bereichen zusammengesetzt denken: Einem oberen Dreieck und einem unteren Rechteck:

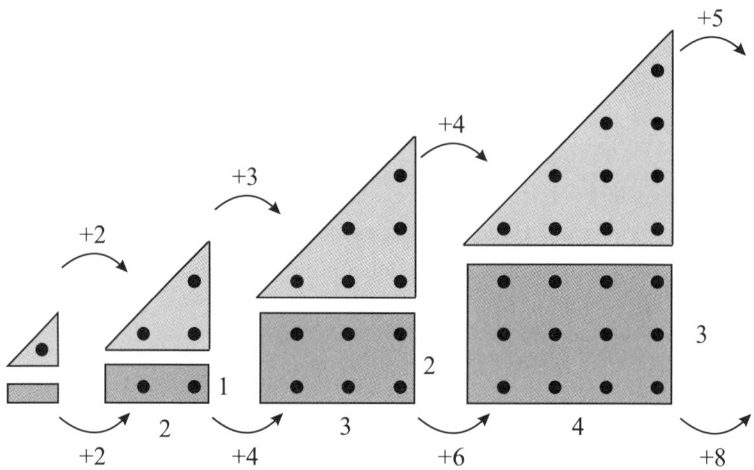

Oben kommt immer ein Plättchen mehr dazu, unten beträgt der Zuwachs erst 2, dann 4, dann 6 Plättchen:

Muster	1	2	3	4	5
«Dreieckssumme»	1	3	6	10	15
«Rechtecksumme»	0	2	6	12	20
Summe	1	5	12	22	35

Alternativ kann man sich auch Folgendes überlegen:
Bei den Dreiecken wird unten noch eine um ein Plättchen längere Zeile hinzugefügt, bei den Rechtecken erhöht sich sowohl die Breite als auch die Länge jeweils um ein Plättchen.
Damit gilt für das 5. Muster:
Rechteck: $5 \cdot 4 = 20$
Dreieck: $10 + 5 = 15$
Also benötigt Britta 35 Plättchen für das 5. Muster.

3) Ein Kegel hat einen Radius von $3,0\,\text{cm}$ und eine Höhe von $4,0\,\text{cm}$.
Die Mantelfläche des Kegels erhält man mit der Formel $M_{\text{Kegel}} = \pi \cdot r \cdot s$.
Die Mantellinie s erhält man mit dem Satz des Pythagoras:

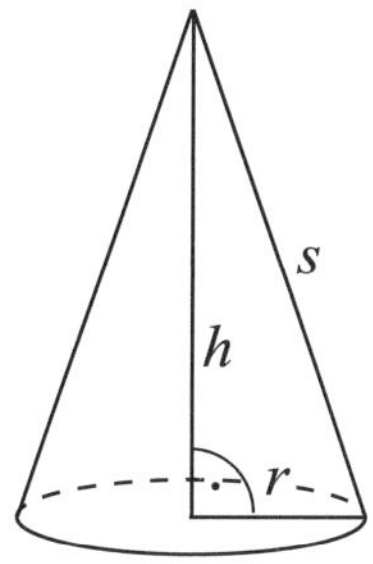

$$s^2 = r^2 + h^2$$
$$s^2 = 3^2 + 4^2$$
$$s^2 = 9 + 16$$
$$s^2 = 25$$
$$s = 5$$

Damit ergibt sich:

$$M_{\text{Kegel}} = \pi \cdot 3 \cdot 5 = 15 \cdot \pi\,\text{cm}^2$$

Die Oberfläche einer Kugel erhält man mit der Formel $O_{\text{Kugel}} = 4 \cdot \pi \cdot r^2$.
Für eine Kugel mit dem Radius $r = 2,0\,\text{cm}$ ergibt sich damit:

$$O_{\text{Kugel}} = 4 \cdot \pi \cdot 2^2 = 4 \cdot \pi \cdot 4 = 16 \cdot \pi\,\text{cm}^2$$

Da die Mantelfläche des Kegels kleiner als die Oberfläche der Kugel ist, hat Rolf mit seiner Behauptung nicht Recht.

4) Wenn die Wahrscheinlicheit, bei zweimaligem Werfen zwei rote Flächen zu erhalten, $\frac{9}{16}$ beträgt, so muss die Wahrscheinlichkeit, bei einmaligem Werfen eine rote Fläche zu erhalten, $\frac{3}{4}$ betragen, da aufgrund der Pfadregeln gilt:

$$P(\text{rr}) = \frac{3}{4} \cdot \frac{3}{4} = \frac{9}{16}$$

Damit müssen $\frac{3}{4}$ von 8 Flächen rot sein:

$$\frac{3}{4} \text{ von } 8 = \frac{3}{4} \cdot 8 = \frac{24}{4} = 6$$

Somit müssen 6 Flächen des Oktaeders rot sein.

5) Anhand der Sinuskurve kann man erkennen, dass gilt: $\sin(\alpha) = \sin(180° - \alpha)$:
Damit gilt:
$\sin(45°) = \sin(180° - 45°) = \sin(135°)$

☒ sin 45° ☒ sin 135°
☐ sin 130° ☐ sin 60°

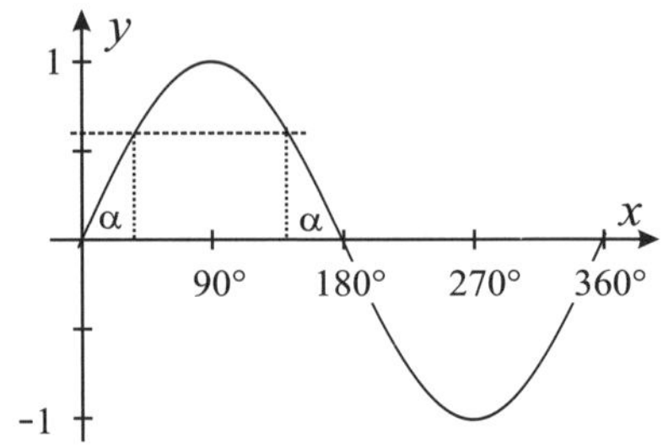

6) Körper d gehört zu dem abgebildeten Netz. Man kann erkennen, dass bei c und d die obere Kante länger ist als die seitlichen Kanten, bei c aber an der Seite kein Dreieck sondern ein Viereck ist. Daher kann nur der Körper d zum abgebildeten Netz gehören.

7) Die Parabel p_1 mit der Gleichung $p_1\colon\ y = -\frac{1}{4}x^2 + 2$ ist im Vergleich zu einer Normalparabel in y-Richtung mit dem Faktor $\frac{1}{4}$ gestaucht, nach unten geöffnet (wegen des Minuszeichens) und um 2 LE nach oben verschoben.
Die Parabel p_2 mit der Gleichung $p_2\colon\ y = (x-3)^2 + 2$ ist im Vergleich zu einer Normalparabel um 3 LE nach rechts und um 2 LE nach oben verschoben. Parabel p_2 ist eine nach oben geöffnete, verschobene Normalparabel.

Teil A 2 2018

1) Um den Flächeninhalt des Trapezes EBCF zu berechnen, benötigt man die Trapezformel: $A_{\text{Trapez}} = \frac{a+c}{2} \cdot h$. Die beiden parallelen Strecken sind $a = \overline{EB}$ und $c = \overline{CF}$, die zugehörige Höhe ist $h = \overline{BC}$.

   Die bekannten Maße und Winkel werden in eine Skizze eingetragen:

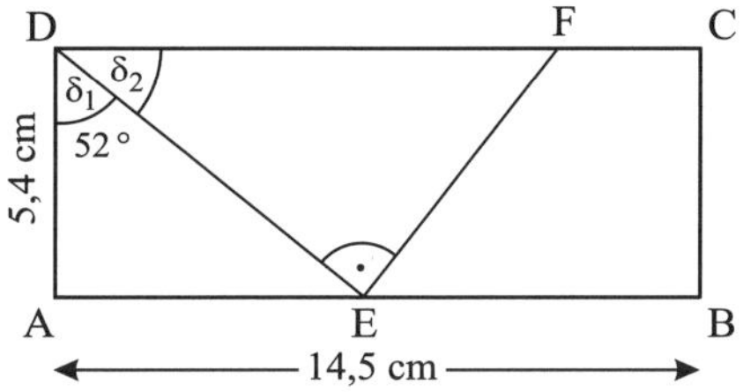

Im Dreieck AED kann man die Seiten $\overline{AE}$ und $\overline{DE}$ bestimmen:

$$\begin{aligned}
\tan(\delta_1) &= \frac{\overline{AE}}{\overline{AD}} \\
\tan(\delta_1) \cdot \overline{AD} &= \overline{AE} \\
\tan(52^\circ) \cdot 5{,}4 &= \overline{AE} \\
\overline{AE} &\approx 6{,}91\,\text{cm}
\end{aligned}$$

$$\begin{aligned}
\cos(\delta_1) &= \frac{\overline{AD}}{\overline{DE}} \\
\cos(\delta_1) \cdot \overline{DE} &= \overline{AD} \\
\overline{DE} &= \frac{\overline{AD}}{\cos(\delta_1)} \\
\overline{DE} &= \frac{5{,}4}{\cos(52^\circ)} \\
\overline{DE} &\approx 8{,}77\,\text{cm}
\end{aligned}$$

Damit ergibt sich:

$$\overline{EB} = \overline{AB} - \overline{AE} = 14{,}5 - 6{,}91 = 7{,}59\,\text{cm}$$

Im Dreieck DEF kann man nun den Winkel δ_2 und die Seite $\overline{DF}$ bestimmen:

$$\delta_2 = 90^\circ - \delta_1 = 90^\circ - 52^\circ = 38^\circ$$

und

$$\begin{aligned}
\cos(\delta_2) &= \frac{\overline{DE}}{\overline{DF}} \\
\cos(\delta_2) \cdot \overline{DF} &= \overline{DE} \\
\overline{DF} &= \frac{\overline{DE}}{\cos(\delta_2)} \\
\overline{DF} &= \frac{8{,}77}{\cos(38^\circ)} \\
\overline{DF} &\approx 11{,}13\,\text{cm}
\end{aligned}$$

Damit ergibt sich:

$$\overline{CF} = \overline{CD} - \overline{DF} = \overline{AB} - \overline{DF} = 14,5 - 11,13 = 3,37\,\text{cm}$$

Die Höhe h des Trapezes ist schon gegeben:

$$h = \overline{BC} = \overline{AD} = 5,4\,\text{cm}$$

Somit gilt für den Flächeninhalt des Trapezes EBCF:

$$A_{EBCF} = \frac{a+c}{2} \cdot h = \frac{7,59+3,37}{2} \cdot 5,4 = 29,59\,\text{cm}^2$$

Das Trapez EBCF hat einen Flächeninhalt von etwa $29,6\,\text{cm}^2$.

2) Zuerst berechnet man das Volumen des quadratischen Prismas mit der Formel $V = G_{Pr} \cdot h_{Pr}$:

$$V = G_{Pr} \cdot h_{Pr} = a^2 \cdot h_{Pr} = 10^2 \cdot 25 = 2500\,\text{cm}^3$$

Dieses Wasservolumen wird in den zusammengesetzten Körper umgefüllt.
Das Volumen des Kegels erhält man mit der Formel $V_{Kegel} = \frac{1}{3} \cdot G_{Kegel} \cdot h_{Kegel}$.
Der Radius r des Kegels ist die Hälfte des Durchmessers, also $r = \frac{d}{2} = \frac{17,8}{2} = 8,9\,\text{cm}$.
Die Höhe des Kegels erhält man mithilfe des Satzes des Pythagoras:

$$\begin{aligned} h_{Kegel}^2 + r^2 &= s^2 \\ h_{Kegel}^2 &= s^2 - r^2 \\ h_{Kegel} &= \sqrt{s^2 - r^2} \\ h_{Kegel} &= \sqrt{20^2 - 8,9^2} \\ h_{Kegel} &\approx 17,91\,\text{cm} \end{aligned}$$

Damit ergibt sich:

$$V_{Kegel} = \frac{1}{3} \cdot G_{Kegel} \cdot h_{Kegel} = \frac{1}{3} \cdot \pi \cdot r^2 \cdot h_{Kegel} = \frac{1}{3} \cdot \pi \cdot 8,9^2 \cdot 17,91 \approx 1485,61\,\text{cm}^3$$

Ist der Kegel vollständig mit Wasser gefüllt, so bleibt für den aufgesetzten Zylinder noch ein Wasservolumen, das man erhält, indem man vom Prismenvolumen das Kegelvolumen subtrahiert:

$$V_Z = 2500 - 1485,61 = 1014,39\,\text{cm}^3$$

Um die Höhe h_Z des Wasserstands im Zylinder zu berechnen, verwendet man die Volumenformel $V_Z = G \cdot h_Z$ und setzt die gegebenen Maße ein:

$$V_Z = G \cdot h_Z$$
$$V_Z = \pi \cdot r^2 \cdot h_Z$$
$$\frac{V_Z}{\pi \cdot r^2} = h_Z$$
$$\frac{1014,39}{\pi \cdot 8,9^2} = h_Z$$
$$h_Z \approx 4,08\,\text{cm}$$

Damit steht das Wasser im Zylinder 4,08 cm hoch.
Um zu berechnen, wie hoch das Wasser im zusammengesetzten Körper steht, addiert man die Kegelhöhe zur Höhe h_Z des Wasserstands im Zylinder:

$$h = h_{\text{Kegel}} + h_Z = 17,91 + 4,08 = 21,99\,\text{cm}$$

Somit steht das Wasser etwa 22,0 cm hoch im zusammengesetzten Körper.

3) Als Ansatz für die Funktionsgleichung einer verschobenen, nach oben geöffneten Normalparabel p verwendet man die Gleichung

$$y = x^2 + px + q$$

Aus der gegebenen Wertetabelle kann man die Punkte $(0 \mid 5)$ und $(6 \mid 5)$ ablesen. Setzt man die Koordinaten des Punktes $(0 \mid 5)$ in den Ansatz ein, ergibt sich:

$$5 = 0^2 + p \cdot 0 + q \Rightarrow q = 5$$

Damit ergibt sich: $y = x^2 + px + 5$.
Setzt man die Koordinaten des Punktes $(6 \mid 5)$ ein, erhält man:

$$5 = 6^2 + p \cdot 6 + 5 \Rightarrow p = -6$$

Somit hat die Parabel p die Funktionsgleichung:

$$p\colon y = x^2 - 6x + 5$$

Damit kann man mit dem Taschenrechner die fehlenden Werte in der Tabelle bestimmen:

x	0	1	2	3	4	5	6
y	5	0	−3	−4	−3	0	5

Der Schnittpunkt R der Parabel mit der y-Achse hat die Koordinaten $R(0 \mid 5)$, wie man der Wertetabelle entnehmen kann. Der Scheitelpunkt S der Parabel hat die Koordinaten S$(3 \mid -4)$, was man anhand der Symmetrie der Wertetabelle erkennen kann. Alternativ kann man die Koordinaten des Scheitelpunkts auch durch quadratische Ergänzung ermitteln:

$$y = x^2 - 6x + 5$$
$$y = x^2 - 6x + 9 - 9 + 5$$
$$y = (x-3)^2 - 4$$

Also hat der Scheitel die Koordinaten S$(3 \mid -4)$.
Zum besseren Überblick ist es sinnvoll, eine Skizze der Parabel und der Geraden anzufertigen.

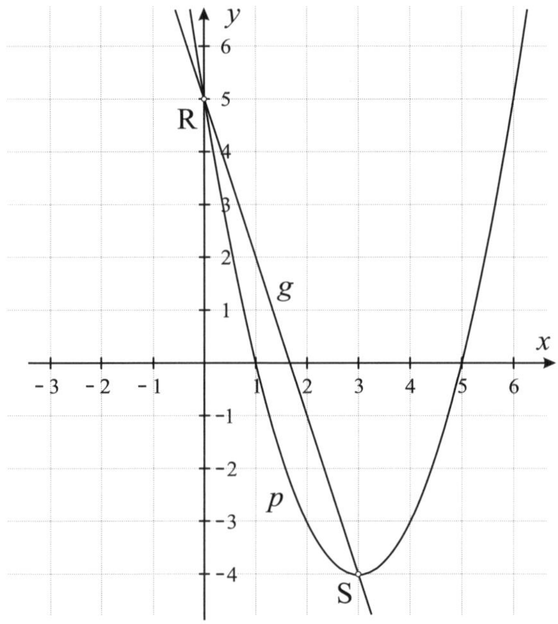

Die Steigung der Geraden g durch die Punkte R und S erhält man mit der Steigungsformel:

$$m = \frac{y_2 - y_1}{x_2 - x_1} = \frac{-4-5}{3-0} = \frac{-9}{3} = -3$$

Somit hat die Gerade g die Steigung $m = -3$.

4) Im Jahre 1990 wurden 147 Liter Wasser pro Kopf verbraucht, im Jahre 2010 nur noch 122 Liter Wasser pro Kopf. Also hat der Wasserverbrauch in diesen Jahren um 25 Liter pro Kopf abgenommen. Um die prozentuale Abnahme zu bestimmen, teilt man die Abnahme des Wasserverbrauchs durch den Wasserverbrauch im Jahr 1990:

$$\frac{25}{147} \approx 0,17 = 17\%$$

Alternativ kann man auch die Prozentformel verwenden:

$$\begin{aligned} \mathrm{P} &= \mathrm{G} \cdot \frac{p}{100} \\ \frac{\mathrm{P} \cdot 100}{\mathrm{G}} &= p \\ \frac{25 \cdot 100}{147} &= p \\ 17 &\approx p \end{aligned}$$

Somit hat der Wasserverbrauch pro Kopf um etwa 17% abgenommen.
Im Jahr 2015 wurden insgesamt 122 Liter Wasser pro Kopf verbraucht, davon 35% für die Körperpflege:

$$35\,\%\,\text{von}\,122 = 0,35 \cdot 122 = 42,7$$

Alternativ kann man auch die Prozentformel verwenden: $\mathrm{P} = 122 \cdot \frac{35}{100} = 42,7$.
Somit wurden im Jahr 2015 für die Körperpflege 42,7 Liter Wasser pro Kopf verbraucht.
Um den täglichen Wasserverbrauch im Jahr 2020 zu prognostizieren, bestimmt man für jedes Folgejahr ab 2015 den Wasserverbrauch, indem man jeweils 99% des vorherigen Wasserverbrauchs berechnet:

Jahr	Wasserverbrauch pro Kopf in Liter
2015	122
2016	$0,99 \cdot 122 = 120,78$
2017	$0,99 \cdot 120,78 = 119,57$
2018	$0,99 \cdot 119,57 = 118,37$
2019	$0,99 \cdot 118,37 = 117,19$
2020	$0,99 \cdot 117,19 = 116,02$

Alternativ kann man den voraussichtlichen Wasserverbrauch pro Kopf auch mithilfe der Wachstumsformel direkt berechnen:

$$\mathrm{W}_5 = 122 \cdot \left(1 + \frac{-1}{100}\right)^5 = 122 \cdot 0,99^5 = 116,02$$

Somit werden im Jahr 2020 voraussichtlich etwa 116 Liter Wasser pro Kopf verbraucht.

5) Da es sich beim gleichzeitigen Ziehen um Ziehen ohne Zurücklegen handelt, ändern sich die Wahrscheinlichkeiten bei jedem Zug. Anhand des gegebenen Baumdiagramms kann man wegen der Wahrscheinlichkeit $\left(\frac{5}{12}\right)$ erkennen, dass zu Beginn fünf grüne Gummibärchen in der Schale sind. Ebenso kann man erkennen, dass beim zweiten Zug noch zwei rote Gummibärchen vorhanden waren $\left(\frac{2}{11}\right)$, also müssen zu Beginn drei rote Gummibärchen in der Schale sein. Damit sind in der Schale drei rote, fünf grüne und vier weiße Gummibärchen, da es insgesamt 12 Gummibärchen gibt.
Damit kann man das Baumdiagramm vervollständigen:

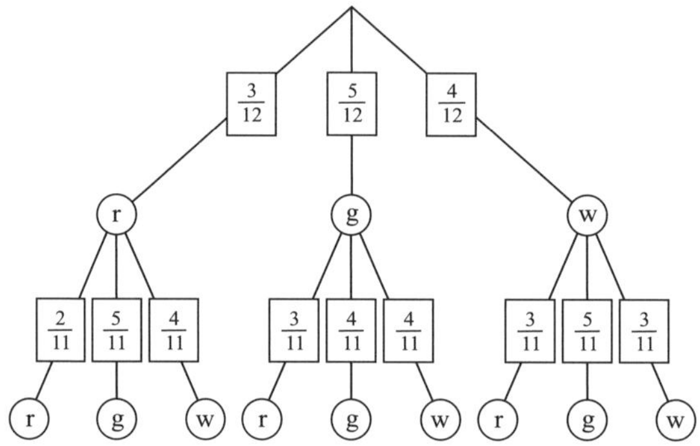

Die Wahrscheinlichkeit, dass Antonetta genau ein rotes Gummibärchen zieht, erhält man mithilfe der 1. und 2. Pfadregel. Dazu gibt es vier mögliche Versuchsausgänge:

$$\begin{aligned}
P(\text{genau ein rotes Gummibärchen}) &= P(rg) + P(rw) + P(gr) + P(wr) \\
&= \frac{3}{12}\cdot\frac{5}{11} + \frac{3}{12}\cdot\frac{4}{11} + \frac{5}{12}\cdot\frac{3}{11} + \frac{4}{12}\cdot\frac{3}{11} \\
&= \frac{9}{22} \\
&\approx 0,409
\end{aligned}$$

Die Wahrscheinlichkeit, dass Antonetta genau ein rotes Gummibärchen zieht, beträgt etwa 40,9 %.

Die Wahrscheinlichkeit, dass Antonetta höchstens ein weißes Gummibärchen zieht, erhält man mithilfe der Wahrscheinlichkeit des Gegenereignisses (zwei weiße Gummibärchen):

$$\begin{aligned}
P(\text{höchstens ein weißes Gummibärchen}) &= 1 - P(ww) \\
&= 1 - \frac{4}{12}\cdot\frac{3}{11} \\
&= \frac{10}{11} \\
&\approx 0,91
\end{aligned}$$

Die Wahrscheinlichkeit, dass Antonetta höchstens ein weißes Gummibärchen zieht, beträgt etwa 91 %.

6) Zuerst bestimmt man die Kennwerte der dargestellten Boxplots.
Für Boxplot (1) kann man ablesen:

$$\begin{aligned} x_{\text{min}} &= 12\,\text{m} \\ q_u &= 22\,\text{m} \\ z &= 28\,\text{m} \\ q_o &= 40\,\text{m} \\ x_{\text{max}} &= 46\,\text{m} \end{aligned}$$

Entsprechend gilt für Boxplot (2):

$$\begin{aligned} x_{\text{min}} &= 6\,\text{m} \\ q_u &= 22\,\text{m} \\ z &= 28\,\text{m} \\ q_o &= 36\,\text{m} \\ x_{\text{max}} &= 48\,\text{m} \end{aligned}$$

Man kann erkennen, dass das untere Quartil und der Zentralwert bei beiden Boxplots identisch sind, das obere Quartil aber verschieden ist. Anhand der gegebenen Ranglisten kann man das obere Quartil jeweils berechnen.
Für Klasse 7a gilt:

$$\text{n} \cdot 0,75 = 17 \cdot 0,75 = 12,75 \Rightarrow q_o = x_{13} = 40$$

Für Klasse 7b gilt:

$$\text{n} \cdot 0,75 = 13 \cdot 0,75 = 9,75 \Rightarrow q_o = x_{10} = 36$$

Somit gehört Boxplot (1) zur Rangliste der Klasse 7a und Boxplot (2) zur Rangliste der Klasse 7b.

Um die Ranglisten mit möglichen Werten zu ergänzen, berechnet man noch, an welcher Stelle sich das untere Quartil (22 m), das durch die Boxplots gegeben ist, befindet.
Für Klasse 7a gilt:

$$\text{n} \cdot 0,25 = 17 \cdot 0,25 = 4,25 \Rightarrow q_u = x_5$$

Für Klasse 7b gilt:

$$\text{n} \cdot 0,25 = 13 \cdot 0,25 = 3,25 \Rightarrow q_u = x_4$$

Ferner sind für mögliche Werte noch jeweils x_{min} und x_{max} der Boxplots zu beachten.
Für Boxplot (1) gilt: $x_{min} = 12$ und $x_{max} = 46$.

Für Boxplot (2) gilt: $x_{min} = 6$ und $x_{max} = 48$

Die Zwischenwerte können beliebig ergänzt werden, müssen aber aufsteigend oder gleichbleibend sein.

Damit kann man die Ranglisten ergänzen:

Rangplatz	1	2	3	4	5	6	7	8	9
Klasse 7a	**12**	14	16	18	**22**	23	25	28	28

Rangplatz	10	11	12	13	14	15	16	17
Klasse 7a	35	36	38	40	42	43	44	**46**

Rangplatz	1	2	3	4	5	6	7	8	9	10	11	12	13
Klasse 7b	**6**	10	15	**22**	24	25	28	28	29	36	38	40	**48**

Um die Behauptung von Alex zu überprüfen, berechnet man den Zentralwert der Rangliste der Klasse 7a:

$$z:\ \mathrm{n} \cdot 0{,}5 = 17 \cdot 0{,}5 = 8{,}5 \Rightarrow z = x_9 = 28$$

Wenn Tom und Marc aus der Klasse 7a im Nachhinein aus der Wertung genommen wurden, ergibt sich folgende neue Rangliste:

Rangplatz	1	2	3	4	5	6	7	8	9
Klasse 7a	**12**	14	16	18	**22**	25	28	28	35

Rangplatz	10	11	12	13	14	15		
Klasse 7a	38	40	42	43	44	46		

Den Zentralwert der neuen Rangliste kann man mit n = 15 folgendermaßen berechnen:

$$z:\ \mathrm{n} \cdot 0{,}5 = 15 \cdot 0{,}5 = 7{,}5 \Rightarrow z = x_8 = 28$$

Da beide Zentralwerte gleich sind, hat Alex mit seiner Behauptung Recht.

Teil B 2018

Aufgabe 1

a) Den Winkel α erhält man, indem man die beiden Teilwinkel α_1 und α_2 berechnet.
Mithilfe des gegebenen Flächeninhalts des Dreiecks ABC kann man zuerst die Strecke $\overline{AD}$ berechnen. Wählt man $g = \overline{BC}$ als Grundlinie und $h = \overline{AD}$ als Höhe des Dreiecks ABC, so gilt:

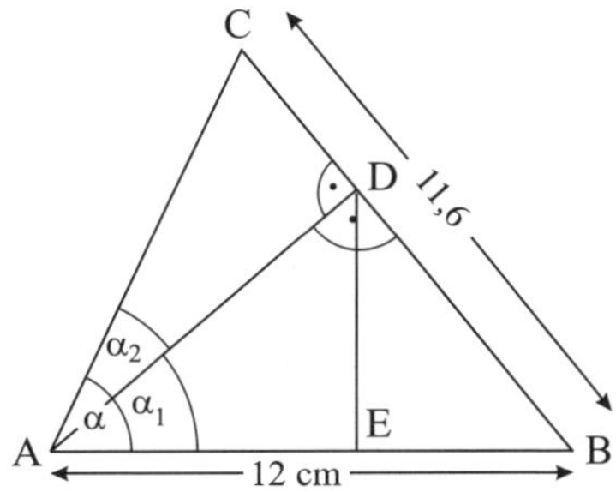

$$A_{ABC} = \frac{1}{2} \cdot g \cdot h$$
$$A_{ABC} = \frac{1}{2} \cdot \overline{BC} \cdot \overline{AD}$$
$$\frac{2 \cdot A_{ABC}}{\overline{BC}} = \overline{AD}$$
$$\frac{2 \cdot 54}{11{,}6} = \overline{AD}$$
$$\overline{AD} \approx 9{,}31\,\text{cm}$$

Damit kann man im Dreieck ABD den Winkel α_1 und die Seite $\overline{BD}$ bestimmen:

$$\cos(\alpha_1) = \frac{\overline{AD}}{\overline{AB}}$$
$$\cos(\alpha_1) = \frac{9{,}31}{12}$$
$$\alpha_1 = \cos^{-1}\left(\frac{9{,}31}{12}\right)$$
$$\alpha_1 \approx 39{,}12^\circ$$

und unter Verwendung des Satzes des Pythagoras erhält man:

$$\overline{BD}^2 + \overline{AD}^2 = \overline{AB}^2$$
$$\overline{BD}^2 = \overline{AB}^2 - \overline{AD}^2$$
$$\overline{BD}^2 = \sqrt{12^2 - 9{,}31^2}$$
$$\overline{BD} \approx 7{,}57\,\text{cm}$$

Damit ergibt sich:

$$\overline{CD} = \overline{BC} - \overline{BD} = 11{,}6 - 7{,}57 = 4{,}03\,\text{cm}$$

Damit kann man im Dreieck ADC den Winkel α_2 berechnen:

$$\tan(\alpha_2) = \frac{\overline{\text{CD}}}{\overline{\text{AD}}}$$
$$\tan(\alpha_2) = \frac{4{,}03}{9{,}31}$$
$$\alpha_2 = \tan^{-1}\left(\frac{4{,}03}{9{,}31}\right)$$
$$\alpha_2 \approx 23{,}41^\circ$$

Den Winkel α erhält man, indem man α_1 und α_2 addiert:

$$\alpha = \alpha_1 + \alpha_2 = 39{,}12^\circ + 23{,}41^\circ = 62{,}53^\circ$$

Der Winkel α beträgt etwa $62{,}5^\circ$.

Im Dreieck AED kann man den Abstand des Punktes D zur Strecke $\overline{\text{AB}}$, also die Strecke $\overline{\text{DE}}$, bestimmen:

$$\sin(\alpha_1) = \frac{\overline{\text{DE}}}{\overline{\text{AD}}}$$
$$\sin(\alpha_1) \cdot \overline{\text{AD}} = \overline{\text{DE}}$$
$$\sin(39{,}12^\circ) \cdot 9{,}31 = \overline{\text{DE}}$$
$$\overline{\text{DE}} \approx 5{,}87\,\text{cm}$$

Der Abstand des Punktes D zur Strecke $\overline{\text{AB}}$ beträgt etwa $5{,}9\,\text{cm}$.

b) Die Gleichung der nach oben geöffneten Normalparabel p_1 mit den Nullstellen $x_1 = -5$ und $x_2 = 1$ erhält man mit dem Nullstellenansatz:

$$p_1\colon\ y = (x-(-5)) \cdot (x-1) = (x+5) \cdot (x-1) = x^2 - x + 5x - 5 = x^2 + 4x - 5$$

Alternativ kann man aus Symmetriegründen auch den x-Wert des Scheitels der Parabel bestimmen: $x = \frac{-5+1}{2} = -2$. Setzt man den x-Wert des Scheitels und die Koordinaten von $(1 \mid 0)$ in die Scheitelform $y = (x-d)^2 + c$ ein, ergibt sich:

$$0 = (1-(-2))^2 + c$$
$$0 = 3^2 + c$$
$$-9 = c$$

Der Scheitel hat die Koordinaten $\text{S}(-2 \mid -9)$.
Somit hat die Parabel p_1 die Gleichung:

$$p_1\colon\ y = (x-(-2))^2 - 9 = (x+2)^2 - 9 = x^2 + 4x + 4 - 9 = x^2 + 4x - 5$$

Die Gerade g geht durch die Punkte $(-1 \mid -2)$ und $(0 \mid 1)$. Die Steigung m von g erhält man mit der Steigungsformel:

$$m = \frac{y_2 - y_1}{x_2 - x_1} = \frac{1-(-2)}{0-(-1)} = 3$$

Setzt man $m = 3$ und die Koordinaten des Punktes $(0 \mid 1)$ in die Hauptform ein, ergibt sich:

$$\begin{aligned} y &= m \cdot x + b \\ 1 &= 3 \cdot 0 + b \\ 1 &= b \end{aligned}$$

Somit hat die Gerade g die Gleichung $g\colon\ y = 3x + 1$.

Die Gleichung der nach oben geöffneten Normalparabel p_2 mit dem Scheitel $S_2\,(5 \mid -2)$ erhält man mit der Scheitelpunktform:

$$p_2\colon\ y = (x-5)^2 - 2 = x^2 - 10x + 25 - 2 = x^2 - 10x + 23$$

Die Koordinaten des Schnittpunkts Q der beiden Parabeln erhält man durch Gleichsetzen der Gleichungen von p_1 und p_2:

$$\begin{aligned} x^2 + 4x - 5 &= x^2 - 10x + 23 \\ 14x &= 28 \\ x &= 2 \end{aligned}$$

Den zugehörigen y-Wert erhält man, indem man $x = 2$ in die Gleichung von p_1 oder p_2 einsetzt:

$$y = 2^2 + 4 \cdot 2 - 5 = 7$$

Damit hat der Punkt Q die Koordinaten $Q(2 \mid 7)$.
Um zu prüfen, ob der Punkt Q auf der Geraden g liegt, setzt man seine Koordinaten in die Gleichung von g ein (Punktprobe):

$$7 = 3 \cdot 2 + 1 \Rightarrow 7 = 7$$

Aufgrund der wahren Aussage liegt Q auf g.

Um die Gleichung der Geraden h, die durch die beiden Scheitelpunkte S_1 und S_2 verläuft, zu berechnen, bestimmt man zuerst den Scheitelpunkt S_1 von p_1 durch quadratische Ergänzung:

$$\begin{aligned} y &= x^2 + 4x - 5 \\ y &= x^2 + 4x + 4 - 4 - 5 \\ y &= (x+2)^2 - 9 \end{aligned}$$

Damit hat der Scheitel S_1 von p_1 die Koordinaten $S_1(-2 \mid -9)$.

Die Steigung m von h erhält man mit der Steigungsformel:

$$m = \frac{y_2 - y_1}{x_2 - x_1} = \frac{-2-(-9)}{5-(-2)} = 1$$

Setzt man $m = 1$ und die Koordinaten des Punktes $S_1(-2 \mid -9)$ in die Hauptform ein, ergibt sich:

$$\begin{aligned} y &= m \cdot x + b \\ -9 &= 1 \cdot (-2) + b \\ -7 &= b \end{aligned}$$

Somit hat die Gerade h die Gleichung $h\colon\ y = x - 7$.

Aufgabe 2

a) Mithilfe des gegebenen Volumens und des Durchmessers des Kegels kann man zuerst die Höhe h_{Kegel} des Kegels berechnen:

$$\begin{aligned} V_{\text{Kegel}} &= \frac{1}{3} \cdot G_{\text{Kegel}} \cdot h_{\text{Kegel}} \\ V_{\text{Kegel}} &= \frac{1}{3} \cdot \pi \cdot r^2 \cdot h_{\text{Kegel}} \\ \frac{V_{\text{Kegel}}}{\frac{1}{3} \cdot \pi \cdot r^2} &= h_{\text{Kegel}} \\ \frac{500}{\frac{1}{3} \cdot \pi \cdot 6{,}5^2} &= h_{\text{Kegel}} \\ h_{\text{Kegel}} &\approx 11{,}30\,\text{cm} \end{aligned}$$

Die Grundfläche G der regelmäßigen achtseitigen Pyramide kann in acht gleichschenklige Dreiecke mit dem Mittelpunktswinkel $\alpha = \frac{360^\circ}{8} = 45^\circ$ aufgeteilt werden:

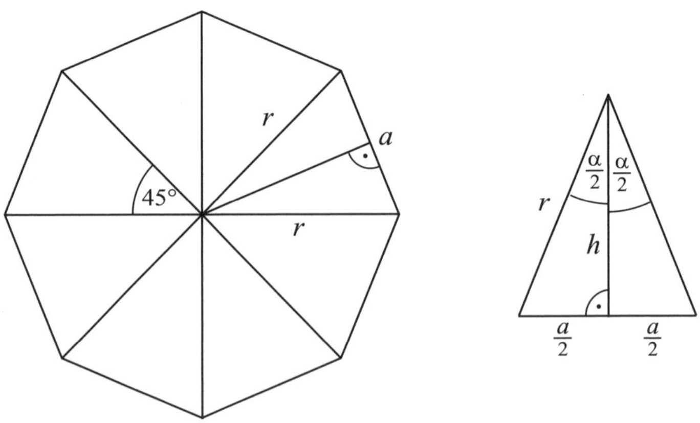

Mithilfe eines rechtwinkligen Dreiecks kann man die Seite a und die Höhe h des Dreiecks bestimmen:

$$\sin\left(\frac{\alpha}{2}\right) = \frac{\frac{a}{2}}{r}$$
$$\sin\left(\frac{\alpha}{2}\right)\cdot r = \frac{a}{2}$$
$$\sin\left(\frac{\alpha}{2}\right)\cdot r\cdot 2 = a$$
$$\sin(22{,}5^\circ)\cdot 6{,}5\cdot 2 = a$$
$$a \approx 4{,}97\,\text{cm}$$

$$\cos\left(\frac{\alpha}{2}\right) = \frac{h}{r}$$
$$\cos\left(\frac{\alpha}{2}\right)\cdot r = h$$
$$\cos(22{,}5^\circ)\cdot 6{,}5 = h$$
$$h \approx 6{,}01\,\text{cm}$$

Damit erhält man den Flächeninhalt des Achtecks:

$$\text{G}_{\text{Achteck}} = 8\cdot \text{A}_{\text{Dreieck}} = 8\cdot\frac{1}{2}\cdot a\cdot h = 8\cdot\frac{1}{2}\cdot 4{,}97\cdot 6{,}01 \approx 119{,}48\,\text{cm}^2$$

Die achtseitige Pyramide hat die gleiche Höhe wie der Kegel, also $h_{\text{Py}} = h_{\text{Kegel}} = 11{,}30\,\text{cm}$. Das Volumen der entstehenden Pyramide erhält man mit der Formel $\text{V}_{\text{Py}} = \frac{1}{3}\cdot\text{G}\cdot h_{\text{Py}}$:

$$\text{V}_{\text{Py}} = \frac{1}{3}\cdot\text{G}_{\text{Achteck}}\cdot h_{\text{Py}} = \frac{1}{3}\cdot 119{,}48\cdot 11{,}30 \approx 450{,}04\,\text{cm}^3$$

Das Volumen beträgt etwa $450\,\text{cm}^3$.

b) Um die Gleichung $y = ax^2 + c$ einer Parabel p mit dem Scheitelpunkt $\text{S}(0\mid -4{,}5)$ zu bestimmen, setzt man die Koordinaten von S in p ein:

$$-4{,}5 = a\cdot 0^2 + c \;\Rightarrow\; c = -4{,}5$$

Damit ergibt sich: $p\colon y = ax^2 - 4{,}5$.
Da auch der Punkt $\text{P}(-3\mid 0)$ auf p liegt, setzt man seine Koordinaten ebenfalls in p ein:

$$0 = a\cdot(-3)^2 - 4{,}5 \;\Rightarrow\; a = \frac{1}{2}$$

Somit hat die Parabel p die Gleichung:

$$p\colon y = \frac{1}{2}x^2 - 4{,}5$$

Die Gleichung der Geraden g erhält man, indem man die gegebene Steigung $m = 1{,}5$ und die Koordinaten des Punktes $\text{R}(0\mid 0{,}5)$ in die Hauptform einsetzt:

$$y = mx + b$$
$$0{,}5 = 1{,}5\cdot 0 + b$$
$$0{,}5 = b$$

Damit hat die Gerade g die Gleichung $g\colon y = 1{,}5x + 0{,}5$.

Die Koordinaten der Schnittpunkte A und C der Parabel p und der Geraden g erhält man, indem man die Gleichungen von p und g gleichsetzt:

$$\frac{1}{2}x^2 - 4,5 = 1,5x + 0,5$$
$$\frac{1}{2}x^2 - 1,5x - 5 = 0$$
$$x^2 - 3x - 10 = 0$$

Mithilfe der pq-Formel ($p = -3$ und $q = -10$) erhält man:

$$x_{1,2} = -\frac{-3}{2} \pm \sqrt{\left(\frac{-3}{2}\right)^2 - (-10)}$$

Daraus ergeben sich die Lösungen $x_1 = -2$ und $x_2 = 5$.
Die zugehörigen y-Werte erhält man, indem man $x_1 = -2$ und $x_2 = 5$ in die Gleichung von g einsetzt:

$$y_1 = 1,5 \cdot (-2) + 0,5 = -2,5 \Rightarrow \mathrm{A}(-2 \mid -2,5)$$
$$y_2 = 1,5 \cdot 5 + 0,5 = 8 \Rightarrow \mathrm{C}(5 \mid 8)$$

Zur Veranschaulichung zeichnet man das Rechteck ABCD in ein Koordinatensystem:

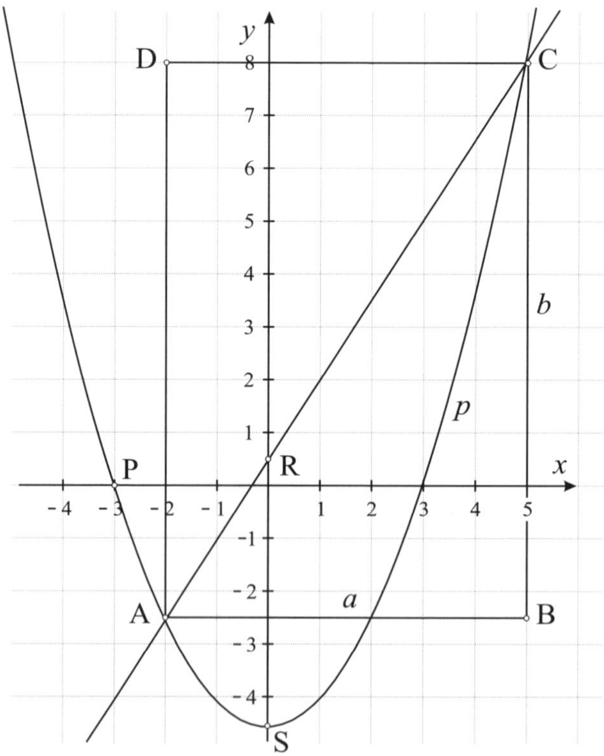

Da die Seiten des Rechtecks parallel zur x- bzw. y-Achse verlaufen, hat der Punkt B die Koordinaten $\mathrm{B}(5 \mid -2,5)$, der Punkt D die Koordinaten $\mathrm{D}(-2 \mid 8)$.
Den Flächeninhalt des Rechtecks erhält man mit der Formel $\mathrm{A}_{\text{Rechteck}} = a \cdot b$.
Mit $a = \overline{\mathrm{AB}} = 5 - (-2) = 7$ und $b = \overline{\mathrm{BC}} = 8 - (-2,5) = 10,5$ erhält man:

$$\mathrm{A}_{\text{Rechteck}} = a \cdot b = \overline{\mathrm{AB}} \cdot \overline{\mathrm{BC}} = 7 \cdot 10,5 = 73,5\,\mathrm{FE}$$

Das Rechteck ABCD hat einen Flächeninhalt von 73,5 FE.

Aufgabe 3

a) Auf jeder Walze gibt es sieben Felder.
Bezeichnet man mit Z: Zitrone, G: Glocke und 7: Sieben, so gibt es bei einer Walze folgende Wahrscheinlichkeiten: $P(Z) = \frac{4}{7}$, $P(G) = \frac{2}{7}$ und $P(7) = \frac{1}{7}$.
Da die beiden Walzen unabhängig voneinander drehen, handelt es sich um «zweimaliges Ziehen mit Zurücklegen».
Die Wahrscheinlichkeit für das Ereignis «zweimal Glocke» erhält man mithilfe der 1. Pfadregel:

$$P(\text{zweimal Glocke}) = P(GG) = \frac{2}{7} \cdot \frac{2}{7} = \frac{4}{49} \approx 0,082$$

Die Wahrscheinlichkeit für das Ereignis «zweimal Glocke» beträgt etwa 8,2 %.

Die Wahrscheinlichkeit für das Ereignis «zweimal Sieben» erhält man ebenfalls mithilfe der 1. Pfadregel:

$$P(\text{zweimal Sieben}) = P(77) = \frac{1}{7} \cdot \frac{1}{7} = \frac{1}{49}$$

Den Erwartungswert E für den Gewinn eines Spielers anhand des Gewinnplans erhält man, indem man die Gewinne für das jeweilige Ergebnis mit der zugehörigen Wahrscheinlichkeit multipliziert, die Ergebnisse addiert und den Einsatz subtrahiert:

$$E = 4\,€ \cdot \frac{4}{49} + 10\,€ \cdot \frac{1}{49} - 1\,€ = -\frac{23}{49}\,€ \approx -0,47\,€$$

Somit beträgt der Erwartungswert für den Gewinn eines Spielers $-0,47$ Euro, d.h. der Spieler macht auf lange Sicht pro Spiel einen Verlust von 0,47 Euro.

Um Merles Behauptung zu prüfen, berechnet man den Erwartungswert für den Gewinn eines Spielers anhand des neuen Gewinnplans:

Ereignis	Gewinn
zweimal Glocke	4,00 €
zweimal Sieben	20,00 €
sonstige	kein Gewinn
Einsatz	1,20 €

Den Erwartungswert E^* für den Gewinn eines Spielers anhand des neuen Gewinnplans erhält man, indem man die Gewinne für das jeweilige Ergebnis mit der zugehörigen Wahrscheinlichkeit multipliziert, die Ergebnisse addiert und den Einsatz subtrahiert:

$$E^* = 4\,€ \cdot \frac{4}{49} + 20\,€ \cdot \frac{1}{49} - 1{,}20\,€ = -\frac{114}{245}\,€ \approx -0{,}47\,€$$

Damit beträgt der Erwartungswert für den Gewinn eines Spielers ebenfalls $-0{,}47$ Euro. Somit hat Merle Recht.

b) Das Koordinatensystem wird am geschicktesten so gelegt, dass die x-Achse auf dem Boden und die y-Achse durch den Scheitelpunkt S der parabelförmigen Flugbahn p geht.

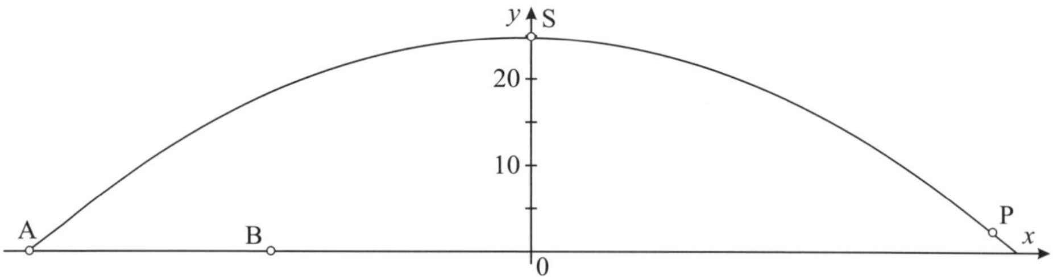

Da der Ball seine maximale Flughöhe in 25 m über dem Boden erreicht, hat der Scheitel S der Parabel p die Koordinaten $S(0 \mid 25)$. Setzt man die Koordinaten von S in den Ansatz $y = ax^2 + c$ ein, ergibt sich:

$$25 = a \cdot 0^2 + c \;\Rightarrow\; c = 25$$

Damit ergibt sich: $y = ax^2 + 25$.

Da sich der Abschlagpunkt A in einer horizontalen Entfernung von 95 m vom Scheitel S befindet, hat A die Koordinaten $A(-95 \mid 0)$. Setzt man die Koordinaten von A in die Gleichung von p ein, ergibt sich:

$$0 = a \cdot (-95)^2 + 25 \;\Rightarrow\; a = -\frac{25}{(-95)^2} = -\frac{1}{361}$$

Somit hat die Parabel p die Gleichung:

$$p\colon\; y = -\frac{1}{361}x^2 + 25$$

Da sich der Baum B in 45 m Entfernung vom Abschlag befindet, hat B die Koordinaten $B(-50 \mid 0)$.

Die Flughöhe des Balls beim Baum erhält man, indem man $x = -50$ in die Gleichung von p einsetzt:

$$y = -\frac{1}{361} \cdot (-50)^2 + 25 \approx 18{,}07\,\text{m}$$

Den Abstand d von der Flughöhe zur Baumspitze erhält man, indem man die Baumhöhe von 15 m von der Flughöhe von 18, 1 m subtrahiert:

$$d = 18{,}07 - 15 = 3{,}07\,\text{m}$$

Somit überfliegt der Ball die Baumspitze in einem Abstand von etwa 3 m.
Um den Auftreffpunkt P des Balls auf der 2 m höher gelegenen Ebene zu berechnen, schneidet man die Parabel p mit der Geraden $y = 2$ durch Gleichsetzen:

$$\begin{aligned} -\frac{1}{361}x^2 + 25 &= 2 \\ -\frac{1}{361} \cdot x^2 &= -23 \\ x^2 &= 8303 \\ x_{1,2} &= \pm\sqrt{8303} \\ x_{1,2} &\approx \pm 91{,}12 \end{aligned}$$

Es kommt aufgrund der Aufgabenstellung aber nur $x_1 \approx 91{,}12$ als Lösung in Frage, da $x_2 \approx -91{,}12$ zu nahe am Abschlag liegt.
Damit ist der Auftreffpunkt P in horizontaler Entfernung etwa $95\text{m} + 91{,}12\text{m} = 186{,}12\,\text{m}$ vom Abschlag entfernt.
Die Entfernung e des Auftreffpunkts zum Loch erhält man, indem man die beiden horizontalen Entfernungen von Auftreffpunkt P und Loch L subtrahiert:

$$e = 186{,}12 - 180 = 6{,}12\,\text{m}$$

Somit trifft der Ball in einer Entfernung von etwa 6, 12 m vom Loch auf.

3 Realschulabschlussprüfung 2019

Teil A 1

1) Das lineare Gleichungssystem

$$\begin{array}{lrcrcr} \text{I} & 3x & - & 4y & = & 2 \\ \text{II} & 2x & + & y & = & 5 \end{array}$$

kann man mit dem Additionsverfahren lösen:
Zuerst multipliziert man Gleichung II mit 4:

$$\begin{array}{lrcrcr} \text{I} & 3x & - & 4y & = & 2 \\ \text{IIa} & 8x & + & 4y & = & 20 \end{array}$$

Addiert man Gleichung I zu Gleichung IIa, ergibt sich:

$$\begin{array}{lrcrcr} \text{I} & 3x & - & 4y & = & 2 \\ \text{IIb} & 11x & & & = & 22 \end{array}$$

Aus Gleichung IIb erhält man: $x = 2$.
Setzt man $x = 2$ in Gleichung I ein, ergibt sich:

$$\begin{aligned} 3 \cdot 2 - 4y &= 2 \\ -4y &= -4 \\ y &= 1 \end{aligned}$$

Somit hat das Gleichungssystem die Lösung $x = 2$ und $y = 1$.

2) Man kann sich das Muster aus zwei Bereichen zusammengesetzt denken: Einem oberen Dreieck und einer unteren horizontalen Linie. Oben kommt immer eine um ein Plättchen längere Reihe dazu, unten beträgt der Zuwachs immer nur je ein Plättchen.

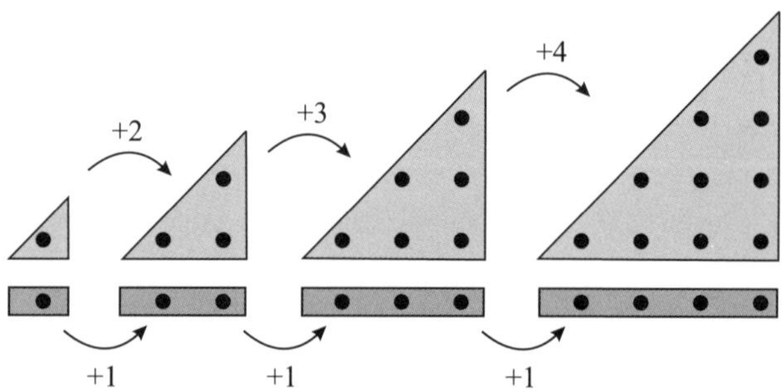

Muster	1	2	3	4	5	6	7	8	9
«Dreieckssumme»	1	3	6	10	15	21	28	36	45
«Liniensumme»	1	2	3	4	5	6	7	8	9
Summe	2	5	9	14	20	27	35	44	54

Also benötigt Eva für das 9. Muster 54 Plättchen.

3) Das Volumen einer Pyramide erhält man mit der Formel $V_{\text{Pyramide}} = \frac{1}{3} \cdot G \cdot h$.
Damit ergibt sich für die quadratische Pyramide mit Grundkante 3,0 cm und Höhe 6,0 cm:

$$V_{\text{Pyramide}} = \frac{1}{3} \cdot 3^2 \cdot 6 = 18\,\text{cm}^3$$

Um zu berechnen, wie viele Kubikzentimeter Wasser im Prisma verbleiben, subtrahiert man das Pyramidenvolumen vom Prismenvolumen:

$$V = V_{\text{Prisma}} - V_{\text{Pyramide}} = 54\,\text{cm}^3 - 18\,\text{cm}^3 = 36\,\text{cm}^3$$

Somit verbleiben im Prisma $36\,\text{cm}^3$.
Um zu berechnen, wie hoch das Wasser anschließend im Prisma steht, berechnet man zuerst die Grundfläche des Prismas und setzt dann die gegebenen Daten in die Prismenformel ein.
Das Volumen eines Prismas erhält man mit der Formel $V_{\text{Prisma}} = G \cdot h$.
Damit ergibt sich für das quadratische Prisma mit der Höhe 6,0 cm und dem Volumen von $54{,}0\,\text{cm}^3$:

$$54 = G \cdot 6$$
$$9 = G$$

Das Prisma hat eine Grundfläche von $9\,\text{cm}^2$.
Setzt man die gegebenen Daten in die Prismenformel ein, erhält man:

$$V_{\text{Prisma}} = G \cdot h$$
$$36 = 9 \cdot h$$
$$4 = h$$

Somit steht das Wasser im Prisma anschließend 4,0 cm hoch.

4) Da in der Schale 20 Kugeln sind, erweitert man die gegebenen Brüche so, dass der Nenner 20 beträgt:
Wegen $\frac{3}{5} = \frac{12}{20}$ sind zu Beginn 12 rote Kugeln in der Schale.
Wegen $\frac{1}{10} = \frac{2}{20}$ sind zu Beginn 2 blaue Kugeln in der Schale.
Damit sind zu Beginn $20 - 12 - 2 = 6$ gelbe Kugeln in der Schale.
Damit gilt: $P(g) = \frac{6}{20}$.
Da es sich um Ziehen ohne Zurücklegen handelt, ändern sich die Wahrscheinlichkeiten beim zweiten Zug.
Somit ergibt sich das Baumdiagramm rechts.

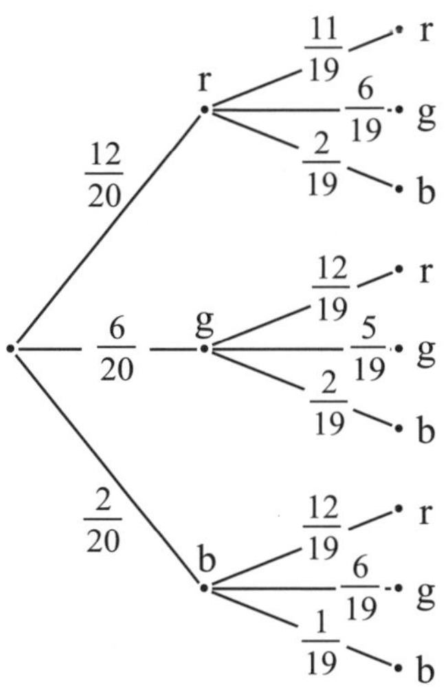

5) Durch Anwendung der trigonometrischen Verhältnisse ergibt sich:

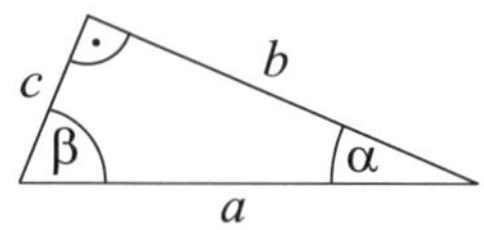

☐ $\sin\alpha = \frac{a}{c}$	☒ $\cos\beta = \frac{c}{a}$	☒ $\tan\alpha = \frac{c}{b}$
☐ $\tan\beta = \frac{b}{a}$	☐ $\sin\beta = \frac{b}{c}$	☐ $a^2 + b^2 = c^2$

6) Zuerst markiert man die Lage der Punkte B, C und D in der Zeichnung. Unter Beachtung der Umlaufrichtung der Punkte ergibt sich:

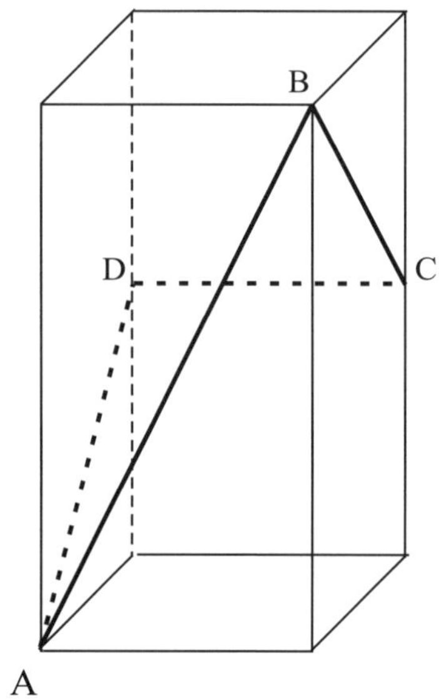

7) Die Gerade g mit der Gleichung $g\colon\ y = 4x - 2$ hat die Steigung $m = 4$. Anton hat aber eine Gerade mit der Steigung $m = \frac{1}{4}$ eingezeichnet. Die gezeichnete Normalparabel p hat den Scheitel $S(2 \mid 1)$. Setzt man seine Koordinaten in die Scheitelform ein, ergibt sich:

$$y = (x-2)^2 + 1 = x^2 - 4x + 4 + 1 = x^2 - 4x + 5$$

Somit stimmt zwar die Gleichung der Parabel, die Gleichung der Geraden hingegen nicht. Anton hat also nur teilweise Recht.

Teil A 2 2019

1) Um den Flächeninhalt des Trapezes ABEF zu berechnen, benötigt man die Trapezformel: $A_{Trapez} = \frac{a+c}{2} \cdot h$. Die beiden parallelen Strecken sind $a = \overline{AB}$ und $c = \overline{EF}$, die zugehörige Höhe ist $h = \overline{AF}$.
Die bekannten Maße und Winkel werden in eine Skizze eingetragen:
Im Dreieck FEC kann man die Seite $\overline{EF}$ und den Winkel ε_1 bestimmen:

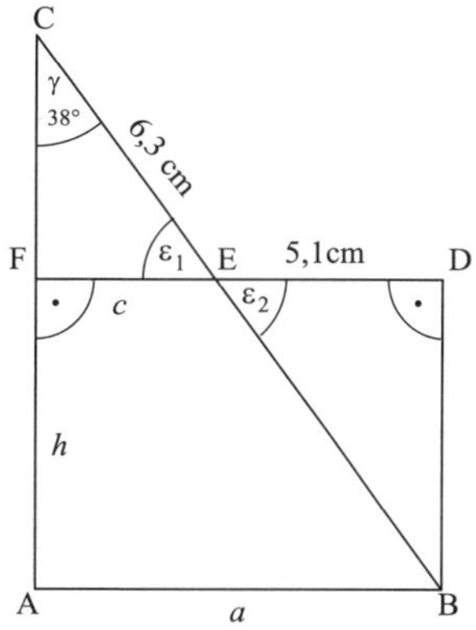

$$\sin(\gamma) = \frac{\overline{EF}}{\overline{CE}}$$
$$\sin(\gamma) \cdot \overline{CE} = \overline{EF}$$
$$\sin(38°) \cdot 6,3 = \overline{EF}$$
$$\overline{EF} \approx 3,88\,\text{cm}$$

Damit ergibt sich:

$$\overline{AB} = \overline{FD} = \overline{EF} + \overline{DE} = 3,88 + 5,1 = 8,98\,\text{cm}$$

Für die Winkel ε_1 und ε_2 bei Punkt E gilt:

$$\varepsilon_1 = 180° - 90° - \gamma = 90° - 38° = 52° = \varepsilon_2$$

Im Dreieck BDE kann man nun die Seite $\overline{BD}$ bestimmen:

$$\tan(\varepsilon_2) = \frac{\overline{BD}}{\overline{DE}}$$
$$\tan(\varepsilon_2) \cdot \overline{DE} = \overline{BD}$$
$$\tan(52°) \cdot 5,1 = \overline{BD}$$
$$\overline{BD} \approx 6,53\,\text{cm}$$

Somit gilt für den Flächeninhalt des Trapezes ABEF:

$$A_{ABEF} = \frac{a+c}{2} \cdot h = \frac{8,98 + 3,88}{2} \cdot 6,53 = 41,99\,\text{cm}^2$$

Das Trapez ABEF hat einen Flächeninhalt von $42,0\,\text{cm}^2$.

2) Um den Oberflächeninhalt O des zusammengesetzten Körpers zu berechnen, benötigt man den Flächeninhalt eines Quadrats und einer dreieckigen gleichschenkligen Seitenfläche. Die bekannten Maße und Winkel werden in eine Skizze eingetragen:

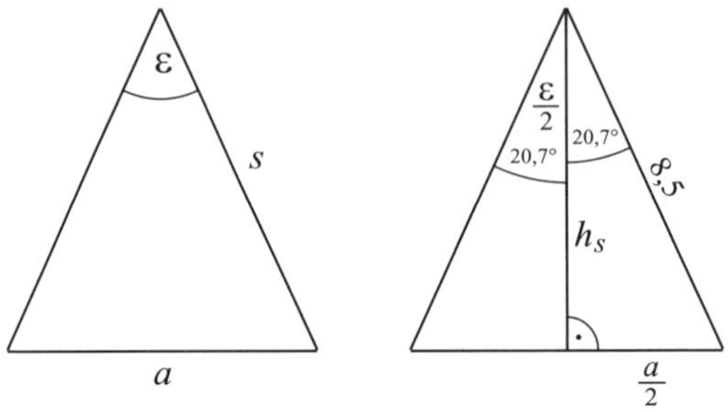

Im rechtwinkligen Dreieck kann man die Hälfte der Quadratseite a und damit a bestimmen. Es gilt:

$$\sin\left(\frac{\varepsilon}{2}\right) = \frac{\frac{a}{2}}{s}$$
$$\sin\left(\frac{\varepsilon}{2}\right) \cdot s = \frac{a}{2}$$
$$\sin\left(\frac{\varepsilon}{2}\right) \cdot s \cdot 2 = a$$
$$\sin\left(\frac{41,4^\circ}{2}\right) \cdot 8,5 \cdot 2 = a$$
$$a \approx 6,01\,\text{cm}$$

Ebenso gilt für die Seitenflächenhöhe des Dreiecks h_s:

$$\cos\left(\frac{\varepsilon}{2}\right) = \frac{h_s}{s}$$
$$\cos\left(\frac{\varepsilon}{2}\right) \cdot s = h_s$$
$$\cos(20,7) \cdot 8,5 = h_s$$
$$h_s \approx 7,95$$

Damit erhält man den Flächeninhalt eines Quadrats:

$$\text{A}_{\text{Quadrat}} = a^2 = 6,01^2 \approx 36,12\,\text{cm}^2$$

Für den Flächeninhalt eines Seitenflächendreiecks ergibt sich:

$$\text{A}_{\text{Dreieck}} = \frac{1}{2} \cdot a \cdot h_s = \frac{1}{2} \cdot 6,01 \cdot 7,95 \approx 23,89\,\text{cm}^2$$

Für den Oberflächeninhalt O des zusammengesetzten Körpers gilt damit:

$$\text{O} = 4 \cdot \text{A}_{\text{Quadrat}} + 8 \cdot \text{A}_{\text{Dreieck}} = 4 \cdot 36,12 + 8 \cdot 23,89 = 335,6\,\text{cm}^2$$

Der Oberflächeninhalt des zusammengesetzten Körpers beträgt $335{,}6\,\text{cm}^2$.
Zur Bestimmung der Entfernung der beiden Pyramidenspitzen A und B berechnet man zuerst die Pyramidenhöhe h, die man mithilfe des Satzes des Pythagoras erhält:

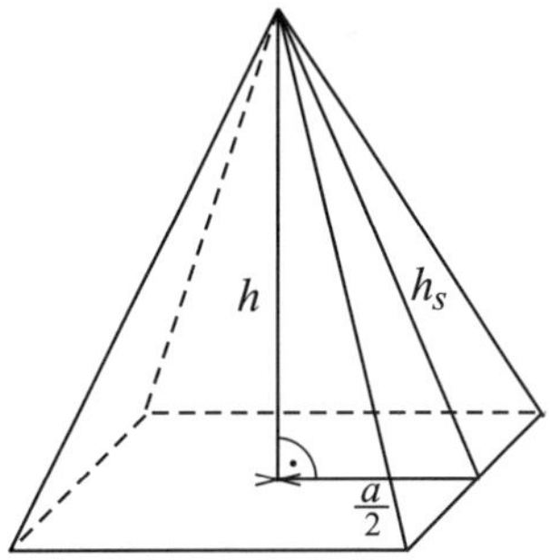

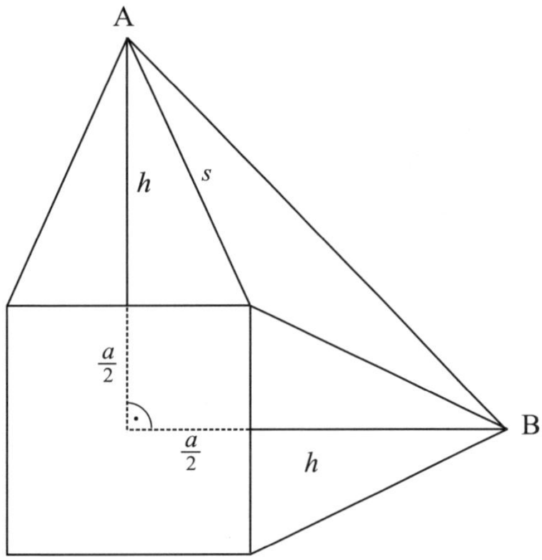

$$h^2 + \left(\frac{a}{2}\right)^2 = h_s^2$$

$$h^2 = h_s^2 - \left(\frac{a}{2}\right)^2$$

$$h = \sqrt{h_s^2 - \left(\frac{a}{2}\right)^2}$$

$$h = \sqrt{7{,}95^2 - \left(\frac{6{,}01}{2}\right)^2}$$

$$h \approx 7{,}36\,\text{cm}$$

Die Strecke $\overline{\text{AB}}$ erhält man mithilfe des Satzes des Pythagoras:

$$\overline{\text{AB}}^2 = \left(h + \frac{a}{2}\right)^2 + \left(h + \frac{a}{2}\right)^2$$

$$\overline{\text{AB}}^2 = 2 \cdot \left(h + \frac{a}{2}\right)^2$$

$$\overline{\text{AB}} = \sqrt{2 \cdot \left(h + \frac{a}{2}\right)^2}$$

$$\overline{\text{AB}} = \sqrt{2 \cdot \left(7{,}36 + \frac{6{,}01}{2}\right)^2}$$

$$\overline{\text{AB}} \approx 14{,}66\,\text{cm}$$

Die Entfernung der Pyramidenspitzen beträgt etwa $14{,}7\,\text{cm}$.

3) Um der gegebenen Wertetabelle ihren Graphen und ihre Funktionsgleichung zuzuordnen, kann man sich Folgendes überlegen: Der Punkt $(1 \mid 0)$ aus der Wertetabelle liegt nur auf p_2 und nicht auf p_1. Also gehört die Wertetabelle zu p_2.

Setzt man $x = 1$ in die drei Funktionsgleichungen ein, ergibt sich:

$$\text{(A) } y = 1^2 - 6 \cdot 1 + 5 = 0 \Rightarrow p_2$$
$$\text{(B) } y = 1^2 - 2 \cdot 1 + 5 = 4 \Rightarrow p_3$$
$$\text{(C) } y = 1^2 + 4 \cdot 1 + 5 = 10 \Rightarrow p_1$$

Da der Punkt $(1 \mid 0)$ aus der Wertetabelle nur bei Funktionsgleichung (A) als Ergebnis erscheint, gehört die gegebene Wertetabelle zur Funktionsgleichung (A).

Da der Punkt $(1 \mid 4)$, der bei Funktionsgleichung (B) als Ergebnis erscheint, nicht auf p_1 liegt, gehört Funktionsgleichung (C) zum Graphen p_1 und Funktionsgleichung (B) zum Graphen p_3.

Um den fehlenden Graphen p_3 zu zeichnen, erstellt man mithilfe der Funktionsgleichung (B), also $y = x^2 - 2x + 5$, eine Wertetabelle:

x	-4	-3	-2	-1	0	1	2	3	4	5
y	29	20	13	8	5	4	5	8	13	20

Anhand der Wertetabelle kann man erkennen, dass p_3 den Scheitel $S_3(1 \mid 4)$ hat. Mithilfe der Tabellenwerte oder des Scheitels kann man p_3 zeichnen:

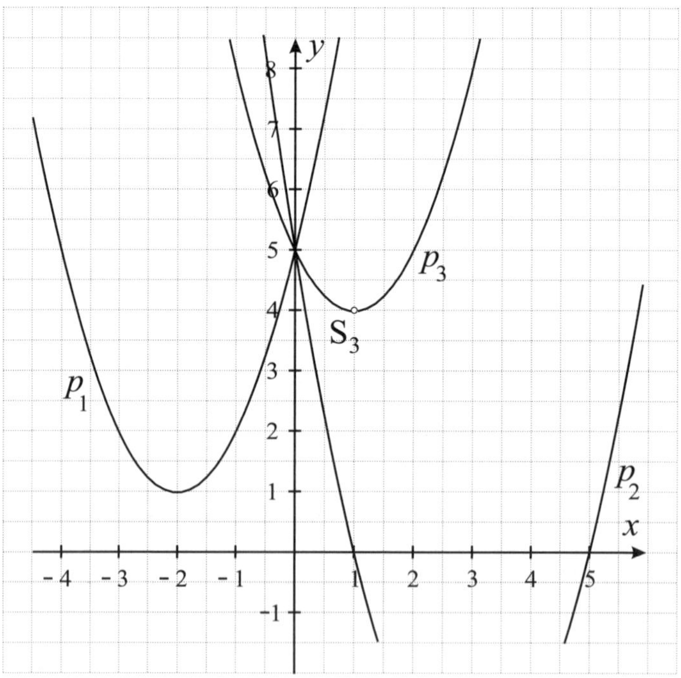

4) Um zu berechnen, um wieviel Prozent der Verkauf von E-Bikes von 2013 bis 2017 insgesamt gestiegen ist, berechnet man zuerst die Anzahl der E-Bikes, die im Jahr 2017 mehr verkauft wurden als 2013. Anschließend teilt man die Anzahl der mehr verkauften E-Bikes im Jahr 2017 durch die Anzahl der verkauften E-Bikes im Jahr 2013:

$$\frac{720\,000-410\,000}{410\,000}=\frac{310\,000}{410\,000}\approx 0,756=75,6\%$$

Alternativ kann man auch die Prozentformel verwenden:

$$\begin{aligned} \mathrm{P} &= \mathrm{G}\cdot\frac{p}{100} \\ \frac{\mathrm{P}\cdot 100}{\mathrm{G}} &= p \\ \frac{310\,000\cdot 100}{410\,000} &= p \\ 75,6 &\approx p \end{aligned}$$

Also ist der Verkauf um etwa 75,6 % gestiegen.

Um die Anzahl aller Fahrräder, die im Jahr 2017 verkauft wurden, zu berechnen, kann man sich Folgendes überlegen: Es wurden 720 000 E-Bikes verkauft, was einem Anteil von 19 % entspricht. Also kann man den Dreisatz verwenden:

$$\begin{aligned} 19\% &\mathrel{\hat{=}} 720000 \\ 1\% &\mathrel{\hat{=}} \frac{720000}{19} \\ 100\% &\mathrel{\hat{=}} \frac{720000}{19}\cdot 100\approx 3\,789\,474 \end{aligned}$$

Somit wurden im Jahre 2017 insgesamt 3 789 474 Fahrräder verkauft.

Da 7% aller verkauften Fahrräder Mountainbikes waren, kann man zuerst die Anzahl der verkauften Mountainbikes berechnen:

$$7\,\%\text{ von }3\,789\,474=0,07\cdot 3\,789\,474=265\,263$$

Alternativ kann man auch die Prozentformel verwenden: $\mathrm{P}=3\,789\,474\cdot\frac{7}{100}=265\,263$.
Da 22% der im Jahr 2017 verkauften Mountainbikes eine Vollfederung hatten, kann man die Anzahl der Mountainbikes berechnen, die eine Vollfederung hatten:

$$22\,\%\text{ von }265\,263=0,22\cdot 265\,263\approx 58\,358$$

Alternativ kann man auch die Prozentformel verwenden: $\mathrm{P}=265\,263\cdot\frac{22}{100}\approx 58\,358$.
Somit hatten etwa 58 358 Mountainbikes eine Vollfederung.

5) Um die gesuchten Wahrscheinlichkeiten zu bestimmen, erstellt man ein Baumdiagramm. Dabei ist zu beachten, dass es sich um Ziehen ohne Zurücklegen handelt, d.h. die Wahrscheinlichkeiten ändern sich bei jedem Zug. Insgesamt gibt es 25 Kaugummis. Bezeichnet man mit r: roter Kaugummi, w: weißer Kaugummi und g: grüner Kaugummi, erhält man das nebenstehende Baumdiagramm.

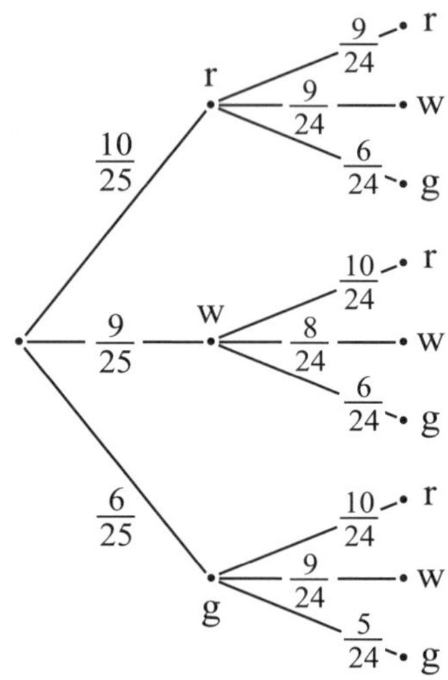

Die Wahrscheinlichkeit, dass Luisa zuerst einen roten, dann einen weißen Kaugummi zieht, erhält man mithilfe der 1. Pfadregel:

$$\begin{aligned} P(\text{zuerst einen roten, dann einen weißen Kaugummi}) &= P(rw) \\ &= \frac{10}{25} \cdot \frac{9}{24} \\ &= \frac{3}{20} \\ &= 0{,}15 \end{aligned}$$

Die Wahrscheinlichkeit, dass Luisa zuerst einen roten, dann einen weißen Kaugummi zieht, beträgt 15%.

Die Wahrscheinlichkeit, dass Luisa keinen grünen Kaugummi zieht, erhält man mithilfe der 1. und 2. Pfadregel:

$$\begin{aligned} P(\text{keinen grünen Kaugummi}) &= P(rr) + P(rw) + P(wr) + P(ww) \\ &= \frac{10}{25} \cdot \frac{9}{24} + \frac{10}{25} \cdot \frac{9}{24} + \frac{9}{25} \cdot \frac{10}{24} + \frac{9}{25} \cdot \frac{8}{24} \\ &= \frac{57}{100} \\ &= 0{,}57 \end{aligned}$$

Die Wahrscheinlichkeit, dass Luisa keinen grünen Kaugummi zieht, beträgt 57%.

Da von den 25 Kaugummis die Hälfte der roten und die Hälfte der grünen Kaugummis mit Brause gefüllt sind, sind insgesamt 8 Kaugummis mit Brause gefüllt. Es wird wieder zweimal ohne Zurücklegen gezogen. Bezeichnet man mit B: Brausegefüllt und O: Ohne

Brause, ergibt sich folgendes Baumdiagramm:

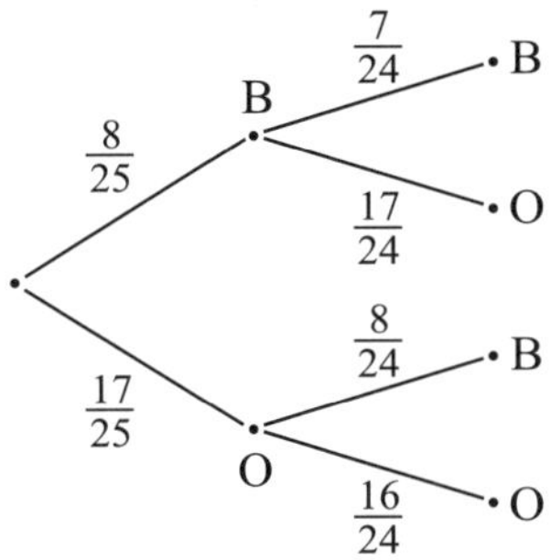

Die Wahrscheinlichkeit, dass Luisa zwei mit Brause gefüllte Kaugummis zieht, erhält man mithilfe der 1. Pfadregel:

$$\text{P(zwei Kaugummis mit Brause)} = \text{P(BB)} = \frac{8}{25} \cdot \frac{7}{24} = \frac{7}{75} \approx 0{,}093$$

Die Wahrscheinlichkeit, dass Luisa zwei mit Brause gefüllte Kaugummis zieht, beträgt etwa 9,3 %.

6) Zuerst bestimmt man die Kennwerte des dargestellten Boxplots:

$$x_{\min} = 760\,€$$
$$q_u = 820\,€$$
$$z = 890\,€$$
$$q_o = 920\,€$$
$$x_{\max} = 970\,€$$

Anschließend ermittelt man die Kennwerte der gegebenen Ranglisten.
Für die Ausbildungsvergütung in technischen Berufen ergibt sich:

$$x_{\min} = 760\,€$$
$$q_u\colon\ \text{n} \cdot 0{,}25 = 17 \cdot 0{,}25 = 4{,}25 \ \Rightarrow\ q_u = x_5 = 820\,€$$
$$z\colon\ \text{n} \cdot 0{,}5 = 17 \cdot 0{,}5 = 8{,}5 \ \Rightarrow\ z = x_9 = 890\,€$$
$$q_o\colon\ \text{n} \cdot 0{,}75 = 17 \cdot 0{,}75 = 12{,}75 \ \Rightarrow\ q_o = x_{13} = 920\,€$$
$$x_{\max} = 970\,€$$

Da die Kennwerte des dargestellten Boxplots mit den Kennwerten der Rangliste der Ausbildungsvergütung für technische Berufe übereinstimmen, gehört der dargestellte Boxplot zur Rangliste der Ausbildungsvergütung für technische Berufe.
Zum Einzeichnen des Boxplots der anderen Berufsgruppe berechnet man noch die ent-

sprechenden Kennwerte.
Für die Ausbildungsvergütung in kaufmännischen Berufen ergibt sich:

$$x_{\min} = 760\,€$$
$$q_u:\ \text{n} \cdot 0,25 = 13 \cdot 0,25 = 3,25 \Rightarrow q_u = x_4 = 820\,€$$
$$z:\ \text{n} \cdot 0,5 = 13 \cdot 0,5 = 6,5 \Rightarrow z = x_7 = 890\,€$$
$$q_o:\ \text{n} \cdot 0,75 = 13 \cdot 0,75 = 9,75 \Rightarrow q_o = x_{10} = 940\,€$$
$$x_{\max} = 970\,€$$

Damit kann man den zugehörigen Boxplot in die Grafik einzeichnen:

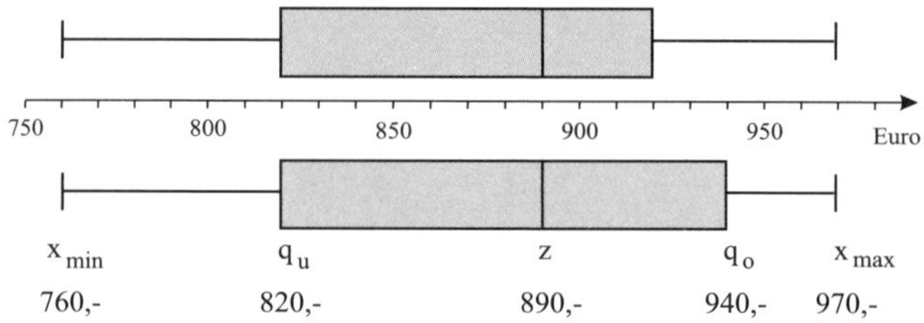

Um zu klären, wie sich der Boxplot durch die hinzukommenden Werte verändert, ergänzt man zuerst die Rangliste für die Ausbildungsvergütungen in kaufmännischen Berufen durch die angegebenen Werte:

Rang	1	2	3	4	5	6	7	8
Wert	760	770	800	820	820	840	850	880

Rang	9	10	11	12	13	14	15	16	17
Wert	890	900	910	920	940	940	950	950	970

Anschließend ermittelt man die Kennwerte für die ergänzte Rangliste:

$$x_{\min} = 760\,€$$
$$q_u:\ \text{n} \cdot 0,25 = 17 \cdot 0,25 = 4,25 \Rightarrow q_u = x_5 = 820\,€$$
$$z:\ \text{n} \cdot 0,5 = 17 \cdot 0,5 = 8,5 \Rightarrow z = x_9 = 890\,€$$
$$q_o:\ \text{n} \cdot 0,75 = 17 \cdot 0,75 = 12,75 \Rightarrow q_o = x_{13} = 940\,€$$
$$x_{\max} = 970\,€$$

Durch die Ergänzung der vier Werte ändern sich die Kennwerte vor und nach der Ergänzung nicht.
Somit bleibt der Boxplot gleich.

Teil B 2019

Aufgabe 1

a) Um den Flächeninhalt des Vierecks GBCA′ zu berechnen, benötigt man die Trapezformel: $A_{\text{Trapez}} = \frac{a+c}{2} \cdot h$. Die beiden parallelen Strecken sind $a = \overline{GB}$ und $c = \overline{A'C}$, die zugehörige Höhe ist $h = \overline{BC}$.

Wegen $\overline{BC} = \overline{AD} = 21$ sind nur noch $a = \overline{GB}$ und $c = \overline{A'C}$ zu berechnen. Die bekannten Maße und Winkel werden in eine Skizze eingetragen.

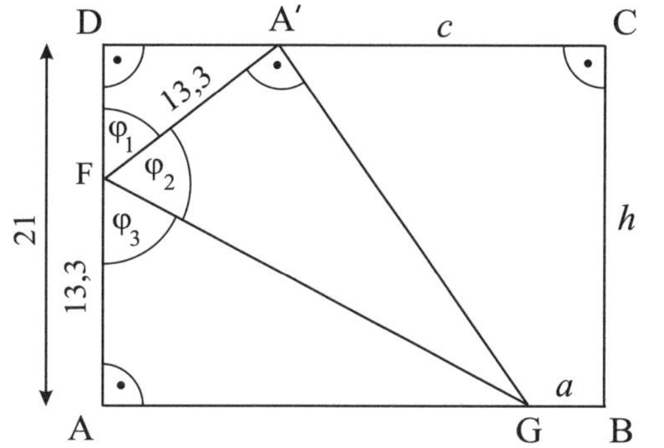

Im Dreieck FA′D kann man folgende Seiten und Winkel bestimmen:

$$\overline{DF} = \overline{AD} - \overline{AF} = 21{,}0 - 13{,}3 = 7{,}7\,\text{cm}$$
$$\overline{FA'} = \overline{AF} = 13{,}3\,\text{cm}$$

Die Seite $\overline{A'D}$ kann man mithilfe des Satzes des Pythagoras bestimmen:

$$\overline{A'D}^2 + \overline{DF}^2 = \overline{FA'}^2$$
$$\overline{A'D}^2 = \overline{FA'}^2 - \overline{DF}^2$$
$$\overline{A'D} = \sqrt{13{,}3^2 - 7{,}7^2}$$
$$\overline{A'D} \approx 10{,}84\,\text{cm}$$

Damit ergibt sich:

$$c = \overline{A'C} = \overline{CD} - \overline{A'D} = 29{,}7 - 10{,}84 = 18{,}86\,\text{cm}$$

Für den Winkel φ_1 gilt:

$$\cos(\varphi_1) = \frac{\overline{DF}}{\overline{FA'}}$$
$$\cos(\varphi_1) = \frac{7{,}7}{13{,}3}$$
$$\varphi_1 = \cos^{-1}\left(\frac{7{,}7}{13{,}3}\right)$$
$$\varphi_1 \approx 54{,}62^\circ$$

Beim Punkt F gilt aufgrund des Umklappens: $\varphi_2 = \varphi_3$.

Wegen $\varphi_1 + \varphi_2 + \varphi_3 = 180°$ ergibt sich:

$$\varphi_2 = \varphi_3 = \frac{180 - \varphi_1}{2} = \frac{180 - 54,62}{2} = 62,69°$$

Damit kann man im Dreieck AGF die Seite $\overline{AG}$ bestimmen:

$$\begin{aligned} \tan(\varphi_3) &= \frac{\overline{AG}}{\overline{AF}} \\ \overline{AF} \cdot \tan(\varphi_3) &= \overline{AG} \\ 13,3 \cdot \tan(62,69°) &= \overline{AG} \\ \overline{AG} &\approx 25,76\,\text{cm} \end{aligned}$$

Damit erhält man die Seite $\overline{GB}$:

$$a = \overline{GB} = \overline{AB} - \overline{AG} = 29,7 - 25,76 = 3,94\,\text{cm}$$

Somit gilt für den Flächeninhalt des Vierecks GBCA$'$:

$$A_{GBCA'} = \frac{a+c}{2} \cdot h = \frac{3,94 + 18,86}{2} \cdot 21,0 = 239,4\,\text{cm}^2$$

Das Viereck GBCA$'$ hat einen Flächeninhalt von $239,4\,\text{cm}^2$.

b) Die Gleichung der nach oben geöffneten Normalparabel p_1 mit dem Scheitelpunkt $S_1\,(2 \mid 2)$ erhält man mit der Scheitelpunktform:

$$p_1\colon\ y = (x-2)^2 + 2 = x^2 - 4x + 4 + 2 = x^2 - 4x + 6$$

Die Gleichung der nach unten geöffneten Normalparabel p_2 mit den x-Achsenschnittpunkten $N_1\,(-2 \mid 0)$ und $N_2\,(2 \mid 0)$ erhält man mit dem Nullstellenansatz. Da die Parabel nach unten geöffnet ist, steht ein Minus vor den Klammern:

$$p_2\colon\ y = -\,(x-(-2)) \cdot (x-2) = -(x+2) \cdot (x-2) = -\left(x^2 - 4\right) = -x^2 + 4$$

Alternativ kann man aus Symmetriegründen auch den x-Wert des Scheitels der Parabel p_2 bestimmen: $x = \frac{-2+2}{2} = 0$. Setzt man den x-Wert des Scheitels und die Koordinaten von $N_2(2 \mid 0)$ in die Scheitelform $y = -(x-d)^2 + c$ ein, ergibt sich:

$$\begin{aligned} 0 &= -\,(2-0)^2 + c \\ 0 &= -2^2 + c \\ 4 &= c \end{aligned}$$

Der Scheitel von p_2 hat die Koordinaten $S(0 \mid 4)$.
Somit hat die Parabel p_2 die Gleichung:

$$p_2\colon\ y = -\,(x-0)^2 + 4 = -x^2 + 4$$

Die Koordinaten des gemeinsamen Punktes T der beiden Parabeln erhält man durch Gleichsetzen der Gleichungen von p_1 und p_2:

$$x^2 - 4x + 6 = -x^2 + 4$$
$$2x^2 - 4x + 2 = 0$$
$$x^2 - 2x + 1 = 0$$

Mithilfe der pq-Formel ($p = -2$ und $q = 1$) erhält man:

$$x_{1,2} = -\frac{-2}{2} \pm \sqrt{\left(\frac{-2}{2}\right)^2 - 1}$$

Daraus ergibt sich nur die Lösung $x = 1$.
Den zugehörigen y-Wert erhält man, indem man $x = 1$ in die Gleichung von p_1 oder p_2 einsetzt:

$$y = 1^2 - 4 \cdot 1 + 6 = 3$$

Damit hat der Punkt T die Koordinaten $\mathrm{T}(1 \mid 3)$.
Die Gleichung der Geraden g mit der Steigung $m = 2$, die beide Parabeln ebenfalls im Punkt $\mathrm{T}(1 \mid 3)$ schneidet, erhält man mit der Hauptform:

$$y = m \cdot x + b$$
$$3 = 2 \cdot 1 + b$$
$$1 = b$$

Somit hat die Gerade g die Gleichung $g:\ y = 2x + 1$.
Um die Gleichung einer Parabel p_3 anzugeben, die weder mit p_1 noch mit p_2 einen gemeinsamen Punkt hat, skizziert man p_1 und p_2 mithilfe der Scheitel oder einer Wertetabelle in ein Koordinatensystem:

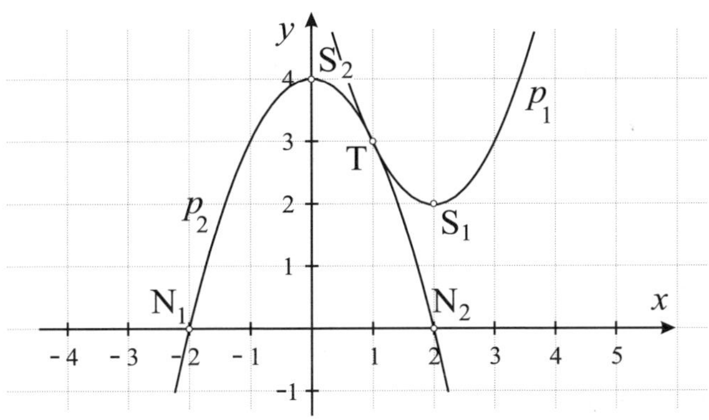

Eine Parabel p_3 kann beispielsweise eine nach unten verschobene Parabel p_2 sein, die durch den Ursprung geht.

Damit hat p_3 beispielsweise die Gleichung:

$$p_3: \ y = -x^2$$

Aufgabe 2

a) Der Zylinder und die Halbkugel haben einen Radius von $r = 1{,}5\,\text{cm}$.
Das Volumen $V_{\text{Halbkugel}}$ der Halbkugel berechnet man mit der Formel

$$V_{\text{Halbkugel}} = \frac{1}{2} \cdot \frac{4}{3} \cdot \pi \cdot r^3$$
$$V_{\text{Halbkugel}} = \frac{1}{2} \cdot \frac{4}{3} \cdot \pi \cdot (1{,}5\,\text{cm})^3 \approx 7{,}07\,\text{cm}^3$$

Für das Volumen des Teilzylinders gilt damit:

$$V_{\text{Teilzylinder}} = 100\,\text{cm}^3 - 7{,}07\,\text{cm}^3 = 92{,}93\,\text{cm}^3$$

Die Höhe h des Teilzylinders erhält man mithilfe der Formel

$$V_{\text{Teilzylinder}} = \pi \cdot r^2 \cdot h$$

Man setzt ein und erhält:

$$92{,}93\,\text{cm}^3 = \pi \cdot (1{,}5\,\text{cm})^2 \cdot h \Rightarrow h = \frac{92{,}93\,\text{cm}^3}{\pi \cdot 2{,}25\,\text{cm}^2} \approx 13{,}15\,\text{cm}$$

Damit gilt für den Abstand d des Wasserspiegels von der Oberkante des Reagenzglases:

$$d = 17{,}5\,\text{cm} - 13{,}15\,\text{cm} = 4{,}35\,\text{cm}$$

Der Wasserspiegel ist also etwa $4{,}35\,\text{cm}$ von der Oberkante entfernt.
Der Kegel im Inneren des Kelchglases hat einen Radius von $r = 5\,\text{cm}$ und eine Höhe von $h = 18\,\text{cm}$.
Das Volumen des Kegels erhält man mit der Formel

$$V_{\text{Kegel}} = \frac{1}{3} \cdot \pi \cdot r^2 \cdot h = \frac{1}{3} \cdot \pi \cdot (5\,\text{cm})^2 \cdot 18\,\text{cm} \approx 471{,}24\,\text{cm}^3$$

Damit beträgt der Prozentsatz des Wasservolumens V_{Wasser} zum Kegelvolumen:

$$p = \frac{V_{\text{Wasser}}}{V_{\text{Kegel}}} = \frac{100\,\text{cm}^3}{471{,}24\,\text{cm}^3} \approx 0{,}2122 = 21{,}22\,\%$$

Das Kelchglas ist zu etwa $21{,}22\,\%$ seines Volumens mit Wasser gefüllt.

b) Um die Gleichung $y = ax^2 + c$ einer Parabel p_1 mit dem Scheitelpunkt $S_1\,(0 \mid 6)$ zu bestimmen, setzt man die Koordinaten von S_1 in p_1 ein:

$$6 = a \cdot 0^2 + c \Rightarrow c = 6$$

Damit ergibt sich für $p_1 : y = ax^2 + 6$.
Da auch der Punkt $B\,(2 \mid 4)$ auf p_1 liegt, setzt man seine Koordinaten ebenfalls in p_1 ein:

$$4 = a \cdot 2^2 + 6 \Rightarrow a = -\frac{1}{2}$$

Somit hat die Parabel p_1 die Gleichung:

$$p_1 : y = -\frac{1}{2}x^2 + 6$$

Die Gleichung $y = x^2 + 3x + q$ einer zweiten Parabel p_2 erhält man, indem man die Koordinaten des Punktes $B\,(2 \mid 4)$ in p_2 einsetzt:

$$4 = 2^2 + 3 \cdot 2 + q \Rightarrow q = -6$$

Somit hat die Parabel p_2 die Gleichung:

$$p_2 : y = x^2 + 3x - 6$$

Die Koordinaten des zweiten Schnittpunkts A der beiden Parabeln erhält man durch Gleichsetzen der Gleichungen von p_1 und p_2:

$$\begin{aligned} -\frac{1}{2}x^2 + 6 &= x^2 + 3x - 6 \\ 0 &= \frac{3}{2}x^2 + 3x - 12 \quad \Big|: \frac{3}{2} \\ 0 &= x^2 + 2x - 8 \end{aligned}$$

Mithilfe der pq-Formel ($p = 2$ und $q = -8$) erhält man:

$$x_{1,2} = -\frac{2}{2} \pm \sqrt{\left(\frac{2}{2}\right)^2 - (-8)}$$

Daraus ergeben sich die Lösungen $x_1 = 2$ und $x_2 = -4$.
Zu $x_1 = 2$ gehört der gegebene Schnittpunkt $B\,(2 \mid 4)$. Den y-Wert des zweiten Schnittpunkts A erhält man, indem man $x_2 = -4$ in die Gleichung von p_1 oder p_2 einsetzt:

$$y = (-4)^2 + 3 \cdot (-4) - 6 = -2$$

Damit hat der Punkt A die Koordinaten $A(-4 \mid -2)$.

Um rechnerisch zu zeigen, dass die Punkte $A(-4 \mid -2)$, $B(2 \mid 4)$ und $C(0 \mid 2)$ auf einer Geraden liegen, stellt man zuerst die Gleichung der Geraden g durch die Punkte A und B auf. Die Steigung m von g erhält man mit der Steigungsformel:

$$m = \frac{4-(-2)}{2-(-4)} = \frac{6}{6} = 1$$

Damit ergibt sich die Hauptform: $g\colon\; y = 1 \cdot x + b$.

Um b zu bestimmen, setzt man die Koordinaten von A in die Gleichung von g ein:

$$-2 = 1 \cdot (-4) + b \;\Rightarrow\; b = 2$$

Somit hat die Gerade g die Gleichung:

$$g\colon\; y = x + 2$$

Um zu prüfen, ob auch der Punkt $C(0 \mid 2)$ auf g liegt, setzt man seine Koordinaten in die Gleichung von g ein (Punktprobe):

$$2 = 0 + 2 \;\Leftrightarrow\; 2 = 2$$

Aufgrund der wahren Aussage liegt C auf g.

Damit liegen die drei Punkte A, B und C auf einer Geraden.

Aufgabe 3

a) Zuerst bestimmt man die Wahrscheinlichkeiten für die möglichen Ereignisse, bei denen Gewinne erzielt werden.

Für das Ereignis «Augensumme gleich 4» gibt es drei mögliche Spielausgänge: (13), (22) und (31).

Damit gilt für die zugehörige Wahrscheinlichkeit:

$$\text{P(Augensumme gleich 4)} = \text{P}(13) + \text{P}(22) + \text{P}(31) = \frac{1}{6} \cdot \frac{1}{6} + \frac{1}{6} \cdot \frac{1}{6} + \frac{1}{6} \cdot \frac{1}{6} = \frac{1}{12}$$

Für das Ereignis «Augensumme kleiner 4» gibt es ebenfalls drei mögliche Spielausgänge: (11), (12) und (21).

Damit gilt für die zugehörige Wahrscheinlichkeit:

$$\text{P(Augensumme kleiner 4)} = \text{P}(11) + \text{P}(12) + \text{P}(21) = \frac{1}{6} \cdot \frac{1}{6} + \frac{1}{6} \cdot \frac{1}{6} + \frac{1}{6} \cdot \frac{1}{6} = \frac{1}{12}$$

Den Erwartungswert E für den Gewinn eines Spielers erhält man, indem man die Gewinne für das jeweilige Ergebnis mit der zugehörigen Wahrscheinlichkeit multipliziert, die

Ergebnisse addiert und den Einsatz subtrahiert:

$$E = 4\,€ \cdot \frac{1}{12} + 2\,€ \cdot \frac{1}{12} - 1\,€ = -0{,}50\,€$$

Somit beträgt der Erwartungswert für den Gewinn eines Spielers $-0{,}50$ Euro, d.h. der Spieler macht auf lange Sicht Verlust.

Wenn auf dem zweiten Spielwürfel drei Einsen sind, ändert sich die Wahrscheinlichkeit für eine Eins beim zweiten Würfel. Statt $\frac{1}{6}$ beträgt sie nun $\frac{4}{6}$. Damit ergeben sich folgende Wahrscheinlichkeiten:

$$P(\text{Augensumme gleich } 4) = P(13) + P(22) + P(31) = \frac{1}{6} \cdot \frac{1}{6} + \frac{1}{6} \cdot \frac{1}{6} + \frac{1}{6} \cdot \frac{4}{6} = \frac{1}{6}$$

und

$$P(\text{Augensumme kleiner } 4) = P(11) + P(12) + P(21) = \frac{1}{6} \cdot \frac{4}{6} + \frac{1}{6} \cdot \frac{1}{6} + \frac{1}{6} \cdot \frac{4}{6} = \frac{1}{4}$$

Somit gilt für den Erwartungswert E_1 für den Gewinn eines Spielers:

$$E_1 = 4\,€ \cdot \frac{1}{6} + 2\,€ \cdot \frac{1}{4} - 1\,€ = \frac{1}{6}\,€ \approx 0{,}17\,€$$

Bei dieser Variante macht der Spieler auf lange Sicht Gewinn, also sollte der Betreiber diese Möglichkeit nicht auswählen.

Wenn auf dem zweiten Spielwürfel drei Dreien sind, ändert sich die Wahrscheinlichkeit für eine Drei beim zweiten Würfel. Statt $\frac{1}{6}$ beträgt sie nun $\frac{4}{6}$. Damit ergeben sich folgende Wahrscheinlichkeiten:

$$P(\text{Augensumme gleich } 4) = P(13) + P(22) + P(31) = \frac{1}{6} \cdot \frac{4}{6} + \frac{1}{6} \cdot \frac{1}{6} + \frac{1}{6} \cdot \frac{1}{6} = \frac{1}{6}$$

und

$$P(\text{Augensumme kleiner } 4) = P(11) + P(12) + P(21) = \frac{1}{6} \cdot \frac{1}{6} + \frac{1}{6} \cdot \frac{1}{6} + \frac{1}{6} \cdot \frac{1}{6} = \frac{1}{12}$$

Somit gilt für den Erwartungswert E_2 für den Gewinn eines Spielers:

$$E_2 = 4\,€ \cdot \frac{1}{6} + 2\,€ \cdot \frac{1}{12} - 1\,€ = -\frac{1}{6}\,€ \approx -0{,}17\,€$$

Bei dieser Variante macht der Spieler auf lange Sicht Verlust, also sollte der Betreiber sich dafür entscheiden, die drei Seiten des zweiten Würfels durch drei Dreien zu ersetzen.

b) Das Koordinatensystem wird am geschicktesten so gelegt, dass die x-Achse auf dem Boden liegt und die y-Achse durch den Punkt T geht.

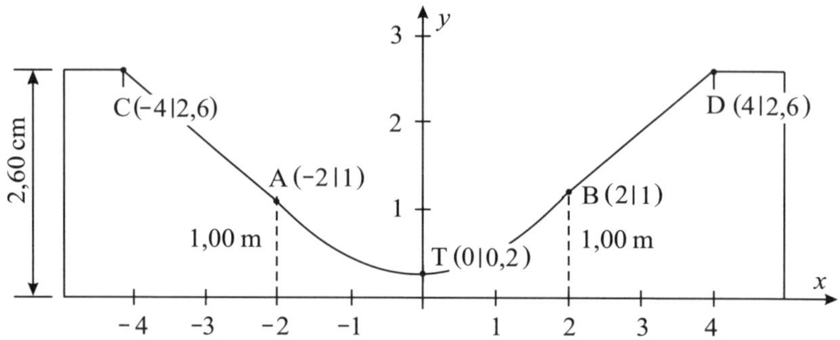

Damit hat der Scheitel T der Parabel p die Koordinaten $T(0 \mid 0,2)$ und die beiden anderen Parabelpunkte haben die Koordinaten $A(-2 \mid 1)$ und $B(2 \mid 1)$.
Da der Scheitel gegeben ist, kann man als Ansatz für eine Funktionsgleichung der zur y-Achse symmetrischen Parabel p den Ansatz $y = a \cdot x^2 + c$ verwenden. Setzt man die Koordinaten von T ein, ergibt sich:

$$0,2 = a \cdot 0^2 + c$$
$$0,2 = c$$

Damit erhält man:

$$p:\ y = a \cdot x^2 + 0,2$$

Setzt man die Koordinaten von A oder B in die Gleichung von p ein, ergibt sich:

$$1 = a \cdot 2^2 + 0,2 \Rightarrow a = 0,2$$

Somit hat die Parabel p die Gleichung:

$$p:\ y = 0,2x^2 + 0,2$$

Da die Punkte C und D auf gleicher Höhe genau 8,00 m voneinander entfernt sind, haben sie die Koordinaten $C(-4 \mid 2,6)$ und $D(4 \mid 2,6)$, da die Rampe eine Höhe von 2,60 m hat.
Die Gleichung der Geraden g durch die Punkte $B(2 \mid 1)$ und $D(4 \mid 2,6)$ erhält man mit der Hauptform $y = m \cdot x + b$. Die Steigung m von g erhält man mit der Steigungsformel:

$$m = \frac{2,6 - 1}{4 - 2} = \frac{1,6}{2} = 0,8$$

Damit ergibt sich die Hauptform: $g:\ y = 0,8 \cdot x + b$.
Um b zu bestimmen, setzt man die Koordinaten von B in die Gleichung von g ein:

$$1 = 0,8 \cdot 2 + b \Rightarrow b = -0,6$$

Somit hat die Gerade g die Gleichung:

$$g:\ y = 0,8x - 0,6$$

4 Realschulabschlussprüfung 2020

Teil A 1

1) Zuerst wandelt man die Dezimalzahl in eine Zehnerpotenz um und verwendet anschließend die Potenzgesetze:

$$\begin{aligned}\left(10^8\cdot 0{,}001\right)\div 5^5 &= \left(10^8\cdot 10^{-3}\right)\div 5^5\\ &= 10^5\div 5^5\\ &= \frac{10^5}{5^5}\\ &= \left(\frac{10}{5}\right)^5\\ &= 2^5\\ &= 32\end{aligned}$$

2) Die Anzahl der abgebildeten eckigen Plättchen beträgt 1, 4, 9, ...
An der Zeichnung kann man sehen, dass es sich um Quadratzahlen handelt, also handelt es sich um die Zahlenfolge:

1, 4, 9, 16, 25, 36, ...

Die Anzahl der abgebildeten runden Plättchen beträgt 8, 12, 16, ...
An der Zeichnung kann man sehen, dass bei jedem Schritt 4 Plättchen dazukommen, da zu jeder Kante ein rundes Plättchen hinzukommt. Also handelt es sich um die Zahlenfolge:

8, 12, 16, 20, 24, 28, ...

Beim fünften Schritt ist also die Anzahl der eckigen Plättchen (25) größer als die Anzahl der runden Plättchen (24).

3) Das Volumen einer Pyramide erhält man mit der Formel $V_P = \frac{1}{3}\cdot G\cdot h$.
Damit ergibt sich für die quadratische Pyramide mit Grundkante 3,0 cm und Höhe 8,0 cm:

$$V_1 = \frac{1}{3}\cdot 3^2\cdot 8 = 24\,\text{cm}^3$$

Das Volumen eines Würfels erhält man mit der Formel $V_W = a^3$.
Damit ergibt sich für einen Würfel mit Kantenlänge 2,0 cm:

$$V_W = 2^3 = 8\,\text{cm}^3$$

Um zu berechnen, wie viele Kubikzentimeter Wasser in der Pyramide verbleiben, subtrahiert man das Würfelvolumen vom Pyramidenvolumen:

$$V_2 = V_1 - V_W = 24\,\text{cm}^3 - 8\,\text{cm}^3 = 16\,\text{cm}^3$$

Somit verbleiben $16\,\text{cm}^3$ Wasser in der Pyramide.
Die zweite Pyramide mit der Grundkante $4{,}0\,\text{cm}$ hat ein Volumen von $V_2 = 16\,\text{cm}^3$, da das Wasser sie vollständig füllt.
Um die Höhe der zweiten Pyramide zu bestimmen, setzt man die gegebenen Daten in die Volumenformel einer Pyramide ein und löst die entstandene Gleichung nach h auf:

$$\begin{aligned} V_P &= \frac{1}{3} \cdot G \cdot h \\ 16 &= \frac{1}{3} \cdot 4^2 \cdot h \\ 16 &= \frac{16}{3} \cdot h \\ 3 &= h \end{aligned}$$

Somit hat die zweite Pyramide eine Höhe von $3{,}0\,\text{cm}$.

4) Wenn auf der freien Fläche eine «3» steht, so gilt bei zweimaligem Würfeln:

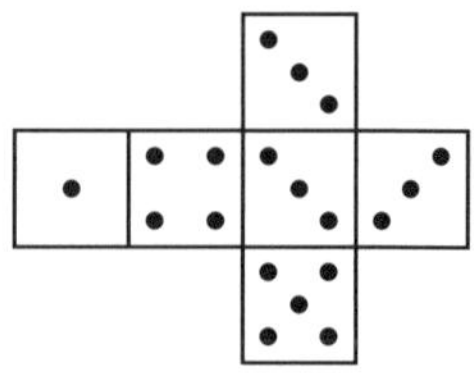

$$\begin{aligned} P(1;3) &= \frac{1}{6} \cdot \frac{3}{6} = \frac{3}{36} = \frac{1}{12} \\ P(3;3) &= \frac{3}{6} \cdot \frac{3}{6} = \frac{9}{36} = \frac{1}{4} \end{aligned}$$

5) Anhand der Sinuskurve kann man erkennen, dass gilt: $\sin(\alpha) = \sin(180° - \alpha)$:

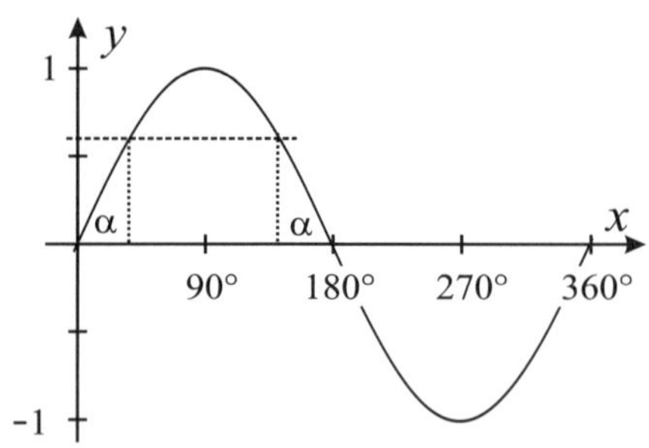

Damit gilt: $\sin(37°) = \sin(180° - 37°) = \sin(143°)$

☐ $\sin 137°$ ☐ $\sin 53°$
☒ $\sin 37°$ ☒ $\sin 143°$

6) Zuerst markiert man die Punkte B, C und D auf den Kantenmittelpunkten. Dabei wird jeder Punkt zwei Mal eingetragen. Anschließend werden die Punkte durch die Linien verbunden.

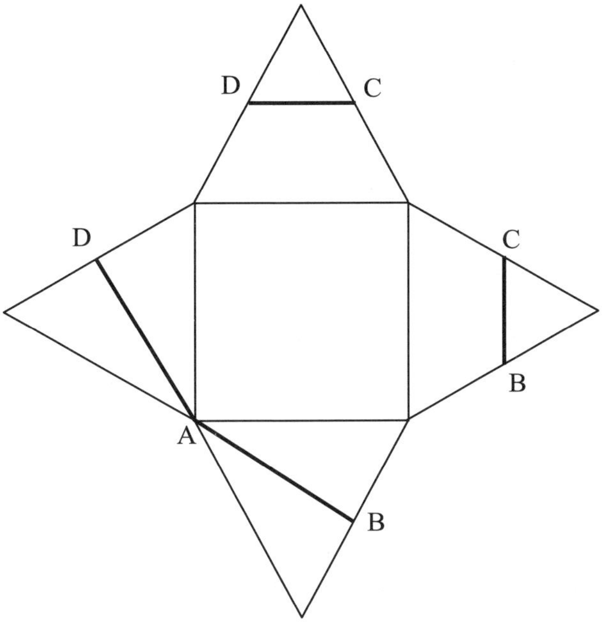

7) Die Parabel p mit der Gleichung $p\colon\ y = (x-2)^2 + 1,5$ hat den Scheitel $S(2 \mid 1,5)$. Johanna hat den Scheitel der Parabel falsch eingezeichnet, nämlich bei $x = -2$.
Die Gerade g mit der Gleichung $g\colon\ y = -2 \cdot x - 2,5$ hat die Steigung $m = -2$. Johanna hat aber eine Gerade mit der Steigung $m = -\frac{1}{2}$ eingezeichnet.
Damit ergeben sich folgende Parabel und Gerade:

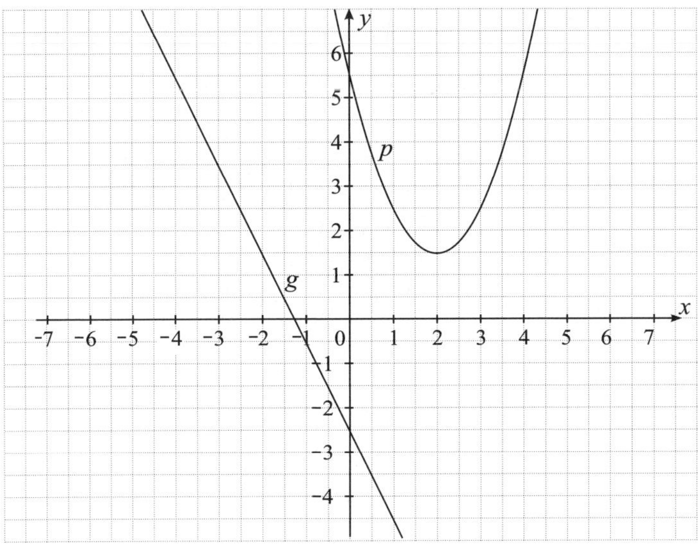

Teil A 2 2020

1) Die bekannten Maße und Winkel werden in eine Skizze eingetragen und durch zwei Hilfslinien ergänzt.
Im Dreieck BFG kann man die Seiten $\overline{FG}$ und $\overline{BG}$ bestimmen:

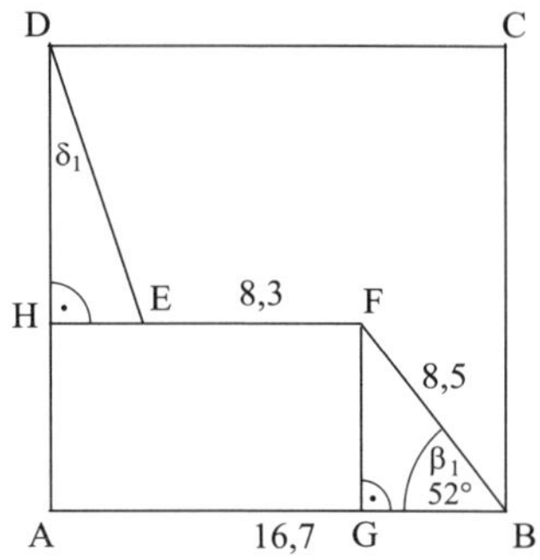

$$\sin(\beta_1) = \frac{\overline{FG}}{\overline{BF}}$$
$$\sin(\beta_1) \cdot \overline{BF} = \overline{FG}$$
$$\sin(52^\circ) \cdot 8,5 = \overline{FG}$$
$$\overline{FG} \approx 6,70\,\text{cm}$$

und

$$\cos(\beta_1) = \frac{\overline{BG}}{\overline{BF}}$$
$$\cos(\beta_1) \cdot \overline{BF} = \overline{BG}$$
$$\cos(52^\circ) \cdot 8,5 = \overline{BG}$$
$$\overline{BG} \approx 5,23\,\text{cm}$$

Da das Viereck ABCD ein Quadrat ist, gilt: $\overline{AB} = \overline{AD} = 16,7\,\text{cm}$.
Damit ergibt sich:

$$\overline{DH} = \overline{AD} - \overline{FG} = 16,7 - 6,70 = 10,0\,\text{cm}$$

und

$$\overline{EH} = \overline{AB} - \overline{BG} - \overline{EF} = 16,7 - 5,23 - 8,3 = 3,17\,\text{cm}$$

Im Dreieck DHE kann man nun den Winkel δ_1 berechnen:

$$\tan(\delta_1) = \frac{\overline{EH}}{\overline{DH}}$$
$$\tan(\delta_1) = \frac{3,17}{10,0}$$
$$\delta_1 = \tan^{-1}\left(\frac{3,17}{10,0}\right)$$
$$\delta_1 \approx 17,59^\circ$$

Der Winkel δ_1 beträgt etwa $17,6^\circ$.

2) Um den Oberflächeninhalt O des Werkstücks zu berechnen, benötigt man den Flächeninhalt des Kegelmantels, des halben Zylindermantels, eines Rechtecks und einer Grundfläche des Kegels (bzw. Zylinders).
Den Flächeninhalt des Kegelmantels erhält man mit der Formel $M_{\text{Kegel}} = \pi \cdot r \cdot s$.
Der Radius r des Kegels (und des Zylinders) ist $r = \frac{28}{2} = 14\,\text{cm}$.
Die Höhe h_{Kegel} des Kegels ist $h_{\text{Kegel}} = 30{,}6\,\text{cm}$.
Mithilfe des Satzes des Pythagoras erhält man damit die Mantellinie s des Kegels:

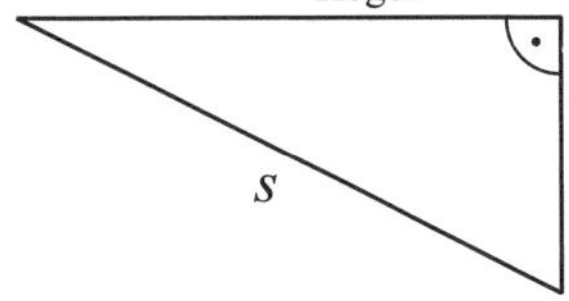

$$s^2 = r^2 + h_{\text{Kegel}}^2$$
$$s = \sqrt{r^2 + h_{\text{Kegel}}^2}$$
$$s = \sqrt{14^2 + 30{,}6^2}$$
$$s \approx 33{,}65\,\text{cm}$$

Damit erhält man:

$$M_{\text{Kegel}} = \pi \cdot r \cdot s = \pi \cdot 14 \cdot 33{,}65 \approx 1480{,}00\,\text{cm}^2$$

Den Flächeninhalt des Zylindermantels erhält man mit der folgenden Formel:
$M_{\text{Zylinder}} = 2 \cdot \pi \cdot r \cdot h_{\text{Zylinder}}$.
Mit $r = 14$ und $h_{\text{Zylinder}} = 22$ ergibt sich:

$$M_{\text{Zylinder}} = 2 \cdot \pi \cdot r \cdot h_{\text{Zylinder}} = 2 \cdot \pi \cdot 14 \cdot 22 \approx 1935{,}22\,\text{cm}^2$$

Den Flächeninhalt des Rechtecks erhält man mit der Formel $A_{\text{Rechteck}} = a \cdot b$.
Mit $a = 2 \cdot r = 2 \cdot 14 = 28$ und $b = h_{\text{Zylinder}} = 22$ erhält man:

$$A_{\text{Rechteck}} = a \cdot b = 28 \cdot 22 = 616\,\text{cm}^2$$

Den Flächeninhalt der Grundfläche des Kegels (bzw. Zylinders) erhält man mit der Formel $G = \pi \cdot r^2$. Damit ergibt sich:

$$G = \pi \cdot r^2 = \pi \cdot 14^2 \approx 615{,}75\,\text{cm}^2$$

Für den Oberflächeninhalt O des Werkstücks gilt damit:

$$\begin{aligned} O &= M_{\text{Kegel}} + \frac{1}{2} \cdot M_{\text{Zylinder}} + A_{\text{Rechteck}} + G \\ &= 1480{,}00 + \frac{1}{2} \cdot 1935{,}22 + 616 + 615{,}75 \\ &= 3679{,}36\,\text{cm}^2 \end{aligned}$$

Der Oberflächeninhalt des Werkstücks beträgt etwa $3679{,}4\,\text{cm}^2$.

3) Um den Graphen die zugehörige Funktionsgleichung zuzuordnen, kann man sich Folgendes überlegen:
Die Gerade g_1 hat eine negative Steigung, nämlich $m_1 = -\frac{1}{2}$. Da nur die Funktionsgleichungen (1) und (5) Geradengleichungen sind und nur bei Gleichung (5) die Steigung negativ ist, gehört zur Geraden g_1 die Funktionsgleichung (5).
Die Parabel p_1 hat den Scheitel $S_1(2 \mid -1)$.
Setzt man die Koordinaten von $S_1(2 \mid -1)$ in die Scheitelform ein, ergibt sich:

$$y = (x-2)^2 - 1 = x^2 - 4x + 4 - 1 = x^2 - 4x + 3$$

Somit gehört zur Parabel p_1 die Funktionsgleichung (4).
Die nach oben geöffnete Parabel p_2 ist achsensymmetrisch zur y-Achse und hat den Scheitel $S_2(0 \mid 3)$.
Somit gehört zur Parabel p_2 die Funktionsgleichung (3), da nur diese die Form einer zur y-Achse symmetrischen Parabel besitzt.
Die Funktionsgleichung (2) ist die Gleichung einer nach oben geöffneten Normalparabel und kann durch quadratische Ergänzung in die Scheitelform umgewandelt werden:

$$y = x^2 + 4x + 3$$
$$y = x^2 + 4x + 4 - 4 + 3$$
$$y = (x+2)^2 - 1$$

Damit hat die zugehörige Parabel p_3 den Scheitel $S_3(-2 \mid -1)$ und kann damit mithilfe der Parabelschablone eingezeichnet werden.
Der Graph von Funktionsgleichung (1) ist eine Gerade g_2 mit Steigung $m_2 = \frac{1}{2}$ und y-Achsenabschnitt $b = 3$.

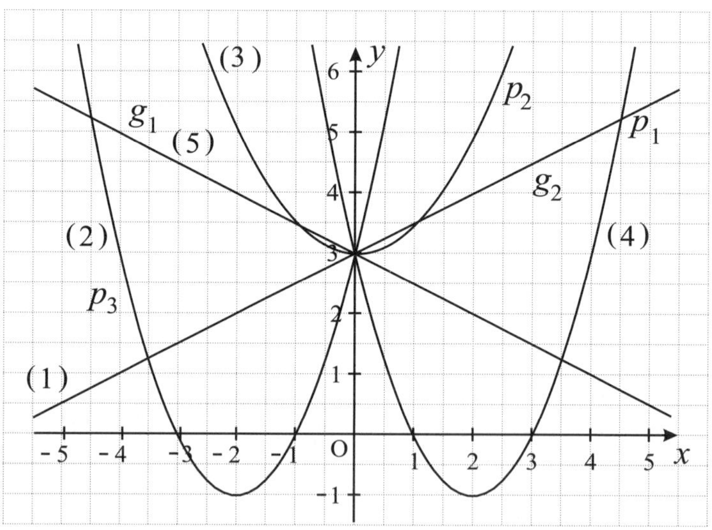

Alternativ kann man auch von allen Funktionsgleichungen Wertetabellen erstellen und anhand von abgelesenen Punkten der Graphen die Zuordnung durchführen bzw. die Zeichnung erstellen:

(1)

x	-3	-2	-1	0	1	2	3
y	$1,5$	2	$2,5$	3	$3,5$	4	$4,5$

(2)

x	-3	-2	-1	0	1	2	3
y	0	-1	0	3	8	15	24

(3)

x	-3	-2	-1	0	1	2	3
y	$7,5$	5	$3,5$	3	$3,5$	5	$7,5$

(4)

x	-3	-2	-1	0	1	2	3
y	24	15	8	3	0	-1	0

(5)

x	-3	-2	-1	0	1	2	3
y	$4,5$	4	$3,5$	3	$2,5$	2	$1,5$

Den Punkt $P(-3 \mid 4,5)$ von g_1 gibt es nur bei Funktionsgleichung (5).
Den Punkt $N(1 \mid 0)$ von p_1 gibt es nur bei Funktionsgleichung (4).
Den Punkt $Q(2 \mid 5)$ von p_2 gibt es nur bei Funktionsgleichung (3).

4) Um zu berechnen, um wie viel Prozent der Verbrauch der Einweg-Getränkeverpackungen von 2004 bis 2014 insgesamt gestiegen ist, teilt man die Anzahl der Einweg-Getränkeverpackungen im Jahr 2014 durch die Anzahl der Einweg-Getränkeverpackungen im Jahr 2004:

$$\frac{600\,000\,t}{465\,000\,t} \approx 1,290 = 129,0\%$$

Somit ist der Verbrauch der Einweg-Getränkeverpackungen etwa um $29,0\,\%$ gestiegen.

Um zu berechnen, wie viele Tonnen Getränkeverpackungen (Einweg und Mehrweg) im Jahr 2014 insgesamt verbraucht wurden, kann man sich Folgendes überlegen: Es wurden $600\,000\,t$ Einweg-Getränkeverpackungen verbraucht, was einem Anteil von $54\,\%$ entspricht. Also kann man den Dreisatz verwenden:

$$54\% \mathrel{\hat{=}} 600\,000\,t$$

$$1\% \mathrel{\hat{=}} \frac{600\,000\,t}{54}$$

$$100\% \mathrel{\hat{=}} \frac{600\,000\,t}{54} \cdot 100 \approx 1\,111\,111$$

Somit wurden im Jahre 2014 insgesamt $1\,111\,111\,t$ Getränkeverpackungen verbraucht.

Wenn der Verbrauch von Einweg-Getränkeverpackungen in den zehn Jahren von 2014 bis 2024 jährlich um jeweils 5% gegenüber dem Vorjahr sinken soll, so beträgt der jährliche

Wachstumsfaktor $q = 95\% = 0,95$.
Damit erhält man mithilfe der Wachstumsformel:

$$W_{10} = 600\,000t \cdot 0,95^{10} \approx 359\,242t$$

Somit wären es im Jahr 2024 etwa 359 242 Tonnen Einweg-Getränkeverpackungen.

5) Um die gesuchten Wahrscheinlichkeiten zu bestimmen, erstellt man ein Baumdiagramm.
Dabei ist zu beachten, dass es sich um «Ziehen ohne Zurücklegen» handelt, d.h. die Wahrscheinlichkeiten ändern sich bei jedem Rubbeln. Insgesamt gibt es 16 Felder. Bezeichnet man mit 0: Betrag 0 €, 1: Betrag 1 € und 10: Betrag 10 €, erhält man nebenstehendes Baumdiagramm.
Die Wahrscheinlichkeit, dass Ben einen Gewinn von 10 € erzielt, erhält man mithilfe der 1. und 2. Pfadregel:

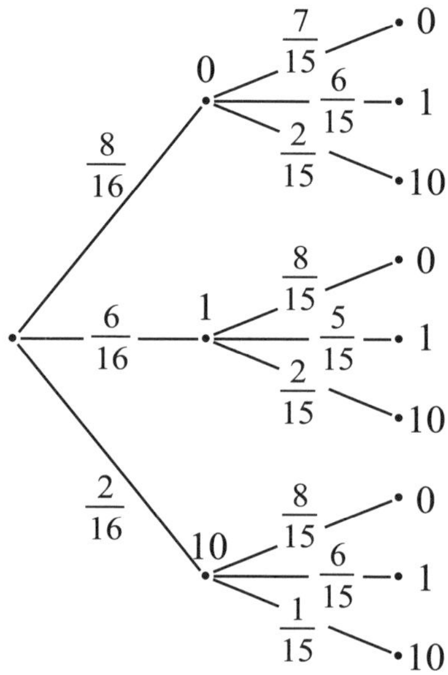

$$P(\text{Gewinn von } 10\,€) = P(0;10) + P(10;0) = \frac{8}{16} \cdot \frac{2}{15} + \frac{2}{16} \cdot \frac{8}{15} = \frac{2}{15}$$

Die Wahrscheinlichkeit, dass Ben einen Gewinn von 10 € erzielt, beträgt $\frac{2}{15}$.
Die Wahrscheinlichkeit, dass Laura den Hauptgewinn von 20 € erzielt, erhält man mithilfe der 1. Pfadregel:

$$P(\text{Gewinn von } 20\,€) = P(10;10) = \frac{2}{16} \cdot \frac{1}{15} = \frac{1}{120}$$

Die Wahrscheinlichkeit, dass Laura den Hauptgewinn von 20 € erzielt, beträgt $\frac{1}{120}$.
Die Wahrscheinlichkeit, dass Emma mehr als 10 € gewinnt, erhält man mithilfe der 1. und 2. Pfadregel:

$$P(\text{Gewinn mehr als } 10\,€) = P(1;10) + P(10;1) + P(10;10) = \frac{6}{16} \cdot \frac{2}{15} + \frac{2}{16} \cdot \frac{6}{15} + \frac{2}{16} \cdot \frac{1}{15} = \frac{13}{120}$$

Die Wahrscheinlichkeit, dass Emma mehr als 10 € gewinnt, beträgt $\frac{13}{120}$.

6) Zuerst bestimmt man die Kennwerte der dargestellten Boxplots.
   Für Boxplot (A) gilt:

$$x_{\text{min}} = 5$$
$$q_u = 8$$
$$z = 9$$
$$q_o = 11$$
$$x_{\text{max}} = 16$$

   Für Boxplot (B) gilt:

$$x_{\text{min}} = 5$$
$$q_u = 7$$
$$z = 9$$
$$q_o = 11$$
$$x_{\text{max}} = 16$$

   Die beiden gegebenen Boxplots unterscheiden sich nur im unteren Quartil.
   Das untere Quartil des Diagramms erhält man folgendermaßen:

$$q_u:\ \text{n} \cdot 0{,}25 = 41 \cdot 0{,}25 = 10{,}25 \Rightarrow q_u = x_{11} = 7$$

   Beim Boxplot (A) ist das untere Quartil $q_u = 8$, beim Boxplot (B) ist das untere Quartil $q_u = 7$.
   Somit stellt Boxplot (B) die Verteilung der Wartezeiten aus dem Diagramm dar.
   Für die Wartezeiten der Hotline FAST-PHONE ergibt sich:

$$x_{\text{min}} = 5$$
$$q_u:\ \text{n} \cdot 0{,}25 = 41 \cdot 0{,}25 = 10{,}25 \Rightarrow q_u = x_{11} = 8$$
$$z:\ \text{n} \cdot 0{,}5 = 41 \cdot 0{,}5 = 20{,}5 \Rightarrow z = x_{21} = 9$$
$$q_o:\ \text{n} \cdot 0{,}75 = 41 \cdot 0{,}75 = 30{,}75 \Rightarrow q_o = x_{31} = 11$$
$$x_{\text{max}} = 16$$

   Somit muss der 11. Wert bei 8 Minuten, der 21. Wert bei 9 Minuten und der 31. Wert bei 11 Minuten liegen. Dazu gibt es viele verschiedene Möglichkeiten, die Strichliste zu ergänzen, z.B. folgendermaßen:

Minuten	5	6	7	8	9	10	11	12	13	14	15	16
Anzahl der Anrufer	II	IIII	III	**9**	**5**	𝍸	**4**	IIII	I	I	II	I

Lösungen Teil B 2020

Aufgabe 1

a) Die bekannten Maße und Winkel werden in eine Skizze eingetragen:
Um den Flächeninhalt des Vierecks ABCE zu berechnen, benötigt man die Trapezformel: $A_{Trapez} = \frac{a+c}{2} \cdot h$.
Die beiden parallelen Strecken sind $a = \overline{AB}$ und $c = \overline{EC}$, die zugehörige Höhe ist $h = \overline{AE}$.
Im Dreieck CDE kann man die Seiten $\overline{EC}$ und $\overline{ED}$ und den Winkel γ_1 bestimmen:

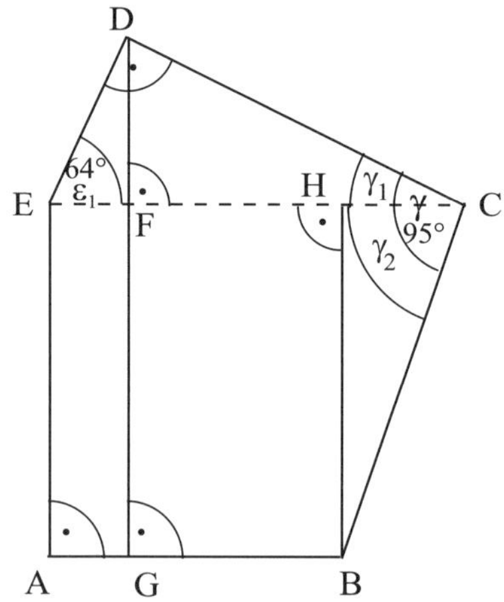

$$\sin(\varepsilon_1) = \frac{\overline{CD}}{\overline{EC}}$$
$$\sin(\varepsilon_1) \cdot \overline{EC} = \overline{CD}$$
$$\overline{EC} = \frac{\overline{CD}}{\sin(\varepsilon_1)}$$
$$\overline{EC} = \frac{9{,}5}{\sin(64^\circ)}$$
$$\overline{EC} \approx 10{,}57\,\text{cm}$$

und

$$\tan(\varepsilon_1) = \frac{\overline{CD}}{\overline{ED}}$$
$$\tan(\varepsilon_1) \cdot \overline{ED} = \overline{CD}$$
$$\overline{ED} = \frac{\overline{CD}}{\tan(\varepsilon_1)}$$
$$\overline{ED} = \frac{9{,}5}{\tan(64^\circ)}$$
$$\overline{ED} \approx 4{,}63\,\text{cm}$$

sowie

$$\gamma_1 = 180^\circ - \varepsilon_1 - 90^\circ = 90^\circ - 64^\circ = 26^\circ$$

Damit erhält man:

$$\gamma_2 = \gamma - \gamma_1 = 95^\circ - 26^\circ = 69^\circ$$

Im Dreieck EFD kann man die Seiten $\overline{\text{EF}}$ und $\overline{\text{DF}}$ bestimmen:

$$\begin{aligned}\cos(\varepsilon_1) &= \frac{\overline{\text{EF}}}{\overline{\text{ED}}} \\ \cos(\varepsilon_1)\cdot\overline{\text{ED}} &= \overline{\text{EF}} \\ \cos(64^\circ)\cdot 4{,}63 &= \overline{\text{EF}} \\ \overline{\text{EF}} &\approx 2{,}03\,\text{cm}\end{aligned}$$

$$\begin{aligned}\sin(\varepsilon_1) &= \frac{\overline{\text{DF}}}{\overline{\text{ED}}} \\ \sin(\varepsilon_1)\cdot\overline{\text{ED}} &= \overline{\text{DF}} \\ \sin(64^\circ)\cdot 4{,}63 &= \overline{\text{DF}} \\ \overline{\text{DF}} &\approx 4{,}16\,\text{cm}\end{aligned}$$

Damit erhält man die Seiten $\overline{\text{CF}}$ und $\overline{\text{AG}}$:

$$\begin{aligned}\overline{\text{CF}} &= \overline{\text{EC}} - \overline{\text{EF}} = 10{,}57 - 2{,}03 = 8{,}54\,\text{cm} \\ \overline{\text{AG}} &= \overline{\text{EF}} = 2{,}03\,\text{cm}\end{aligned}$$

Da der Abstand des Punktes D zu $\overline{\text{AB}}$ 12,9 cm beträgt, gilt: $\overline{\text{DG}} = 12{,}9\,\text{cm}$.
Damit erhält man die Seiten $\overline{\text{FG}}$ bzw. $\overline{\text{AE}}$:

$$\begin{aligned}\overline{\text{FG}} &= \overline{\text{DG}} - \overline{\text{DF}} = 12{,}9 - 4{,}16 = 8{,}74\,\text{cm} \\ \overline{\text{AE}} &= \overline{\text{FG}} = 8{,}74\,\text{cm}\end{aligned}$$

Wegen $\overline{\text{BH}} = \overline{\text{FG}} = 8{,}74\,\text{cm}$ kann man im Dreieck BCH die Seite $\overline{\text{CH}}$ bestimmen:

$$\begin{aligned}\tan(\gamma_2) &= \frac{\overline{\text{BH}}}{\overline{\text{CH}}} \\ \tan(\gamma_2)\cdot\overline{\text{CH}} &= \overline{\text{BH}} \\ \overline{\text{CH}} &= \frac{\overline{\text{BH}}}{\tan(\gamma_2)} \\ \overline{\text{CH}} &= \frac{8{,}74}{\tan(69^\circ)} \\ \overline{\text{CH}} &\approx 3{,}35\,\text{cm}\end{aligned}$$

Damit ergeben sich die Seiten $\overline{\text{FH}}$ bzw. $\overline{\text{BG}}$ sowie $\overline{\text{AB}}$:

$$\begin{aligned}\overline{\text{FH}} &= \overline{\text{CF}} - \overline{\text{CH}} = 8{,}54 - 3{,}35 = 5{,}19\,\text{cm} \\ \overline{\text{BG}} &= \overline{\text{FH}} = 5{,}19\,\text{cm} \\ \overline{\text{AB}} &= \overline{\text{AG}} + \overline{\text{BG}} = 2{,}03 + 5{,}19 = 7{,}22\,\text{cm}\end{aligned}$$

Somit gilt für den Flächeninhalt des Vierecks ABCE:

$$\text{A}_{\text{ABCE}} = \frac{a+c}{2}\cdot h = \frac{\overline{\text{AB}} + \overline{\text{EC}}}{2}\cdot\overline{\text{AE}} = \frac{7{,}22 + 10{,}57}{2}\cdot 8{,}74 \approx 77{,}74\,\text{cm}^2$$

Das Viereck ABCE hat einen Flächeninhalt von etwa $77{,}7\,\text{cm}^2$.

b) Die Gleichung der nach oben geöffneten Normalparabel p_1 mit den x-Achsenschnittpunkten $N_1(-5 \mid 0)$ und $N_2(-1 \mid 0)$ erhält man mit dem Nullstellenansatz:

$$p_1\colon\ y = (x-(-5))\cdot(x-(-1)) = (x+5)\cdot(x+1) = x^2+x+5x+5 = x^2+6x+5$$

Alternativ kann man aus Symmetriegründen auch den x-Wert des Scheitels der Parabel p_1 bestimmen: $x = \frac{-5+(-1)}{2} = -3$. Setzt man den x-Wert des Scheitels und die Koordinaten von $N_2(-1 \mid 0)$ in die Scheitelform $y = -(x-d)^2 + c$ ein, ergibt sich:

$$\begin{aligned} 0 &= (-1-(-3))^2 + c \\ 0 &= 2^2 + c \\ -4 &= c \end{aligned}$$

Der Scheitel von p_1 hat die Koordinaten $S(-3 \mid -4)$.
Somit hat die Parabel p_1 die Gleichung:

$$p_2\colon\ y = (x-(-3))^2 - 4 = (x+3)^2 - 4 = x^2+6x+9-4 = x^2+6x+5$$

Die Koordinaten des Schnittpunkts A von p_1 mit der y-Achse erhält man, indem man $x = 0$ in die Gleichung von p_1 einsetzt:

$$y = 0^2 + 6\cdot 0 + 5 = 5 \;\Rightarrow\; A(0 \mid 5)$$

Die Koordinaten des Schnittpunkts B von p_2 mit der y-Achse erhält man, indem man $x = 0$ in die Gleichung $y = x^2 - 6x + 11$ von p_2 einsetzt:

$$y = 0^2 - 6\cdot 0 + 11 = 11 \;\Rightarrow\; B(0 \mid 11)$$

Die Scheitelpunkte S_1 und S_2 der beiden Parabeln erhält man durch quadratische Ergänzung:

$$\begin{aligned} p_1\colon\ y &= x^2+6x+5 \\ p_1\colon\ y &= x^2+6x+9-9+5 \\ p_1\colon\ y &= (x+3)^2-4 \\ &\Rightarrow\; S_1(-3 \mid -4) \end{aligned}$$

$$\begin{aligned} p_2\colon\ y &= x^2-6x+11 \\ p_2\colon\ y &= x^2-6x+9-9+11 \\ p_2\colon\ y &= (x-3)^2+2 \\ &\Rightarrow\; S_2(3 \mid 2) \end{aligned}$$

Die Gleichung der Geraden g durch die Scheitelpunkte S_1 und S_2 erhält man mit der Hauptform $y = mx + b$.

Die Steigung m erhält man mit der Steigungsformel:

$$m = \frac{y_2 - y_1}{x_2 - x_1} = \frac{2-(-4)}{3-(-3)} = \frac{6}{6} = 1$$

Setzt man $m = 1$ und die Koordinaten von $S_1(-3 \mid -4)$ in die Hauptform ein, ergibt sich:

$$\begin{aligned} y &= mx + b \\ -4 &= 1 \cdot (-3) + b \\ -1 &= b \end{aligned}$$

Somit hat die Gerade g die Funktionsgleichung $y = x - 1$.

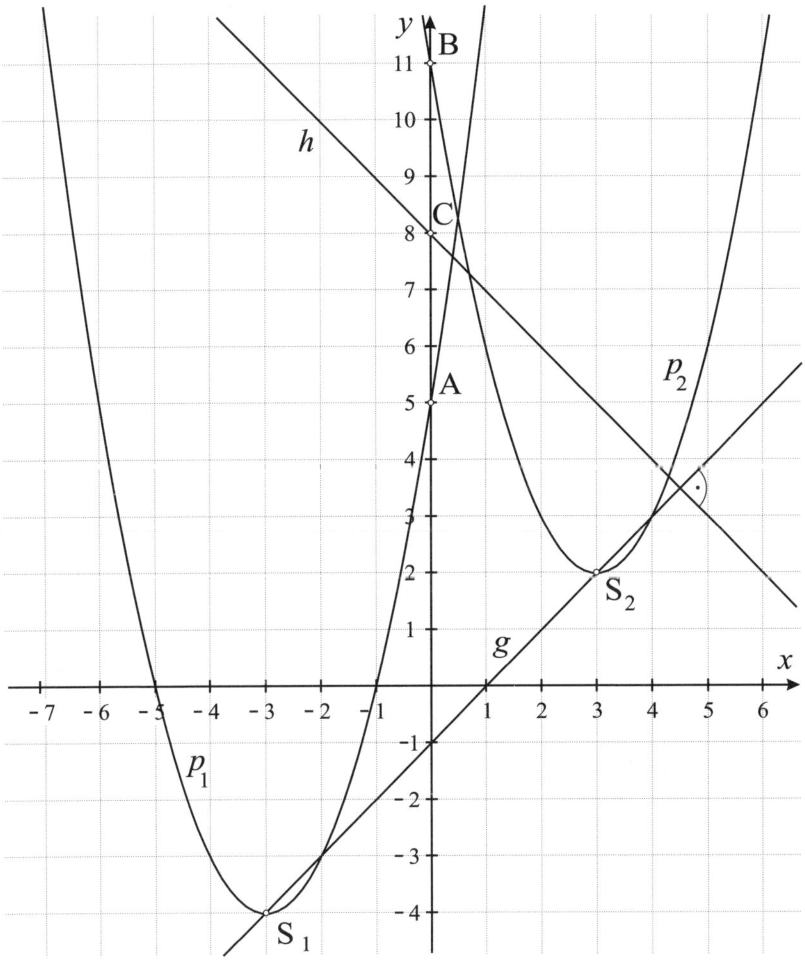

Der Punkt C ist der Mittelpunkt der Strecke $\overline{AB}$ mit $A(0 \mid 5)$ und $B(0 \mid 11)$.

Die Koordinaten des Punktes C erhält man mit der Mittelpunktsformel:

$$C\left(\frac{x_1+x_2}{2} \mid \frac{y_1+y_2}{2}\right) = C\left(\frac{0+0}{2} \mid \frac{5+11}{2}\right) = C(0 \mid 8)$$

Die Gerade h mit der Steigung $m = -1$ geht durch $C(0 \mid 8)$ und hat den negativen Kehrwert der Steigung von g:

$$m_h = -1 = -\frac{1}{1} = -\frac{1}{m_g}$$

Damit sind g und h orthogonal zueinander, d.h. sie schneiden sich in vier rechten Winkeln. Alternativ kann man die Winkel auch berechnen.
Den Winkel α zwischen der Geraden g und einer Parallelen zur x-Achse durch C erhält man durch:

$$\begin{aligned} \tan(\alpha) &= m \\ \tan(\alpha) &= 1 \\ \alpha &= \tan^{-1}(1) \\ \alpha &= 45^\circ \end{aligned}$$

Den Winkel β zwischen der Geraden h und einer Parallelen zur x-Achse durch C erhält man durch:

$$\begin{aligned} \tan(\beta) &= m \\ \tan(\beta) &= -1 \\ \beta &= \tan^{-1}(-1) \\ \beta &= -45^\circ \end{aligned}$$

Damit ergibt sich der Winkel φ zwischen g und h:

$$\varphi = 180^\circ - 45^\circ - 45^\circ = 90^\circ$$

Damit sind g und h orthogonal zueinander, d.h. sie schneiden sich in vier rechten Winkeln.

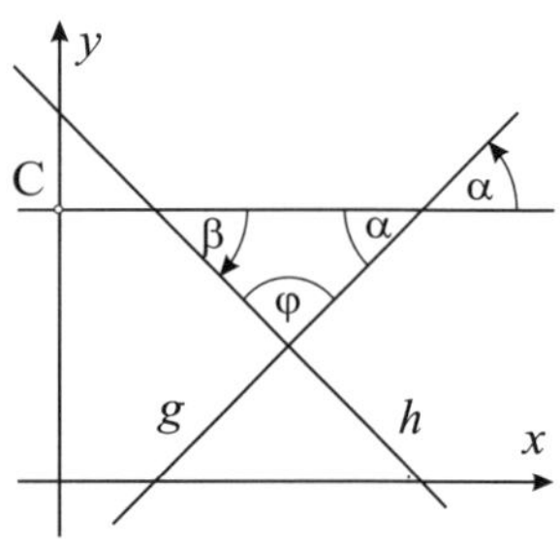

Aufgabe 2

a) Den Flächeninhalt eines Manteldreiecks erhält man mit der Formel $A_S = \frac{1}{2} \cdot g_S \cdot h_S$.
Die Grundseite g_S eines Manteldreiecks ist $g_S = a = 6,2$ cm, die Höhe h_S erhält man mithilfe des Satzes des Pythagoras:

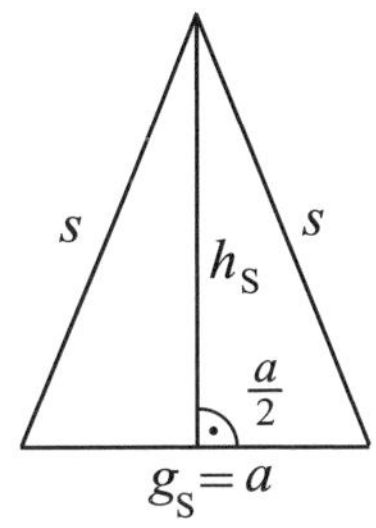

$$h_S^2 + \left(\frac{a}{2}\right)^2 = s^2$$
$$h_S^2 = s^2 - \left(\frac{a}{2}\right)^2$$
$$h_S = \sqrt{s^2 - \left(\frac{a}{2}\right)^2}$$
$$h_S = \sqrt{32^2 - \left(\frac{6,2}{2}\right)^2}$$
$$h_S \approx 31,85\,\text{cm}$$

Damit erhält man:

$$A_S = \frac{1}{2} \cdot g_S \cdot h_S = \frac{1}{2} \cdot 6,2 \cdot 31,85 \approx 98,74\,\text{cm}^2$$

Den Flächeninhalt des Dreiecks ABC erhält man mit der Formel $A_{ABC} = \frac{1}{2} \cdot g \cdot h_g$.
Die Grundseite $g = \overline{AB}$ des Dreiecks ABC erhält man, indem man den Radius r des Umkreises der achtseitigen Pyramidengrundfläche bestimmt. Der Mittelpunktswinkel eines Dreiecks der Grundfläche beträgt $\alpha = \frac{360°}{8} = 45°$.

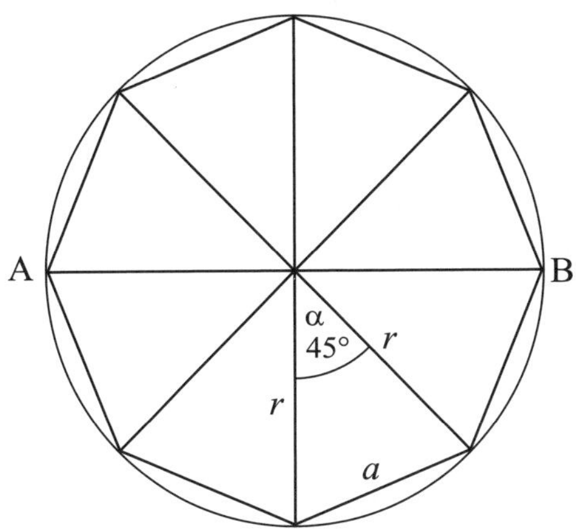

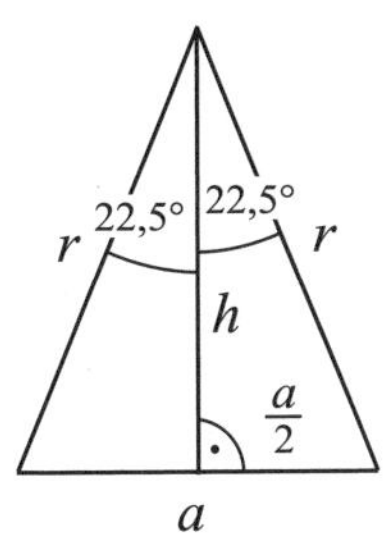

Im rechtwinkligen Dreieck kann man r mithilfe des Sinusverhältnisses berechnen:

$$\sin\left(\frac{\alpha}{2}\right) = \frac{\frac{a}{2}}{r}$$
$$\sin\left(\frac{\alpha}{2}\right) \cdot r = \frac{a}{2}$$
$$r = \frac{\frac{a}{2}}{\sin\left(\frac{\alpha}{2}\right)}$$
$$r = \frac{\frac{6,2}{2}}{\sin\left(\frac{45^\circ}{2}\right)}$$
$$r = \frac{3,1}{\sin(22,5^\circ)}$$
$$r \approx 8,10\,\text{cm}$$

Damit gilt:

$$g = \overline{\text{AB}} = 2 \cdot r = 2 \cdot 8,1 = 16,2\,\text{cm}$$

Da ein Manteldreick den gleichen Flächeninhalt wie das Dreieck ABC hat, kann man die Höhe h_g des Dreiecks ABC berechnen:

$$\text{A}_{\text{ABC}} = \text{A}_{\text{S}}$$
$$\frac{1}{2} \cdot g \cdot h_g = \text{A}_{\text{S}}$$
$$h_g = \frac{2 \cdot \text{A}_{\text{S}}}{g}$$
$$h_g = \frac{2 \cdot 98,74}{16,2}$$
$$h_g \approx 12,19\,\text{cm}$$

Die Höhe h der Pyramide erhält man ebenfalls mithilfe des Satzes des Pythagoras:

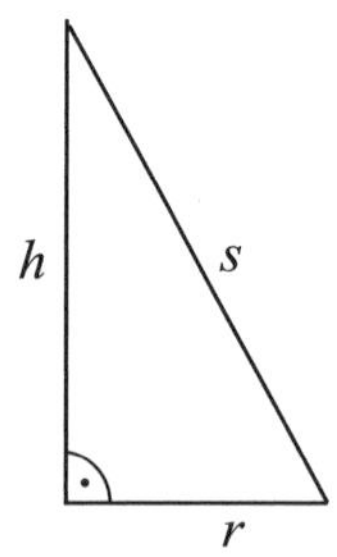

$$h^2 + r^2 = s^2$$
$$h^2 = s^2 - r^2$$
$$h = \sqrt{s^2 - r^2}$$
$$h = \sqrt{32^2 - 8,1^2}$$
$$h \approx 30,96\,\text{cm}$$

Damit erhält man die Länge von $\overline{SC}$:

$$\overline{SC} = h - h_g = 30,96 - 12,19 = 18,77\,\text{cm}$$

Die Länge von $\overline{SC}$ beträgt etwa $18,8\,\text{cm}$.

b) Die Koordinaten der Schnittpunkte N_1 und N_2 der Parabel p mit der Funktionsgleichung $y = x^2 + 6x$ mit der x-Achse erhält man, indem man die Gleichung $y = 0$ nach x auflöst:

$$\begin{aligned} x^2 + 6x &= 0 \\ x \cdot (x+6) &= 0 \end{aligned}$$

Mithilfe des Satzes vom Nullprodukt erhält man die Lösung $x_1 = 0$ und aus $x + 6 = 0$ die Lösung $x_2 = -6$.
Alternativ kann man die pq-Formel ($p = 6$ und $q = 0$) verwenden:

$$x_{1,2} = -\frac{6}{2} \pm \sqrt{\left(\frac{6}{2}\right)^2 - 0}$$

Daraus ergeben sich die Lösungen $x_1 = 0$ und $x_2 = -6$.
Damit ergeben sich $N_1(0 \mid 0)$ und $N_2(-6 \mid 0)$.
Die Koordinaten der Schnittpunkte der Geraden g mit der Funktionsgleichung $y = x$ und der Parabel erhält man durch Gleichsetzen der Funktionsgleichungen:

$$\begin{aligned} x^2 + 6x &= x \\ x^2 + 5x &= 0 \\ x \cdot (x+5) &= 0 \end{aligned}$$

Mithilfe des Satzes vom Nullprodukt erhält man die Lösung $x_1 = 0$ und aus $x + 5 = 0$ die Lösung $x_2 = -5$.
Alternativ kann man die pq-Formel ($p = 5$ und $q = 0$) verwenden:

$$x_{1,2} = -\frac{5}{2} \pm \sqrt{\left(\frac{5}{2}\right)^2 - 0}$$

Daraus ergeben sich die Lösungen $x_1 = 0$ und $x_2 = -5$.
Den zugehörigen y-Wert von C erhält man, indem man $x = -5$ in die Geradengleichung von g einsetzt:

$$y = -5$$

Damit ergeben sich $N_1(0 \mid 0)$ und $C(-5 \mid -5)$.

Den Flächeninhalt A_1 des Dreiecks N_1N_2C erhält man mit der Formel $A_1 = \frac{1}{2} \cdot g_\triangle \cdot h_\triangle$.

Mit $g = \overline{N_1N_2} = 6$ und $h = 5$ ergibt sich:

$$A_1 = \frac{1}{2} \cdot 6 \cdot 5 = 15$$

Somit hat das Dreieck N_1N_2C einen Flächeninhalt von 15 FE.

Die Koordinaten der Schnittpunkte der Geraden h mit der Funktionsgleichung $y = \frac{1}{2}x$ und der Parabel erhält man durch Gleichsetzen der Funktionsgleichungen:

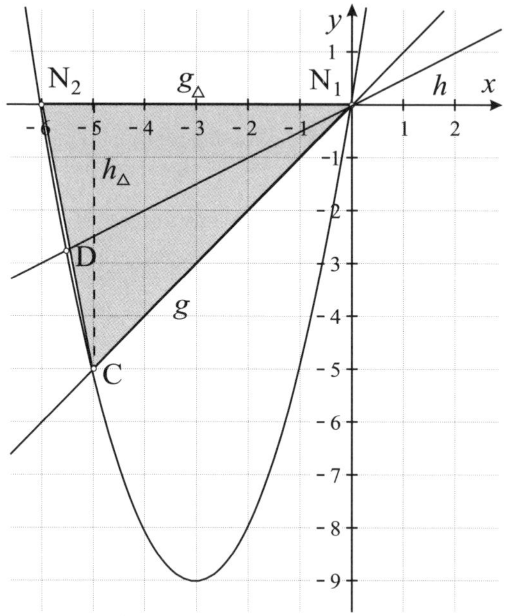

$$x^2 + 6x = \frac{1}{2}x$$
$$x^2 + 5,5x = 0$$
$$x \cdot (x + 5,5) = 0$$

Mithilfe des Satzes vom Nullprodukt erhält man die Lösung $x_1 = 0$ und aus $x + 5,5 = 0$ die Lösung $x_2 = -5,5$.

Alternativ kann man die pq-Formel ($p = 5,5$ und $q = 0$) verwenden:

$$x_{1,2} = -\frac{5,5}{2} \pm \sqrt{\left(\frac{5,5}{2}\right)^2 - 0}$$

Daraus ergeben sich die Lösungen $x_1 = 0$ und $x_2 = -5,5$.

Den zugehörigen y-Wert von D erhält man, indem man $x = -5,5$ in die Geradengleichung von h einsetzt:

$$y = 0,5 \cdot (-5,5) = -2,75$$

Damit ergeben sich $N_1(0 \mid 0)$ und $D(-5,5 \mid -2,75)$.

Den Flächeninhalt A_2 des Dreiecks N_1N_2D erhält man mit der Formel $A_2 = \frac{1}{2} \cdot g \cdot h$.

Mit $g = \overline{N_1N_2} = 6$ und $h = 2,75$ ergibt sich:

$$A_2 = \frac{1}{2} \cdot 6 \cdot 2,75 = 8,25$$

Somit hat das Dreieck N_1N_2D einen Flächeninhalt von 8,25 FE.

Da der Flächeninhalt des Dreiecks N_1N_2D nicht halb so groß ist wie der Flächeninhalt des Dreiecks N_1N_2C hat Peter nicht Recht mit seiner Behauptung.

Aufgabe 3

a) Beim oberen Glücksrad gibt es für die verschiedenen Symbole folgende Wahrscheinlichkeiten:

$$P(\text{Kreis}) = \frac{1}{5}$$

$$P(\text{Dreieck}) = \frac{2}{5}$$

$$P(\text{Quadrat}) = \frac{2}{5}$$

Beim unteren Glücksrad ergibt sich:

$$P(\text{Kreis}) = \frac{2}{8}$$

$$P(\text{Dreieck}) = \frac{1}{8}$$

$$P(\text{Quadrat}) = \frac{5}{8}$$

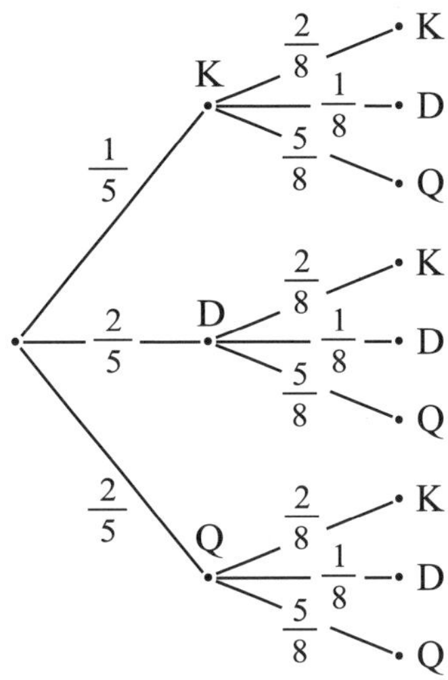

Bezeichnet man mit K: Kreis, mit D: Dreieck und mit Q: Quadrat, kann man ein Baumdiagramm erstellen.

Die Wahrscheinlichkeit, zwei gleiche Symbole im Sichtfenster zu sehen, erhält man mithilfe der Pfadregeln:

$$\begin{aligned} P(\text{zwei gleiche Symbole}) &= P(KK) + P(DD) + P(QQ) \\ &= \frac{1}{5} \cdot \frac{2}{8} + \frac{2}{5} \cdot \frac{1}{8} + \frac{2}{5} \cdot \frac{5}{8} \\ &= \frac{7}{20} \end{aligned}$$

Die Wahrscheinlichkeit, zwei gleiche Symbole zu sehen, beträgt $\frac{7}{20}$.

Um den Erwartungswert zu bestimmen, berechnet man zuerst die Wahrscheinlichkeit, im Sichtfenster Kreis und Dreieck zu sehen. Dazu verwendet man auch die Pfadregeln:

$$\begin{aligned} P(\text{Kreis und Dreick}) &= P(KD) + P(DK) \\ &= \frac{1}{5} \cdot \frac{1}{8} + \frac{2}{5} \cdot \frac{2}{8} \\ &= \frac{1}{8} \end{aligned}$$

Den Erwartungswert E für den Gewinn eines Spielers erhält man, indem man die Gewinne für das jeweilige Ergebnis mit der zugehörigen Wahrscheinlichkeit multipliziert, die Ergebnisse addiert und den Einsatz subtrahiert:

$$E = 2\,€ \cdot \frac{7}{20} + 4\,€ \cdot \frac{1}{8} - 1{,}50\,€ = -0{,}30\,€$$

Somit beträgt der Erwartungswert für den Gewinn eines Spielers $-0,30$ Euro.

Wenn das Spiel fair sein soll, muss der Erwartungswert Null sein.
Bezeichnet man mit x den Gewinn für das Ereignis «Kreis und Dreieck», so gilt für den Erwartungswert:

$$\mathrm{E} = 2\,€ \cdot \frac{7}{20} + x\,€ \cdot \frac{1}{8} - 1,50\,€ = -0,80 + \frac{1}{8}x\,€$$

Nun löst man die Gleichung $\mathrm{E} = 0$ nach x auf:

$$\begin{aligned} -0,80 + \frac{1}{8}x &= 0 \\ \frac{1}{8}x &= 0,8 \\ x &= 6,4 \end{aligned}$$

Somit muss der Gewinn für das Ereignis «Kreis und Dreieck» 6,40 Euro betragen, damit das Spiel fair wird.

b) Das Koordinatensystem wird am geschicktesten so gelegt, dass die x-Achse auf dem Boden liegt und die y-Achse durch den Scheitel S geht.

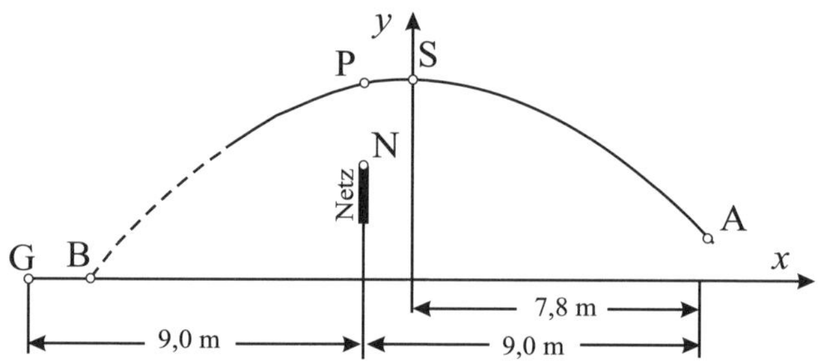

Damit hat der Scheitel S der Parabel p die Koordinaten $S(0 \mid 4)$ und ein weiterer Parabelpunkt hat die Koordinaten $A(7,8 \mid 0,9)$.
Setzt man die Koordinaten des Scheitels $S(0 \mid 4)$ in die Form $y = ax^2 + c$ ein, ergibt sich:

$$4 = a \cdot 0^2 + c \Rightarrow c = 4$$

Setzt man die Koordinaten von $A(7,8 \mid 0,9)$ ein, erhält man:

$$\begin{aligned} 0,9 &= a \cdot 7,8^2 + 4 \\ -3,1 &= a \cdot 7,8^2 \\ -\frac{3,1}{7,8^2} &= a \\ a &= -\frac{155}{3042} \\ a &\approx -0,05 \end{aligned}$$

Somit hat die Parabel p die Gleichung:

$$p\colon\ y = -0{,}05x^2 + 4$$

Der höchste Punkt des Netzes hat die Koordinaten $\mathrm{N}(-1{,}2 \mid 2{,}24)$.
Um zu berechnen, in welchem Abstand d der Ball das $2{,}24\,\mathrm{m}$ hohe Netz überquert, setzt man zuerst $x = -1{,}2$ in die Gleichung von p ein, um den Punkt P der Parabel zu bestimmen, der genau über dem Netz liegt:

$$y = -0{,}05 \cdot (-1{,}2)^2 + 4 \approx 3{,}93 \;\Rightarrow\; \mathrm{P}(-1{,}2 \mid 3{,}93)$$

Den Abstand d erhält man nun, indem man die y-Werte der Punkte P und N subtrahiert:

$$\mathrm{d} = 3{,}93 - 2{,}24 = 1{,}69$$

Somit überquert der Ball in einem Abstand von etwa $1{,}69\,\mathrm{m}$ das Netz.

Da die Grundlinien des Volleyballspielfeldes jeweils $9{,}0\,\mathrm{m}$ vom Netz entfernt liegen, hat ein Punkt der linken Grundlinie die Koordinaten $\mathrm{G}(-10{,}2 \mid 0)$.
Um zu berechnen, in welcher Entfernung e zur Grundlinie der Ball auf dem Boden auftrifft, berechnet man zuerst die Koordinaten des Schnittpunktes B der Flugbahn mit dem Boden. Dazu löst man die Gleichung $y = 0$ nach x auf:

$$\begin{aligned} -0{,}05x^2 + 4 &= 0 \\ 4 &= 0{,}05x^2 \\ 80 &= x^2 \\ x_{1,2} &= \pm\sqrt{80} \end{aligned}$$

Da der Ball im linken Spielfeld auf dem Boden aufkommt, hat der Punkt B die Koordinaten $\mathrm{B}(-\sqrt{80} \mid 0)$.
Die Entfernung e des Auftreffpunktes B zur Grundlinie G erhält man, indem man die x-Werte von B und G subtrahiert:

$$e = -\sqrt{80} - (-10{,}2) \approx 1{,}26$$

Somit trifft der Ball in einer Entfernung von etwa $1{,}26\,\mathrm{m}$ zur linken Grundlinie auf dem Boden auf.

5 Realschulabschlussprüfung 2021

Lösungen Teil A1

Aufgabe 1

a) Der Streckenzug wird auf dem Netz (B) richtig dargestellt.

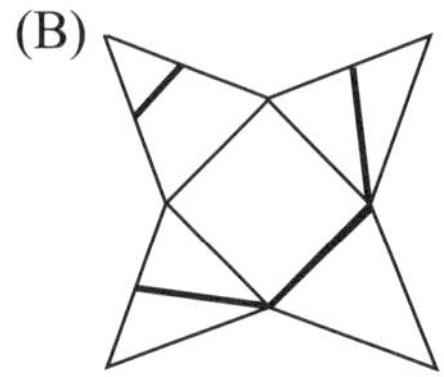

b) Das Volumen V der quadratischen Pyramide erhält man mit Hilfe der Formel $V = \frac{1}{3} \cdot G \cdot h$.
Für die Grundfläche G mit $a = 5\,\text{cm}$ gilt: $G = a^2 = 5^2 = 25\,\text{cm}^2$.
Mit $h = 6\,\text{cm}$ ergibt sich:

$$V = \frac{1}{3} \cdot G \cdot h = \frac{1}{3} \cdot 25 \cdot 6 = 50\,\text{cm}^3$$

Das Volumen der quadratischen Pyramide beträgt $50\,\text{cm}^3$.

Aufgabe 2

Die Gleichung wird durch Ausmultiplizieren der Klammern zuerst vereinfacht:

$$\begin{aligned} (x-3)(x+5)+7 &= 8(x-2) \\ x^2+5x-3x-15+7 &= 8x-16 \\ x^2-6x+8 &= 0 \end{aligned}$$

Die Lösungen der quadratischen Gleichung erhält man mit Hilfe der *pq*-Formel:

$$x_{1,2} = -\frac{-6}{2} \pm \sqrt{\left(\frac{-6}{2}\right)^2 - 8} = 3 \pm \sqrt{(-3)^2 - 8} = 3 \pm \sqrt{9-8} = 3 \pm \sqrt{1} = 3 \pm 1$$

Somit erhält man die Lösungen $x_1 = 2$ und $x_2 = 4$.

Aufgabe 3

a) Mit $P(r) = 50\% = \frac{1}{2} = \frac{3}{6}$ und $P(b) = \frac{1}{6}$ sind im Behälter drei rote Kugeln und eine blaue Kugel. Da insgesamt sechs Kugeln vorhanden sind, gibt es noch zwei gelbe Kugeln. Damit erhält man: $P(g) = \frac{2}{6}$.
Im Behälter sind also drei rote, eine blaue und zwei gelbe Kugeln.
Wenn eine gelbe Kugel gezogen wurde, ist im Behälter nur noch eine gelbe Kugel von insgesamt fünf Kugeln. Somit ist die Wahrscheinlichkeit $\frac{1}{5}$, beim zweiten Zug eine gelbe Kugel zu ziehen.
Damit ergibt sich das rechts stehende Baumdiagramm.

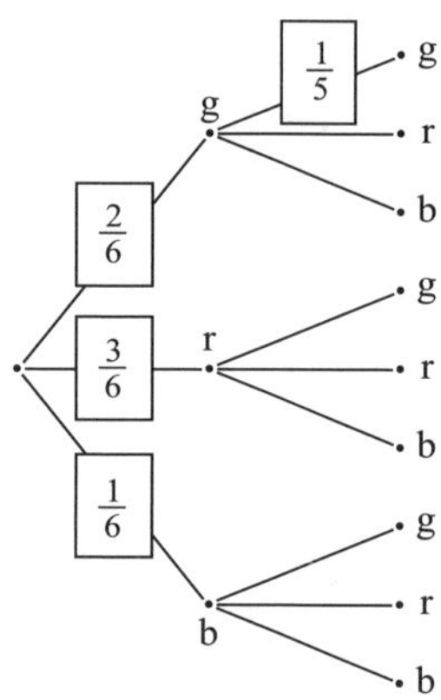

b) Die Wahrscheinlichkeit, dass Kim zwei rote Kugeln zieht, erhält man mit Hilfe der Pfadregeln. Da es sich um Ziehen ohne Zurücklegen handelt, gilt:

$$\mathrm{P(rr)} = \frac{3}{6} \cdot \frac{2}{5} = \frac{1}{5} = \frac{20}{100} = 20\%$$

Aufgabe 4

a) Die Gerade g hat die Steigung $m = 3$ und den y-Achsenabschnitt $b = 3$.
Somit gehört Gleichung (4) $y = 3x + 3$ zur Geraden g.

Die Parabel p_1 hat den Scheitel $S_1(0 \mid 3)$, ist nach unten geöffnet und gestaucht.
Damit könnte Gleichung (2) oder Gleichung (6) zu p_1 gehören.
Setzt man $x = 1$ in Gleichung (2) ein, ergibt sich: $y = -\frac{1}{2} \cdot 1^2 + 3 = 2{,}5$.
Da der Punkt $P(1 \mid 2{,}5)$ auf p_1 liegt, gehört Gleichung (2) $y = -\frac{1}{2}x^2 + 3$ zu p_1.

Die Parabel p_2 hat den Scheitel $S_2(2 \mid -1)$ und ist nach oben geöffnet.
Damit könnte Gleichung (3) oder Gleichung (5) zu p_2 gehören.
Setzt man $x = 2$ in Gleichung (3) ein, ergibt sich: $y = 2^2 - 4 \cdot 2 + 3 = -1$.
Da der Punkt $S_2(2 \mid -1)$ auf p_2 liegt, gehört Gleichung (3) $y = x^2 - 4x + 3$ zu p_2.

b) Die Gerade h hat die Funktionsgleichung $y = -\frac{1}{2}x + 2$.
Der zugehörige Graph ist eine Gerade mit Steigung $m = -\frac{1}{2}$ und y-Achsenabschnitt $b = 2$.
Damit kann man die Gerade h einzeichnen:

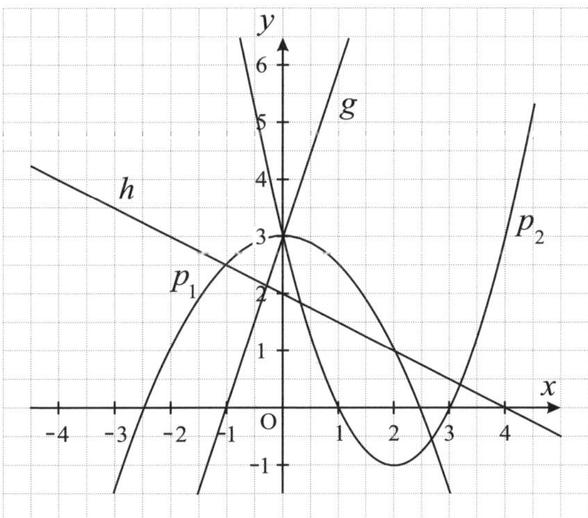

Aufgabe 5

Mit Hilfe der Potenzgesetze erhält man:

$$\frac{10^6}{5^4 \cdot 5^2} : 2^4 = \frac{10^6}{5^6} : 2^4 = \left(\frac{10}{5}\right)^6 : 2^4 = 2^6 : 2^4 = 2^2 = 4$$

Aufgabe 6

Die Anzahl A_n der Kärtchen des n-ten Musters kann man sich folgendermaßen überlegen:
In der Mitte liegt immer ein Kärtchen, in jeder der vier Richtungen erhöht sich die Anzahl der Kärtchen von Muster zu Muster jeweils um eins.

Für das 1. Muster gilt: $A_1 = 1 + 4 \cdot 1 = 5$

Für das 2. Muster gilt: $A_2 = 1 + 4 \cdot 2 = 9$

Für das 3. Muster gilt: $A_3 = 1 + 4 \cdot 3 = 13$

Allgemein gilt für das n-te Muster: $A_n = 1 + 4 \cdot n$.
Damit gilt für das 10. Muster:

$$A_{10} = 1 + 4 \cdot 10 = 41$$

Das 10. Muster besteht aus 41 Kärtchen und nicht aus 43 Kärtchen.
Somit hat Johannes nicht Recht mit seiner Aussage.

Aufgabe 7

Dem ersten Kreisdiagramm entspricht der Bruch $\frac{2}{3}$, dem zweiten Kreisdiagramm der Bruch $\frac{2}{5}$, dem dritten Kreisdiagramm der Bruch $\frac{3}{4}$ und dem vierten Kreisdiagramm der Bruch $\frac{3}{20}$.

Zu Aussage (A) gehört der Bruch $\frac{3}{4}$.

Zu Aussage (B) gehört der Bruch $\frac{15}{100} = \frac{3}{20}$.

Zu Aussage (C) gehört der Bruch $\frac{200}{300} = \frac{2}{3}$.

Zu Aussage (D) gehört der Bruch $\frac{40}{100} = \frac{4}{10} = \frac{2}{5}$.

Damit kann man jedem Kreisdiagramm die passende Aussage zuordnen:

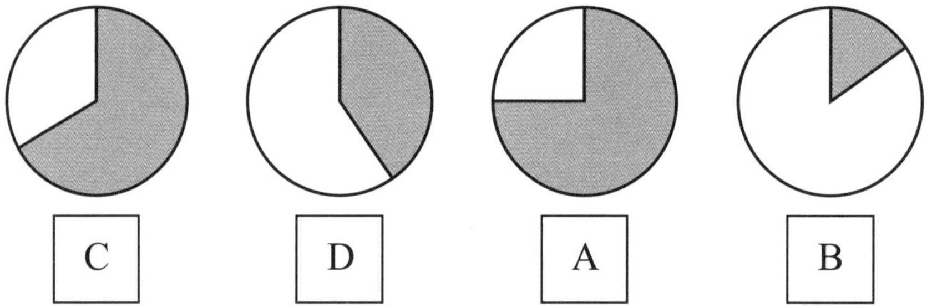

Lösungen Teil A2 2021

Aufgabe 1

Um den Umfang des Dreiecks GEC zu berechnen, benötigt man die Seiten $\overline{CE}$, $\overline{CG}$ und $\overline{EG}$. Die bekannten Maße und Winkel werden in eine Skizze eingetragen.

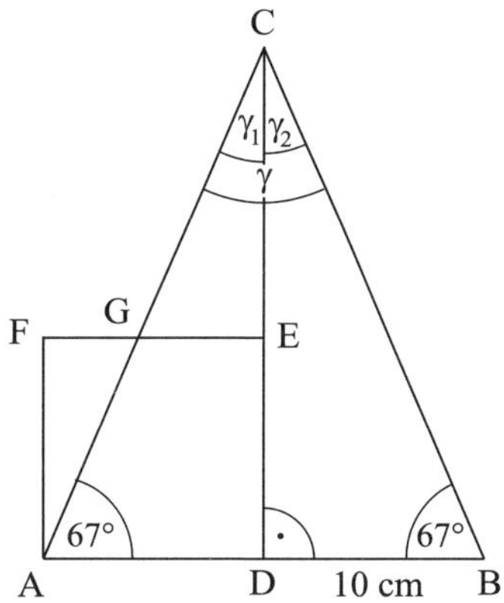

Im Dreieck BCD kann man die Seite $\overline{CD}$ bestimmen:

$$\tan(\beta) = \frac{\overline{CD}}{\overline{BD}}$$
$$\tan(\beta)\cdot\overline{BD} = \overline{CD}$$
$$\tan(67^\circ)\cdot 10,0 = \overline{CD}$$
$$\overline{CD} \approx 23,56\,\text{cm}$$

Da das Dreieck ABC gleichschenklig ist, ergibt sich:

$$\overline{AD} = \overline{BD} = \overline{DE} = 10,0\,\text{cm}$$

und

$$\alpha = \beta = 67^\circ$$

sowie

$$\gamma = 180^\circ - 67^\circ - 67^\circ = 46^\circ \;\Rightarrow\; \gamma_1 = \gamma_2 = 23^\circ$$

Im Dreieck CEG kann man nun die Seiten $\overline{CE}$, $\overline{CG}$ und $\overline{EG}$ bestimmen:

$$\overline{CE} = \overline{CD} - \overline{DE} \approx 23,56 - 10,0 = 13,56\,\text{cm}$$

und

$$\tan(\gamma_1) = \frac{\overline{EG}}{\overline{CE}}$$
$$\tan(\gamma_1)\cdot\overline{CE} = \overline{EG}$$
$$\tan(23^\circ)\cdot 13,56 = \overline{EG}$$
$$\overline{EG} \approx 5,76\,\text{cm}$$

sowie

$$\begin{aligned}
\cos(\gamma_1) &= \frac{\overline{CE}}{\overline{CG}} \\
\cos(\gamma_1)\cdot\overline{CG} &= \overline{CE} \\
\overline{CG} &= \frac{\overline{CE}}{\cos(\gamma_1)} \\
\overline{CG} &= \frac{13{,}56}{\cos(23^\circ)} \\
\overline{CG} &\approx 14{,}73\,\text{cm}
\end{aligned}$$

Somit gilt für den Umfang des Dreiecks CEG:

$$U_{CEG} = \overline{CE} + \overline{EG} + \overline{CG} \approx 13{,}56 + 5{,}76 + 14{,}73 = 34{,}05\,\text{cm}$$

Das Dreieck CEG hat damit einen Umfang von etwa 34,1 cm.

Aufgabe 2

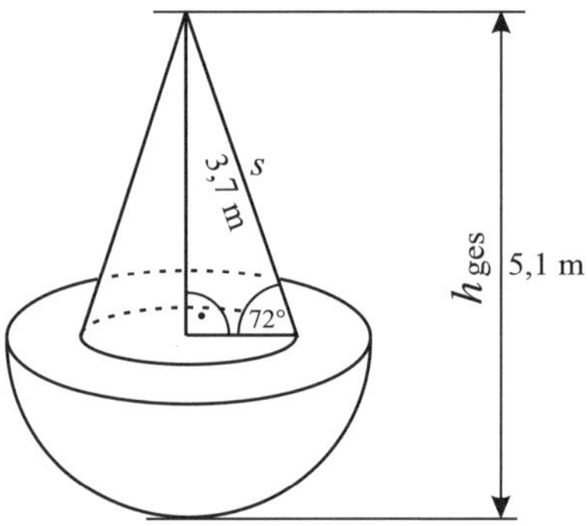

Der Oberflächeninhalt O des zusammengesetzten Körpers besteht aus dem Mantel M_{Ke} des Kegels, eines Kreisrings A und einer halben Kugeloberfläche $\frac{O_{Ku}}{2}$.
Den Mantel M_{Ke} des Kegels erhält man durch $M_{Ke} = \pi \cdot r_{Ke} \cdot s$.
Den Radius r_{Ke} des Kegels erhält man im rechtwinkligen Dreieck:

$$\begin{aligned}
\cos(\alpha) &= \frac{r_{Ke}}{s} \\
\cos(\alpha)\cdot s &= r_{Ke} \\
\cos(72^\circ)\cdot 3{,}7 &= r_{Ke} \\
r_{Ke} &\approx 1{,}14\,\text{m}
\end{aligned}$$

Damit ergibt sich:

$$M_{Ke} = \pi \cdot r_{Ke} \cdot s \approx \pi \cdot 1{,}14 \cdot 3{,}7 \approx 13{,}25\,\text{m}^2$$

Zur Berechnung des Flächeninhalts A des Kreisrings benötigt man den Radius r_{Ku} der Kugel. Dazu berechnet man zuerst die Höhe h_{Ke} des Kegels:

$$\begin{aligned} \sin(\alpha) &= \frac{h_{\mathrm{Ke}}}{s} \\ \sin(\alpha)\cdot s &= h_{\mathrm{Ke}} \\ \sin(72^\circ)\cdot 3{,}7 &= h_{\mathrm{Ke}} \\ h_{\mathrm{Ke}} &\approx 3{,}52\,\mathrm{m} \end{aligned}$$

Damit ergibt sich:

$$r_{\mathrm{Ku}} = h_{ges} - h_{\mathrm{Ke}} \approx 5{,}1 - 3{,}52 = 1{,}58\,\mathrm{m}$$

Damit erhält man den Flächeninhalt A des Kreisrings:

$$\mathrm{A} = \pi\cdot r_{\mathrm{Ku}}^2 - \pi\cdot r_{\mathrm{Ke}}^2 \approx \pi\cdot 1{,}58^2 - \pi\cdot 1{,}14^2 \approx 3{,}76\,\mathrm{m}^2$$

Die Oberfläche der Kugel erhält man mit der Formel $\mathrm{O_{KU}} = 4\cdot\pi\cdot r_{\mathrm{KU}}^2$.
Damit ergibt sich für die halbe Kugeloberfläche:

$$\frac{\mathrm{O_{KU}}}{2} = \frac{4\cdot\pi\cdot r_{\mathrm{KU}}^2}{2} = 2\cdot\pi\cdot r_{\mathrm{KU}}^2 \approx 2\cdot\pi\cdot 1{,}58^2 \approx 15{,}69\,\mathrm{m}^2$$

Für den Oberflächeninhalt O des zusammengesetzten Körpers ergibt sich damit:

$$\mathrm{O} = \mathrm{M_{Ke}} + \mathrm{A} + \frac{\mathrm{O_{KU}}}{2} \approx 13{,}25 + 3{,}76 + 15{,}69 = 32{,}7\,\mathrm{m}^2$$

Der Oberflächeninhalt des zusammengesetzten Körpers beträgt etwa $32{,}7\,\mathrm{m}^2$.
Da eine Farbdose für $10\,\mathrm{m}^2$ reicht, müssen vier Dosen gekauft werden.

Aufgabe 3

Zuerst bestimmt man die Wahrscheinlichkeiten für die einzelnen Ziffern für die beiden Glücksräder.
Für das linke Glücksrad gilt: $\mathrm{P}(2) = \mathrm{P}(3) = \mathrm{P}(4) = \mathrm{P}(5) = \frac{1}{4}$.
Für das rechte Glücksrad gilt: $\mathrm{P}(2) = \mathrm{P}(3) = \mathrm{P}(5) = \frac{1}{5}$ und $\mathrm{P}(4) = \frac{2}{5}$.
Die Wahrscheinlichkeit, dass eine Zahl mit zwei gleichen Ziffern zu sehen ist, erhält man mit Hilfe der Pfadregeln:

$$\mathrm{P}(\text{zwei gleiche Ziffern}) = \mathrm{P}(22) + \mathrm{P}(33) + \mathrm{P}(44) + \mathrm{P}(55) = \frac{1}{4}\cdot\frac{1}{5} + \frac{1}{4}\cdot\frac{1}{5} + \frac{1}{4}\cdot\frac{2}{5} + \frac{1}{4}\cdot\frac{1}{5} = \frac{1}{4}$$

Die Wahrscheinlichkeit, dass eine durch 12 teilbare Zahl zu sehen ist, erhält man mit Hilfe der Pfadregeln:

$$\mathrm{P}(\text{eine durch 12 teilbare Zahl}) = \mathrm{P}(24) = \frac{1}{4}\cdot\frac{2}{5} = \frac{1}{10}$$

Die Wahrscheinlichkeit, dass höchstens einmal die Ziffer 4 zu sehen ist, erhält man mit Hilfe der Wahrscheinlichkeit des Gegenereignisses und der Pfadregeln:

$$\mathrm{P}(\text{höchstens einmal Ziffer 4}) = 1 - \mathrm{P}(\text{genau zweimal Ziffer 4}) = 1 - \mathrm{P}(44) = 1 - \frac{1}{4} \cdot \frac{2}{5} = \frac{9}{10}$$

Aufgabe 4

Im Jahr 2016 betrug der Umsatz des Onlinehandels 44,2 Mrd €, im Jahr 2019 betrug er 58,5 Mrd €. Den Anstieg erhält man, indem man die Differenz der beiden Werte bildet:

$$58{,}5\,\text{Mrd}\,€ - 44{,}2\,\text{Mrd}\,€ = 14{,}3\,\text{Mrd}\,€$$

Damit beträgt der Anstieg 14,3 Mrd €.
Um zu berechnen, um wie viel Prozent der Umsatz des Onlinehandels von 2016 bis 2019 insgesamt gestiegen ist, teilt man den Anstieg durch den Wert im Jahr 2016:

$$\frac{14{,}3}{44{,}2} \approx 0{,}324 = 32{,}4\%$$

Alternativ kann man auch die Prozentformel verwenden:

$$\begin{aligned} \mathrm{P} &= \mathrm{G} \cdot \frac{p}{100} \\ \frac{\mathrm{P} \cdot 100}{\mathrm{G}} &= p \\ \frac{14{,}3 \cdot 100}{44{,}2} &= p \\ 32{,}4 &\approx p \end{aligned}$$

Somit ist der Umsatz des Onlinehandels von 2016 bis 2019 um etwa 32,4 % gestiegen.

Den Umsatz U für den Bereich «Freizeit und Hobby» im Jahr 2017 erhält man, indem man 14,5 % von 48,9 Mrd € berechnet:

$$\mathrm{U} = 0{,}145 \cdot 48{,}9\,\text{Mrd}\,€ \approx 7{,}09\,\text{Mrd}\,€$$

Alternativ kann man auch die Prozentformel verwenden:

$$\begin{aligned} \mathrm{P} &= \mathrm{G} \cdot \frac{p}{100} \\ \mathrm{P} &= 48{,}9\,\text{Mrd}\,€ \cdot \frac{14{,}5}{100} \\ \mathrm{P} &\approx 7{,}09\,\text{Mrd}\,€ \end{aligned}$$

Der Umsatz für den Bereich «Freizeit und Hobby» im Jahr 2017 betrug etwa 7,09 Mrd €.

Im Jahr 2017 entfielen 24,9 % des Onlinehandels auf «Elektronik» und 53,0 % des Bereichs «Elektronik» auf den Onlinehandel mit Smartphones. Zuerst berechnet man den Umsatz für Elektronik, indem man 24,9 % von 48,9 Mrd € berechnet:

$$\mathrm{U} = 0{,}249 \cdot 48{,}9\,\mathrm{Mrd}\,€ \approx 12{,}18\,\mathrm{Mrd}\,€$$

Alternativ kann man auch die Prozentformel verwenden:

$$\begin{aligned} \mathrm{P} &= \mathrm{G} \cdot \frac{p}{100} \\ \mathrm{P} &= 48{,}9\,\mathrm{Mrd}\,€ \cdot \frac{24{,}9}{100} \\ \mathrm{P} &\approx 12{,}18\,\mathrm{Mrd}\,€ \end{aligned}$$

Im Jahr 2017 wurden etwa 12,18 Mrd € für Elektronik ausgegeben.

Um zu berechnen, wie viele Euro im Onlinehandel für Smartphones ausgegeben wurden, berechnet man 53,0 % von 12,18 Mrd €:

$$0{,}530 \cdot 12{,}18\,\mathrm{Mrd}\,€ \approx 6{,}46\,\mathrm{Mrd}\,€$$

Alternativ kann man auch die Prozentformel verwenden:

$$\begin{aligned} \mathrm{P} &= \mathrm{G} \cdot \frac{p}{100} \\ \mathrm{P} &= 12{,}18\,\mathrm{Mrd}\,€ \cdot \frac{53{,}0}{100} \\ \mathrm{P} &\approx 6{,}46\,\mathrm{Mrd}\,€ \end{aligned}$$

Somit wurden für Smartphones im Jahr 2017 etwa 6,46 Mrd € ausgegeben.

Aufgabe 5

Die Koordinaten des Scheitelpunkts S der Parabel p mit der Funktionsgleichung $y = x^2 - 6x + 10$ erhält man durch quadratische Ergänzung:

$$\begin{aligned} y &= x^2 - 6x + 10 \\ y &= x^2 - 6x + 9 - 9 + 10 \\ y &= (x-3)^2 + 1 \end{aligned}$$

Damit hat die Parabel p den Scheitel $\mathrm{S}(3 \mid 1)$.

Die Gleichung der Geraden g, die durch $\mathrm{S}(3 \mid 1)$ verläuft und die Steigung $m = -2$ besitzt, erhält man mit Hilfe des Ansatzes $y = mx + b$. Setzt man die Koordinaten von S und die Steigung

$m = -2$ ein, ergibt sich:

$$1 = -2 \cdot 3 + b$$
$$7 = b$$

Damit hat die Gerade g die Gleichung $y = -2x + 7$.
Die Koordinaten des zweiten Schnittpunkts Q der Parabel p mit der Geraden g erhält man durch Gleichsetzen der Gleichungen von p und g:

$$x^2 - 6x + 10 = -2x + 7$$
$$x^2 - 4x + 3 = 0$$

Die Lösungen der quadratischen Gleichung erhält man mit Hilfe der pq-Formel:

$$x_{1,2} = -\frac{-4}{2} \pm \sqrt{\left(\frac{-4}{2}\right)^2 - 3} = 2 \pm \sqrt{(-2)^2 - 3} = 2 \pm \sqrt{4 - 3} = 2 \pm \sqrt{1} = 2 \pm 1$$

Somit erhält man die Lösungen $x_1 = 3$ und $x_2 = 1$.
Die zugehörigen y-Werte erhält man, indem man die x-Werte in die Gleichung von g einsetzt:

$$y_1 = -2 \cdot 3 + 7 = 1 \Rightarrow \text{S}(3 \mid 1)$$
$$y_1 = -2 \cdot 1 + 7 = 5 \Rightarrow \text{Q}(1 \mid 5)$$

Somit hat der Punkt Q die Koordinaten $\text{Q}(1 \mid 5)$.

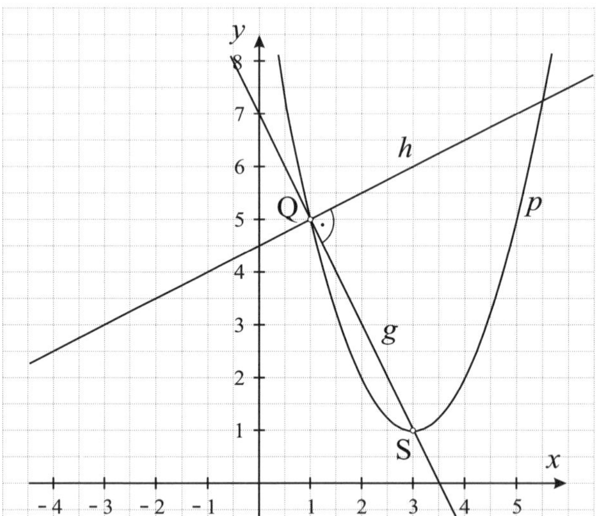

Die Gerade h, die senkrecht zur Geraden g verläuft, hat die Steigung $m_h = -\frac{1}{-2} = \frac{1}{2}$ (negativer Kehrwert der Steigung der Geraden g). Die Gleichung der Geraden h, die durch $\text{Q}(1 \mid 5)$ verläuft und die Steigung $m_h = \frac{1}{2}$ besitzt, erhält man mit Hilfe des Ansatzes $y = mx + b$. Setzt man die Koordinaten von Q und die Steigung $m_h = \frac{1}{2}$ ein, ergibt sich:

$$\begin{aligned} 5 &= \frac{1}{2} \cdot 1 + b \\ 4,5 &= b \end{aligned}$$

Somit hat die Gerade h die Funktionsgleichung $y = \frac{1}{2}x + 4,5$.

Aufgabe 6

Zuerst bestimmt man die Kennwerte der dargestellten Boxplots.
Für Boxplot (1) gilt:

$$\begin{aligned} x_{\min} &= 0 \\ q_u &= 3 \\ z &= 7 \\ q_o &= 8 \\ x_{\max} &= 16 \end{aligned}$$

Für Boxplot (2) gilt:

$$\begin{aligned} x_{\min} &= 0 \\ q_u &= 3 \\ z &= 7 \\ q_o &= 9 \\ x_{\max} &= 16 \end{aligned}$$

Die beiden Boxplots unterscheiden sich nur im oberen Quartil.
Also berechnet man für das Diagramm (1) das obere Quartil:

$$\text{n} \cdot 0,75 = 25 \cdot 0,75 = 18,75 \Rightarrow q_o = x_{19}$$

Der 19. Wert ist in Diagramm (1) noch im 8. Balken enthalten, also gilt: $x_{19} = 8$.
Somit gehört Boxplot (2) zu Diagramm (1), also zur Lesezeit der Männer.

Boxplot (1) gehört zu Diagramm (2).
Der 19. Wert in Diagramm (2) muss noch im 9. Balken enthalten sein.
Damit kann man beispielsweise Folgendes ergänzen:
Bei 8 Stunden Lesezeit können drei Personen sein.
Bei 9 Stunden Lesezeit können zwei Personen sein.
Bei 10 Stunden Lesezeit können zwei Personen sein.

Bei 12 Stunden Lesezeit können zwei Personen sein.
Bei 14 Stunden Lesezeit kann eine Person sein.

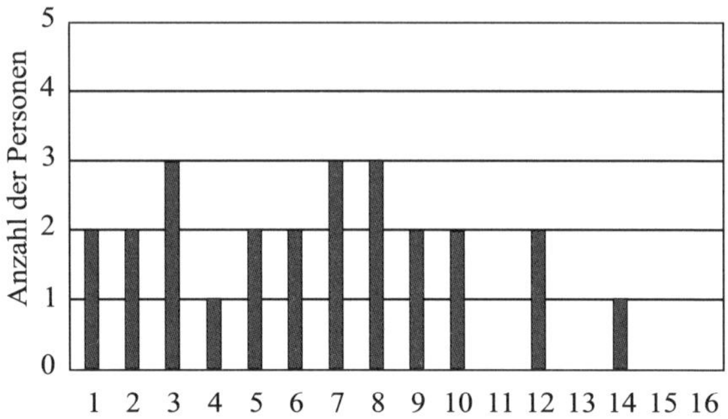

(2) Lesezeit in Stunden

Zu Diagramm (1) gehört die Lesezeit der Männer.
Addiert man die Balken ab 7 Stunden Lesezeit, ergibt sich:

$$5 + 3 + 2 + 1 + 1 + 1 = 13$$

Damit lesen 13 Männer, also über die Hälfte der 25 Männer, 7 Stunden oder mehr pro Woche. Alternativ kann man auch argumentieren, dass der Zentralwert 7 Stunden beträgt, also lesen mehr als die Hälfte der Männer mindestens 7 Stunden pro Woche.
Somit hat Finn Recht.

Lösungen Teil B 2021

Aufgabe 1

a) Die bekannten Maße und Winkel werden in eine Skizze eingetragen. Im Dreieck ABC kann man die Seiten $\overline{AC}$ und $\overline{BC}$ bestimmen:

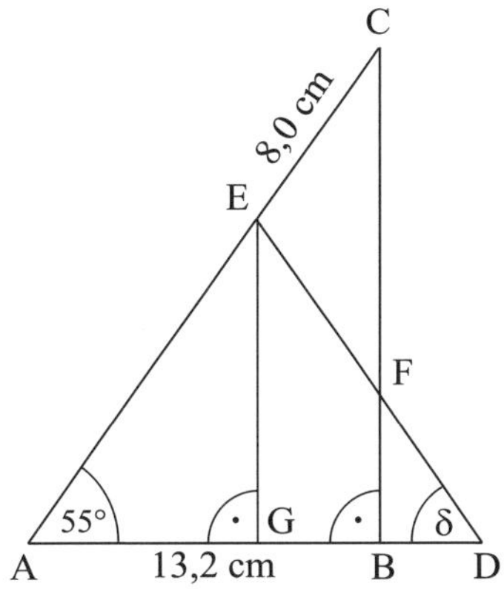

$$\cos(\alpha) = \frac{\overline{AB}}{\overline{AC}}$$
$$\cos(\alpha) \cdot \overline{AC} = \overline{AB}$$

$$\overline{AC} = \frac{\overline{AB}}{\cos(\alpha)}$$
$$\overline{AC} = \frac{13,2}{\cos(55°)}$$
$$\overline{AC} \approx 23,01\,\text{cm}$$

$$\tan(\alpha) = \frac{\overline{BC}}{\overline{AB}}$$
$$\tan(\alpha) \cdot \overline{AB} = \overline{BC}$$
$$\tan(55°) \cdot 13,2 = \overline{BC}$$
$$\overline{BC} \approx 18,85\,\text{cm}$$

Damit ergibt sich:

$$\overline{AE} = \overline{AC} - \overline{CE} = 23,01 - 8,0 = 15,01\,\text{cm}$$

sowie

$$\overline{DE} = \overline{AE} = 15,01\,\text{cm}$$

Im Dreieck AGE kann man die Seite $\overline{AG}$ berechnen:

$$\cos(\alpha) = \frac{\overline{AG}}{\overline{AE}}$$
$$\cos(\alpha) \cdot \overline{AE} = \overline{AG}$$
$$\cos(55°) \cdot 15,01 = \overline{AG}$$
$$\overline{AG} \approx 8,61\,\text{cm}$$

Da das Dreieck ADE gleichschenklig ist, ergibt sich:

$$\overline{GD} = \overline{AG} = 8,61\,\text{cm}$$

sowie

$$\overline{AD} = 2 \cdot \overline{AG} = 2 \cdot 8,61 = 17,22\,\text{cm}$$

und

$$\delta = \alpha = 55,0^\circ$$

Damit ergibt sich:

$$\overline{BD} = \overline{AD} - \overline{AB} = 17,22 - 13,2 = 4,02\,\text{cm}$$

Im Dreieck BDF kann man nun die Seite $\overline{DF}$ berechnen:

$$\begin{aligned}
\cos(\delta) &= \frac{\overline{BD}}{\overline{DF}} \\
\cos(\delta) \cdot \overline{DF} &= \overline{BD} \\
\overline{DF} &= \frac{\overline{BD}}{\cos(\delta)} \\
\overline{DF} &= \frac{4,02}{\cos(55^\circ)} \\
\overline{DF} &\approx 7,01\,\text{cm}
\end{aligned}$$

Die Länge der Strecke $\overline{DF}$ beträgt etwa 7,0 cm.

Für den Umfang des Vierecks ABFE benötigt man noch die Strecken $\overline{BF}$ und $\overline{FE}$. Im Dreieck BDF kann man die Strecke $\overline{BF}$ berechnen:

$$\begin{aligned}
\tan(\delta) &= \frac{\overline{BF}}{\overline{BD}} \\
\tan(\delta) \cdot \overline{BD} &= \overline{BF} \\
\tan(55^\circ) \cdot 4,02 &= \overline{BF} \\
\overline{BF} &\approx 5,74\,\text{cm}
\end{aligned}$$

Ferner gilt:

$$\overline{EF} = \overline{DE} - \overline{DF} = 15,01 - 7,01 = 8,00\,\text{cm}$$

Damit gilt für den Umfang des Vierecks ABFE:

$$U_{\text{ABFE}} = \overline{AB} + \overline{BF} + \overline{EF} + \overline{AE} \approx 13,2 + 5,74 + 8,00 + 15,01 = 41,95\,\text{cm}$$

Das Viereck ABFE hat einen Umfang von etwa 42,0 cm.

b) Setzt man die Koordinaten der Punkte $A(1 \mid -8)$ und $B(3 \mid -8)$ in die Gleichung $y = x^2 + bx + c$ ein, ergibt sich folgendes Gleichungssystem:

$$\begin{array}{llcccccc}
\text{I} & -8 & = & 1^2 & + & b \cdot 1 & + & c \\
\text{II} & -8 & = & 3^2 & + & b \cdot 3 & + & c
\end{array}$$

bzw.

$$\begin{array}{lrcrcrcr} \text{I} & -8 & = & 1 & + & b & + & c \\ \text{II} & -8 & = & 9 & + & 3b & + & c \end{array}$$

Subtrahiert man Gleichung II von Gleichung I, erhält man:

$$0 = -8 - 2b \Rightarrow b = -4$$

Setzt man $b = -4$ in Gleichung I ein, ergibt sich:

$$-8 = 1 - 4 + c \Rightarrow c = -5$$

Somit hat die Normalparabel p die Gleichung $y = x^2 - 4x - 5$.

Die Schnittpunkte der Parabel p mit der x-Achse erhält man, indem man die Gleichung $y = 0$ nach x auflöst:

$$x^2 - 4x - 5 = 0$$

Die Lösungen der quadratischen Gleichung erhält man mit Hilfe der pq-Formel:

$$x_{1,2} = -\frac{-4}{2} \pm \sqrt{\left(\frac{-4}{2}\right)^2 - (-5)} = 2 \pm \sqrt{(-2)^2 + 5} = 2 \pm \sqrt{4+5} = 2 \pm \sqrt{9} = 2 \pm 3$$

Somit erhält man die Lösungen $x_1 = 5$ und $x_2 = -1$.
Damit haben die Schnittpunkte von p mit der x-Achse die Koordinaten $N_1(5 \mid 0)$ und $N_2(-1 \mid 0)$.
Das Viereck ABN_1N_2 ist ein Trapez:

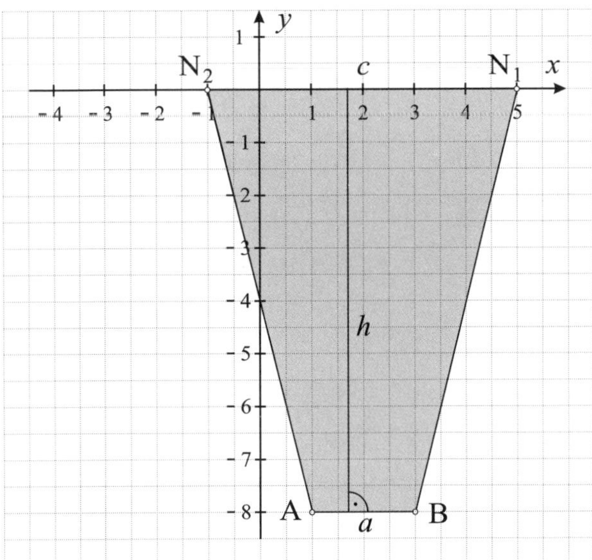

Der Flächeninhalt eines Trapezes kann mit der Formel $A = \frac{a+c}{2} \cdot h$ berechnet werden.
Die parallelen Seiten sind $a = \overline{AB} = 2$ und $c = \overline{N_1N_2} = 6$.
Die zugehörige Höhe h beträgt $h = 8$.
Damit gilt:

$$A = \frac{2+6}{2} \cdot 8 = 32$$

Das Viereck hat einen Flächeninhalt von 32 FE.

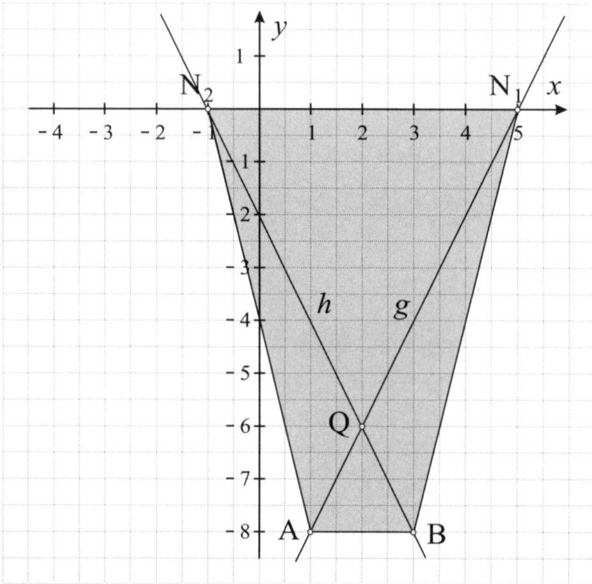

Die Gerade g verläuft durch die Punkte $A(1 \mid -8)$ und $N_1(5 \mid 0)$.
Die Steigung m_g von g erhält man mit der Steigungsformel $m = \frac{y_2-y_1}{x_2-x_1}$:

$$m_g = \frac{0-(-8)}{5-1} = \frac{8}{4} = 2$$

Die Gleichung der Geraden g, welche die Steigung $m_g = 2$ hat und durch den Punkt $A(1 \mid -8)$ geht, erhält man mit der Hauptform $y = mx + b$:

$$-8 = 2 \cdot 1 + b \Rightarrow b = -10$$

Damit hat die Gerade g die Gleichung:

$$g\colon y = 2x - 10$$

Die Gerade h verläuft durch die Punkte $B(3 \mid -8)$ und $N_2(-1 \mid 0)$.
Die Steigung m_h von h erhält man mit der Steigungsformel $m = \frac{y_2-y_1}{x_2-x_1}$:

$$m_h = \frac{0-(-8)}{-1-3} = \frac{8}{-4} = -2$$

Die Gleichung der Geraden h, welche die Steigung $m_h = -2$ hat und durch den Punkt $B(3 \mid -8)$ geht, erhält man mit der Hauptform $y = mx + b$:

$$-8 = -2 \cdot 3 + b \Rightarrow b = -2$$

Damit hat die Gerade h die Gleichung:

$$h\colon y = -2x - 2$$

Die Koordinaten des Schnittpunktes Q von g und h erhält man durch Gleichsetzen der Geradengleichungen:

$$\begin{aligned} 2x - 10 &= -2x - 2 \\ 4x &= 8 \\ x &= 2 \end{aligned}$$

Den zugehörigen y-Wert erhält man, indem man $x = 2$ in die Gleichung von g (oder h) einsetzt:

$$y = 2 \cdot 2 - 10 = -6$$

Somit hat der Punkt Q die Koordinaten $Q(2 \mid -6)$.

Aufgabe 2

a) Setzt man die Koordinaten des Punktes $A(-4 \mid -1)$ in die Gleichung $y = x^2 + bx + 7$ ein, ergibt sich:

$$\begin{aligned} -1 &= (-4)^2 + b \cdot (-4) + 7 \\ -1 &= 16 - 4b + 7 \\ -24 &= -4b \\ b &= 6 \end{aligned}$$

Damit hat die Parabel p_1 die Funktionsgleichung $y = x^2 + 6x + 7$.

Die Koordinaten des Scheitelpunkts S_1 der Parabel p_1 erhält man mit quadratischer Ergänzung:

$$\begin{aligned} y &= x^2 + 6x + 7 \\ y &= x^2 + 6x + 9 - 9 + 7 \\ y &= (x + 3)^2 - 2 \end{aligned}$$

Damit hat die Parabel p_1 den Scheitel $S_1(-3 \mid -2)$.

Die Gerade g verläuft durch die Punkte $A(-4 \mid -1)$ und $S_1(-3 \mid -2)$.
Die Steigung m_g von g erhält man mit der Steigungsformel $m = \frac{y_2-y_1}{x_2-x_1}$:

$$m_g = \frac{-2-(-1)}{-3-(-4)} = \frac{-1}{1} = -1$$

Die Gleichung der Geraden g, welche die Steigung $m_g = -1$ hat und durch den Punkt $A(-4 \mid -1)$ geht, erhält man mit der Hauptform $y = mx + b$:

$$-1 = -1 \cdot (-4) + b \Rightarrow b = -5$$

Damit hat die Gerade g die Gleichung:

$$g: y = -x - 5$$

Spiegelt man den Scheitelpunkt $S_1(-3 \mid -2)$ an der y-Achse, entsteht der Punkt $S_2(3 \mid -2)$. Die Gleichung der nach oben geöffneten verschobenen Normalparabel p_2 mit dem Scheitelpunkt $S_2(3 \mid -2)$ erhält man mit der Scheitelform $y = (x-d)^2 + c$:

$$p_2: y = (x-3)^2 - 2$$
$$p_2: y = x^2 - 6x + 9 - 2$$
$$p_2: y = x^2 - 6x + 7$$

Damit hat die Parabel p_2 die Funktionsgleichung $y = x^2 - 6x + 7$.

Die Koordinaten des Schnittpunkts der Geraden g mit der y-Achse erhält man, indem man $x = 0$ in die Geradengleichung einsetzt:

$$y = -0 - 5 = -5 \Rightarrow S_3(0 \mid -5)$$

Der Scheitelpunkt S_3 der Parabel p_3 hat damit die Koordinaten $S_3(0 \mid -5)$.

Setzt man die Koordinaten von S_3 in die Gleichung von $p_3: y = ax^2 + c$ ein, ergibt sich:

$$-5 = a \cdot 0^2 + c \Rightarrow c = -5$$

Damit ergibt sich für $p_3: y = ax^2 - 5$.

Da auch der Punkt $S_2(3 \mid -2)$ auf p_3 liegt, setzt man seine Koordinaten ebenfalls in die Gleichung von p_3 ein:

$$-2 = a \cdot 3^2 - 5 \Rightarrow a = \frac{1}{3}$$

Somit hat die Parabel p_3 die Gleichung:

$$p_3: y = \frac{1}{3}x^2 - 5$$

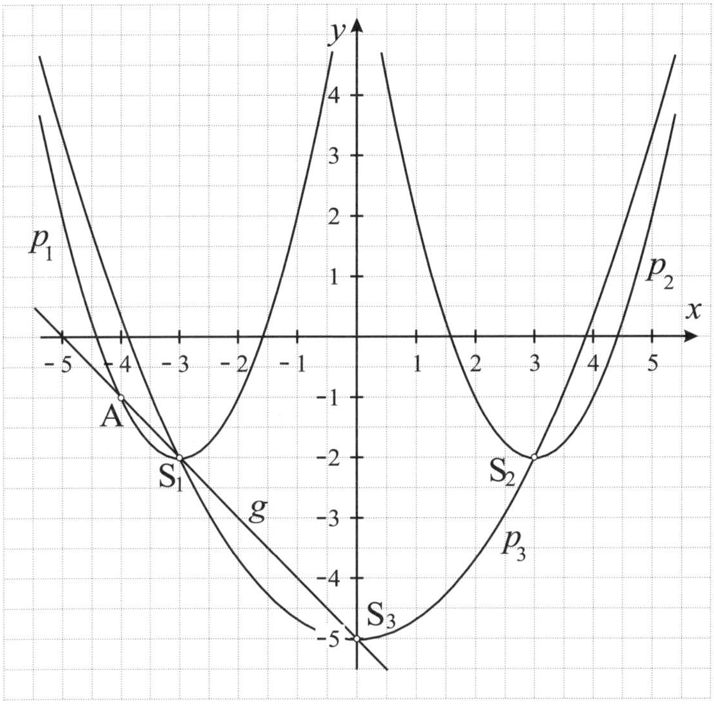

b) Bezeichnet man mit M_1 den Mittelpunkt von EF und mit M_2 den Mittelpunkt von AC, kann man alle Maße in eine Skizze eintragen.

Den Flächeninhalt des Dreiecks EFS erhält man mit der Formel $A = \frac{1}{2} \cdot g \cdot h_\triangle$.

Als Grundseite g des Dreiecks EFS verwendet man $g = \overline{EF} = 12{,}6\,\text{cm}$.

Die zugehörige Höhe h_{EF} erhält man im rechtwinkligen Dreieck EM_1S:

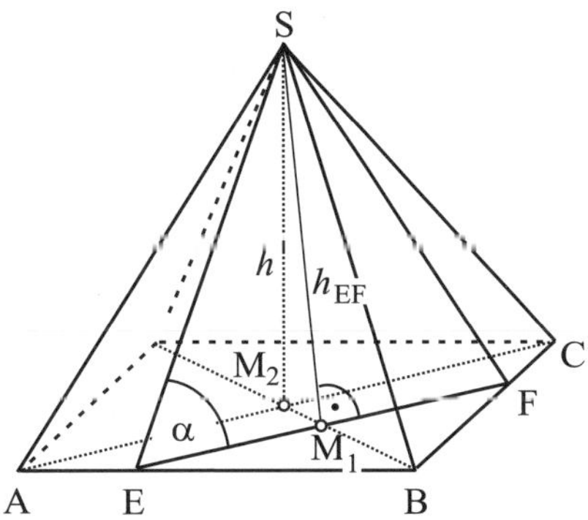

$$\tan(\alpha) = \frac{h_{EF}}{\frac{\overline{EF}}{2}}$$

$$\tan(\alpha) \cdot \frac{\overline{EF}}{2} = h_{EF}$$

$$\tan(72^\circ) \cdot 6{,}3 = h_{EF}$$

$$h_{EF} \approx 19{,}39\,\text{cm}$$

Damit erhält man:

$$A = \frac{1}{2} \cdot g \cdot h_\triangle \approx \frac{1}{2} \cdot 12{,}6 \cdot 19{,}39 \approx 122{,}16\,\text{cm}^2$$

Der Flächeninhalt des Dreiecks EFS beträgt etwa $122,2\,\text{cm}^2$.

Das Volumen V der quadratischen Pyramide erhält man mit der Formel $V = \frac{1}{3} \cdot G \cdot h$.
Die Grundfläche G der Pyramide erhält man durch:

$$G = a^2 = \overline{AB}^2 = 12,6^2 = 158,76\,\text{cm}^2$$

Die Höhe h der Pyramide erhält man im rechtwinkligen Dreieck M_1SM_2. Dazu benötigt man noch die Länge $\overline{M_1M_2}$. Es gilt

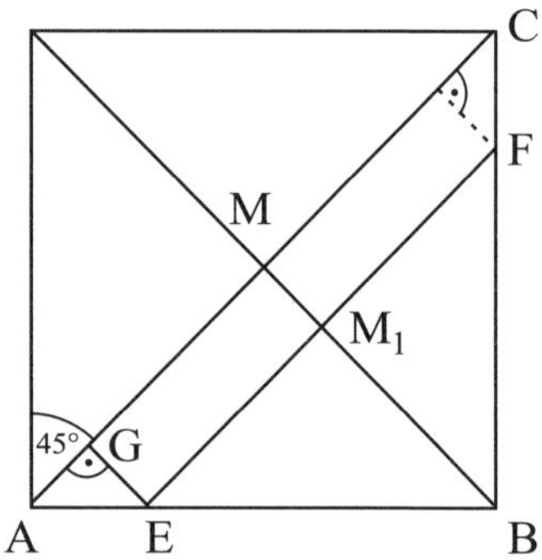

$$\overline{M_1M_2} = \overline{EG}$$

Da das Dreieck AEG gleichschenklig ist, weil die Winkel bei A und E 45° betragen, gilt:

$$\overline{EG} = \overline{AG}$$

Aufgrund der Symmetrie gilt

$$2 \cdot \overline{AG} = \overline{AC} - \overline{EF}$$

Man kann die gesuchte Länge wie folgt berechnen:

$$\overline{M_1M_2} = \overline{AG} = \frac{\overline{AC} - \overline{EF}}{2}$$

Die Länge der Seite $\overline{AC}$ erhält man im rechtwinkligen Dreieck ABC mit Hilfe des Satzes des Pythagoras:

$$\overline{AC}^2 = \overline{AB}^2 + \overline{BC}^2$$
$$\overline{AC} = \sqrt{\overline{AB}^2 + \overline{BC}^2}$$
$$\overline{AC} = \sqrt{12,6^2 + 12,6^2}$$
$$\overline{AC} = \sqrt{317,52}$$
$$\overline{AC} \approx 17,82\,\text{cm}$$

Damit erhält man:

$$\overline{M_1M_2} = \frac{\overline{AC} - \overline{EF}}{2} \approx \frac{17,82 - 12,6}{2} = 2,61\,\text{cm}$$

Nun erhält man im rechtwinkligen Dreieck M_1SM_2 die Höhe h der Pyramide mit Hilfe des

Satzes des Pythagoras:

$$h^2 + \overline{\text{M}_1\text{M}_2}^2 = h_{\text{EF}}^2$$
$$h^2 = h_{\text{EF}}^2 - \overline{\text{M}_1\text{M}_2}^2$$
$$h = \sqrt{h_{\text{EF}}^2 - \overline{\text{M}_1\text{M}_2}^2}$$
$$h \approx \sqrt{19,39^2 - 2,61^2}$$
$$h \approx 19,21\,\text{cm}$$

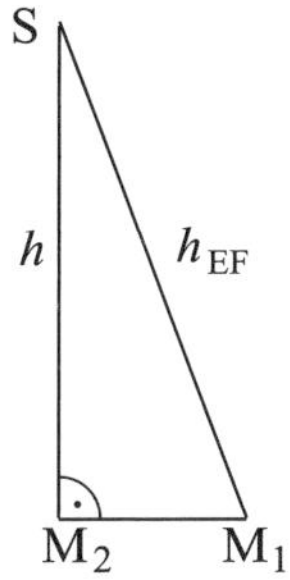

Damit erhält man das Volumen V der Pyramide:

$$\text{V} = \frac{1}{3}\cdot\text{G}\cdot h \approx \text{V} = \frac{1}{3}\cdot 158,76\cdot 19,21 \approx 1016,59\,\text{cm}^3$$

Das Volumen der Pyramide beträgt etwa $1016,6\,\text{cm}^3$.

Aufgabe 3

a) Um den Erwartungswert für den Gewinn eines Spielers zu bestimmen, berechnet man zuerst die Wahrscheinlichkeiten für die abgebildeten Ereignisse. Es gibt vier Handball-Karten, drei Radfahrer-Karten, zwei Lauf-Karten und eine Fußball-Karte. Bezeichnet man H: Handball, mit R: Radfahren, mit L: Laufen und mit F: Fußball, so ergibt sich beim «Ziehen ohne Zurücklegen» folgendes Baumdiagramm:

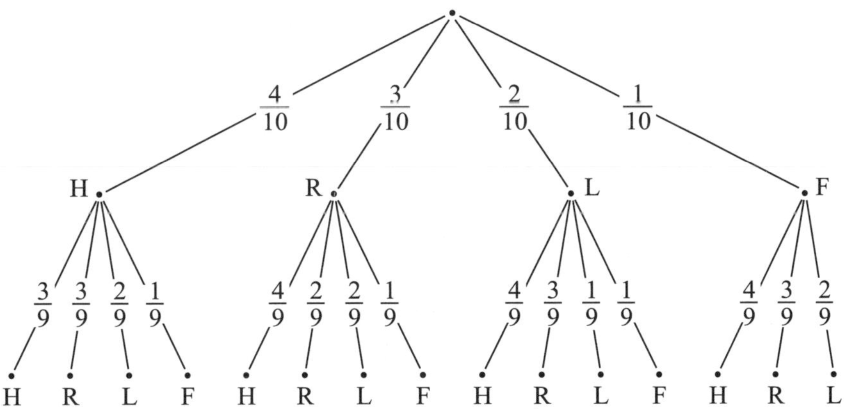

Damit gelten aufgrund der Pfadregeln (Produkt- und Summenregel) folgende Wahrscheinlichkeiten:

P(zweimal ) $= \text{P(LL)} = \frac{2}{10}\cdot\frac{1}{9} = \frac{1}{45}$

P(und) $= \text{P(LF)} + \text{P(FL)} = \frac{2}{10}\cdot\frac{1}{9} + \frac{1}{10}\cdot\frac{2}{9} = \frac{2}{45}$

P(und) $= \text{P(RF)} + \text{P(FR)} = \frac{3}{10}\cdot\frac{1}{9} + \frac{1}{10}\cdot\frac{3}{9} = \frac{1}{15}$

Den Erwartungswert E für den Gewinn eines Spielers erhält man, indem man die Gewinne für das jeweilige Ereignis mit den zugehörigen Wahrscheinlichkeiten multipliziert und den Einsatz subtrahiert:

$$E = 9\,€ \cdot \frac{1}{45} + 6\,€ \cdot \frac{2}{45} + 3\,€ \cdot \frac{1}{15} - 1\,€ = -\frac{1}{3}\,€ \approx -0{,}33\,€$$

Somit beträgt der Erwartungswert für den «Gewinn» eines Spielers $-0{,}33$ Euro, d.h. der Spieler macht auf lange Sicht pro Spiel einen Verlust von $0{,}33$ Euro.

Wenn der Veranstalter langfristig pro Spiel einen Erlös von $0{,}50\,€$ erzielen möchte, so muss der neue Erwartungswert E^* des Spielers $-0{,}50$ Euro betragen.

Bezeichnet man mit x den Gewinn für « und », so ergibt sich für den Erwartungswert E^* des Spielers:

$$E^* = 9\,€ \cdot \frac{1}{45} + x\,€ \cdot \frac{2}{45} + 3\,€ \cdot \frac{2}{30} - 1\,€ = x\,€ \cdot \frac{2}{45} - 0{,}6\,€$$

Da der Erwartungswert E^* des Spielers $-0{,}50$ Euro betragen soll, löst man die Gleichung $E^* = -0{,}50$ nach x auf:

$$\begin{aligned} E^* &= -0{,}50 \\ x \cdot \frac{2}{45} - 0{,}6 &= -0{,}5 \\ x \cdot \frac{2}{45} &= 0{,}1 \\ x &= 2{,}25 \end{aligned}$$

Somit muss der Gewinn für « und » $2{,}25\,€$ betragen.

b) Das Koordinatensystem wird so gelegt, dass die x-Achse auf dem Boden liegt und die y-Achse durch den Scheitelpunkt S der parabelförmigen Flugbahn geht.

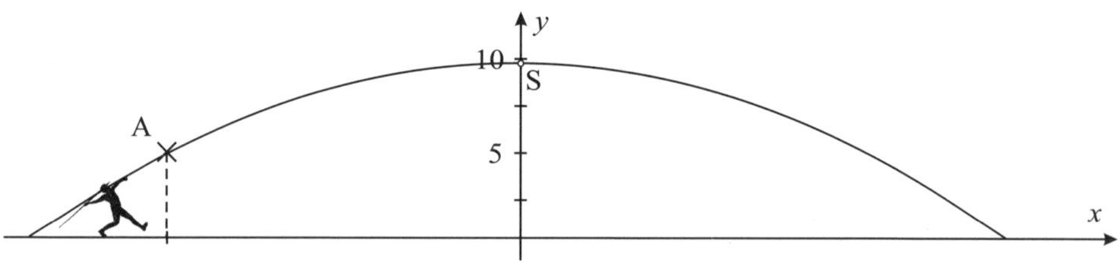

Da der Speer eine maximale Höhe von $9{,}80\,\text{m}$ erreicht, hat der Scheitel S der Parabel p die Koordinaten $S(0 \mid 9{,}8)$.

Setzt man die Koordinaten von S in den Ansatz $y = ax^2 + c$ ein, ergibt sich:

$$9{,}8 = a \cdot 0^2 + c \;\Rightarrow\; c = 9{,}8$$

Damit erhält man: $y = ax^2 + 9,8$.

Da der Abwurfpunkt A $1,80\,\text{m}$ über der Abwurflinie liegt und $20,0\,\text{m}$ in horizontaler Richtung vom Scheitelpunkt entfernt ist, hat der Abwurfpunkt A die Koordinaten $\text{A}(-20 \mid 1,8)$.

Setzt man die Koordinaten von A in die Gleichung von p ein, ergibt sich:

$$\begin{aligned} 1,8 &= a \cdot (-20)^2 + 9,8 \\ -8 &= 400a \\ a &= -\frac{1}{50} \end{aligned}$$

Somit hat die Parabel p die Gleichung:

$$p\colon\ y = -\frac{1}{50}x^2 + 9,8$$

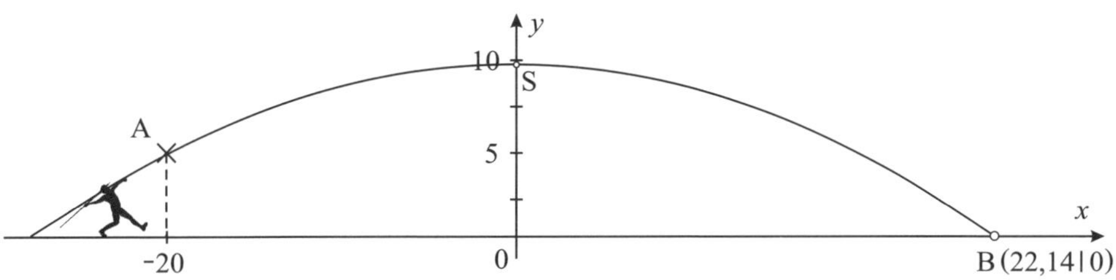

Um zu berechnen, wie weit der Speer fliegt, berechnet man den Auftreffpunkt, also den Schnittpunkt B der Parabel p mit der x-Achse.

Dazu löst man die Gleichung $y = 0$ durch Wurzelziehen:

$$\begin{aligned} -\frac{1}{50}x^2 + 9,8 &= 0 \\ -\frac{1}{50}x^2 &= -9,8 \\ x^2 &= 490 \\ x &= \pm\sqrt{490} \\ x_{1,2} &\approx \pm 22,14 \end{aligned}$$

Aufgrund des Sachzusammenhangs kommt nur $x \approx 22,14$ als Lösung in Frage.

Damit hat der Auftreffpunktpunkt die Koordinaten $\text{B}(22,14 \mid 0)$.

Die Weite w erhält man, indem man den x-Wert des Abwurfpunkts A vom x-Wert des Auftreffpunkts B subtrahiert:

$$w = 22,14 - (-20) = 42,14\,\text{m}$$

Somit fliegt der Speer etwa $42,14\,\text{m}$ weit.

Der zweite Wurfversuch hat die Funktionsgleichung $y = -\frac{1}{30}x^2 + 13$.
Die Koordinaten des Auftreffpunktes C erhält man, indem man die Schnittpunkte der Parabel mit der Gleichung $y = -\frac{1}{30}x^2 + 13$ mit der x-Achse berechnet. Dazu löst man die Gleichung $y = 0$ durch Wurzelziehen:

$$\begin{aligned} -\frac{1}{30}x^2 + 13 &= 0 \\ -\frac{1}{30}x^2 &= -13 \\ x^2 &= 390 \\ x &= \pm\sqrt{390} \\ x_{1,2} &\approx \pm 19{,}75 \end{aligned}$$

Aufgrund des Sachzusammenhangs kommt nur $x \approx 19{,}75$ als Lösung in Frage.
Damit hat der Auftreffpunkt C die Koordinaten $C(19{,}75 \mid 0)$.

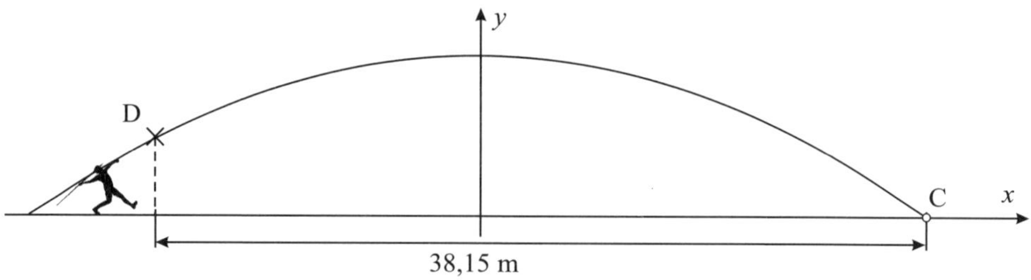

Wenn die Wurfweite 38,15 m beträgt, so erhält man den x-Wert des Abwurfpunkts D, indem man die Wurfweite vom x-Wert des Auftreffpunktes C subtrahiert:

$$x_D = 19{,}75 - 38{,}15 = -18{,}4$$

Die Höhe des Abwurfpunktes D erhält man, indem man $x_D = -18{,}4$ in die gegebene Funktionsgleichung einsetzt:

$$y = -\frac{1}{30} \cdot (-18{,}4)^2 + 13 \approx 1{,}71$$

Der Abwurfpunkt hat eine Höhe von etwa 1,7 m.

Aufgabe 4

a) Als Ansatz für eine verschobene Normalparabel p verwendet man $y = x^2 + bx + c$.
Setzt man die Koordinaten der Punkte $A(2 \mid 3)$ und $B(6 \mid 11)$ in die Gleichung $y = x^2 + bx + c$ ein, ergibt sich folgendes Gleichungssystem:

$$\begin{array}{llcl} \text{I} & 3 & = & 2^2 + b \cdot 2 + c \\ \text{II} & 11 & = & 6^2 + b \cdot 6 + c \end{array}$$

bzw.

$$\begin{array}{llllllll} \text{I} & 3 & = & 4 & + & 2b & + & c \\ \text{II} & 11 & = & 36 & + & 6b & + & c \end{array}$$

Subtrahiert man Gleichung II von Gleichung I, erhält man:

$$-8 = -32 - 4b$$
$$24 = -4b$$
$$b = -6$$

Setzt man $b = -6$ in Gleichung I ein, ergibt sich:

$$3 = 4 + 2 \cdot (-6) + c \Rightarrow c = 11$$

Somit hat die Normalparabel p die Gleichung $y = x^2 - 6x + 11$.

Die Koordinaten des Punktes $\text{C}\,(4 \mid y_\text{C})$ erhält man, indem man $x = 4$ in die Parabelgleichung einsetzt:

$$y = 4^2 - 6 \cdot 4 + 11 = 3 \Rightarrow \text{C}(4 \mid 3)$$

Die Steigung m_g der Geraden g, die durch die beiden Punkte $\text{A}(2 \mid 3)$ und $\text{B}(6 \mid 11)$ geht, erhält man mit der Steigungsformel $m = \frac{y_2 - y_1}{x_2 - x_1}$:

$$m_g = \frac{11-3}{6-2} = \frac{8}{4} = 2$$

Die Steigung m_h der Geraden h, die senkrecht auf g steht, erhält man mit dem negativen Kehrwert der Steigung von g:

$$m_h = -\frac{1}{m_g} = -\frac{1}{2}$$

Die Gleichung der Geraden h, welche die Steigung $m_h = -\frac{1}{2}$ hat und durch den Punkt $\text{C}(4 \mid 3)$ geht, erhält man mit der Hauptform $y = mx + b$:

$$3 = -\frac{1}{2} \cdot 4 + b \Rightarrow b = 5$$

Damit hat die Gerade h die Gleichung:

$$h\colon y = -\frac{1}{2}x + 5$$

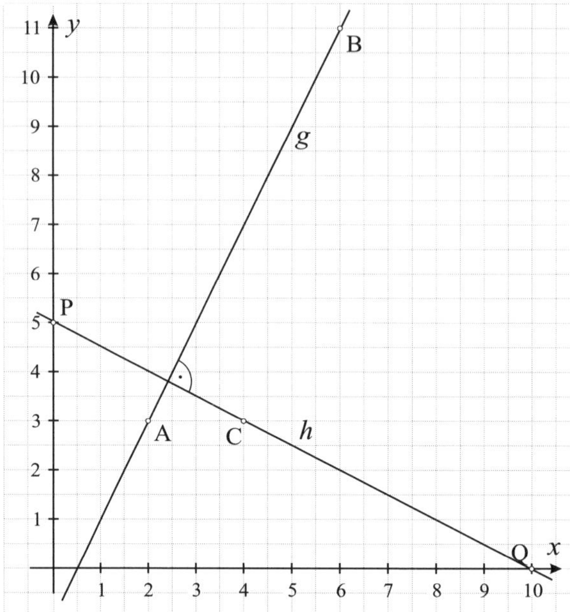

Die Koordinaten des Schnittpunkts P von h mit der y-Achse erhält man, indem man $x = 0$ in die Gleichung von h einsetzt:

$$y = -\frac{1}{2} \cdot 0 + 5 = 5 \Rightarrow \mathrm{P}(0 \mid 5)$$

Die Koordinaten des Schnittpunkts Q von h mit der x-Achse erhält man, indem man die Gleichung $y = 0$ nach x auflöst:

$$-\frac{1}{2}x + 5 = 0$$
$$-\frac{1}{2}x = -5$$
$$x = 10$$

Somit haben die Punkte P und Q die Koordinaten $\mathrm{P}(0 \mid 5)$ und $\mathrm{Q}(10 \mid 0)$.

b) Zuerst trägt man alle Maße in eine Skizze ein und ermittelt die Winkel in den rechtwinkligen Dreiecken. Im Dreieck M_1M_2C ergibt sich:

$$\tan(\alpha_1) = \frac{\overline{M_2C}}{\overline{M_1C}}$$
$$\tan(\alpha_1) = \frac{10{,}5}{14{,}85}$$
$$\alpha_1 = \tan^{-1}\left(\frac{10{,}5}{14{,}85}\right)$$
$$\alpha_1 \approx 35{,}26^\circ$$

Durch das Falten ergibt sich:

$$\alpha_2 = \alpha_1 = 35,26^\circ$$

Damit erhält man:

$$\alpha_3 = 180^\circ - 90^\circ - \alpha_2 - \alpha_1 = 180^\circ - 90^\circ - 2 \cdot 35,26^\circ = 19,48^\circ$$

und

$$\varepsilon_1 = 180^\circ - 90^\circ - \alpha_3 = 180^\circ - 90^\circ - 19,48^\circ = 70,52^\circ$$

Ferner ergibt sich wegen $\varepsilon_2 = \varepsilon_3$:

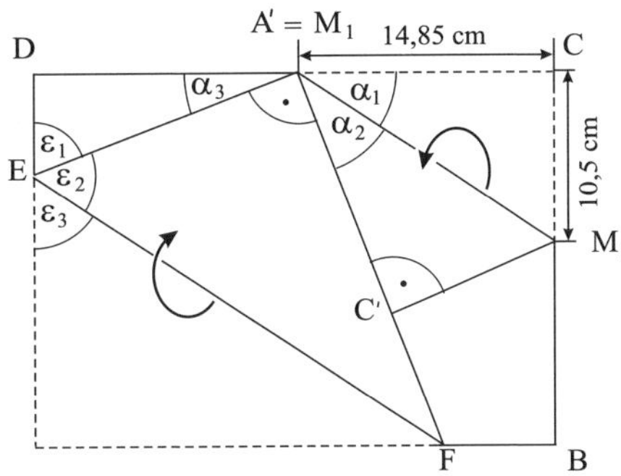

$$\varepsilon_1 + \varepsilon_2 + \varepsilon_3 = 180^\circ$$
$$70,52^\circ + 2 \cdot \varepsilon_2 = 180^\circ$$
$$2 \cdot \varepsilon_2 = 109,48^\circ$$
$$\varepsilon_2 \approx 54,74^\circ$$

Den Flächeninhalt A_1 des Dreiecks EM_1D erhält man mit der Formel $A_1 = \frac{1}{2} \cdot g \cdot h$.

Als Grundseite g kann man $g = \overline{DM_1} = \frac{29,7}{2} = 14,85\,\text{cm}$ wählen.
Die zugehörige Höhe h ist $h = \overline{DE}$.
Im rechtwinkligen Dreieck EM_1D kann man $\overline{DE}$ berechnen:

$$\tan(\alpha_3) = \frac{\overline{DE}}{\overline{DM_1}}$$
$$\tan(\alpha_3) \cdot \overline{DM_1} = \overline{DE}$$
$$\tan(19,48^\circ) \cdot 14,85 = \overline{DE}$$
$$\overline{DE} \approx 5,25\,\text{cm}$$

Für den Flächeninhalt A_1 des Dreiecks EM_1D ergibt sich:

$$A_1 = \frac{1}{2} \cdot \overline{DM_1} \cdot \overline{DE} \approx \frac{1}{2} \cdot 14,85 \cdot 5,25 \approx 38,98\,\text{cm}^2$$

Der Flächeninhalt des Dreiecks EM_1D beträgt etwa $39,0\,\text{cm}^2$.

Den Flächeninhalt des Vierecks FBM_2C erhält man, indem man vom Flächeninhalt des Vierecks ABCD die Flächeninhalte der Dreiecke AFE, EFM_1, EM_1D, $M_1C'M_2$ und M_1M_2C subtrahiert.

Im Dreieck EM_1D kann man die Seite EM_1 berechnen:

$$\cos(\alpha_3) = \frac{\overline{DM_1}}{\overline{EM_1}}$$
$$\cos(\alpha_3) \cdot \overline{EM_1} = \overline{DM_1}$$

$$\overline{EM_1} = \frac{\overline{DM_1}}{\cos(\alpha_3)}$$
$$\overline{EM_1} = \frac{14,85}{\cos(19,48°)}$$
$$\overline{EM_1} \approx 15,75\,\text{cm}$$

Im Dreieck EFM_1 kann man nun die Seite $\overline{FM_1}$ berechnen:

$$\tan(\varepsilon_2) = \frac{\overline{FM_1}}{\overline{EM_1}}$$
$$\tan(\varepsilon_2) \cdot \overline{EM_1} = \overline{FM_1}$$
$$\tan(54,74°) \cdot 15,75 = \overline{FM_1}$$
$$\overline{FM_1} \approx 22,28\,\text{cm}$$

Den Flächeninhalt A_2 des Dreiecks EFM_1 (und des Dreiecks AFE) erhält man mit der Formel $A_2 = \frac{1}{2} \cdot g \cdot h$.
Mit $g = \overline{EM_1} \approx 15,75\,\text{cm}$ und $h = \overline{FM_1} \approx 22,28\,\text{cm}$ ergibt sich:

$$A_2 = \frac{1}{2} \cdot \overline{EM_1} \cdot \overline{FM_1} = \frac{1}{2} \cdot 15,75 \cdot 22,28 \approx 175,46\,\text{cm}^2$$

Den Flächeninhalt A_3 des Dreiecks M_1M_2C (und des Dreiecks $M_1C'M_2$) erhält man mit der Formel $A_3 = \frac{1}{2} \cdot g \cdot h$.
Mit $g = \overline{M_1C} = \frac{29,7}{2} = 14,85\,\text{cm}$ und $h = \overline{M_2C} = \frac{21}{2} = 10,5\,\text{cm}$ ergibt sich:

$$A_3 = \frac{1}{2} \cdot \overline{M_1C} \cdot \overline{M_2C} = \frac{1}{2} \cdot 14,85 \cdot 10,5 \approx 77,96\,\text{cm}^2$$

Den Flächeninhalt A_4 des DIN A4-Blattes erhält man mit der Formel $A_4 = a \cdot b$.
Mit $a = 29,7\,\text{cm}$ und $b = 21,0\,\text{cm}$ ergibt sich:

$$A_4 = 29,7 \cdot 21 = 623,7\,\text{cm}^2$$

Damit ergibt sich für den Flächeninhalt A_5 des Vierecks FBM_2C:

$$A_5 = A_4 - A_1 - 2 \cdot A_2 - 2 \cdot A_3$$
$$\approx 623,7 - 39 - 2 \cdot 175,46 - 2 \cdot 77,96$$
$$= 77,86\,\text{cm}^2$$

Der Flächeninhalt des Vierecks FBM_2C beträgt etwa $78\,\text{cm}^2$.